冶金工业出版社

普通高等教育“十四五”规划教材

有机化学

主　编　罗序燕　刘晋彪　刘昆明

副主编　刘诗咏　任力理　邱家斌

黄　斌　廖富民　毛建刚

北　京

冶金工业出版社

2024

内 容 提 要

全书简明扼要地介绍了有机化学基础理论，重点阐述有机化合物的结构、性质。全书共16章，内容包括：烷烃、烯烃、二烯烃、炔烃、脂环烃、芳香烃、卤代烃、醇、酚、醚、醛和酮、羧酸及其衍生物、含氮有机化合物、杂环化合物、对映异构、糖类、氨基酸和多肽，全书最后附有与各章对应的习题。

本书可作为高等理工院校和综合性大学理工科的化学工程、给排水工程、冶金工程、矿物加工工程、环境工程、无机材料、材料化学、生物工程等专业有机化学课程的教材，也可供相关科研院所及从事化学相关工作的科技人员阅读和参考。

图书在版编目(CIP)数据

有机化学/罗序燕，刘晋彪，刘昆明主编. —北京：冶金工业出版社，2024.6（2024.8 重印）

普通高等教育“十四五”规划教材

ISBN 978-7-5024-9751-4

Ⅰ.①有… Ⅱ.①罗… ②刘… ③刘… Ⅲ.①有机化学—高等学校—教材 Ⅳ.①O62

中国国家版本馆 CIP 数据核字（2024）第 044915 号

有机化学

出版发行	冶金工业出版社	**电　　话**	(010)64027926
地　　址	北京市东城区嵩祝院北巷 39 号	**邮　　编**	100009
网　　址	www.mip1953.com	**电子信箱**	service@mip1953.com

责任编辑　杨盈园　美术编辑　彭子赫　版式设计　郑小利

责任校对　王永欣　责任印制　窦　唯

北京印刷集团有限责任公司印刷

2024 年 6 月第 1 版，2024 年 8 月第 2 次印刷

787mm×1092mm　1/16；17.75 印张；428 千字；267 页

定价 46.00 元

投稿电话　(010)64027932　投稿信箱　tougao@cnmip.com.cn

营销中心电话　(010)64044283

冶金工业出版社天猫旗舰店　yjgycbs.tmall.com

（本书如有印装质量问题，本社营销中心负责退换）

前　言

大学招生的“厚基础，宽口径”的原则对建立多元化的教育教学体系具有重要意义，而教材建设对有机化学课程分类教学改革则是核心环节。为了适应工科类相关多个专业对有机化学教材的需要，结合目前大类招生和本科教学改革的实际情况，针对高校开设了有机化学基础课的非化学专业教学现状（学生初学有机化学，面对大量的概念、理论、有机反应及机理，不会取舍，往往不能很快抓住要点；有时过分注重了概念、有机反应等环节，又忽略了反应条件和机理），编写一本重点突出、文字简练、线条清晰、以基础知识和基本反应为主、适合短学时有机化学课程教学的教材很有必要。

目前国内已经出版的多种版本的有机化学教材各有优点，然而适合较少学时的有机化学教学的教材很少，在篇幅和学时有限的情况下内容如何取舍非常重要。

本教材内容涵盖了有机化学的基本概念、基本理论、基本反应及机理，理论框架清晰，内容完整、丰富，信息量大。本教材在内容上以官能团为主线，采用脂肪族和芳香族混合体系编写，力求保持有机化学学科的系统性、知识性和逻辑性，同时体现明晰、实用的特色。

本教材由罗序燕、刘晋彪和刘昆明担任主编，参加编写的有罗序燕（内容提要、前言、第 1 章~第 3 章、第 5 章、习题）、刘昆明（第 4 章、第 8 章）、刘晋彪（第 6 章、第 7 章）、廖富民（第 9 章）、毛建刚和任力理（第 10 章）、黄斌（第 11 章）、刘诗咏（第 12 章、第 16 章）、邱家斌（第 13 章、第 15 章）、任力理（第 14 章、习题）。全书由罗序燕负责策划、审稿及最终定稿，任力理负责审校。

江西理工大学出版基金对本书的出版给予了大力支持和帮助，在此特致以衷心的谢意！在编写过程中，编者参考了部分有机化学教材和文献，在此向教材及文献的作者表示感谢！

由于时间仓促，限于编者的水平，不妥之处恳请使用本书的任课老师或读者予以批评指正。

编　者

2023 年 5 月

目　　录

1 绪　　论

1.1 有机化合物和有机化学

“有机化学”专业名词于1806年首次由“有机化学之父”贝采里乌斯提出。当时是作为“无机化学”的对立物而命名的。由于当时科学条件所限，有机化学研究的对象只能是从天然动植物有机体中提取的有机物，因而许多化学家都认为，在生物体内由于存在所谓“生命力”，故产生了有机化合物，而在实验室里是不能通过无机化合物合成有机物的。

1824年，德国化学家维勒从氰经水解制得草酸；1828年他无意中用加热的方法又使氰酸铵转化为尿素。氰和氰酸铵都是无机化合物，而草酸和尿素都是有机化合物。维勒的实验结果给予“生命力”学说第一次冲击。此后，乙酸等有机化合物相继由碳、氢等元素合成，“生命力”学说才逐渐被人们抛弃。

因合成方法的改进和发展，越来越多的有机化合物不断地在实验室中合成出来，其中，绝大部分是在与生物体内迥然不同的条件下合成出来的。“生命力”学说彻底被抛弃了，“有机化学”这一名词却沿用至今。

有机化合物的特征是在组成上都含有碳元素，因此，“有机化合物就是碳的化合物”。“有机化合物”这个名词，虽然现在仍继续沿用，但已失去它原有的含义。一些具有典型无机化合物性质的含碳化合物，如一氧化碳、二氧化碳、碳酸盐和金属氰化物（如氰化钾）等，虽然他们也是碳的化合物，但与无机化合物的关系密切，仍属于无机化合物的范畴，未列入有机化合物讨论。

有机化合物的组成元素，通常以碳和氢为主。从结构上看，可把碳氢化合物看作是有机化合物的母体，其他的有机化合物看作是碳氢化合物母体中的氢原子被卤素和氧、硫、磷、氮等原子或基团取代后而衍生得到的化合物。因此，有机化合物也可以定义为碳氢化合物及其衍生物。研究有机化合物的组成、结构、性质及其变化规律、制备方法以及其应用的科学，已经成为一门独立的学科，即有机化学，这是化学中极重要的一个分支，是有机化学工业的理论基础，与经济建设和国防建设密切相关，不论是化学工业、能源工业、材料工业，或是电子工业、国防工业的发展，都离不开有机化学。

1.2 有机化合物的来源及其重要性

在有机化学发展的初期，有机化学工业的主要原料是动、植物体，有机化学主要研究从动、植物体中分离的有机化合物，例如油脂、蛋白质、染料、药物、香料、橡胶等。19世纪中到20世纪初，有机化学工业逐渐变为以煤焦油为主要原料。合成染料的发现，使染料、制药工业蓬勃发展，推动了对芳香族化合物和杂环化合物的研究。20 世纪 30 年代以后，以乙烯为原料的有机合成兴起。20 世纪 40 年代前后，有机化学工业的原料又逐渐转变为以石油和天然气为主，发展了合成橡胶、合成塑料和合成纤维工业。由于石油资源将日趋枯竭，以煤为原料的有机化学工业必将重新发展。当然，天然的动、植物和微生物体仍是重要的研究对象。

1.3 有机化合物的特性、结构

1.3.1 有机化合物的特性

有机化合物的种类繁多，目前已知的有机化合物有几百万种，而且每年还不断有新的有机化合物被发现和合成出来。有机化学之所以成为化学中的一个独立学科，是因为有机化合物确有其内在的联系和特性。

“有机”和“无机”虽已没有明显的界限，但由于碳原子处于周期表的第二周期，恰在电负性很强的卤素和电负性很弱的碱金属之间，这个特殊的位置，就决定了碳化合物具有一些特殊性质。一个化合物的性质，主要取决于原子在分子中相互结合所形成的是哪种键。碳原子最外层的电子构型是 $2s^2 2p^2$，不容易得到或失去电子而形成离子，它和其他元素的原子，一般是以共价键相结合。分子间只存在着较弱的范德华力（van der Waals force），而不是正负离子间的较强的静电引力。因此，有机化合物与无机化合物的物理性质存在着明显的差异。与无机化合物相比，有机化合物主要有如下特性。

（1）分子组成复杂，数量众多。组成有机化合物的元素不多，绝大多数有机化合物只是由碳、氢、氧、氮、卤素、硫、磷等少数元素组成，而且一个有机化合物只含有其中几种元素。但是，有机化合物的数量却非常庞大，目前，估计已达 1000 万种，远远超过无机化合物的总和（所有非碳元素的化合物估计只有几十万种），且每年还有数以万计的有机化合物出现。

（2）同分异构现象普遍存在。这是有机化合物结构上的主要特点。有机化合物的数量如此之多首先是因为碳原子相互结合的能力很强。在周期表中相同种类原子之间，C—C键的键能最大，它比 Si—Si 键的键能大 1.7 倍，比 N—N 键的键能大 1.4 倍，所以 C—C 键是最稳定的。另外，碳原子的电负性大致是各种元素电负性数值的中间值，所以，它与各原子的结合不是以离子键而是以共价键结合的。正是由于碳原子的这些特点，使它可以相互结合成碳原子数目不同的碳链或碳环。在一个有机化合物的分子中，碳原子的数目少则一两个，多则可达几千、几万个，甚至几十万个（有机高分子化合物）。此外，即使是碳原子数目相同的分子，由于碳原子的连接方式有多种多样，因而又可以组成结构不同的许多化合物。

显然，一个有机化合物含有的碳原子数和原子种类越多，分子中的可能排列方式越多，它的同分异构体也越多。例如，分子式为 $C_{10}H_{22}$ 的同分异构体可达 75 个。由此可见，同分异构体的存在是有机化合物数目众多的主要原因，而同分异构现象在无机化合物中并不如此普遍。

（3）容易燃烧。有机化合物对热很不稳定，受热后往往容易分解，在 200~300 ℃时即逐渐分解；当达到着火点时，就可燃烧，而大多数无机化合物都不易燃烧（例如 NaCl 不能燃烧）。人们可以利用这一点初步区别有机化合物和无机化合物。

（4）熔点和沸点较低。许多有机化合物在常温下是气体或液体。常温下是固体的有机化合物，它们的熔点一般也很低，有机化合物的熔点一般低于 300 ℃，超过 300 ℃的有机化合物很少。这是因为有机化合物一般是分子晶体，晶体中晶格点上的分子是靠微弱的范德华力来联结的（8～42 kJ/mol），晶格容易破坏。同样，沸点也较低，因此在液态时，它的单元仍是分子，在这种情况下，分子间作用力比离子化合物小，因此，要破坏这种作用力所需的能量也较小。例如，醋酸的熔点为 16.6 ℃，沸点为 118 ℃；而氯化钠的熔点为 800 ℃，沸点为 1440 ℃，它的熔点和沸点比醋酸高得多。

（5）难溶于水，易溶于有机溶剂。有机化合物的溶解性能主要取决于它们的极性。水是一种极性强的液体，对极性物质易溶，而有机化合物的极性一般较弱，或者是非极性物质，因此，不易溶于水，而易溶于非极性或极性弱的溶剂。结构相似的分子可以相溶，“相似者溶解相似者”（相似相溶）是物质溶解的一个经验规律。例如，石蜡可溶于汽油；乙醇可溶于水。物质溶解是一个较复杂的过程，这里不作详细讨论。

（6）反应速度较慢。多数无机物在水溶液中电离生成离子，它们的反应瞬间完成，例如硝酸银与氯化钠作用，立即生成氯化银沉淀。有机化合物则不像离子键那样容易离解生成离子，有机化合物的反应一般是分子之间的反应。因此反应速度较慢，反应所需的时间较长，经常需要几小时、几天才能完成。为了加速反应，一般需要加热、光照以加速分子的碰撞，或加入催化剂以使分子活化。

（7）反应复杂，副反应多。由于有机化合物的分子比较复杂，反应时并不限定在某一部位发生反应，因此，常常伴有副反应发生，以致产率较低。反应条件不同，产物也往往不同，所以有机化学反应一般需要严格控制适宜的反应条件。往往同一反应物在同一条件下会得到许多不同的产物，所以就降低了主要产物的产率，一般产率很少达到 100%，能达到 85%～90%已经很好。

但是，有机化合物和无机化合物的不同只是相对的，这些特性不能作为绝对的标志。例如四氯化碳等一些有机物不但不燃烧，而且可以作灭火剂。又如葡萄糖、乙醇、乙酸等易溶于水。某些有机化合物发生反应的速度很大，甚至以爆炸形式进行。

1.3.2　有机化合物的结构和结构式

有机化合物的分子是由原子所组成，这些原子在分子内按一定的顺序排列，相互影响，相互作用，结合成为一个整体。习惯上，把分子中原子的排列顺序和连接的方式叫做“化学结构”。分子的性质，不仅决定于所组成的元素的性质和数量，而且也决定于分子的化学结构。例如：乙醇和二甲醚的组成和分子式都是 C_2H_6O，但它们的化学结构不同。

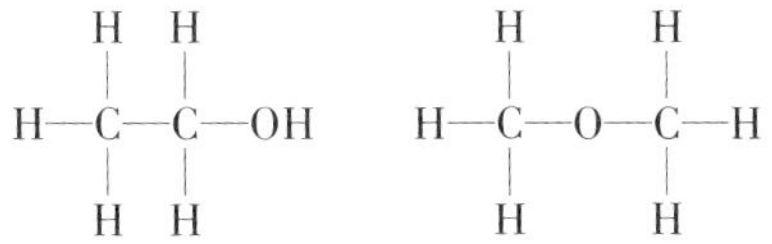

乙醇　　　　二甲醚

它们是两种性质不同的化合物。化合物的结构决定化合物的性质。反过来，根据化合物的性质可以推断化合物的结构。

分子中的原子是以一定的化合价按一定的顺序相结合。分子结构是用结构式表示，即可用一个合理的结构式来表示，结构式是分子结构的化学式，一种化合物只有一种结构。一般使用的结构式有缩简式、短线式和键线式，见表 1-1。

表 1-1 几种常见的结构式

化合物	缩简式	短线式	缩简式-短线式
丁烷	$CH_3CH_2CH_2CH_3$		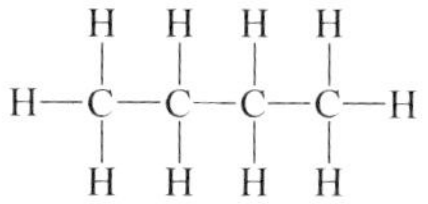
丁-1-烯	$CH_2=CHCH_2CH_3$		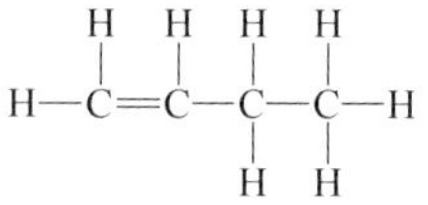
乙二醇	$HOCH_2CH_2OH$	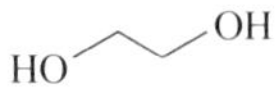	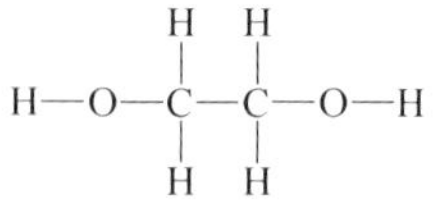
环丁烷	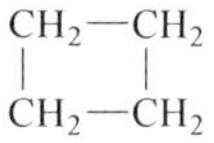		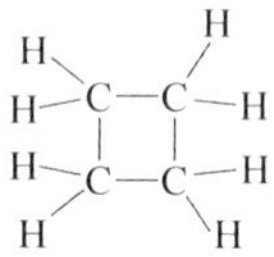
苯乙醇	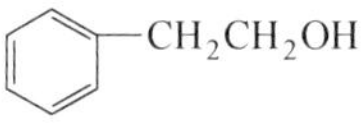	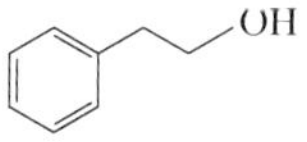	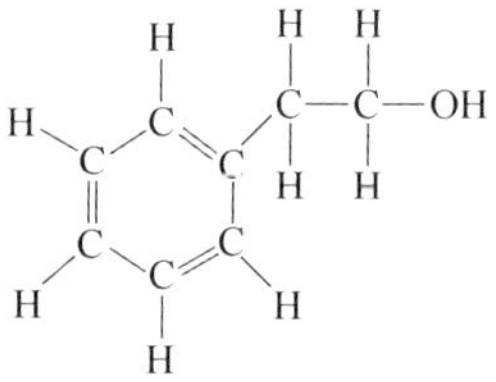
丙酮	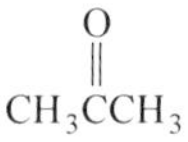		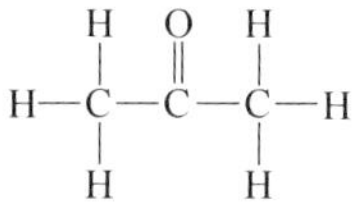

另外，上面所写的结构式并不能完全代表分子的真实结构，分子结构通常包括组成分子的原子彼此之间的连接顺序（即分子的构造），以及各原子在空间的相对位置（即分子的构型和构象），故上面缩写的表示分子结构的化学式，严格讲应该称为构造式。

1.4 共价键的形成

化学键是化合物分子结构和性能的基本的决定性因素，它涉及分子中原子结合的原因、本质和规律。化学键可分为离子键、共价键和金属键三类，共价键是有机化合物中典型的化学键。有机化合物分子中各原子之间通常以共价键相连。分子以共价键结合是有机化合物分子基本、共同的结构特征。所以，了解和熟悉共价键是研究和掌握有机化合物的结构和性质之间关系的关键。

共价键的理论有两种：一种是价键理论，认为形成共价键的成键电子处于两成键原子的区域之间，是定域的；在价键理论的基础上，后来又相继提出了轨道杂化概念和共振论，它们是价键理论的延伸和发展。另一种是分子轨道理论，认为形成共价键的电子在整个分子内运动的状态函数，常用 Ψ 表示，分子轨道可用原子轨道线性组合，由 n 个原子轨道组合可得到 n 个分子轨道。两个原子轨道要有效地组合成分子轨道，必须满足对称性匹配、能级相近和轨道最大重叠三个条件。与价键理论不同，成键电子不再定域在两个成键原子之间，而是在整个分子内运动是离域的。

在无机化学中已经介绍了，由一对电子形成的共价键叫做单键，用一条短直线表示，如果两个原子各有两个或三个未成键的电子，构成的共价键则为双键或叁键。例如一个碳原子和四个氢原子结合成甲烷分子时，碳原子和氢原子通过共用电子对相互结合在一起，形成共价键：

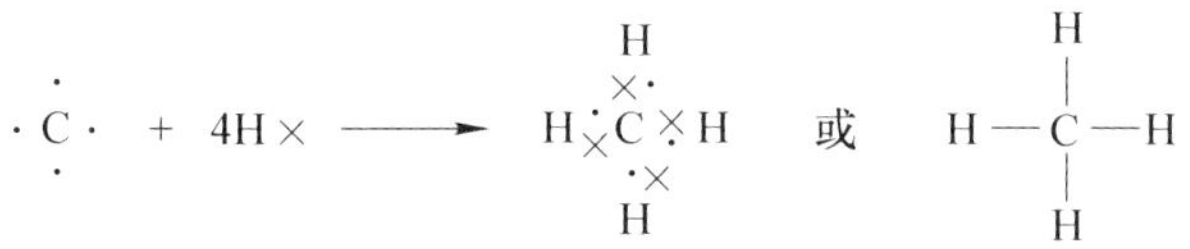

这种用电子配对法解释共价键理论，其要点如下：

（1）共价键的饱和性。有机化合物分子中的原子主要是以共价键相结合。碳原子是四价元素，碳原子彼此之间，不仅可以单键相结合，而且也可以用双键 >C＝C< 或叁键—C≡C— 相结合而形成碳链或碳环。当碳原子和氢原子形成分子时，碳可提供四个未成对的电子（即价电子），和四个氢原子未成对电子相配对，形成四个共价键而生成甲烷。除此之外，碳不可能再提供价电子和其他氢原子的未成对电子配对成键，这就是共价键的饱和性。

（2）共价键的方向性（见图 1-1）。按照量子力学的价键理论，共价键是由成键原子轨道重叠形成的。重叠部分越大，所形成的共价键就越牢固。我们知道，绕原子核高速运动着的电子，就像蒙在核外的带负电的云——电子云。形成共价键的电子，必须在各自电子云密度最大的方向上重叠成键，因此，共价键有方向性，即遵守最大重叠原理，分子的能量最低，形成最稳定的分子。

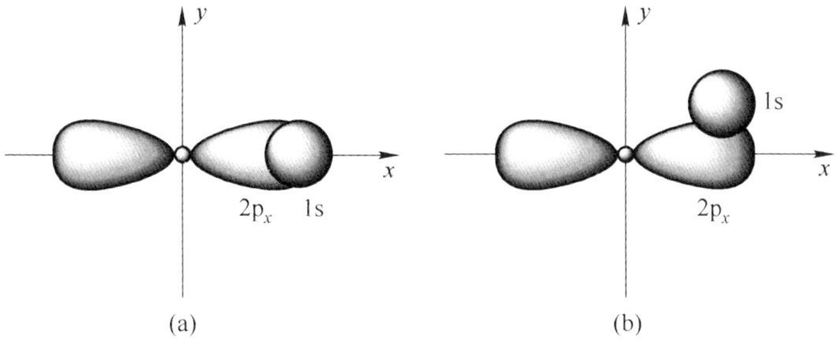

图 1-1　共价键的方向性

（a）x 轴方向结合成键；（b）非 x 轴方向，重叠较小，不能成键

1.5　共价键的属性

由于化学键的本性不同，因此，反映在化合物的物理、化学性质上也就各异。共价键

的性质，一般可从它的键长、键角、键能等物理数据中体现出来（见表 1-2 和表 1-3）。

1.5.1　键长

形成共价键的两原子的原子核之间的距离称为键长。应用衍射、光谱等近代物理方法，可以测得各种键的键长。不同共价键具有不同的键长。表 1-2 为部分共价键键长的数据，值得注意的是，即使是同一类型的共价键，在不同的化合物分子中它的键长也可能稍有不同，例如 C—C 键长在烷烃和环烷烃中分别是 0. 154 nm 和 0. 152 nm，造成这种差异的原因是因为共价键所连接的两个原子不是孤立的，而是要受到整个分子中各原子或基团的相互影响。一般来说，两原子之间所形成的键越短，就表示键越强、越牢固。

表 1-2　部分共价键的键长

键　型	键长/nm	键　型	键长/nm
C—H	0. 109	C—N	0. 147
C—C	0. 154	C—F	0. 141
C＝C	0. 134	C—Cl	0. 178
C≡C	0. 120	C—Br	0. 194
C＝O	0. 122	C—I	0. 214
C—O	0. 143	O—H	0. 097
C—S	0. 182	N—H	0. 100

注：即使是同一类型的共价键，在不同的化合物分子中它的键长也可能稍有不同。

键长取决于成键原子的性质和它们的结合方式，即使是相同原子成键，其键长也有差异，这种差别是由于成键碳原子的杂化状态不同引起的。如果组成原子相同，成键时的杂化状态相同，其键长的差异则并不显著。

1.5.2　键角

共价键具有方向性，因此，一个两价以上的原子在与其他原子形成共价键时，键与键之间有一个夹角，这个夹角称为键角。例如水分子中∠H-O-H 为 105°。在不同的分子中同一元素的原子所形成的键角不尽相同。例如甲烷分子中的∠H-C-H 为 109. 5°。而丙烷分子中的∠H-C-H 为 112°，这也是由于分子中各原子间相互影响的结果。

键长与键角对于讨论有机化合物分子的空间构型具有十分重要的意义。例如，甲烷分子中的∠H-C-H 为 109. 5°，四个 C—H 键的键长均为 0. 109 nm，这表明甲烷分子呈正四面体的空间构型。

1.5.3　键能

在形成共价键的过程中，体系所放出的能量，或断裂共价键时所吸收的能量，称为键能。双原子分子的键能也就是键的离解能。多原子分子的键能与键的离解能并不一致。例如甲烷分解成四个氢原子和一个气态的碳原子所吸收的热为 1661 kJ/mol，因此，每一个 C—H 键的平均键能为 415. 3 kJ/mol。但甲烷的各步离解能为：

$$CH_4 \longrightarrow CH_3\cdot + H\cdot \qquad -435.1\ \text{kJ/mol}$$

$$CH_3\cdot \longrightarrow \cdot\dot{C}H_2 + H\cdot \qquad -443.5\ \text{kJ/mol}$$

$$\cdot\dot{C}H_2 \longrightarrow \cdot\dot{\underset{\cdot}{C}}H + H\cdot \qquad -443.5\ \text{kJ/mol}$$

$$\cdot\dot{\underset{\cdot}{C}}H \longrightarrow \cdot\dot{\underset{\cdot}{C}}\cdot + H\cdot \qquad -338.9\ \text{kJ/mol}$$

由此可见键能与离解能是有差别的。一般所说的键能都是指平均键能。部分共价键的键能见表 1-3。

表 1-3 部分共价键的键能

键 型	键能/kJ · mol^{-1}	键 型	键能/kJ · mol^{-1}
C—H	415. 3	C═N	615. 0
H—H	435. 4	C≡N	891. 2
C—C	345. 8	C—F	485. 6
C═C	610. 3	C—Cl	339. 0
C≡C	835. 5	C—Br	284. 6
C═O	736. 7（醛） 748. 9（酮）	C—I	217. 7
C—O	359. 8	O—H	464. 4
C—S	272. 1	N—H	389. 1
C—N	304. 7		

注：即使是同一类型的共价键，在不同的化合物分子中它的键能也可能稍有不同。

甲烷的结构如图 1-2 所示，碳原子处在一个正四面体的中心，它的四个价键对称地分布在它的周围，从这个中心指向正四面体的四个顶点，两个键之间所成的夹角为 109. 5°。

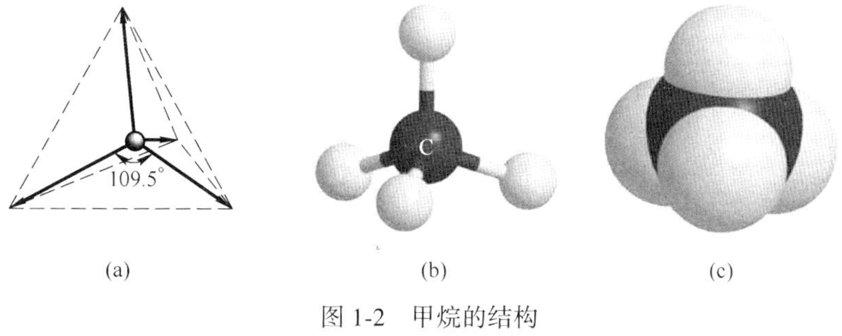

(a) (b) (c)

图 1-2 甲烷的结构

（a）甲烷分子中碳原子的正四面体结构；（b）甲烷的球棒模型；（c）甲烷的比例模型（斯陶特模型）

1.5.4 键的极性和键的偶极矩

电负性是元素的原子在化合物中吸引电子的能力的标度。元素的电负性越大，表示其原子在化合物中吸引电子的能力越强。各种元素的电负性不同，见表 1-4。当两个相同的原子形成共价键时（例如 H—H、F—F），其电子云在两个原子之间对称分布，正、负电荷中心相重合，所以这种键没有极性，即非极性共价键。但当两个不同的原子的电负性相差在 0.6~1.7 之间，它们所形成的共价键，由于共用电子对偏向于电负性较大的原子，正、负电荷中心不能相重合，因此具有极性，有一定的偶极矩，即极性共价键。当两种元素的电负性相差很大时（1.7 以上），即以带正、负电荷的离子形式，借静电引力而形成离子键。如果两原子间的一对共用电子完全由单方面原子所供给，这种原子间的键就叫做配价键。离子键和共价键是两种极限情形，配价键可看作是过渡性的化学键。例如：

Na^+Cl^- （离子键）

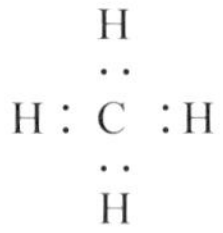

（共价键）

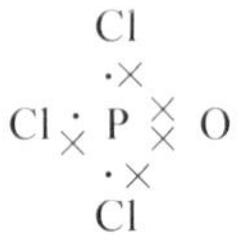

或

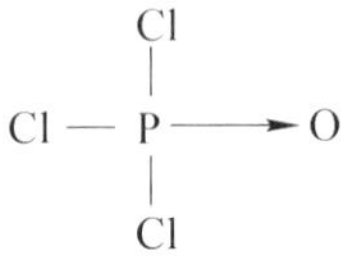

表 1-4 部分元素的电负性

H						
2.18						
Li	Be	B	C	N	O	F
0.98	1.57	2.04	2.55	3.04	3.44	3.98
Na	Mg	Al	Si	P	S	Cl
0.93	1.31	1.61	1.90	2.19	2.58	3.16
K	Ca					Br
0.82	1.01					2.96
						I
						2.66

注：不同杂化状态下的碳原子的电负性也不尽相同，sp^3 杂化碳原子电负性为 2.55，sp^2 杂化碳原子电负性为 2.70，sp 杂化碳原子电负性为 3.30。

1.6 共价键的断裂和有机反应的类型

化学反应是旧键的断裂和新键的形成过程。根据共价键断裂方式可以把有机反应分为不同类型的反应：自由基型、离子型和协同反应。

共价键的断裂方式有两种。一种是成键的一对电子平均分给两个成键的原子或基团，这种断裂方式称均裂（homolysis）。均裂一般在光或热的作用下发生。均裂产生的未成对电子的原子或基团，称为自由基（或游离基）。

例如：　　　　$A:B \longrightarrow A\cdot + B\cdot$

式中，A· 、B· 称为自由基，或称为游离基。

$CH_3\cdot$ 、$CH_3CH_2\cdot$ 分别叫甲基自由基和乙基自由基，用通式 R· 表示。

经过均裂生成自由基的反应称为自由基反应。

另一种断裂方式是成键的一对电子完全被成键原子中的一个原子或基团所占有，形成正、负离子，这种断裂方式称为异裂（heterolysis）。酸、碱或极性溶剂有利于共价键的异裂。当成键两原子之一是碳原子时，异裂既可生成碳正离子，也可以生成碳负离子。自由基、碳正离子和碳负离子都是在反应过程中暂时存在的活性中间体。异裂生成正离子和负离子，有两种异裂，例如：

$C: \longrightarrow C^+ + X^-$（碳正离子）　，　$C: \longrightarrow C^- + X^+$（碳负离子）

$^+CH_3$，$^-CH_3$ 等用通式 R^+，R^- 表示。

在有机反应中，根据生成的中间体的不同，将反应分为自由基型反应和离子型反应。通过共价键均裂生成自由基中间体的反应，称为自由基型反应；通过共价键异裂生成碳正离子或碳负离子中间体而进行的反应称为离子型反应，一般在酸、碱作用下进行。

还有一类反应是反应过程中，旧键的断裂和新键的生成同时进行，无活性中间体生成。经过环状过渡态且无活性中间体生成，这类反应称为协同反应。

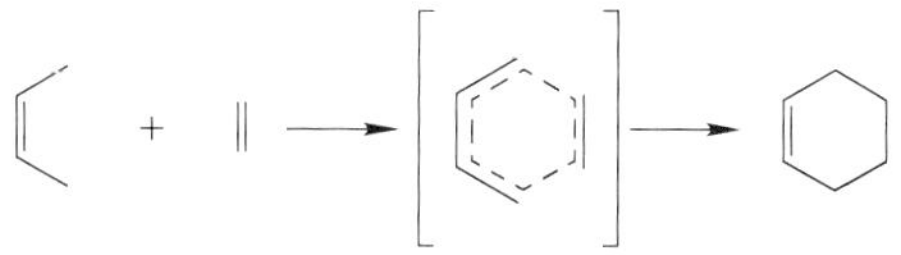

1.7　有机化合物的分类

有机化合物分子组成复杂，数量众多，而且每年还有数以万计的有机化合物被发现和合成。因此，为了便于学习和研究，需要对有机化合物有一个完善且系统的分类方法。化学结构的概念和理论奠定了有机化合物的分类基础。通常采用两种分类方法，一种是以有机化合物分子的碳链骨架为基础分类，另一种是以官能团为基础分类。

按碳原子相互结合的方式不同，以碳链骨架为基础一般可把有机化合物分为如下的三大类。

（1）无环化合物（开链化合物或脂肪族化合物）分子中碳原子与碳原子相连接，成为开链的碳链，而无环状结构。例如：

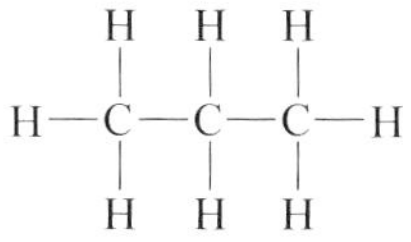

正丙烷

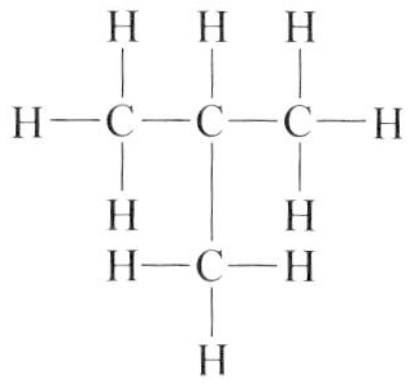

异丁烷

（2）碳环化合物。分子中具有由碳原子相连接而成的环状结构。根据碳环的特点，又可分为两类：

1）脂环化合物。这类化合物可看作是由开链化合物以首尾两端的碳原子相连接而闭合成环。它们的性质与脂肪族化合物相似，故称为脂环化合物。例如：

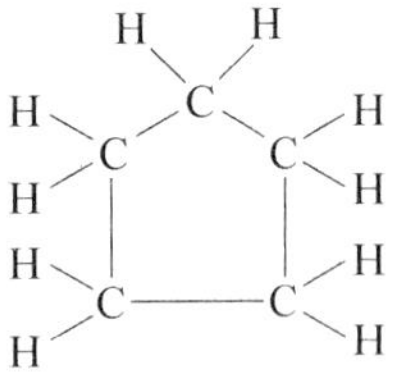
或简写为

环戊烷

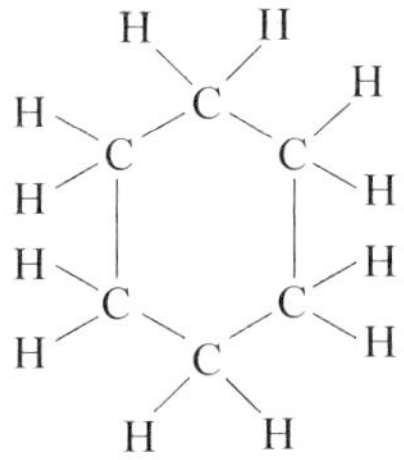
或简写为

环己烷

2）芳香族化合物。这类化合物一般具有由碳原子组成的特殊的苯环结构，并显示某些特殊的性质。例如：

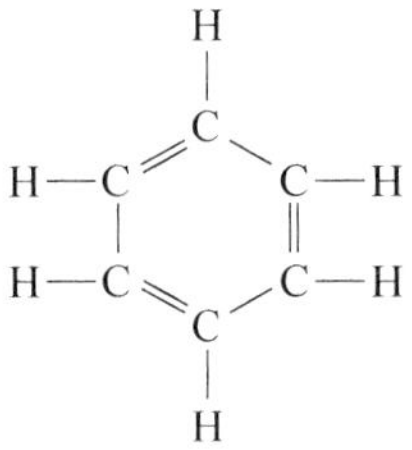
或简写为

苯

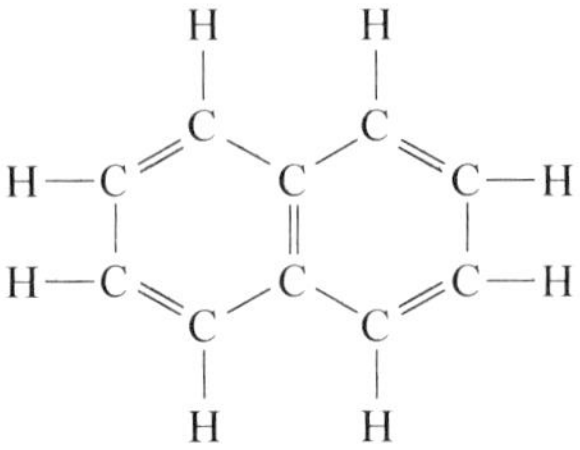
或简写为
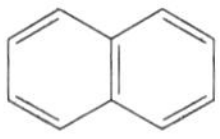

萘

（3）杂环化合物。杂环化合物也是环状化合物，这类化合物具有由碳原子和其他元素的原子，如氧、硫、氮等共同组成的环状结构。例如：

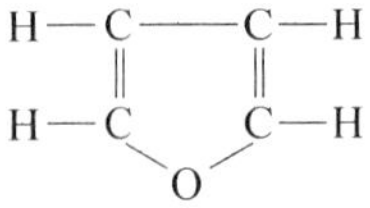
或简写为

呋喃

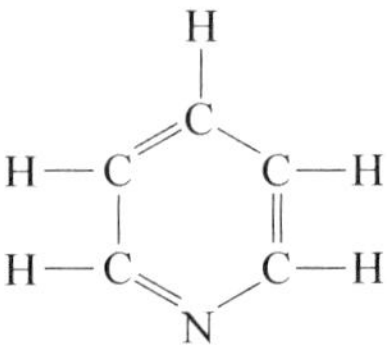
或简写为
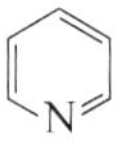

吡啶

以官能团为基础，每一族内又可按结构和所含官能团的不同而分成为若干类。所谓官能团，是指分子中比较活泼而易发生反应的原子或基团。官能团可决定化合物的性质。具有相同官能团的化合物，其性质相似。这是由于化学反应主要发生在官能团上，引起官能团间的相互转换。但官能团并不决定化合物的所有性质。当分子中含有不止一个官能团时，化合物表现出多个官能团的典型性质。例如：含有羟基（—OH）官能团的，称为醇类，这一类化合物都具有醇的特性。含有羧基（—COOH）官能团的，称为羧酸类，这类化合物都具有羧酸的特性。本书以后各章按官能团（见表 1-5）的分类分章讨论。

表 1-5 常见官能团的名称和化学式

分类	官能团名称	结构	化学式	分类	官能团名称	结构	化学式
烷烃	烷基	$—C_nH_{2n+1}$	$CH_3—CH_3$	磷酸酯	磷酸酯	$O{=}P(OR)(OH)(HO)$	$(OH)_2PO—CH_2CH(OH)CH(OH)CH(OH)CH{=}O$
烯烃	烯基	$>C{=}C<$	$CH_2{=}CH_2$	酯	酯	$—C(=O)—OR$	$CH_3—C(=O)—OC_2H_5$
炔烃	炔基	$—C{\equiv}C—$	$CH{\equiv}CH$	酰胺	酰胺	$—C(=O)—NH_2$	$CH_3—C(=O)—NH_2$
苯	苯基	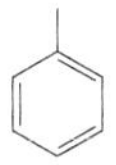	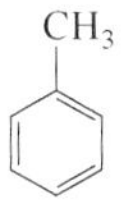	胺	伯胺	$—NH_2$	$CH_3—NH_2$
卤代烷	卤代	—X	$C_2H_5—Br$		仲胺	$—N(R)(H)$	$(CH_3)_2NH$
酰卤	卤代甲酰基	$—C(=O)—Cl$	$CH_3—C(=O)—Cl$		叔胺	$—N(R)(R')$	$(CH_3)_2N—CH_3$
醇	羟基	—OH	$C_2H_5—OH$		季铵盐、季铵阳离子	$R(R')_3N^+$	$(CH_3)_4N^+I^-$
酚	酚羟基	—OH	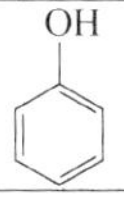	偶氮化合物	偶氮基	—N=N—	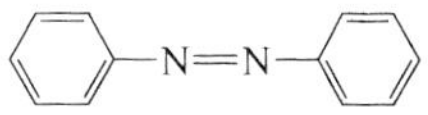
醚	醚	—O—	$C_2H_5—O—C_2H_5$	腈	氰基	$—C{\equiv}N$	$CH_3—C{\equiv}N$
酮	羰基	$>C{=}O$	$CH_3—C(=O)—CH_3$	硫醇	巯基	—SH	$CH_3CH_2CH_2SH$
醛	醛基	$—C(H){=}O$	$CH_3—C(H){=}O$	硫醚	硫醚	—S—	$C_2H_5—S—C_2H_5$
羧酸	羧基	$—C(=O)OH$	$CH_3—C(=O)OH$	硝基化合物	硝基	$—NO_2$	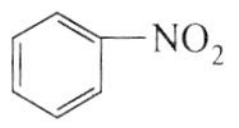
磺酸	磺基（磺酸基）	$—SO_3H$	$C_6H_5—SO_3H$				

2 烷　　烃

只有碳和氢两种元素组成的有机化合物称为碳氢化合物，简称烃。烃是最简单的有机化合物。烃的种类很多，烃分子中的氢原子可被其他原子或基团取代而生成一系列的各种衍生物。因此，可以把烃类看作是有机化合物的母体，而其他有机化合物则可以看作是烃的衍生物。根据烃分子中碳原子键连接方式的不同，烃可以分为两大类：开链烃和闭链烃。若烃分子中所有的碳原子互相连接成不闭合的链状结构则称为开链烃，由于脂肪是这类烃的衍生物，所以开链烃又叫做脂肪烃。脂肪烃可分为烷烃、烯烃、二烯烃和炔烃。闭链烃分子中碳原子连接成闭合的碳环，又称环烃。环烃可分为脂环烃和芳香烃。

2.1 烷烃的定义、通式、同系列和构造异构

2.1.1 定义

在脂肪烃分子中，如果碳和碳都以单键相连接，其余的价键都与氢结合而成的化合物，称为饱和烃或称烷烃。由于石蜡是烷烃的混合物，烷烃也称为石蜡烃。

2.1.2 通式、同系列和构造异构

最简单的烷烃是甲烷 CH_4。甲烷分子中除去一个氢原子后所剩下的基团，称为甲基。甲烷分子中任何一个氢原子被甲基所取代，就得到乙烷 $C_2H_6(CH_3CH_3)$。乙烷分子中的氢原子再被甲基所取代，就得到丙烷 $C_3H_8(CH_3CH_2CH_3)$。依此类推，可以得到一系列的饱和碳氢化合物。烷烃分子中每增加一个碳原子，就相应地增加两个氢原子，因此，可用一个 C_nH_{2n+2}的式子来表示这一系列化合物的组成，这个式子就称为烷烃的通式，式中 n 代表碳原子数。前后相仿的两个烷烃（例如甲烷和乙烷或丙烷和丁烷），都是相差 CH_2，这个固定的差 CH_2称为系差。可用一个通式来表示的许多化合物，组成一个系列，就称为同系列。像这类结构相似，组成上相差 CH_2及其整数倍的一系列化合物互称为同系物。同系物具有相似的性质，掌握其中几个代表性的化合物的性质，就可以推测同系列中其他同系物的基本性质，从而为学习和研究提供方便。但是相对分子质量最小的同系物，由于其构造式与其他同系物有较大的差别，所以其性质会表现出一些特殊性。由通式可以写出任何一个烷烃的分子式。从通式除去一个氢原子后所得到的一价基团 C_nH_{2n+1}—，称为烷基，常用 R 来代表。

上面所说的从甲烷导出乙烷，从乙烷导出丙烷，在丙烷分子中，两端碳原子上所连接的六个氢原子的位置都相同，但中间的碳原子上所连接的两个氢原子的位置就与两端碳原子上的氢原子不同。它们各被一个甲基取代时，就可以生成两种不同的丁烷，一种称为正丁烷，另一种称为异丁烷。

$$CH_3—CH_2—CH_2—CH_3 \qquad CH_3—\underset{\displaystyle CH_3}{\underset{|}{CH}}—CH_3$$

正丁烷　　　　异丁烷

两种结构不同的丁烷，由于氢原子的位置不同，分别被甲基取代后，可生成三种结构不同的戊烷。凡分子式相同而结构式不同，因而其性质也各异的不同化合物，称为同分异构体。这种现象称为同分异构现象，同分异构现象在有机化合物中普遍存在。例如：分子式为 C_2H_6O 就可以代表乙醇和二甲醚两种化学结构不同且性质也不同的有机化合物，它们互为同分异构体。

$$CH_3CH_2OH \qquad CH_3OCH_3$$

乙醇，沸点 78 ℃　　　　二甲醚，沸点-23 ℃

这里讨论的二甲醚和乙醇的同分异构现象，只是分子中各原子间相互结合的顺序不同而引起的，这种只是构造（constitution）不同而导致的异构现象，称为同分异构现象。表示分子中原子相互结合顺序的式子称为构造式。

烷烃分子中，随着碳原子数的增加，同分异构体的数目也愈多，见表 2-1。

表 2-1 部分烷烃同分异构体数目

烷烃	构造异构体数	烷烃	构造异构体数
C_4H_{10}	2	C_9H_{20}	35
C_5H_{12}	3	$C_{10}H_{22}$	75
C_6H_{14}	5	$C_{11}H_{24}$	159
C_7H_{16}	9	$C_{20}H_{42}$	366319
C_8H_{18}	18	$C_{30}H_{62}$	4111646763

有机化合物的同分异构现象除了构造异构现象之外，还有构型（configuration）和构象（conformation）的不同而造成的异构现象。这将在有关章节中予以讨论。

2.1.3 伯、仲、叔、季碳原子和伯、仲、叔、季氢原子

烷烃分子中的碳原子，按照它们所连接的碳原子数目不同，可分为四类。

（1）伯碳原子：碳原子只与另 1 个碳原子连接的，称为伯（一级）碳原子（可用 1°代号表示）。伯碳原子所连接的氢原子，称为伯氢原子。

（2）仲碳原子：碳原子只与另外 2 个碳原子连接的，称为仲（二级）碳原子（可用 2°代号表示）。仲碳原子所连接的氢原子，称为仲氢原子。

（3）叔碳原子：碳原子只与另外 3 个碳原子连接的，称为叔（三级）碳原子（可用 3°代号表示）。叔碳原子所连接的氢原子，称为叔氢原子。

（4）季碳原子：碳原子只与另外 4 个碳原子连接的，称为季（四级）碳原子（可用 4°代号表示）。季碳原子的价键已饱和，不再和氢结合。

例如：

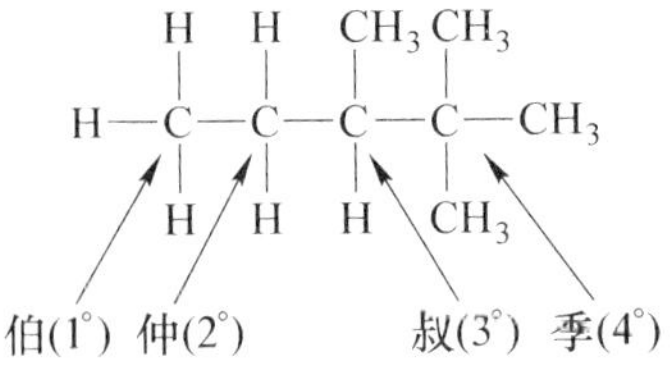

2.2　烷烃的命名

有机化合物的种类、数目繁多，命名非常重要。例如表 2-1 中 $C_{10}H_{22}$的同分异构体有 75 个，如果没有一个完整的命名方法，就很难称呼，并容易造成混乱。一个正确的名称，就可以反映出分子的组成和结构。因此，有机化合物的命名是有机化学重要的基本内容之一。

2.2.1　习惯命名法

习惯命名法是按碳原子数目的多少命名。碳原子数在 10 以内的，依次用甲、乙、丙、丁、戊、己、庚、辛、壬、癸等天干名称来命名。碳原子数在 10 以上的，就直接用碳的数目来命名。例如，C_8H_{18} 称为辛烷，$C_{12}H_{26}$ 称为十二烷。习惯上，把直链烷烃称为“正”某烷，把带有 $(CH_3)_2CH—CH_2—$碳链的烷烃称为“异”某烷。把 1 个碳原子与 4 个碳原子相连接的烷烃用字头“新”字来表示。例如：

正戊烷

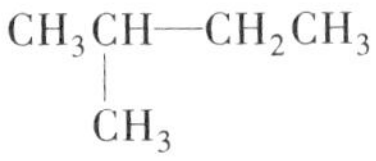
异戊烷

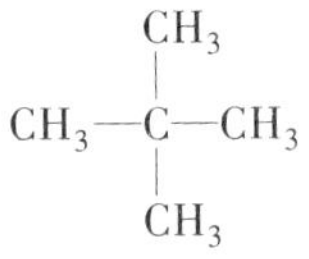
新戊烷

习惯命名法只适用结构比较简单的烷烃。对于碳原子数较多，异构体数目较多的烷烃来说，习惯命名法很难适用。

2.2.2　衍生命名法

衍生命名法是以甲烷为母体，把其他的烷基作为取代基。命名时，选择一个含支链最多的（也就是连有烷基最多的）碳原子作为甲烷的碳原子来命名。例如：

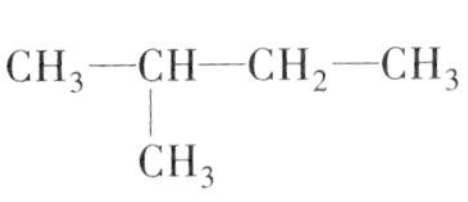
二甲基乙基甲烷

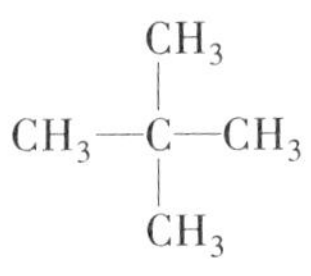
四甲基甲烷

这种命名法虽比习惯命名法能反映出分子的结构，但较为复杂的烷烃，命名时仍感不便。

2.2.3　系统命名法

目前有机化合物的系统命名法是采用国际通用的纯粹与应用化学联合会（IUPAC，

International Union of Pure and Applied Chemistry）命名原则，结合我国文字特点制定的。系统命名法是广泛使用的命名方法，基本原则如下。

2.2.3.1 直链烷烃

直链烷烃的系统命名与习惯命名法相同，只是把“正”字省略。例如：

$CH_3CH_2CH_3$	$CH_3(CH_2)_4CH_3$	$CH_3(CH_2)_{10}CH_3$
丙烷	己烷	十二烷

2.2.3.2 支链烷烃

带支链的烷烃可以看作是直链烷烃基衍生物，可按下列规定命名：

（1）从结构式中选取最长的碳链作为主链，把支链作为取代基，根据主链所含碳原子数称为“某”烷。

（2）将主链上的碳原子从靠近支链的一端开始，依次用阿拉伯数字1、2、3、…编号。支链所在的位置，以它所连接的主链上碳原子的编号来表示。

（3）把取代基的名称写在烷烃名称的前面，用阿拉伯数字加一短横标明取代基所在的位置。应使取代基的编号最小。

（4）如果主链上含有几个不同的取代基，可把简单的取代基名称写在前面，复杂的写在后面，如果含有几个相同的取代基，可在取代基名称前面用二、三、四、…来表示其数目。例如：

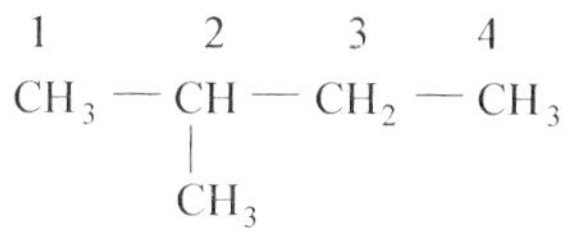

2-甲基丁烷

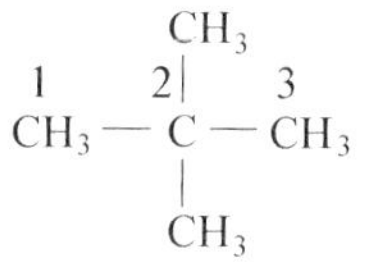

2,2-二甲基丙烷

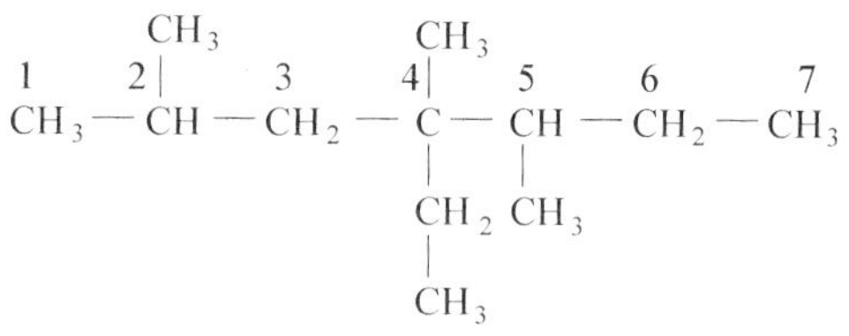

2,4,5-三甲基-4-乙基庚烷

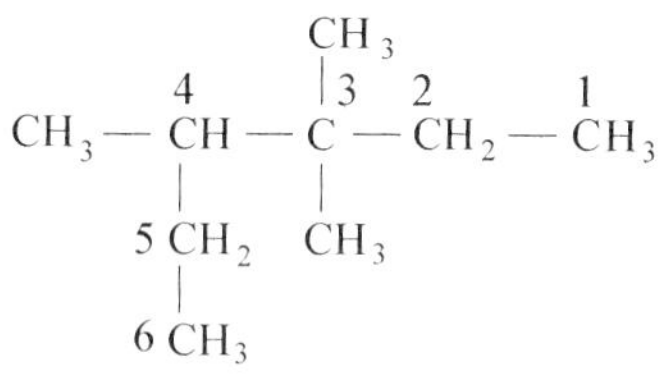

3,3,4-三甲基己烷

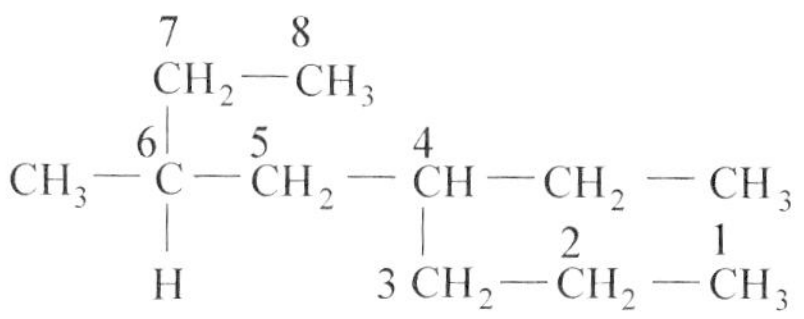

编号不正确

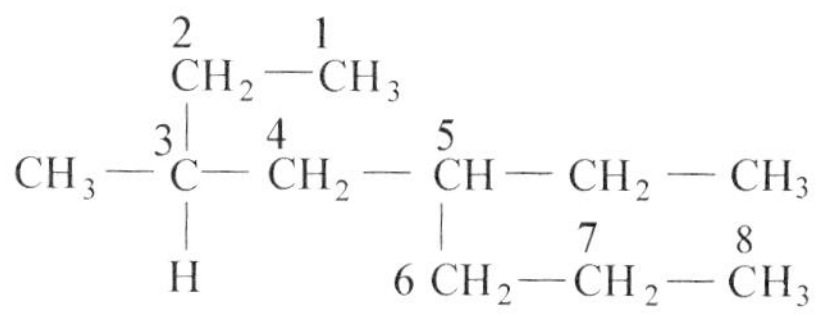

编号正确

3-甲基-5-乙基辛烷

2.3 烷烃的结构

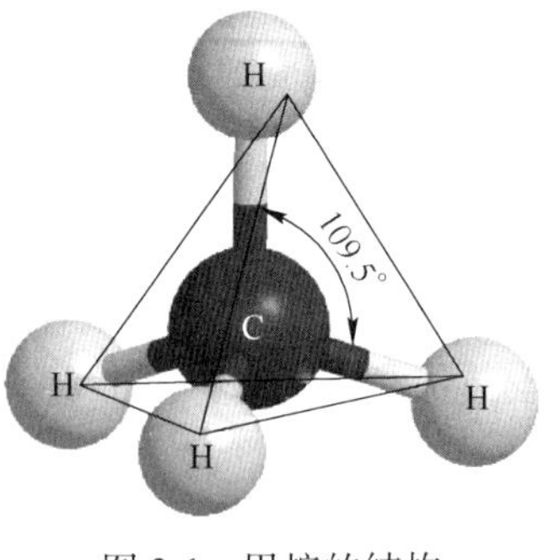

图 2-1 甲烷的结构

甲烷的结构如图 2-1 所示，碳原子处在一个正四面体的中心，它的四个价键对称地分布在它的周围，从这个中心指向正四面体的四个顶点，两个键之间所成的夹角为 109.5°。

在绪论中已简单地介绍了甲烷的正四面体结构模型（见图 1-2），但要进一步了解烷烃的结构，就必须由碳原子的杂轨道来加以解释。从碳原子在基态下的电子构型（$1s^2 2s^2 2p_x^{\ 1} 2p_y^{\ 1}$）来看，1s 和 2s 轨道都已被电子填满，只有 $2p_x$ 和 $2p_y$ 轨道中各有 1 个电子占据，所以碳原子应该是二价，但事实证明，碳在绝大多数有机化合物中都有四价。在甲烷分子中，碳与 4 个氢原子结合成键时，必定有 1 个 2s 电子获得一定能量，被激发跃迁到 $2p_z$ 空轨道上，才形成 $1s^2 2s^1 2p_x^{\ 1} 2p_y^{\ 1} 2p_z^{\ 1}$ 的电子构型，有 4 个各占 1 个轨道的未成对的电子，如图 2-2 所示。激发所需的能量可以从成键时所释放出的能量得到补偿。但这样的 4 个未成对电子的轨道形状和方向是不完全相同的（见图 2-3），其中 1 个是 s 轨道，3 个是 p 轨道。如按这样的 4 个轨道形成的 4 个共价键，也将不等同。然而事实上，在甲烷分子中 4 个价键是完全等同的，键角都是 109.5°。因此，鲍林（L. Pauling）提出了原子轨道杂化理论来加以解释，认为原子在化合过程中，为了使形成的化学键强度更大，更有利于体系能量的降低，1 个 s 轨道和 3 个 p 轨道就重新组成 4 个新的轨道，这种 s 轨道与 p 轨道的组合就称为“杂化”。杂化后的轨道就称为杂化轨道，也就是说 1 个 s 轨道和 3 个 p 轨道经过杂化后，形成 4 个完全等同的 sp^3 杂化轨道（每一个轨道相当于 1/4s 成分与 3/4p 成分）。如图 2-2~图 2-4 所示。

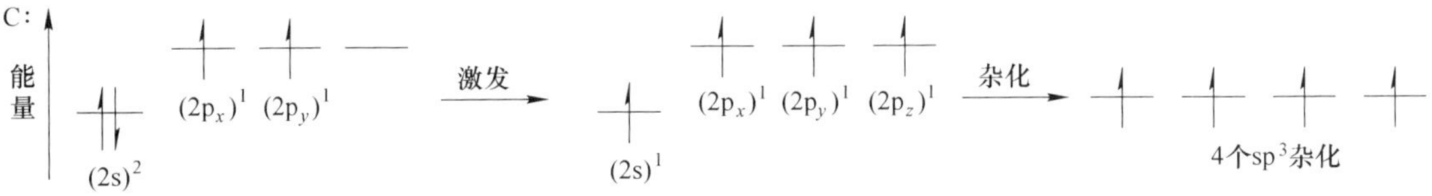

图 2-2 碳原子 2s 轨道上的电子激发到 2p 轨道并杂化成 4 个 sp^3 杂化轨道

从图 2-5 中可以看出，甲烷分子中的 4 个氢原子的 4 个 s 轨道与碳原子的 4 个 sp^3 杂化轨道，沿着它们的键轴方向重叠而形成 4 个 C—H σ 键，成键原子可以绕轴相对旋转而不影响电子云的重叠，也就是说，这种键的电子云分布具有圆柱形的轴对称。长轴在两原子核的连接线上，这样的共价键称为 σ 键，σ 键的特性是重叠程度较大，键比较牢固，相对旋转时不会遭到破坏。

乙烷分子中的两个碳原子各以 sp^3 杂化轨道重叠而形成 σ 键，如图 2-6 所示。

虽然碳链实际上是如锯齿状曲折的，但是为了方便，常用平面结构式把碳链写成直线形式来表示烷烃的结构。现在也用键线式来书写分子结构，键线式中只需写出锯齿形骨

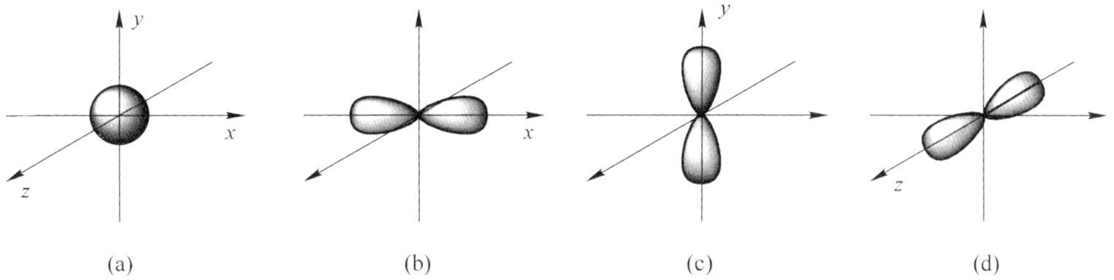

图 2-3 s 与 p 轨道的电子云形状和空间取向

（a）2s；（b）$2p_x$；（c）$2p_y$；（d）$2p_z$

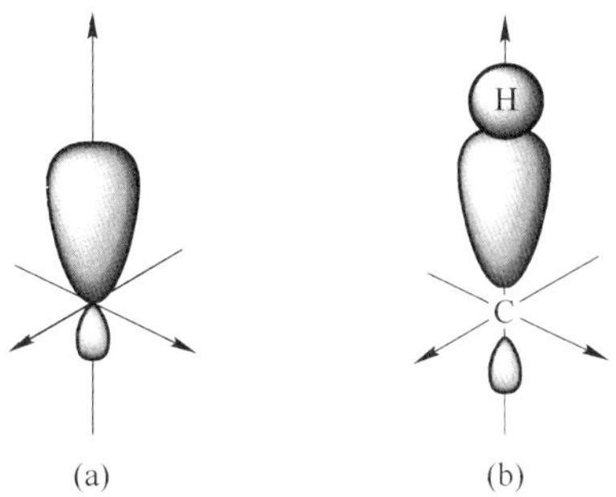

图 2-4 sp^3杂化轨道（a）和氢原子的 s 轨道与碳原子的 sp^3杂化轨道（b）形成 σ 键

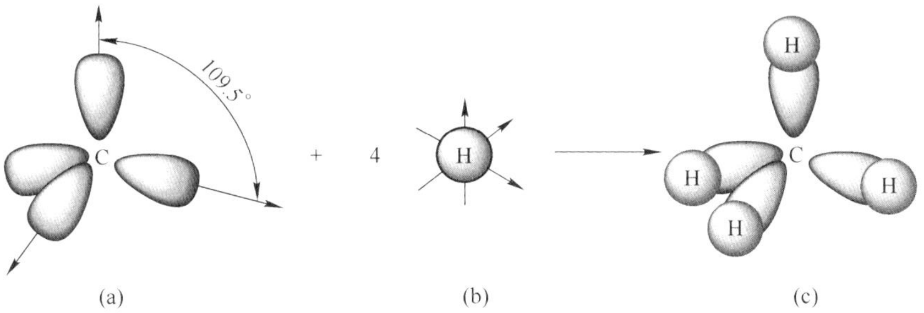

图 2-5 由 sp^3 杂化碳原子和氢原子形成的甲烷

（a）碳的 4 个 sp^3杂化轨道指向正四面体的 4 个顶点；

（b）4 个氢原子的 s 轨道；（c）s 轨道与 sp^3轨道形成甲烷

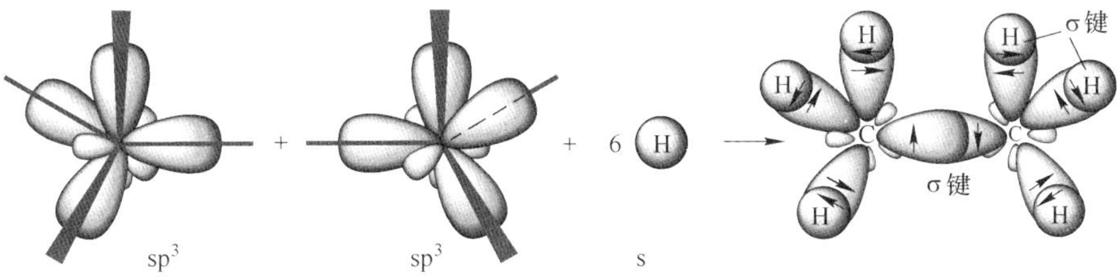

图 2-6 2 个 sp^3杂化碳原子与 6 个氢原子的轨道重叠形成乙烷

架，用锯齿形线的角度（120°）及其端点代表碳原子，不需写出每个碳原子上所连的氢原子，但除氢原子以外的其他原子必须写上。例如：

3-乙基己烷 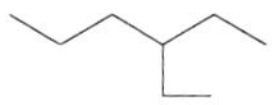 $CH_3CH_2CH_2CH(CH_2CH_3)_2$

2-甲基-3-氯戊烷 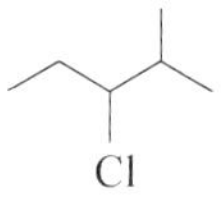 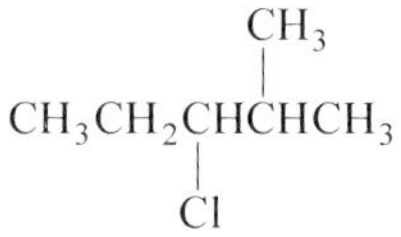

2.4 乙烷的构象

乙烷分子中的两个甲基以 C—C σ 单键相连，可以自由旋转，在旋转过程中，如果把一个甲基固定，而使另一个甲基绕 C—C 键旋转，则两个碳原子上所连接的氢原子的相对位置不断发生变化，随着键轴的旋转就可以产生许多不同的排列形式。这种由于围绕碳碳单键旋转而产生的分子中的各原子或基团在此空间的不同排列形式称为构象。σ 键的旋转角度可以无限小，所以乙烷的构象也有无限种。同一种化合物可能有许多构象，不同的构象可以通过单键的旋转由一种转变为另一种。但最有典型意义的只有两种构象，一种是交叉式，另一种是重叠式。

从图 2-7 中可以看出：透视式（也称锯架式）的构象表示从侧面看到的乙烷分子模型，比较直观。虽然能够从透视式看到各个键，但不能表达各个氢原子之间的相对位置。因此，纽曼（Melvin Newman）提出了投影式，纽曼式投影法是以投影的方法观察和表示分子的立体结构。规定从 C—C 单键的延长线上观察分子，投影时以圆圈表示碳碳单键上的碳原子。由于前后两个碳原子重叠，纸面上只能画出一个圆圈。前面碳上 3 个 C—H 键可以从圆心出发，彼此以 120°夹角向外伸展的 3 根线代表，用 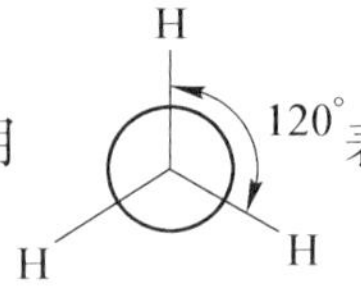

表示。后面碳上的 3 个 C—H 键，则可以从圆周出发彼此以 120°夹角向外伸展的 3 根线代表，用 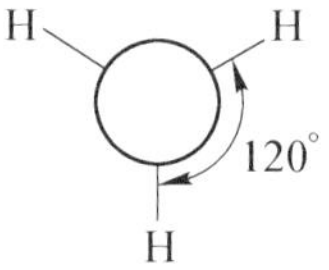

表示。

将前面一个甲基固定，并将这甲基的氢原子朝上作为标准，然后把后面的一个甲基沿着 C—C 键轴旋转，当前后两个碳上的 C—H 键在纸面上的投影线之间的夹角为 0°时，两个甲基上的氢原子相互重叠，这种构象称为重叠式构象。当旋转角度达到 60°时，后面一个甲基上的氢原子正好在前面一个甲基上的两个氢原子之间，这时两个甲基互相交叉，这种构象称为交叉式构象。

在交叉式构象中，前后两个碳原子上的两个氢原子以及两个碳氢键的 σ 电子对之间的距离最远，相互排斥的力最小，整个分子体系的能量最低，这种构象最稳定。在重叠式构象中，由于前后两个碳原子上的两个氢原子相对，以及两个碳氢键的 σ 电子对之间的距离最近，整个分子体系的能量最高，这种重叠式构象也最不稳定。重叠式构象的能量比交叉式构象的能量约高 12.6 kJ/mol。在室温下，乙烷分子是交叉式构象和重叠式构象的平衡混合物，而能量最低的交叉式构象一般要多得多。

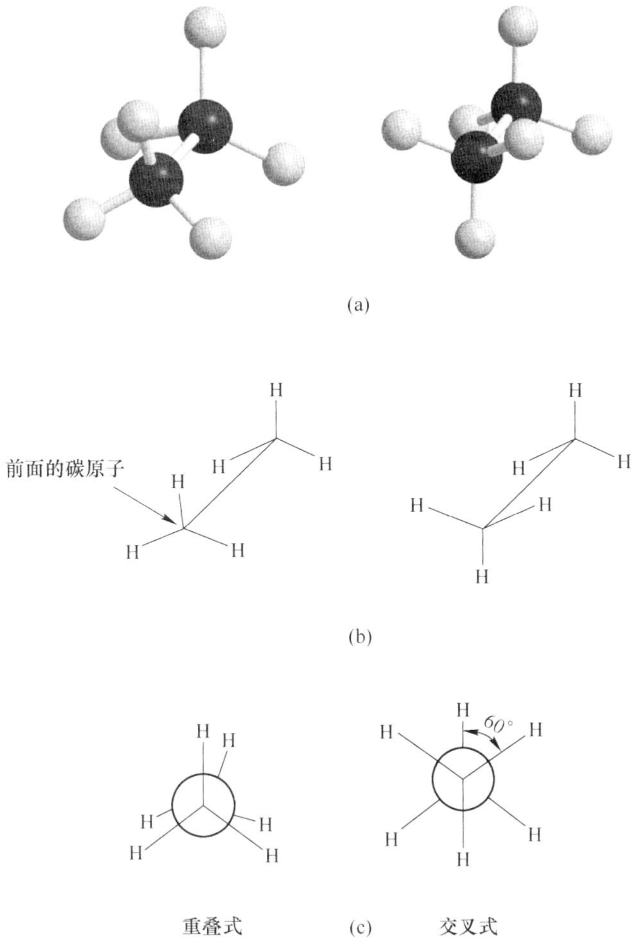

图 2-7 乙烷的两种构象

（a）球棒模型；（b）锯架式；（c）纽曼投影式

2.5 烷烃的物理性质

纯粹的有机化合物在一定条件下都具有固定的物理常数，通过物理常数的测定，可用来鉴定它们的纯度。烷烃的物理常数见表 2-2。

表 2-2 一些直链烷烃的物理常数

名称	分子式	沸点/℃	熔点/℃	相对密度
甲烷	CH_4	-161.7	-182.6	—
乙烷	C_2H_6	-88.6	-182.8	—
丙烷	C_3H_8	-42.00	-187.1	0.5005

续表 2-2

名称	分子式	沸点/℃	熔点/℃	相对密度
丁烷	C_4H_{10}	-0.5	-138.4	0.5788
戊烷	C_5H_{12}	36.1	-129.3	0.6264
己烷	C_6H_{14}	68.7	-94.0	0.6594
庚烷	C_7H_{16}	98.4	-90.5	0.6837
辛烷	C_8H_{18}	125.6	-56.8	0.7028
壬烷	C_9H_{20}	150.7	-53.7	0.7179
癸烷	$C_{10}H_{22}$	174.0	-29.7	0.7298
十一烷	$C_{11}H_{24}$	195.8	-25.6	0.7404
十二烷	$C_{12}H_{26}$	216.3	-9.6	0.7493
十三烷	$C_{13}H_{28}$	245.4	-6	0.7568
十四烷	$C_{14}H_{30}$	251	5.5	0.7636
十五烷	$C_{15}H_{32}$	268	10	0.7688
十六烷	$C_{16}H_{34}$	280	18.1	0.7749
十七烷	$C_{17}H_{36}$	303	22.0	0.7767
十八烷	$C_{18}H_{38}$	308	28.0	0.7767
十九烷	$C_{19}H_{40}$	330	32.0	0.7776
二十烷	$C_{20}H_{42}$	343	36.4	0.7886
三十烷	$C_{30}H_{62}$	449.7	66	0.7750

2.5.1 物态

在常温常压下，$C_1 \sim C_4$的直链烷烃是气体，$C_5 \sim C_{16}$的直链烷烃是液体，17 个碳原子以上的直链烷烃是固体。

2.5.2 沸点

烷烃分子是依靠范德华力结合在一起的。烷烃分子的大小影响范德华力的强弱。一般随着碳链的增长、相对分子质量的增大而增大，分子间的范德华力增强，烷烃的沸点也相应增强。相邻两个烷烃虽有固定的系差—CH_2—，但它们的沸点差不相等。低级烷烃的差值较大，从戊烷开始，每增加一个碳原子，沸点升高 20～30 ℃。在碳原子数相同的异构体中，直链烃的沸点较高，支链越多，沸点越低。因为支链烃不如直链烃的分子排列紧密。正烷烃的沸点如图 2-8 所示。

相同碳原子数量的构造异构体，分子的支链越多，则沸点越低。这是因为支链增多，使分子间的范德华力减弱，所以，在较低温度下，就可以克服范德华力而沸腾。

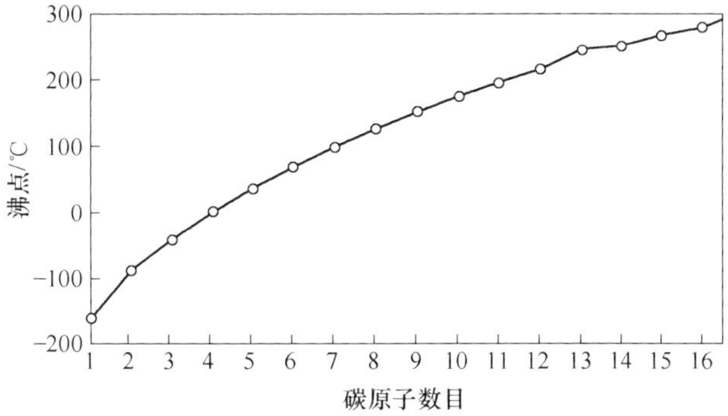

图 2-8 正烷烃的沸点

2.5.3 熔点

烷烃熔点的变化，基本上也是随着碳链的增长、相对分子质量的增大而升高。甲烷至丙烷的熔点变化不规则，其他直链烷烃同系物的熔点基本上随相对分子质量的增大而升高，因为分子越大，表面积就越大，分子之间的接触就增多，分子间的作用也增强。熔点变化不像沸点变化有规律，因为晶格中分子间作用力，不仅与相对分子质量有关，而且还与晶格中晶格点上的分子的排列是否对称有关。一般偶数碳链的对称性较高，排列比较紧密，它们的熔点要比奇数碳原子的烷烃熔点高，如图 2-9 所示。

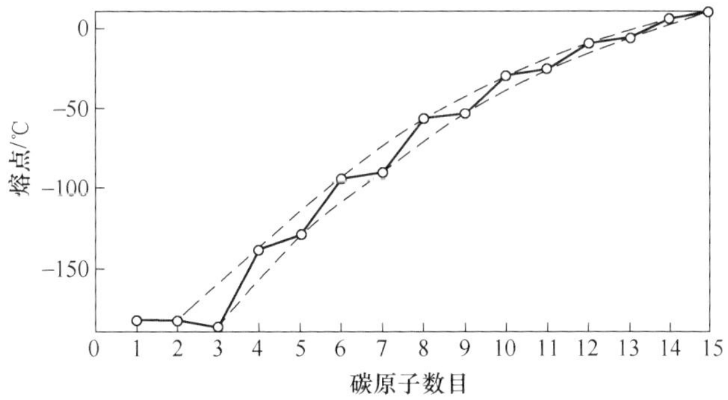

图 2-9 正烷烃的熔点

2.5.4 相对密度

烷烃的相对密度一般随着碳链的增长、相对分子质量的增大而有所增大，烷烃的相对密度都小于 1，最大接近于 0.8 左右。相对密度的增大是由于分子间的范德华力一般随着碳链的增长、相对分子质量的增大而增大，分子间的距离相对减小造成的。

2.5.5 溶解性

烷烃是非极性强极性很弱的有机化合物，它几乎不溶于水（极性溶剂），而易溶于乙醚、汽油、四氯化碳等有机溶剂。溶质溶于溶剂时，只有当溶剂分子之间、溶质分子之间，以及溶剂与溶质分子之间的相互吸引力相近时，溶解才容易进行，符合“相似相溶”

规则。烷烃是非极性分子，水分子间（氢键的存在）相互吸引力较大，而烷烃与水分子间相互吸引力较小，所以烷烃不溶于水。而甲烷分子间、甲烷与四氯化碳分子间相互吸引力大小相近，故甲烷能溶于四氯化碳中。

2.6 烷烃的化学性质

有机化合物的化学性质取决于其分子结构。烷烃都是以能量较高的 σ 键相连，键比较牢固，而且 C—H 键的极性又很小，因此，烷烃的化学性质很不活泼，是比较稳定的化合物。一般在常温下烷烃与强酸（如浓 H_2SO_4）、强碱（如 NaOH）、强氧化剂（如 $KMnO_4$）等活泼化学试剂都不起反应。由于烷烃有很好的稳定性，所以常用作溶剂或润滑剂等。但是反应的活性是相对的，在一定条件下，如高温、高压、光照或催化剂存在下，烷烃也可以发生一定化学反应。

2.6.1 氧化反应

烷烃是一种化学性质非常稳定的化合物，常温下烷烃与强酸强碱、强氧化剂都不发生化学反应。但在烷烃发火点以下，有催化剂存在时，与氧发生部分氧化生成醇、醛、酮、酸等含氧有机化合物。工业上就是利用这个方法从高级烷烃制取高级脂肪酸。例如，石蜡（C_{17}以上的固态烃混合物，主要是 C_{20} ~ C_{30}）在锰盐存在下，于 120~160 ℃进行部分氧化，可生成复杂的反应产物，经分离能取得十碳到二十碳的脂肪酸，可用作肥皂、表面活性剂等的原料。

$$R—CH_3 \xrightarrow[\text{部分氧化}]{\text{锰盐，}O_2} \begin{matrix} R—CH_2OH \\ R—CHO \\ R—COOH \end{matrix} \quad \text{等}$$

$$R—CH_2—CH_2—R' + O_2 \xrightarrow{\text{催化剂}} R—COOH + R'—COOH$$

烷烃在高温和足够的空气中燃烧，则完全氧化生成二氧化碳和水，并放出大量的热能，可供作内燃料。一般反应式可表示如下：

$$C_nH_{2n+2} + \frac{3n+1}{2}O_2 \longrightarrow nCO_2 + (n+1)H_2O + \text{热能}$$

$$CH_4 + 2O_2 \longrightarrow CO_2 + 2H_2O + 382\ kJ/mol$$

$$2C_2H_6 + 7O_2 \longrightarrow 4CO_2 + 6H_2O + 1514\ kJ/mol$$

低级烷烃的蒸气与空气混合，达到一定的比例时，遇到火花就发生爆炸。例如，甲烷的爆炸极限是 5.3%~14%（体积），即空气中甲烷的含量在这个范围之内，遇火就会爆炸，煤矿爆炸事故即由于此。

2.6.2 裂化反应

烷烃在隔绝空气下加热和加压（一般在 400~700 ℃，压力 2.0~2.5 MPa），就发生碳链或碳氢键断裂，生成各种较低级的碳氢化合物。这种在加热、加压下使烷烃的分子发生裂解的过程称为热裂。热裂反应在炼油工业中称为裂化。在催化剂（如硅酸铝）存在下的裂化称为催化裂化。裂化反应是个复杂的过程，其产物为许多化合物的混合物；分子中含碳原子越多，产物也越复杂；反应条件不同，产物也不同。但从主要反应的实质上看，是 C—C 键和 C—H 键断裂分解的反应。由于 C—C 键的键能（347 kJ/mol）小于C—H 键的键能（414 kJ/mol），所以一般 C—C 键比 C—H 键更容易断裂。

烷烃中以甲烷的热稳定性最大。其他烷烃随相对分子质量的增加，对热的稳定性逐渐降低。在同碳数的烷烃异构体中，带支链的烷烃较直链烃易发生热裂。热裂反应非常复杂，并伴有脱氢反应和碳化反应，除生成低级烷烃外，还有烯烃和氢气产生，产物是复杂的混合物，而且由于压力和温度不同，所得到的产物也不同。例如丁烷热裂，所产生的低级烷烃和烯烃等混合物如下式所示：

$$CH_3-CH_2-CH_2-CH_3 \xrightarrow{\text{热裂}} \begin{cases} CH_4 + CH_2CH=CH_2 & \text{(甲烷和丙烯)} \\ CH_3CH_3 + CH_2=CH_2 & \text{(乙烷和乙烯)} \\ H_2 + CH_3-CH_2-CH=CH_2 & \text{(氢气和丁烯)} \end{cases}$$

热裂反应在石油工业中很重要，可用来使高级复杂的碳氢化合物变为含碳数较少的简单的碳氢化合物，以制取和提高汽油的产量和质量。例如，从原油分馏只能得到 20% 汽油，而且质量较差，如果采用催化裂化方法（例如，硅酸铝在下进行裂化），就可以提高汽油的产量，并因其中含有不饱和烃，可使汽油的抗震性提高。

2.6.3 氯化反应

烷烃与氯在黑暗中不起反应，但在强烈的日光照射下，则反应剧烈，甚至爆炸而生成氯化氢和碳。在漫射光、热、过氧化物或某些催化剂作用下，烷烃分子中的氢原子可逐个被氯取代，生成一氯代、二氯代等氯代烃的混合物。这种由氯原子取代烷烃中氢原子的反应，称为氯化反应。在氯化反应中，叔氢比仲氢容易取代，仲氢比伯氢容易取代。甲烷的氯化反应如下：

$$CH_4 + Cl_2 \xrightarrow[\text{或高温}]{\text{漫射光}} CH_3Cl + HCl$$

$$CH_3Cl + Cl_2 \xrightarrow[\text{或高温}]{\text{漫射光}} CH_2Cl_2 + HCl$$

$$CH_2Cl_2 + Cl_2 \xrightarrow[\text{或高温}]{\text{漫射光}} CHCl_3 + HCl$$

$$CHCl_3 + Cl_2 \xrightarrow[\text{或高温}]{\text{漫射光}} CCl_4 + HCl$$

通常甲烷的氯化反应得到的是四种氯化产物的混合物，由于四种氯甲烷沸点不同，可以通过精馏分离。反应条件和反应物中氯和甲烷用量的比例对反应产物的组成都有一定的影响。控制适当的光照时间、温度和甲烷与氯的摩尔比，可使其中一种反应成为主反应。例如，工业上在 400~450 ℃采用热氯化的方法，控制甲烷与氯的摩尔比为 10∶1，主要产物为一氯甲烷；甲烷与氯的摩尔比为 0.263∶1 时，主要产物为四氯甲烷。

2.6.4 自由基取代反应机理

反应机理就是化学反应所经历的过程的详细描述和理论解释。了解了反应机理，可以帮助我们更好地掌握反应在开始、中间及终极时的反应步骤、中间体及其变化规律，研究反应的最佳条件，以达到掌握和控制反应的目的。氯化反应所经历的过程，即反应历程，已为实验所证明，是自由基（或称游离基）取代反应。甲烷的氯化，首先是氯分子在光照下，吸收一个光子，均裂生成具有未成对电子的氯原子（自由基），反应即由此开始。

$$Cl \vdots Cl \xrightarrow{h\nu} 2Cl\cdot \quad (2\text{-}1)$$

氯自由基非常活泼，有夺取一个电子形成稳定的八隅体的倾向，当它一生成，就与甲烷作用，夺取甲烷分子中的一个氢原子而生成氯化氢与甲基自由基：

$$Cl\cdot + CH_4 \longrightarrow \cdot CH_3 + HCl \quad (2\text{-}2)$$

甲基自由基也非常活泼，它与氯分子作用生成氯甲烷和新的氯自由基：

$$\cdot CH_3 + Cl_2 \longrightarrow CH_3Cl + Cl^- \quad (2\text{-}3)$$

这个新的氯自由基又可与甲烷作用，重复进行反应（2-2），或与氯甲烷作用生成氯甲基自由基：

$$CH_3Cl + Cl\cdot \longrightarrow \cdot CH_2Cl + HCl \quad (2\text{-}4)$$

氯甲基自由基再与 Cl_2 作用就生成二氯甲烷和氯自由基：

$$\cdot CH_2Cl + Cl_2 \longrightarrow CH_2Cl_2 + Cl\cdot \quad (2\text{-}5)$$

如此循环反应，生成一氯甲烷、二氯甲烷、三氯甲烷和四氯化碳。这样一连串继续不断地进行下去的反应就称为连锁反应。反应（2-1）称为链的引发，反应（2-2）～反应（2-5）称为链的传递。

反应物中的氯自由基或甲基自由基可以自由自相结合或相互结合，生成稳定的氯分子、乙烷或氯甲烷，从而使反应终止。这个反应步骤称为链的终止。

$$Cl\cdot + Cl\cdot \longrightarrow Cl_2 \quad (2\text{-}6)$$

$$\cdot CH_3 + \cdot CH_3 \longrightarrow CH_3CH_3 \quad (2\text{-}7)$$

$$Cl\cdot + \cdot CH_3 \longrightarrow CH_3Cl \quad (2\text{-}8)$$

自由基反应大都是在光、热、过氧化物或某些催化剂作用下进行，并且一般都是在气相中或非极性溶剂中进行。

2.7 烷烃的来源和制法

烷烃的主要天然来源是石油和天然气，是重要的化工原料和能源物资。

2.7.1 石油的分馏产物

烷烃主要来自石油。一般认为，石油是古代的动植物体经细菌、地热、压力及其他无机物的催化而生成的物质。其主要成分是多种烃类（开链烷烃、环烷烃和芳烃）的复杂混合物，其组成随产地而异。我国玉门、大庆、四川、西北的石油，主要是烷烃基石油。开采出来未加工的，称为原油，是黑褐色黏稠液体，须经加工炼制才成为各种石油产品。一般是首先把溶解在石油中的气体烃类分离出来后，再根据不同需要，按一定的沸点范围，把石油分馏成若干馏分，以适应各种不同用途，见表 2-3。

表 2-3 石油主要馏分的大致分馏区间

馏分	沸点范围/℃	主要成分	燃料的应用
石油气	40 以下	$C_1 \sim C_4$	燃料、化工原料
石油醚	30~60	$C_5 \sim C_6$	溶剂
汽油	40~75	$C_4 \sim C_9$	内燃机燃料、溶剂
石脑油	75~190	$C_8 \sim C_{12}$	辛烷值太低，不直接用作车用汽油
煤油	145~310	$C_{10} \sim C_{16}$	家用燃料、喷气燃料、工业洗涤油
柴油	180~350	$C_{16} \sim C_{18}$	柴油机燃料
润滑油	300 以上	$C_{18} \sim C_{22}$	润滑
瓦斯油	250~350	$C_{15} \sim C_{20}$	柴油、燃料
石蜡	350 以上	$C_{20} \sim C_{22}$	制皂、蜡烛、蜡纸、脂肪酸等
常压渣油	350 以上	C_{20}以上	大型加热设备用燃料
沥青	350 以上		防腐绝缘材料、铺路等

注：汽油（petrol）在内燃机中燃烧而发生爆燃或爆震，这会降低发动机的功率并会损伤发动机。燃料引起爆震的倾向，用辛烷值（octane value）表示，在汽油燃烧范围内，将2,2,4-三甲基戊烷的辛烷值定为100。辛烷值越高，防止发生爆震的能力越强。6个碳以上的直链烷烃辛烷值很低，带支链的、不饱和的脂环特别是芳环最为理想，有的超过100。大部分现代化的设备要求辛烷值在90~100之间。可将石脑油、常压渣油，有时也用瓦斯油经过加工，将辛烷值提高到95左右，再掺入汽油中使用。加工方法之一是催化重整（catalytic reforming），主要将石脑油中C_6以上成分芳构化（aromatization），即成芳香烃。此法除使石脑油提高辛烷值外，在化工中主要用来生产芳香烃；加工方法之二为催化裂化，此法除能提高辛烷值外，在化工中主要用于生产丙烯、丁烯。

2.7.2 甲烷（天然气）的综合利用

天然气也广泛存在于自然界，是蕴藏在地层内的可燃气体，其主要成分为低级烷烃（75%甲烷、15%乙烷、5%丙烷、5%其他较高级的烷烃）的混合物。讨论天然气的利用也就是讨论甲烷的利用。天然气除可用作燃料、焊接、液化后与汽油混用外，以天然气作为化工原料的生产，随着有机工业的发展，用途日益扩大。下面是甲烷的几个主要的利用方面。

2.7.2.1 甲烷氧化或热裂

甲烷在高温及部分氧化的条件下，可生成乙炔。

$$2CH_4 \xrightarrow[\text{部分氧化}]{1500\ ℃} CH{\equiv}CH + 3H_2$$

$$4CH_4 + O_2 \xrightarrow[\text{部分氧化}]{1500\ ℃} CH{\equiv}CH + 7H_2 + 2CO$$

空气或氧气

在催化剂（如钨、钒、铬）存在下，反应温度可降到1000 ℃。

甲烷在适当的催化剂和温度、压力下，也可直接通过氧化生成甲醇、甲醛或甲酸。

$$CH_4 + O_2 \xrightarrow[500 \sim 600\ ℃]{\text{硼砂，NO}} HCHO + H_2O$$

$$CH_4 + \frac{1}{2}O_2 \xrightarrow[350 \sim 470\ ℃,\ 16 \sim 20\ MPa]{Cu} CH_3OH$$

甲烷还可通过氧化或热裂来生产炭黑，用作橡胶填料。

$$CH_4 + O_2 \xrightarrow[\text{（足够的空气）}]{\text{高温}} C + 2H_2O$$

$$CH_4 \xrightarrow{1200\ ℃} C + 2H_2$$

2.7.2.2　甲烷与水蒸气作用

将甲烷和水蒸气通过贮有镍（或 Al_2O_3）催化剂的反应器，在 850 ℃左右，就发生转化作用，生成一氧化碳和氢气。

$$CH_4 + H_2O \xrightarrow[\text{或 } Al_2O_3\text{，800 ~ 1000 ℃}]{\text{Ni，850 ℃}} CO + 3H_2$$

一氧化碳和氢气可用来合成直链烷烃、甲醇、合成氨等，工业上称为合成气。例如：

$$nCO + (2n+1)H_2 \xrightarrow[\text{钴或镍或氧化铁}]{200\ ℃\text{，}0.7\ MPa} C_nH_{2n+2} + nH_2O$$

2.7.2.3　甲烷与氨气及空气作用

甲烷在铂的催化剂作用下，与氨气和空气中的氧于 1000～1200 ℃可发生氨氧化反应，生成氢氰酸。

$$2CH_4 + 2NH_3 + 3O_2 \longrightarrow 2HCN + 6H_2O$$

氢氰酸是制备染料、农药和有机玻璃等的原料。

2.7.3　烷烃的制法

从石油中获得的烷烃都是混合物，分离成纯净的单一物质非常难。纯净的烷烃通常是采用合成方法来制备。

（1）烯烃加氢。

$$CH_3-CH=CH-CH_3 + H_2 \xrightleftharpoons[25\ ℃\text{，}5\ MPa]{\text{Ni，乙醇}} CH_3-\underset{H}{\overset{H}{\underset{|}{\overset{|}{C}}}}-\underset{H}{\overset{H}{\underset{|}{\overset{|}{C}}}}-CH_3$$

（2）Corey-House 合成。

$$(CH_3)_2CuLi + CH_3(CH_2)_3CH_2I \xrightarrow[3.5\ h\text{，}98\%]{\text{乙醚}} CH_3(CH_2)_3CH_2CH_3$$

3 烯　　烃

分子内含有一个碳碳双键（C ═ C）的烃称为烯烃，碳碳双键是烯烃的官能团。它们属于不饱和烃。烯烃包括链状烯烃（通称烯烃）和环状烯烃（通称环烯烃）。开链烯烃可以看作是相应的烷烃分子中，在相邻的两个碳原子上各失去一个氢原子后所形成的化合物，它的通式是 C_nH_{2n}。

3.1 烯烃的构造异构和命名

3.1.1 烯烃的构造异构

烯烃的异构现象比烷烃复杂，除有构造异构外，还有顺反异构。4 个碳以上的烯烃，除了碳链的异构外，还由于双键官能团的位置不同而产生异构，这种异构称为官能团位置异构。碳链异构和双键官能团位置异构都属于构造异构。因此，烯烃的异构体比同碳数的烷烃的异构体数目多。例如：丁烷只有 2 个异构体，而丁烯有 3 个异构体：

$$CH_3CH_2CH=CH_2,\quad CH_3CH=CHCH_3,\quad CH_3-\underset{\displaystyle CH_3}{\underset{|}{C}}=CH_2 \tag{3-1}$$

3.1.2 烯烃的命名

烯烃的命名和烷烃相似，也有习惯命名法、衍生命名法和系统命名法。

3.1.2.1　习惯命名法

某些低级烯烃，习惯上采用“正”“异”“对称”“不对称”等词。加在烯烃“天干”名称之前称呼。例如：$CH_3CH_2CH=CH_2$称为正丁烯。丁烯异构体的命名见表 3-1。

表 3-1　丁烯异构体的命名

结构式	习惯命名法	衍生命名法	系统命名法
$CH_3CH_2CH=CH_2$	正丁烯（α-丁烯）	乙基乙烯	丁-1-烯
$CH_3CH=CHCH_3$	对称二甲基乙烯（β-丁烯）	1,2-二甲基乙烯	丁-2-烯
$CH_3-\underset{\displaystyle CH_3}{\underset{\vert}{C}}=CH_2$	不对称二甲基乙烯，异丁烯	1,1-二甲基乙烯	2-甲基丙烯

3.1.2.2　衍生命名法

烯烃的衍生命名法是以乙烯为母体，把其他烯烃看作是乙烯的烷基衍生物来命名。这种命名法只适用于简单的烯烃。例如：$CH_3CH_2CH=CH_2$称为乙基乙烯。

3.1.2.3　系统命名法

烯烃的系统命名法按如下规则来命名。

(1) 选择分子内最长的碳链作为主链，而支链则作为取代基。如果主链包含双键，就根据主链的碳原子数命名为“某烯”。如果主链不包含双键则仍按“某烷”命名。

(2) 将主链上的碳原子按次序编号。如主链包含双键，应从靠近双键的一端开始，用1、2、3、…数字标出碳原子的位次。双键的位次用2个碳原子中编号小的位次表示，写在“某”和“烯”之间，前后用半字线相连，记为某-*x*-烯（*x*为双键位次编号）。

(3) 把取代基在主链上所处的位次、数目和名称写在“某烯”之前，其原则和书写格式与烷烃的命名原则相同；若碳碳双键位次处在1位，命名时“1”字有时可省略。

与烷烃不同，烯烃的主链的碳原子数多于10个时，在命名时，中文数字与烯字之间应添加一个“碳”字，称为“某碳烯”：

$CH_3(CH_2)_3CH=CH(CH_2)_4CH_3$　　十一碳-5-烯

$CH_3(CH_2)_{10}CH=CH_2$　　十三碳-1-烯

通常将碳碳双键位次处在端位（双键在C_1和C_2之间）的烯烃，统称为α-烯烃，例如：1-戊烯也叫α-戊烯。这一术语在石油化学工业中使用较多。

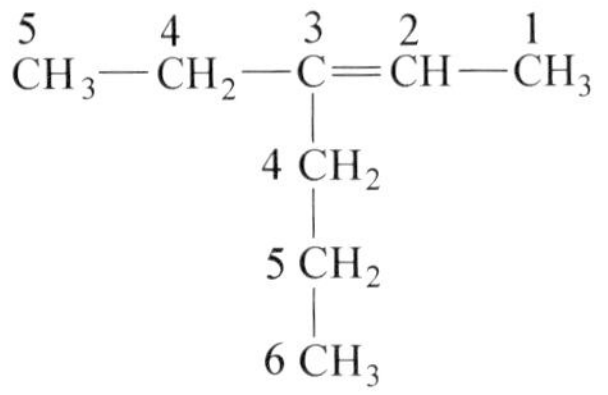

3-乙基己-2-烯
(不叫3-丙基-2-戊-2-烯)

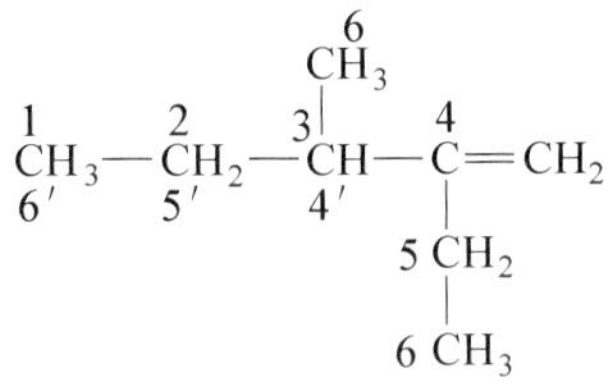

3-甲基-4-亚甲基戊-1-烯

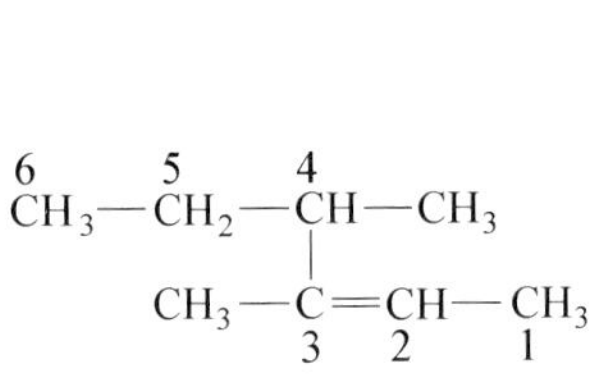

即

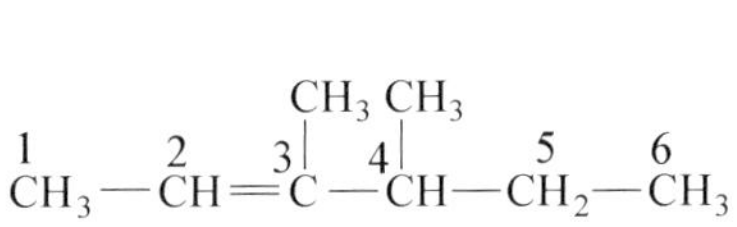

3,4-二甲基己-2-烯(不选4个碳或5个碳的链为主链)

3.1.3　常用烯基

从烯烃分子中去掉一个氢原子后剩下的基团称为烯基，较常见的烯基有：

$CH_2=CH-$　　亚甲基（乙烯基）

$CH_3CH=CH-$　　丙烯基

$CH_2=CHCH_2-$　　烯丙基

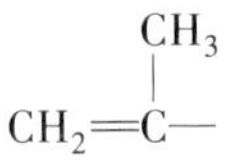

异烯丙基

3.2 烯烃的结构

乙烯是最简单的烯烃，乙烯分子中含有一个碳碳双键，可以通过乙烯来了解烯烃的结构。许多事实证明碳碳双键并不是由两个相同的单键所构成，而是由一个 σ 键和 π 键构成。现代物理方法证明，乙烯分子中的所有碳原子和氢原子分布在同一个平面。它的键长和键角如图 3-1 所示。乙烯分子中的键角，根据物理方法测定为 121.6°和 116.7°。

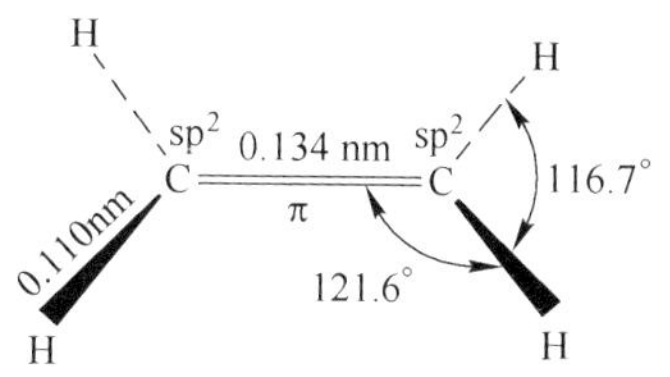

图 3-1　乙烯分子的键长和键角

3.2.1 sp^2杂化轨道和碳碳双键的组成

烯烃的结构特征是含有双键。双键是由两对共用电子所构成。以乙烯为例，它的每个碳原子只和另外三个原子相连接。按照轨道杂化理论，乙烯分子中每个碳原子外层四个电子的轨道，与烷烃中的 sp^3 杂化轨道不同，而是由一个 2s 轨道和两个 2p 轨道重新组合，形成三个能量完全相等的新轨道，称 sp^2 杂化，形成的新轨道叫 sp^2 杂化轨道（见图 3-2）。sp^2 杂化轨道的形状与 sp^3 杂化轨道相似，但在核外的分布方向不同，三个 sp^2 杂化轨道的对称轴以碳原子为中心，处在同一个平面上，彼此之间构成的三个夹角互成 120°，如图 3-3 所示。

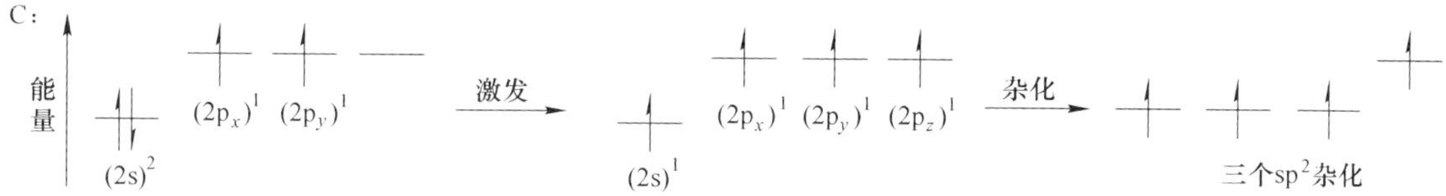

图 3-2　碳原子 2s 轨道上的电子激发到 2p 轨道，并杂化形成三个 sp^2 杂化轨道

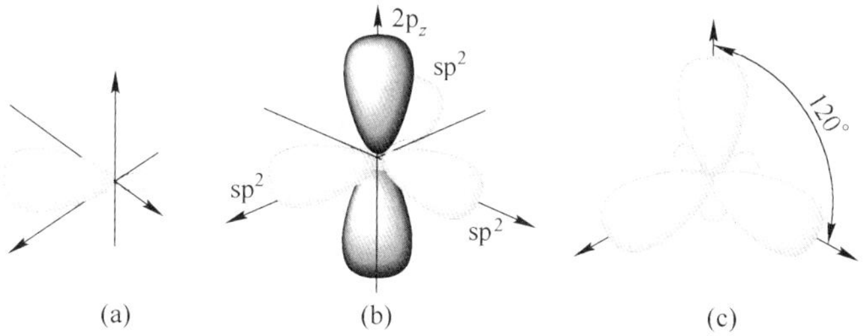

图 3-3　sp^2 杂化轨道（a）、碳原子的 sp^2 杂化轨道（b）与垂直于 sp^2 杂化轨道的 p 轨道（c）

3.2.2 碳碳双键的组成

每个碳原子的三个 sp^2 杂化轨道分布和两个氢原子的 1s 轨道，以“头碰头”的方式

重叠，形成两个σ键，两个碳原子之间又各以1个sp^2杂化轨道相互重叠形成1个σ键，每个碳原子的3个σ键不全相等。所以同一碳原子的3个键角并不完全相等，键角H—C—C为121.6°，键角H—C—H为116.7°。这5个σ键的对称轴都处在同一个平面。每个碳原子所余下的未参加杂化的2p轨道保持原来的形状，它们的对称轴都垂直于乙烯原子所在平面，它们相互平行，以“肩并肩”的方式从侧面相互重叠，而形成了另一种键，这种键称为π键。π键垂直于5个σ键所在平面（见图3-4）。π键和σ键不同，它没有对称轴，不能自由旋转。在乙烯分子中碳碳原子之间存在1个σ键和1个π键，称为碳碳双键。

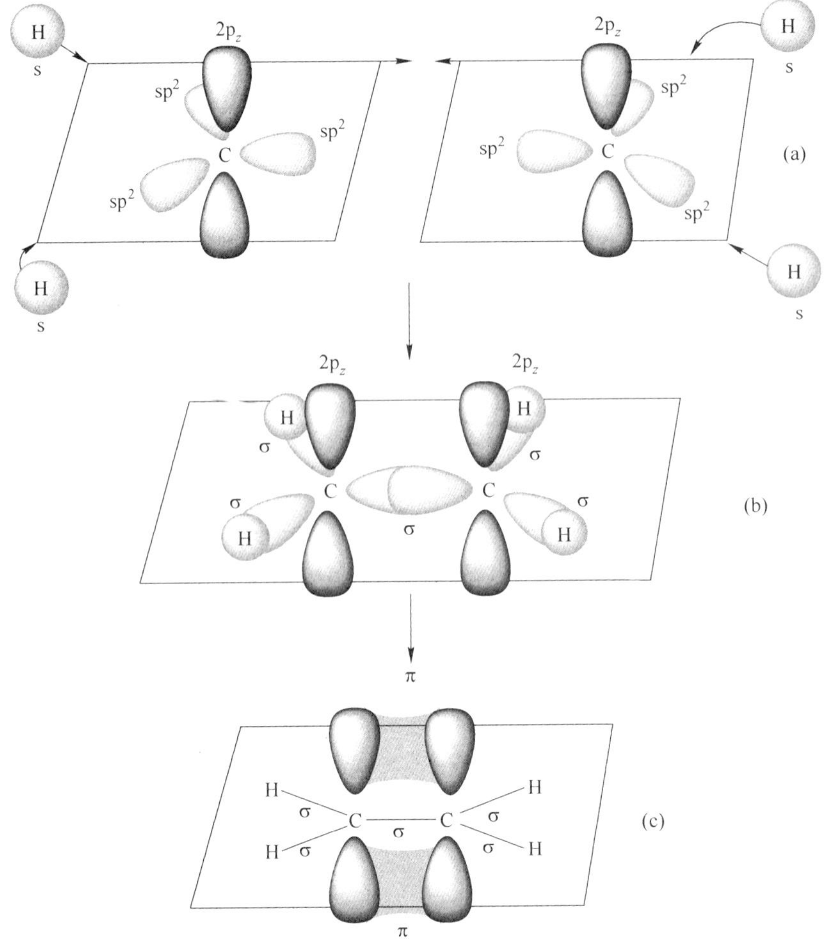

图3-4 由sp^2杂化碳原子和氢原子形成的乙烯

（a）两个sp^2杂化碳原子；（b）两个碳原子的sp^2杂化轨道的一端相互重叠形成σ键，其余的sp^2杂化轨道与氢原子的s轨道形成σ键；（c）两个$2p_z$轨道以侧面相互重叠形成π键垂直于五个σ键所在的平面

构成σ键的电子称为σ电子。构成π键的电子称为π电子。组成π键的电子云分布在分子平面的上、下两侧，不是沿成键两原子核的连线轴对称重叠的，所以π键没有对称轴，它不能绕碳碳σ键自由旋转。如相对旋转，必将破坏两个2p轨道的重叠而导致π

键的破裂，也就是碳碳双键的破裂。由于 π 键是由两个 p 轨道从侧面相重叠，因此重叠的部分较少。碳碳双键的键长为 0.134 nm，比碳碳单键的键长 0.154 nm 更短。碳碳双键的键能是 610.9 kJ/mol，小于碳碳单键能 347.3 kJ/mol 的两倍。碳碳 π 键比 σ 键较弱。此外，由于 π 键电子云暴露在分子平面的上部和下部，容易受到外界的影响，当它被反应试剂进攻时，容易发生极化，容易破裂，具有较大的反应活泼性。

3.3 烯烃的顺反异构

3.3.1 烯烃的顺反异构

前面已经讨论过，双键两端碳原子所连接的四个原子都是处在同一平面上，碳碳双键不能自由旋转。因此，当双键的两个碳原子上各连有两个不同的原子或基团时，就可能发生两种不同的排列方式，形成两个不同的化合物。例如，丁-2-烯有下列两种空间不同排列的异构体：

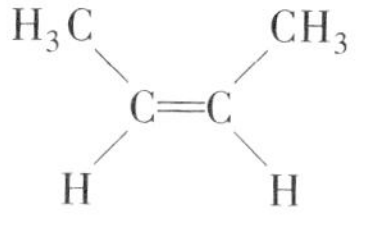

顺-丁-2-烯（沸点 3.5 ℃）

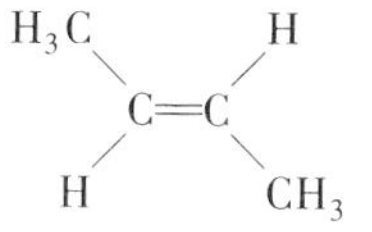

反-丁-2-烯（沸点 0.9 ℃）

在顺-丁-2-烯中，两个甲基（或两个氢原子）处于双键的同一侧，这种结构称为顺式。在反-丁-2-烯中，两个甲基（或两个氢原子）处于双键的两侧，这种结构称为反式。顺反异构是立体异构中的一种。顺反异构体的分子构造是相同的，即分子中各原子或基团连接的次序是相同的，只是分子中各原子或基团在空间的排列方式不同，也就是分子的空间结构不同。这种分子中的某些原子或基团在空间的不同排列的结构，称为构型。由分子中的原子或基团在不同的空间排列方式引起的异构现象称为立体异构现象。顺-丁-2-烯和反-丁-2-烯就是两种构型不同的异构体。

含有碳碳双键的化合物并不是都有顺反异构体，只有在下面三种形式中，碳碳双键的两个碳原子上各与两个不同的原子或基团相连接时，才发生顺反异构现象。

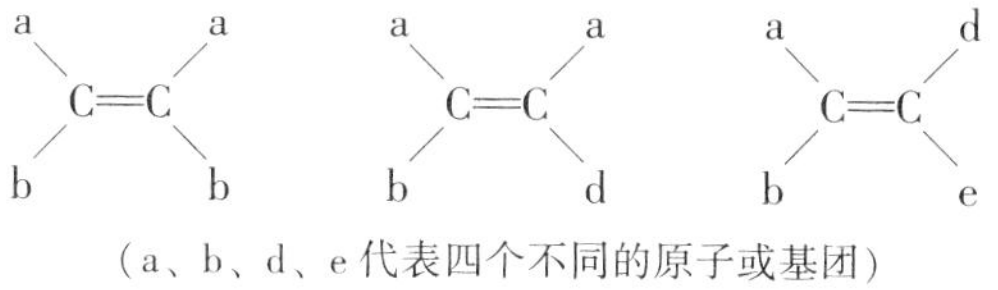

（a、b、d、e 代表四个不同的原子或基团）

如果任何一个双键碳原子上连接有两个相同的原子或基团时，就不可能发生顺反异构现象。例如：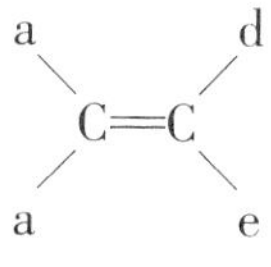 只有一种构型，没有顺反异构体。

3.3.2 *Z-E* 命名法

烯烃的顺反异构体命名时，一般在烯烃的名称前面标明其构型。

当碳碳双键的两个碳原子连接四个不同的取代基时，就很难确定它是顺式还是反式。因此提出按 IUPAC 命名法的次序规则命名的 *Z-E* 命名法。*Z-E* 命名法就是规定了用 *Z* 和 *E* 两个字母分别标记顺反异构体的方法。*E* 是德语 Entgegend 的第一个字母，是“相反”的意思，*Z*是德语 Zusammen 的第一个字母，是“共同”的意思。这个命名法是比较各取代基的先后次序来区分顺反异构体的，而这种先后次序是由“次序规则”规定的。次序规则如下：

（1）将取代基的原子按其原子序数大小排列，原子序数大的（即优先的）排在前面，小的排在后面。一些常见的原子排列如下：

I—、Br—、Cl—、S—、P—、F—、O—、N—、C—、H—（同位素原子按原子量大小排列：D—、H—）

（2）如果与双键碳原子直接相连的第一原子的原子序数相同时，可再比较其次相连的原子序数，依此类推。例如—CH_3和—CH_2CH_3的第一个原子都是碳原子，在—CH_3中与碳相连是 H、H、H，而在—CH_2CH_3中与第一个碳相连的是 H、H、C，碳的原子序数大于氢原子，因此—CH_2CH_3应排在—CH_3的前面。从而得出：

$$—C(CH_3)_3 > —CH(CH_3)_2 > —CH_2CH_3 > —CH_3$$

（3）当取代基含双键或叁键时，可以认为双键或叁键碳原子连接两个或 3 个原子，即 $>C=A$ 与 $>C(A)(A)$ 相当，C≡A 与 $C(A)(A)—A$ 相当。

双键的两个碳原子所连接的两个是原子或基团，如果是两个“较优”的位于双键的同侧，就称为 *Z* 型；如果是位于双键的两侧，就称为 *E* 型。

3.4 烯烃的来源和制法

3.4.1 从石油裂解

原油中一般不含烯烃。由石油裂解制取烯烃的生产过程，与前章所讲的从烷烃裂化制取汽油的生产过程相似。但由于目的不同，所用的原料和生产条件也有所区别。炼油厂进行裂化的目的主要是提高汽油的产量和质量，因此所采用的原料是煤油以上的馏分，裂化温度一般在 500~600 ℃之间。而石油裂解的主要目的是制取低级烯烃。因此裂解温度较高，一般在 700~900 ℃条件下进行，所用原料较广，例如油田气、炼厂气（炼油加工过程中所得到的烷烃、烯烃和氢气等气体产物的总称）、原油以及各种油品（粗汽油、柴油等）都可作为裂解原料。目前国内外广泛采用管式炉裂解法，将烃和水蒸气的混合气体通过外部加热的反应管，加热裂解以制取低级烯烃。裂解反应非常复杂，包括碳链断裂、脱氢、异构化、环化（链状化合物变成为环状化合物质）等反应。产物有乙烯、丙烯、丁烯 、丁二烯等，但以乙烯和丙烯为主，例如：

$$C_6H_{14} \xrightarrow{700 \sim 900\ ℃} \underset{15\%}{CH_4} + \underset{40\%}{CH_2=CH_2} + \underset{20\%}{CH_3-CH=CH_2} + \underset{25\%}{其他}$$

3.4.2　由醇脱水

烯烃除以石油裂解为主要来源外，也可从醇制备。醇在催化剂（浓硫酸、三氧化二铝等）存在下，加热到适当的温度，就从相邻的两个碳原子上所各自连接的—H 原子和—OH 基脱水而生成烯烃。例如，将乙醇与浓硫酸共热至 170 ℃或将乙醇蒸气通过加热到 360 ℃装有 Al_2O_3的管子，就脱水生成乙烯。

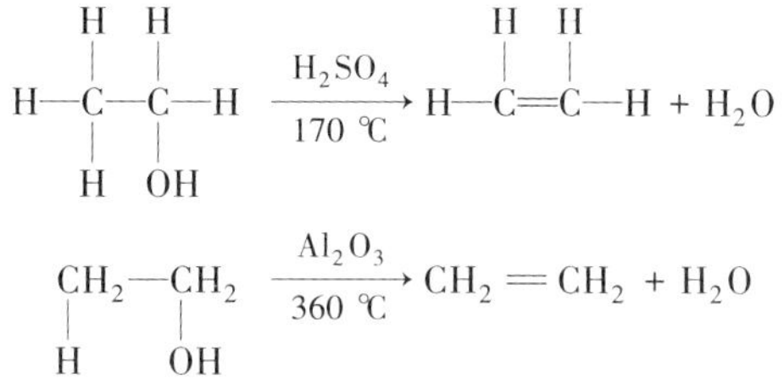

3.5　烯烃的物理性质

烯烃是无色物质，具有一定的气味。在常温常压下，乙烯、丙烯、丁烯都是气体，戊烯至十八碳烯是液体，十九碳烯以上是固体。一些烯烃的物理常数见表 3-2。

表 3-2　一些烯烃的物理常数

碳原子数	构造式	熔点/℃	沸点/℃	相对密度
2	$H_2C=CH_2$	-169	-102	
3	$CH_3HC=CH_2$	-185	-48	
4	$CH_3CH_2CH=CH_2$	-185	-6.5	0.5946
5	$CH_3(CH_2)_2CH=CH_2$	-138	29	0.6411
6	$CH_3(CH_2)_3CH=CH_2$	-138	63	0.6734
8	$CH_3(CH_2)_5CH=CH_2$	-101	121	0.7149
10	$CH_3(CH_2)_7CH=CH_2$	-66	170	0.7408
12	$CH_3(CH_2)_9CH=CH_2$	-35	213	0.7584
14	$CH_3(CH_2)_{11}CH=CH_2$	-12	246	0.7852
18	$CH_3(CH_2)_{15}CH=CH_2$	17		0.7891
20	$CH_3(CH_2)_{17}CH=CH_2$	28	341	0.7882

由表 3-2 可以看出，烯烃的沸点随分子量的增加而递增。端位烯烃（双键在链端的烯烃，又称 α-烯烃）的沸点比双键在中间的异构体稍低；直链烯烃的沸点比带支链的异构体略高；对于碳原子相同的烯烃顺反异构体，顺式异构体比反式异构体有较高的沸点和较低的熔点。这是由于顺式异构体具有弱极性，分子间偶极-偶极相互作用力增加，故沸点略高。反式异构体因分子的对称性好，它在晶格中的排列比顺式异构体紧密，故熔点高。

烯烃的相对密度均小于1。烯烃难溶于水而易溶于有机溶剂。燃烧时光亮度比烷烃大。

3.6 烯烃的化学性质

在烯烃的结构一节中，已讨论到烯烃的双键是由一个σ键和一个较弱的π键所组成。π键的键能比σ键的键能小，在化学反应中，π键比较容易断裂，因而性质比较活泼。烯烃的主要反应就是在双键上发生加成反应、氧化反应和聚合反应等。

3.6.1 加成反应

烯烃分子中碳碳双键的π键断裂，加上两个一价的原子或基团，形成两个新的σ键而生成饱和的化合物，这种反应称为加成反应。由于加成试剂和反应条件不同，反应历程也不同。在下述反应中，除加氢外，一般都是按离子型反应历程进行。

3.6.1.1 催化加氢

烯烃在常温常压下很难与氢作用。但在催化剂（Pt、Pd或Ni）存在下，烯烃可与氢加成生成饱和烃，这种加氢反应叫做催化氢化也称催化加氢，催化剂加氢过程如图3-5所示。通常认为烯烃的催化加氢过程是氢和烯烃吸附在金属表面，减弱了H—H键和π键，从而使加氢反应容易进行，例如：

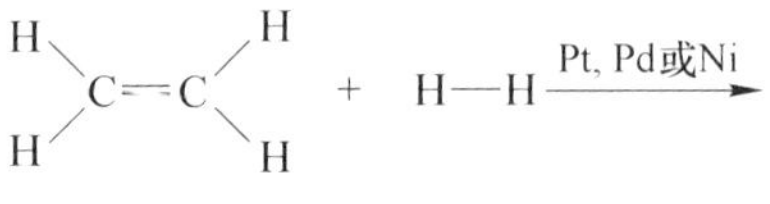

在Pt(铂)、Pd(钯)、Ni(镍)等催化剂存在下，$CH_2═CH_2+H_2→CH_3—CH_3$。

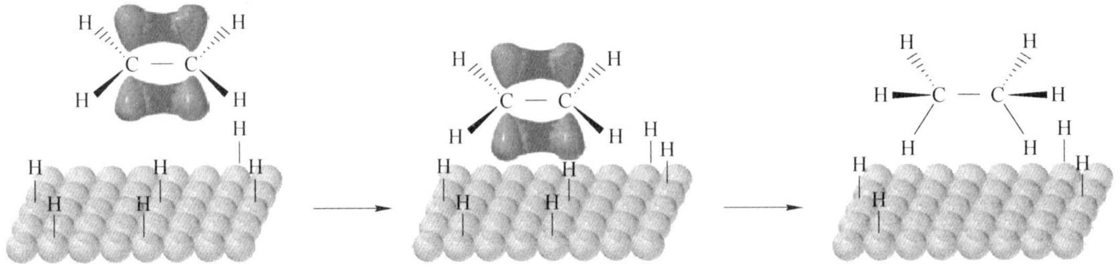

图3-5 乙烯催化氢化反应历程

通过催化剂加氢反应，可按定量的氢气吸收量来测定分子中双键的数目，也可用来使不饱和化合物转变为饱和化合物。

在进行催化加氢时，常将烯烃先溶于适当的溶剂（如乙醇、乙酸等），然后和催化剂一起在搅拌下通入氢气。催化剂一般制成高度分散的粉末状，还负载于载体，大部分催化加氢都是顺式加成，即新的碳氢σ键都形成于双键的同侧。在实验室中，当使用高效催化剂时，反应基本上可在常温常压下进行。在工业上，使用的催化剂往往活性较低，加氢反应常在常温（200~300 ℃）和加压（10 MPa）下进行。

3.6.1.2 与卤素的加成

烯烃与溴或氯很容易进行加成反应。将乙烯通入溴的四氯化碳（或其他惰性溶剂）

溶液中，溴的红棕色褪去而生成无色的 1,2-二溴乙烷。这个反应常用来鉴别不饱和烃。

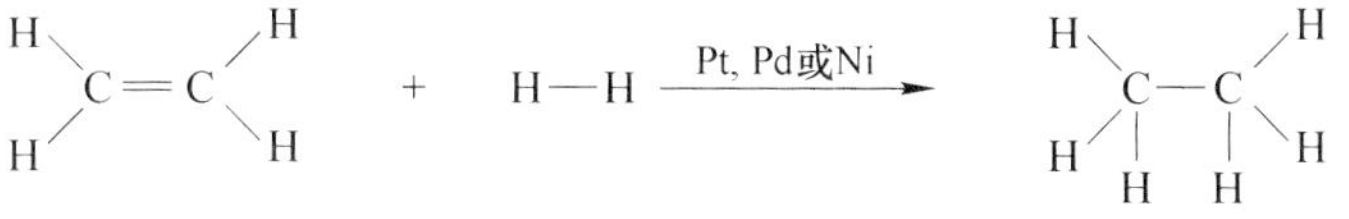

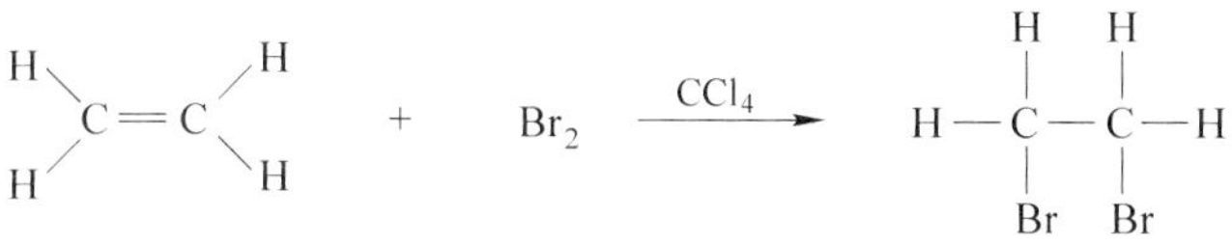

1,2-二溴乙烷

卤素活泼性：$F_2 \gg Cl_2 > Br_2 > I_2$。

碘不活泼，不容易发生反应；氟很活泼，反应极为剧烈。

1,2-二溴乙烷是一个有机合成原料，也可用作油脂、蜡、树脂的溶剂，林木杀虫剂，谷类、水果熏蒸剂等。

乙烯与氯在三氯化铁存在下，并加溶剂使之稀释，就可以不过于猛烈地发生加成反应而生成 1,2-二氯乙烷，这是工业上制备 1,2-二氯乙烷的一个方法。

$$CH_2{=}CH_2 + Cl_2 \xrightarrow[40\sim50\ ^\circ C,\ 0.1\sim0.2\ MPa]{FeCl_3} \underset{Cl}{CH_2}-\underset{Cl}{CH_2}$$

1,2-二氯乙烷可以用作脂肪、橡胶等的溶剂，谷仓、谷物的消毒杀虫剂，以及制备氯乙烯作为塑料、合成纤维的原料。

亲电加成反应历程简介：实验结果表明，烯烃与溴的加成反应是通过鎓离子历程的亲电加成，反应分两步进行。先以烯烃与溴的加成反应为例说明如下：

在反应过程中，溴分子由于受烯烃双键电子的影响而发生极化，形成一端带部分正电荷，另一端带部分负电荷的极性分子。反应是由带部分负电荷的卤原子首先进攻烯烃的双键开始的，这种试剂叫亲电试剂，这种反应叫亲电加成反应。实验证明，反应分两步进行，第一步很可能是先形成一个 π 络合物，然后再转变为一个环状中间体和一个溴负离子，中间体可能是个环状鎓离子形式；这一步反应是慢的一步，是决定反应速率的一步，特别需要指出的是，溴鎓离子中间体比其相应的开链的碳正离子要稳定得多，因为在溴鎓离子中，两个碳原子和溴原子价电子数都是 8 个（满足八隅体规则）。第二步是溴负离子从背面进攻环状溴鎓离子中间体的两个碳原子之一，生成反式邻二溴化物。这一步反应是离子之间的反应，速率较快。两步反应的总结果是 Br^+ 和 Br^- 由碳碳双键的两侧分别加到两个双键碳原子上，这种加成方式称为反式加成。反应历程如下式所示：

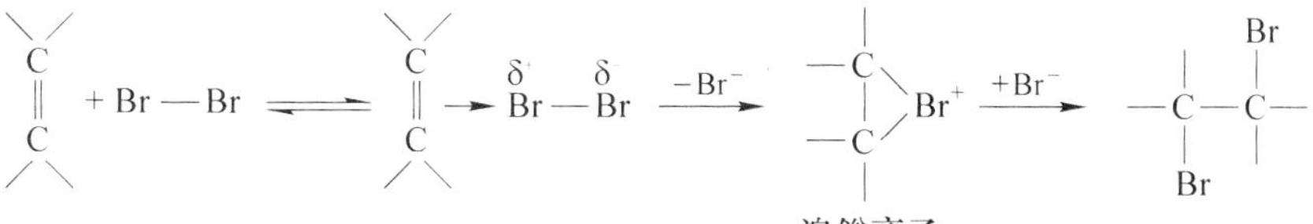

溴鎓离子

3.6.1.3 与卤化氢的加成

烯烃的双键也可以与卤化氢（HCl、HBr、HI）发生加成反应，生成相应的一卤化物。

例如，乙烯与溴化氢加成生成溴乙烷。

$$CH_2=CH_2 + HBr \longrightarrow \underset{\text{溴乙烷}}{CH_3CH_2Br}$$

卤化氢是个极性分子，容易离解而生成质子。这反应首先是 H^+ 和双键的 π 电子结合，很可能是先形成一个 π 配合物，并转变成正碳离子，然后正碳离子再和 X^- 离子结合，生成一卤代烷。

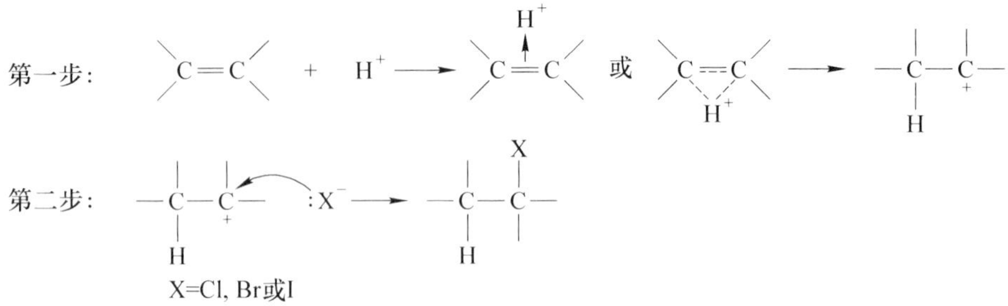

HX 活泼性：HI>HBr>HCl。

乙烯是个对称分子，不论氢或卤离子加到哪个碳原子上，都是生成同一产物。而丙烯是一个不对称烯烃，它的两个双键碳原子上所连结的原子和基团不同，当它与 HX 加成时，就可能生成两种不同的产物。

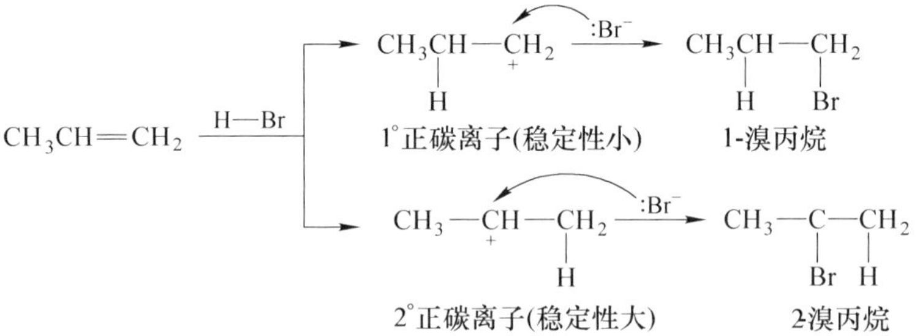

实验证明，2-溴丙烷是主要产物。早在 1869 年马尔科夫尼科夫（Markovnikov）从许多实验结果总结出一条规律，即不对称烯烃与卤化氢发生加成反应时，氢原子主要加到含氢较多的双键碳原子上，而卤素则加到含氢较少的双键碳原子上。这一规律叫做马尔科夫尼科夫规律。马尔科夫尼科夫规律的理论解释如下：根据实验证明当甲基与双键碳原子相连时，甲基的供电子能力比氢大（从丙烯具有一定的偶极矩 $CH_3 \rightarrow CH=CH_2$ 足以证明），在丙烃分子中，由于甲基的供电影响，使碳碳双键上的 π 电子云发生了偏移，使离甲基较远的双键碳原子 C_1 上的电子云密度增大，带有部分负电荷。因此，在和卤化氢进行加成反应时，H^+ 便容易结合到 C_1 上。

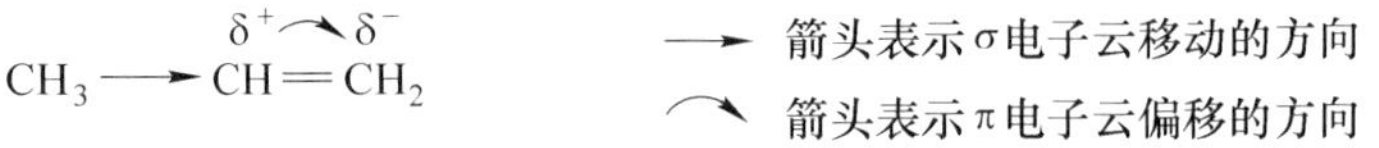

(3-2)

这种由于甲基的供电性，使 σ 电子云偏移而影响到双键的 π 电子云向双键另一端的偏移作用，是分子内原子或基团之间于电负性的不同，通过静电诱导作用而产生的相互影响，使成键的电子云向着一个方向偏移，而使分子发生极化的效应。这种效应称为诱导效应，也就是一种电子效应。上面反应中，H^+加到 C^-上，就是由于甲基的供电子诱导效应所产生的结果。

另一方面，从反应过程中所形成的中间正碳离子来说，有下列两种可能：

$$CH_3—CH═CH_2 + H^+ \longrightarrow \begin{cases} CH_3—\overset{+}{C}H—CH_3 \\ CH_3—CH_2—\overset{+}{C}H_2 \end{cases} \qquad (3\text{-}3)$$

从正碳离子的稳定性来看，式（3-2）中的仲正碳离子，它的正电荷受到两个甲基的供电子作用而得到更多的分散，而在式（3-3）中伯正离子只受到一个乙基的供电子作用，正电荷分散较小。正电荷的分散程度越大，正碳离子就越稳定。因此，仲正碳离子的稳定性大于伯正碳离子，从而有利于反应进行，不对称烯烃与卤化氢加成符合马尔科夫尼科夫规律就是这个缘故。一般正碳离子的稳定性次序如下：

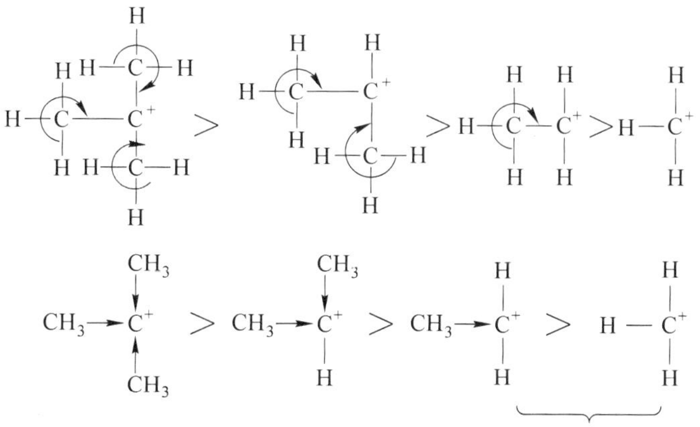

叔正碳离子 $3^\circ R^+$(电荷分散最大)　仲正碳离子 $2^\circ R^+$(电荷分散次于$3^\circ R^+$)　伯正碳离子$1^\circ R^+$ (电荷分散小于$2^\circ R^+$)

正碳离子的稳定性除诱导效应解释外，其他效应原因，本书从简不作讨论。

应注意，当遇到下列情况，加成反应得到的产物与马尔科夫尼科夫规律不一样，简称反马氏加成。

（1）过氧化物效应。烯烃与 HBr，在过氧化物存在的情况下，得到的产物是反马氏规则的。

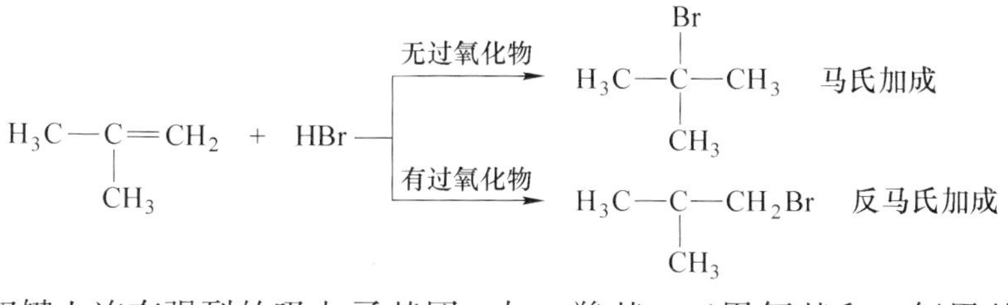

（2）在双键上连有强烈的吸电子基团，如：羧基、三甲氨基和三氟甲基等，得到的产物也不符合马氏规则。例如：

$$CF_3CH═CH_2 + HCl \longrightarrow CF_3CH_2CH_2Cl$$

（3）加成中有碳正离子转移产生重排反应，产物也与马氏规则相悖。

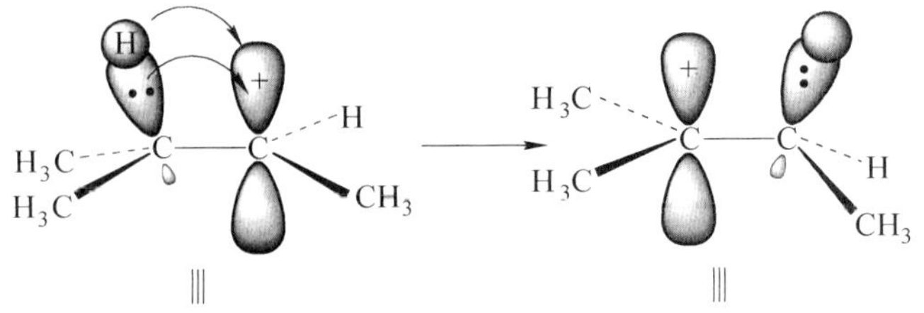

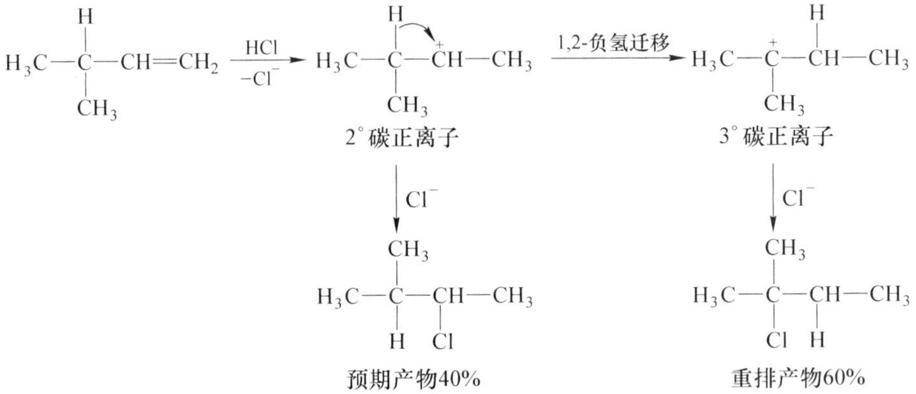

3.6.1.4 与硫酸加成

将烯烃通入冷的浓硫酸就发生加成反应，生成硫酸氢烷基酯（酸性硫酸酯）。例如：

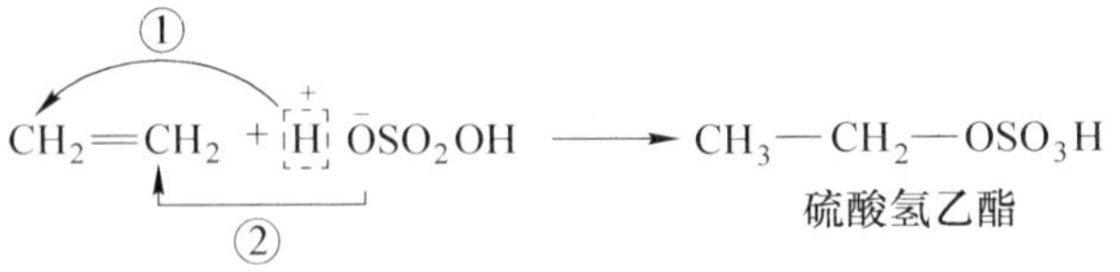

这个反应过程与卤化氢的加成相似，第一步是质子加到双键一端的碳原子上，形成正碳离子，第二步是硫酸氢负离子与正碳离子结合生成硫酸氢烷基脂。

不对称烯烃与硫酸加成也符合马尔科夫尼科夫规律。例如：

$$CH_3-CH=CH_2 + HOSO_3H \longrightarrow CH_3-\overset{+}{C}H-CH_3 + \overset{-}{O}SO_3H$$

$$CH_3-\overset{+}{C}H-CH_3 + \overset{-}{O}SO_3H \longrightarrow CH_3-\underset{\displaystyle OSO_3H}{\underset{|}{CH}}-CH_3$$

硫酸氢丙酯
（或酸性硫酸异丙酯）

硫酸氢烷基酯容易水解生成相应的醇。例如：

$$CH_3-CH_2-OSO_3H + H-OH \xrightarrow{\text{水解}} CH_3CH_2OH + H_2SO_4$$

$$CH_3-\underset{\displaystyle OSO_3H}{\underset{|}{CH}}-CH_3 + H-OH \xrightarrow{\text{水解}} CH_3-\underset{\displaystyle OH}{\underset{|}{CH}}-CH_3 + H_2SO_4$$

烯烃和硫酸通过加成与水解两个反应，总的结果可看作是在烯烃分子中加上了一分子水而生成醇。所以这个反应又称为烯烃的间接水合。工业上，可用此法从石油热裂气中所得到的低级烯烃制备醇类（参见 9.2.1.2 节）。

3.6.1.5 与水的加成

烯烃与水不易直接作用，但在适当的催化剂和加压下，也可与水直接加成生成相应的醇。例如：

$$CH_2=CH_2 + H—OH \xrightarrow[300\ ℃,\ 0.7\sim2.7\ MPa]{H_3PO_4/\text{硅藻土}} CH_3CH_2OH$$

$$CH_3—CH=CH_2 + H—OH \xrightarrow[195\sim200\ ℃,\ 2\ MPa]{H_3PO_4/\text{硅藻土}} CH_3—\underset{\underset{OH}{|}}{CH}—CH_3$$

这个方法可一步生成乙醇、丙醇，而无间接水合法所产生的废酸腐蚀问题，避免酸性废水的污染。工业上已经采用，通称烯烃的直接水合法（参见 9.2.1.1 节）。但是直接水合法要求烯烃纯度须达到 97% 以上。而间接水合法，纯度较低也可以用，各有利弊。

3.6.1.6 与次卤酸的加成

在水存在下，烯烃和氯或溴反应生成卤（代）醇，反应相当于烯烃与次卤酸（HO—X，常用次氯酸或次溴酸）加成。例如：

$$CH_2=CH_2 + \overset{\delta^+}{Br}—\overset{\delta^-}{OH} \longrightarrow \overset{+}{C}H_2—\underset{\underset{Br}{|}}{CH_2} + OH^-$$

$$\overset{+}{C}H_2—CH_2 + OH^- \longrightarrow \overset{\overset{OH}{|}}{CH_2}—CH_2$$

（左侧 CH_2 下连 Br，产物中 CH_2 下连 Br）

溴乙醇

当不对称烯烃与次卤酸加成时，带部分正电荷的卤原子首先加到含氢较多的双键碳原子上（带 δ^- 的双键碳原子），带部分负电荷的羟基加到双键中含氢较少的碳原子上（带 δ^+ 的双键碳原子），也符合马尔科夫尼科夫规律。例如：

$$CH_3—CH=CH_2 + \overset{\delta^+}{Cl}—\overset{\delta^-}{OH} \longrightarrow CH_3—\underset{\underset{OH}{|}}{CH}—\underset{\underset{Cl}{|}}{CH_2}$$

1-氯-2-丙醇（氯丙醇）

在实际生产中，常用氯和水代替次氯酸。

$$Cl_2 + H_2O \rightleftharpoons HClO$$

例如，将乙烯与氯通入水中，保持温度 70 ℃左右，就可生成氯乙醇。

$$CH_2=CH_2 + Cl_2 + H_2O \longrightarrow \underset{\underset{OH}{|}}{CH_2}—\underset{\underset{Cl}{|}}{CH_2} + HCl$$

氯乙醇分子中，含有—OH 和—Cl 两个活泼基团，可用来合成其他一些有机化合物，是一个重要的有机合成原料。

烯烃的加成反应见表 3-3。

表 3-3 烯烃的加成反应

反应试剂	烯烃	加成产物
催化加氢，H_2	+ $>C=C<$ ⟶	$—\underset{H}{\overset{\mid}{C}}—\underset{H}{\overset{\mid}{C}}—$

续表 3-3

反应试剂	烯烃	加成产物
羟基化，$KMnO_4$	$+ \ \rangle C=C \langle \ \longrightarrow$	$-\overset{\vert}{\underset{OH}{\underset{\vert}{C}}}-\overset{\vert}{\underset{OH}{\underset{\vert}{C}}}-$
加成反应 H—A A = Cl，Br，I，OSO_2H，OH	$+ \ \rangle C=C \langle \ \longrightarrow$	$-\overset{\vert}{\underset{H}{\underset{\vert}{C}}}-\overset{A}{\overset{\vert}{\underset{\vert}{C}}}-$
卤化，X_2	$+ \ \rangle C=C \langle \ \longrightarrow$	$-\overset{\vert}{\underset{X}{\underset{\vert}{C}}}-\overset{X}{\overset{\vert}{\underset{\vert}{C}}}-$
加次卤酸 HOX X = Cl，Br	$+ \ \rangle C=C \langle \ \longrightarrow$	$-\overset{\vert}{\underset{X}{\underset{\vert}{C}}}-\overset{OH}{\overset{\vert}{\underset{\vert}{C}}}-$
聚合 $\left(\rangle C=C \langle \right.$ 加到另一个 $\left. \rangle C=C \langle \right)$	$+ \ \rangle C=C \langle \ \longrightarrow$	$-\!\!\left[\overset{\vert}{\underset{\vert}{C}}-\overset{\vert}{\underset{\vert}{C}} \right]_n\!\!-$

3.6.2　氧化反应

烯烃很容易被氧化。所用氧化剂和氧化条件不同，生成的产物也各异。当与冷的稀高锰酸钾的碱性水溶液作用时，双键中的 π 键就断裂，被氧化生成二元醇。同时，高锰酸钾的紫色褪去，生成棕褐色的二氧化锰沉淀，这个反应可用来检验烯烃。如用酸性高锰酸钾作氧化剂，则双键中的 π 键和 σ 键可全部断裂，生成碳原子数较低的氧化产物。例如在下列氧化反应中，烯烃的结构不同和氧化条件不同，所生成的氧化产物也不相同。

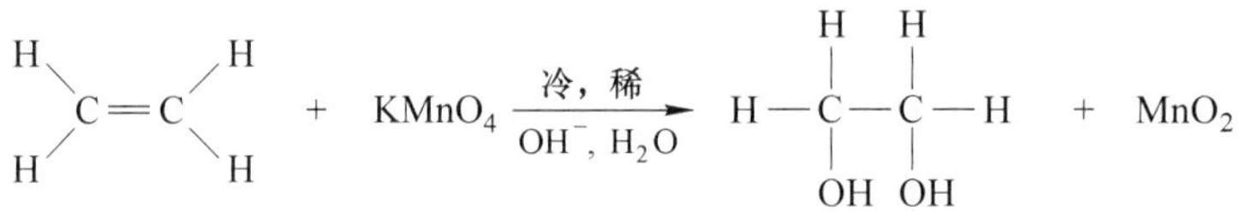

乙二醇(二元醇)

$$RCH=CH_2 \xrightarrow[H^+]{KMnO_4} \underset{羧酸}{RCOOH} + \underset{甲酸}{HCOOH}$$

$$HCOOH \xrightarrow{[O]} CO_2 + H_2O$$

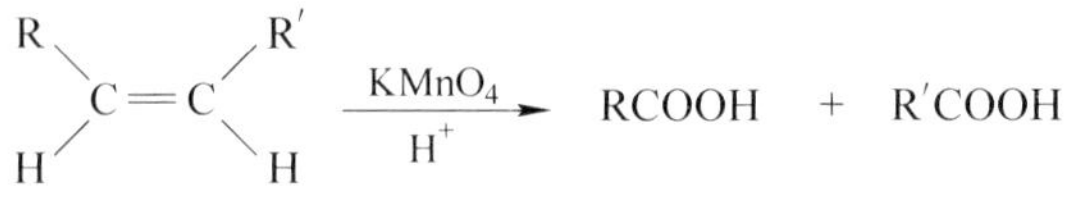

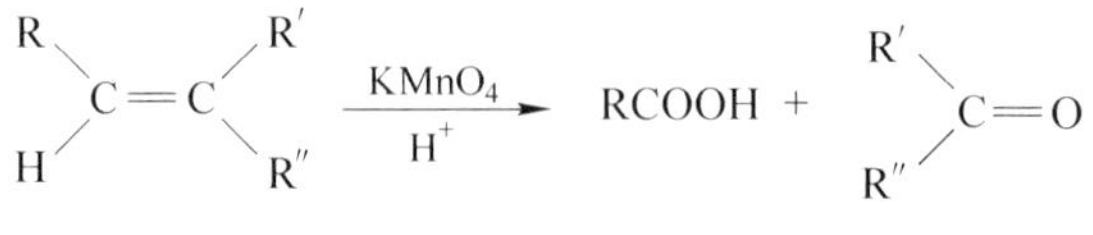

从上面反应式可以看出，根据氧化产物不同，可以用来推测烯烃的双键位置和分子结构。

3.6.3 聚合反应

烯烃在一定条件下，通过双键断裂可以相互加成，得到长链的大分子或高分子的化合物。这种由相对低分子质量的有机化合物相互作用而生成相对高分子质量的化合物的反应，称为聚合反应。聚合后所得的产物称为聚合物。能起聚合反应的相对分子质量低的小分子化合物称为单体，生成的相对分子质量高的化合物称为聚合物。由二个、三个或多个单体进行的聚合反应分别称为二聚、三聚、多聚，由此所得的相应产物分别称为二聚体、三聚体、高聚物，例如：

$$nA \xrightarrow{\text{聚合}} (A)_n$$

$$nCH_2{=}CH_2 \xrightarrow[0.01\%\ O_2]{100\ ℃,\ 100\ MPa} \left[CH_2-CH_2 \right]_n$$

聚乙烯

n=600～1000

式中，n 为聚合度。平均分子量=n×单体（或链节）分子量。

异丁烯在 60% H_2SO_4催化下，于 70 ℃，可发生两分子聚合生成二聚体。

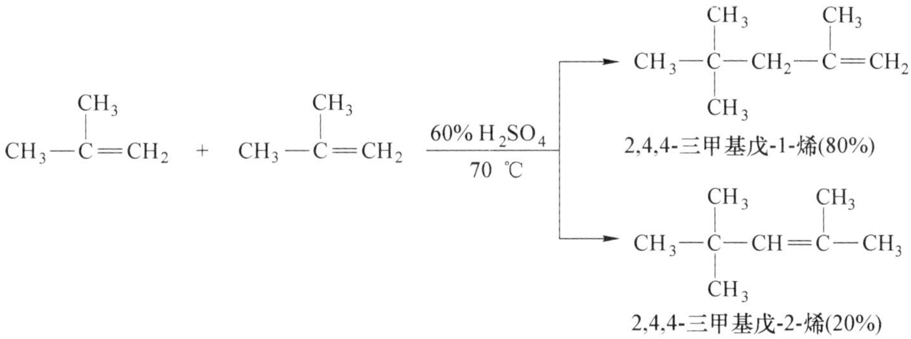

将这个二聚体催化加氢就得到异辛烷。它具有抗震性，可作为测定汽油抗震度的标准，或用作汽油的添加剂。

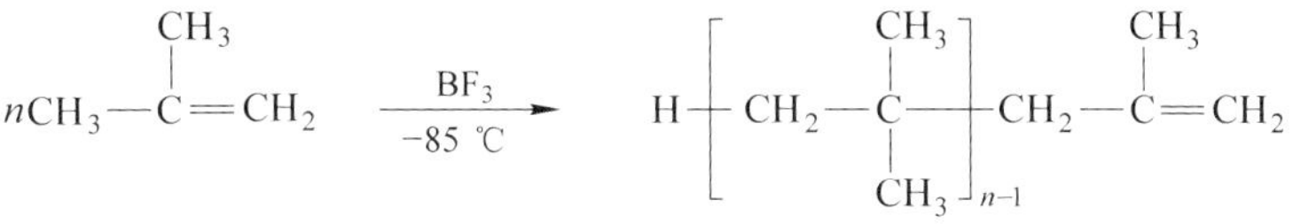

异丁烯在低温、三氟化硼的催化下，可多聚为高聚异丁烯。

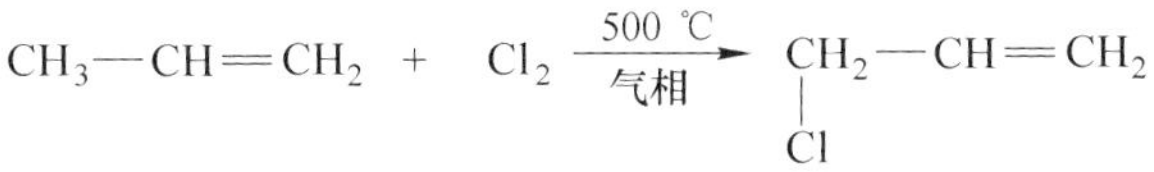

烯烃的高聚物通称为聚烯烃，它是广泛用于生产塑料、合成纤维、合成橡胶的合成材料。

3.7 重要代表物

3.7.1 乙烯和聚乙烯

乙烯为无色气体、微溶于水，燃烧时发生带烟而光亮火焰，爆炸极限比烷烃大(3.02%~34%)，它是重要的化工基本原料，可用来制备乙醇、氯乙烯、聚乙烯、环氧乙烷等化工产品，还可用来催熟果实。

乙烯在通常条件下不易聚合，须在适当的温度、压力和催化剂存在下才能进行。采取不同的聚合条件，可以得到组成和结构不同的聚乙烯。工业上生产聚乙烯有高压、中压和低压三种方法。高压法是在100~200 MPa，温度100~300 ℃，和适当的催化剂如氧、有机过氧化物、偶氮化合物等存在下进行聚合，所得到的聚乙烯是白色蜡状物质，密度较小，又叫低密度聚乙烯；相对分子质量为10000~50000，软化点为80~90 ℃，因此它的制品不能用水煮沸消毒。中压法是在3~5 MPa，温度130 ℃，用CrO_3或MoO_3催化剂进行聚合，所得聚乙烯的相对分子质量在40000左右，软化点在110 ℃以上，低压法是在0.1~1 MPa，温度60~80 ℃，用三乙基铝和四氯化钛作催化剂进行聚合，所得聚乙烯的相对分子质量在30000左右，软化点为120 ℃，干燥后为白色粉末。此外，还有采用γ射线照射法，所得聚乙烯具有纯度高，结晶度大，绝缘性高等特点。聚乙烯无臭、无毒，具热塑性，能耐化学腐蚀性，耐溶剂性。主要用作食品包装、贮存及农用薄膜塑料，并作为电视、雷达等的高频电绝缘材料。

3.7.2 丙烯和聚丙烯

丙烯在常温、常压下为无色气体，沸点-47.7 ℃，在常温下加压，可变成液体，便于运输、贮存，丙烯具有碳碳双键官能团所特有的各种化学性质。而且它的α-碳上的氢原子，由于受到双键中的π电子的影响，比较活泼，容易发生取代反应。例如，丙烯与氯在高温下可发生自由基取代反应，生成3-氯丙-1-烯。

丙烯在加压、加热和氧化亚铜的催化下，可被空气氧化生成丙烯醛。如果在氨的存在下进行氧化，则可生成丙烯腈。

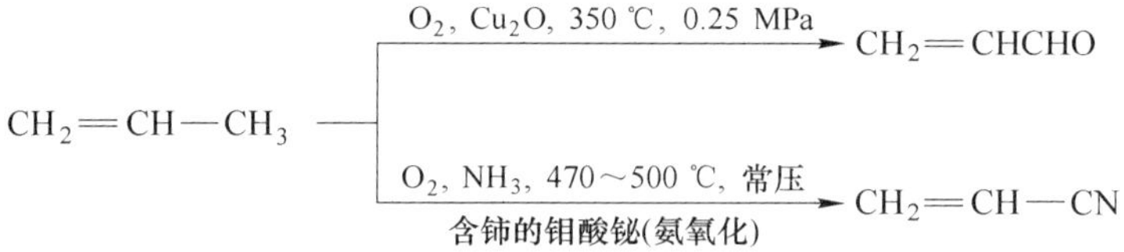

丙烯在加压、加热和适当催化剂存在下，还可聚合生成聚丙烯。它是一种耐热、耐电、耐腐蚀、机械性能良好的新型塑料。丙烯也可和含有双键的其他单体，例如乙烯，一起聚合，生成乙丙橡胶。这种由两种以上不同的单体所进行的聚合反应，称为共聚合反应。乙丙橡胶的性能与天然橡胶有某些相似之处，而且比较不易老化，是一种耐寒、耐电、耐腐蚀、耐磨、力学性能良好的材料，但其黏结性较天然橡胶更差，硫化速度亦较慢，可用来制造电缆等。

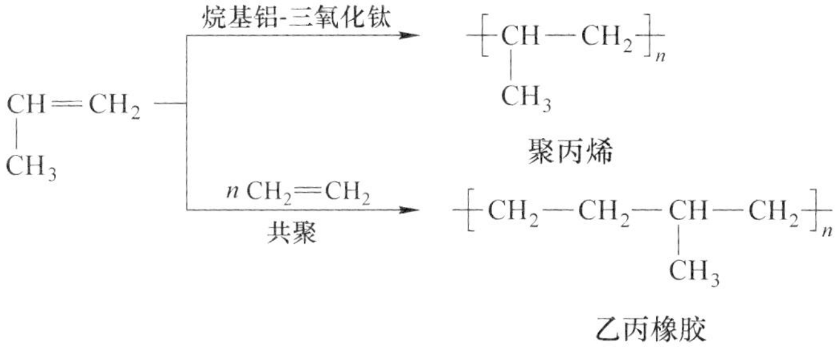
烷基铝-三氯化钛
聚丙烯
n CH2═CH2
共聚
乙丙橡胶

丙烯的重要用途如下：

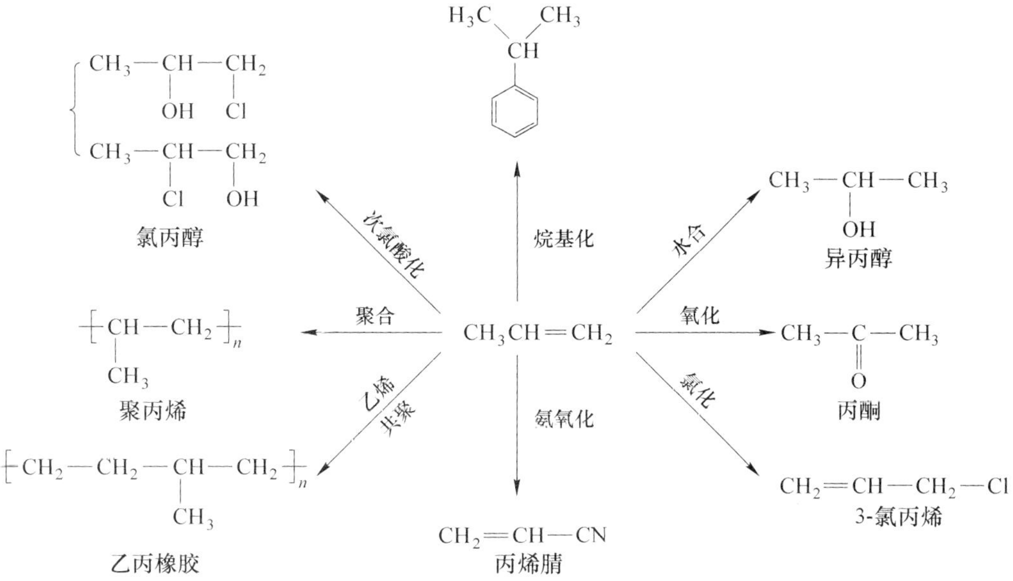
氯丙醇
次氯酸化
烷基化
水合
异丙醇
聚合
氧化
丙酮
聚丙烯
乙烯
共聚
氨氧化
氯化
3-氯丙烯
乙丙橡胶
丙烯腈

4 二　烯　烃

4.1　二烯烃的分类和命名

分子中含有两个双键的开链烯烃，称为双烯烃或二烯烃。二烯烃的通式与炔烃相同，也是 C_nH_{2n-2}。

4.1.1　二烯烃的分类

根据分子中两个双键的相对位置不同，二烯烃可分为以下三类：

（1）累积二烯烃：两个双键连接在同一碳原子上。累积二烯烃的结构不稳定，数量不多，例如：

$$H_2C=C=CH_2 \qquad CH_3-CH=C=CH_2$$

丙二烯　　丁-1,2-二烯

（2）隔离二烯烃：两个双键之间，有两个及两个以上单键相隔。隔离二烯烃的结构与性质与普通的烯烃相同，例如：

$$H_2C=CHCH_2CH_2CH=CH_2$$

己-1,5-二烯

（3）共轭二烯烃：两个双键中间，有一个单键相隔。共轭二烯烃具有特殊的结构和性质，除了具有烯烃双键的性质外，还具有特殊的稳定性和加成规律，在有机合成和工业应用中具有重要的地位，例如：

$$CH_2=CH-CH=CH_2 \qquad CH_2=\underset{\displaystyle CH_3}{\underset{|}{C}}-CH=CH_2$$

丁-1,3-二烯　　异戊二烯

4.1.2　二烯烃的命名

二烯烃的系统命名规则与烯烃类似，选取含两个双键的最长碳链为主链，根据主链碳原子数命名为“某二烯”。主链碳原子的编号，从离双键最近的一端开始，双键位置从小到大排列。按照“较优基团后列出”的原则，将取代基的位次、数目、名称，以及两个双键的位次写在母体名称的前面。例如：

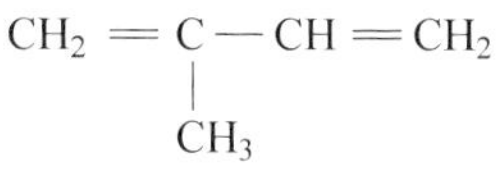

2-甲基丁-1,3-二烯

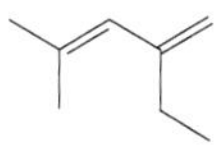

4-甲基-2-乙基戊-1,3-二烯

当二烯烃中存在顺反异构，则需将双键构型标明，例如：

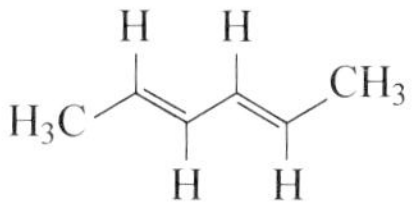

(2*E*,4*E*)-己-2,4-二烯

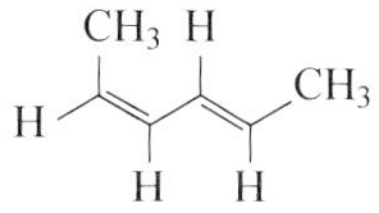

(2*Z*,4*E*)-己-2,4-二烯

4.2　丁-1,3-二烯的结构和共轭效应

4.2.1　丁-1,3-二烯的结构

共轭烯烃具有特殊的结构和性质。如丁-1,3-二烯为最简单的共轭二烯烃，分子结构如图 4-1 所示。

从图 4-1 中数据可见，丁-1,3-二烯分子中的两个双键键长与单烯烃的双键键长接近，而单键键长明显小于烷烃中碳碳单键的键长，这种现象称为键长平均化，是共轭烯烃的一大特性。

在丁-1,3-二烯分子中，4 个碳原子都是 sp^2 杂化的，相邻碳原子间均通过 sp^2 杂化轨道沿轴向重叠形成 C—C σ 键，其余 sp^2 杂化轨道与 H 原子的 s 轨道形成 C—H σ 键。由于所有的 sp^2 杂化轨道都处于一个平面，因此丁二烯是一个平面型分子，4 个碳原子和 6 个氢原子都处于共平面。此外，每个碳原子还有一个未杂化的 p 轨道，这些 p 轨道垂直于分子平面，相互平行并重叠形成离域 π 键，也叫做共轭 π 键，如图 4-2 所示。

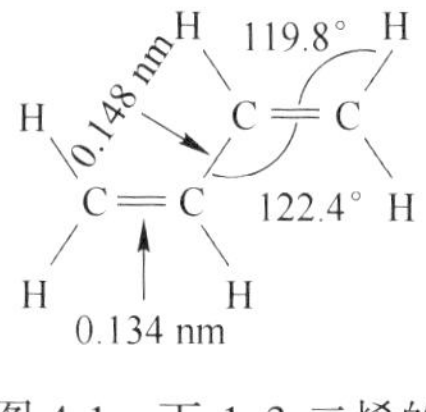

图 4-1　丁-1,3-二烯的键能和键角示意图

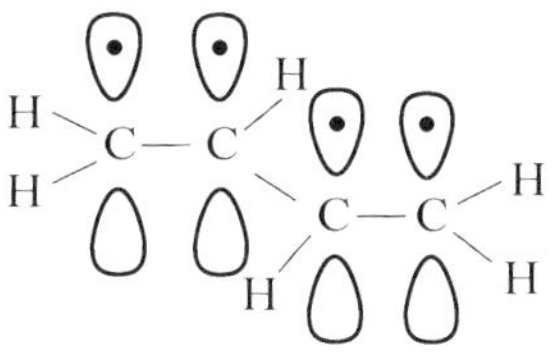

图 4-2　丁-1,3-二烯 s-反式构象中的 π 键构成示意图

4.2.2　共轭体系和共轭效应

类似于丁-1,3-二烯分子中单双键交替出现的体系，称为共轭体系。

共轭体系的结构特征为：参与共轭体系的 p 轨道互相平行且垂直于分子所处的平面；相邻的 p 轨道之间从侧面肩并肩重叠，发生键的离域。

根据共轭 π 键的类型，共轭体系可分为三类。

4.2.2.1 π-π 共轭

π-π 共轭体系的结构特征是单双键交替，电子云密度疏密交替分布：

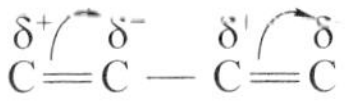

参与共轭的双键不限于两个，也可以是多个：

$$\overset{\delta^+}{C}=\overset{\delta^-}{C}-\overset{\delta^+}{C}=\overset{\delta^-}{C}-\overset{\delta^+}{C}=\overset{\delta^-}{C}-\overset{\delta^+}{C}=\overset{\delta^-}{C}$$

由于 π 键的离域，扩大了 π 电子的运动范围，使体系能量下降，从而提高了分子的稳定性。如丁烯和丁-1,3-二烯的氢化热分别为−127 kJ/mol 和−239 kJ/mol，说明断裂丁-1,3-二烯中的 2 个 π 键，形成 4 个 C—H σ 键放出的能量与断裂丁烯中 1 个 π 键，形成 2 个 C—H σ 键放出能量的 2 倍相比，要低 127 × 2 − 239 = 15 kJ/mol。这个能量差值正是由于丁-1,3-二烯的共轭体系导致分子更稳定形成的，称为离域能。

形成 π-π 共轭体系的重键不限于双键，叁键亦可；组成共轭体系的原子亦不限于碳原子，氧、氮原子均可。例如，下列分子中都存在 π-π 共轭体系：

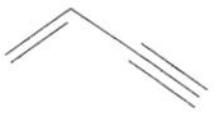

乙烯基乙炔

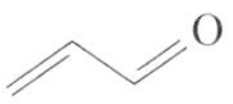

丙烯醛

丙烯腈

4.2.2.2 p-π 共轭

在氯乙烯分子中，Cl 原子的 p 轨道与双键碳原子的 p 轨道相互平行，“肩并肩”重叠形成离域 π 键，这种由 p 轨道和 π 电子参与的共轭称为 p-π 共轭。当分子中具有空的 p 轨道时，双键碳原子的 π 电子也能通过 p-π 共轭发生离域，如烯丙基正离子。前者称为多电子 p-π 共轭，后者称为缺电子 p-π 共轭。

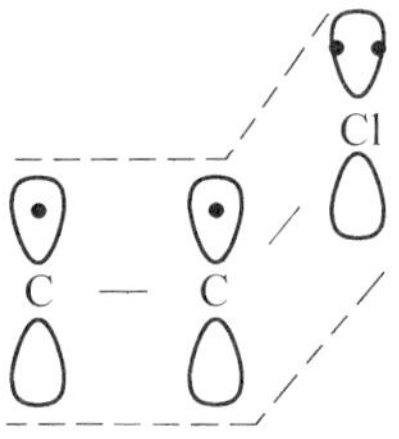

氯乙烯

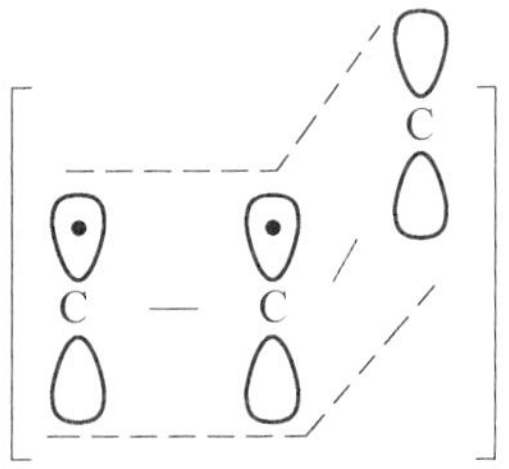

烯丙基正离子

4.2.2.3 超共轭

当 C—H σ 键与 π 键（或 p 轨道）有重叠时，也会产生电子的离域，这种 C—H σ 电子参与的共轭称为超共轭。如在丙烯分子中，由于碳碳单键可以自由旋转，甲基中的 3 个 C—H σ 键都可能与碳碳双键的 π 电子云重叠，参与共轭；碳正离子中，C—H σ 键与碳正离子的空 p 轨道重叠，使碳正离子更加稳定。

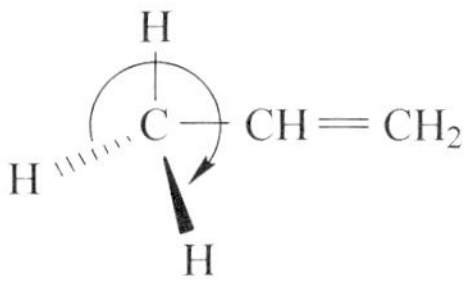

丙烯的σ-π超共轭

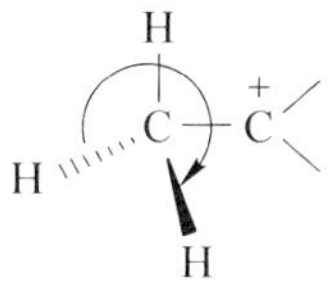

碳正离子的σ-p超共轭

超共轭效应的大小，与π轨道或p轨道相邻碳上的C—H键数量有关，C—H键越多，超共轭效应越大。一般来说，不同相邻基团产生超共轭效应的大小次序为：

$$CH_3— > RCH_2— > R_2CH— > R_3C—$$

在共轭体系中，由于π电子云的离域，不仅双键上有π电子云，同时π电子云还流动到单键上，导致双键的电子云密度下降，键长增大，单键的电子云密度增高，键长缩短。这种由于原子间相互影响导致体系内π电子分布发生变化的电子效应称为共轭效应，也称为离域效应。

（1）拉电子共轭效应（-C）：当共轭体系上的取代基能降低体系的π电子云密度，则这些基团有吸电子的共轭效应。如硝基、氰基、羧基、醛基、酮羰基等均具有吸电子共轭效应。由于氧原子具有较大的电负性，将羰基中的π电子拉向氧原子，引起整个共轭体系中的π电子按照下面弯箭头所表示的方向转移。

（2）推电子共轭效应（+C）：当共轭体系上的取代基能增大共轭体系的π电子云密度，则这些基团有推电子共轭效应。如卤素、氨基、酰胺基、羟基、烷氧基、酯基等。氯原子上的孤对电子，其电子转移方向按照下面弯箭头表示的方向转移。

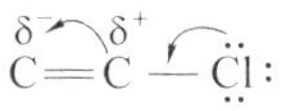

诱导效应和共轭效应是有机化学中两种最广泛的电子效应，两者的区别在于：

（1）共轭效应只存在离域体系中，而诱导效应在所有结构中都存在。

（2）共轭效应可沿着共轭链一直传递，其强度不受距离的影响，而诱导效应只能影响3~4个碳原子的范围。

（3）共轭效应在共轭链上产生电荷正负交替现象，而诱导效应对碳链中电子的影响为单向极化。

4.3 共轭二烯烃的性质

共轭二烯烃的物理性质与烯烃类似，碳原子数较少的共轭二烯烃如丁-1,3-二烯为气体，碳原子数较多的共轭二烯烃如2-甲基丁-1,3-二烯为液体。由于共轭双键的影响，共轭二烯烃的化学性质特殊，既具有烯烃双键的性质，又具有一些独特的规律。

4.3.1 加成反应

与单烯烃类似，共轭二烯烃与卤素、氢卤酸等亲电试剂易发生加成反应，但可产生两种加成产物。如丁-1,3-二烯与氢溴酸的亲电加成，一种是氢溴酸只和一个单独的双键反应，结果是加成发生在相邻的碳原子上，称为1,2-加成；另一种是氢溴酸加在共轭双烯两端的碳原子上，同时在中间两个碳上形成一个新的双键，称为1,4-加成。

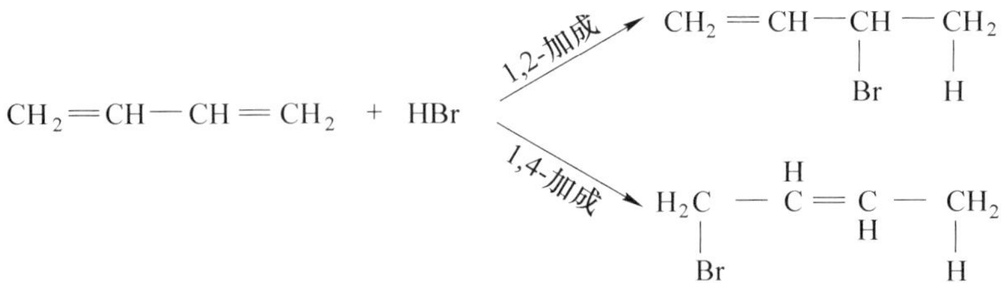

丁-1,3-二烯的这两种加成方式，是由于其共轭结构所导致的。氢溴酸与丁-1,3-二烯的亲电加成分两步进行，首先亲电试剂 H^+ 进攻丁-1,3-二烯的一个碳碳双键，形成一个碳正离子。由于 p-π 共轭效应，发生 π 电子的离域，使 C_2 和 C_4 原子上带有部分正电荷。随后，Br^- 进攻 C_2 发生1,2-加成，进攻 C_4 则发生1,4-加成。

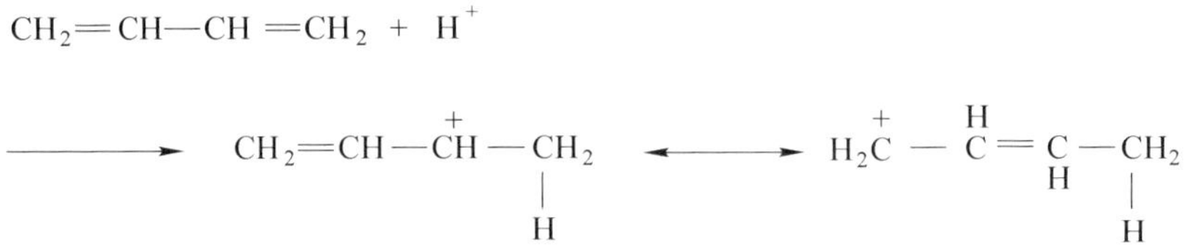

1,2-加成和1,4-加成是相互竞争的两个反应。当反应温度较低时，反应受动力学控制，主要生成1,2-加成产物；当反应温度较高时，反应受热力学控制，主要生成较稳定的1,4-加成产物。

4.3.2 聚合反应

丁-1,3-二烯在金属钠的催化下，发生聚合反应得到聚丁二烯。其中，金属钠在反应过程中起到电荷转移和产生双阴离子的作用，最终分布在聚合物链两端。因此，实质上金属钠参与了反应，只是由于消耗的量极少，一般仍把它看作催化剂。

1,3-丁二烯的聚合方式有两种，一种是1,4-加成聚合，得到顺式或反式的聚丁二烯，顺式聚合物可作为橡胶使用；另一种是1,2-加成聚合，得到全同或间同的1,2-聚丁二烯，只能作为胶黏剂使用。事实上，早期聚丁二烯的合成中往往包括1,4-加成聚合物、1,2-加成聚合物，以及1,4-和1,2-加成共聚物等形成的混合物，聚合物性能并不理想。20世纪50年代，齐格勒（Ziegler）和纳塔（Natta）发明了 $TiCl_4$-$Al(C_2H_5)_3$ 复合催化剂，能使丁-1,3-二烯高选择性地发生1,4-加成聚合，生成顺聚丁-1,4-二烯，简称顺丁橡胶。由于出色的性能，该催化剂被命名为齐格勒-纳塔催化剂，并获得1963年诺贝尔化学奖。近年来，随着催化剂和聚合反应的深入研究，越来越多的共轭二烯烃通过均聚或共聚合成了一系列性能优异的合成橡胶。

4.3.3 双烯合成——Diels-Alder 反应

1928年，德国科学家狄尔斯（Diels）和阿尔德（Alder）在研究丁-1,3-二烯和顺丁烯

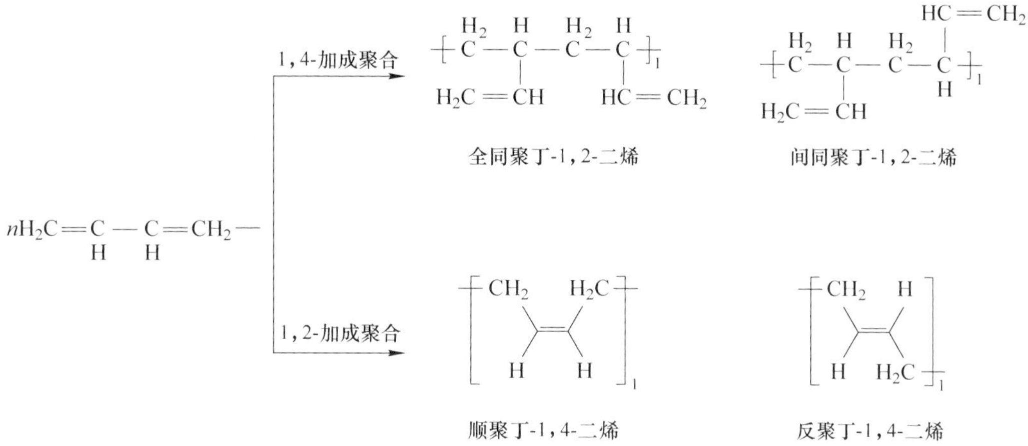

二酸酐的相互作用时发现了一类反应：共轭双烯与含有烯键或炔键的不饱和化合物反应生成六元环化合物。这一反应被称为双烯合成，也成为一个经典的用人名表示的反应，即Diels-Alder 反应。

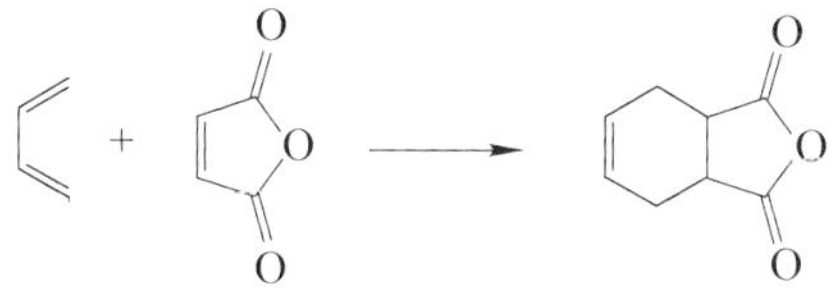

双烯体　亲双烯体

Diels-Alder 反应中，提供共轭双烯的部分称为双烯体，如上述反应中的丁-1,3-二烯；提供不饱和键的部分称为亲双烯体，如上述反应中的顺丁烯二酸酐。

大量实验证明，当双烯烃的双键碳原子上连有供电子基团（G）如—R、—OR、—NHR，而亲双烯体的双键碳原子上连有吸电子基团（W）如—NO_2、—CN、—CHO、—COOR等时，对反应有利。

Diels-Alder 是一个可逆反应，反应是一步完成的。双烯烃和亲双烯体彼此靠近，形成环状过渡态，并逐渐转化为产物。在这一过程中，旧键的断裂和新键的生成是相互协调下同步形成的，具有这一特征的反应被称为“协同反应”。在协同反应中，没有碳正离子、碳负离子、自由基等活泼中间体的产生。

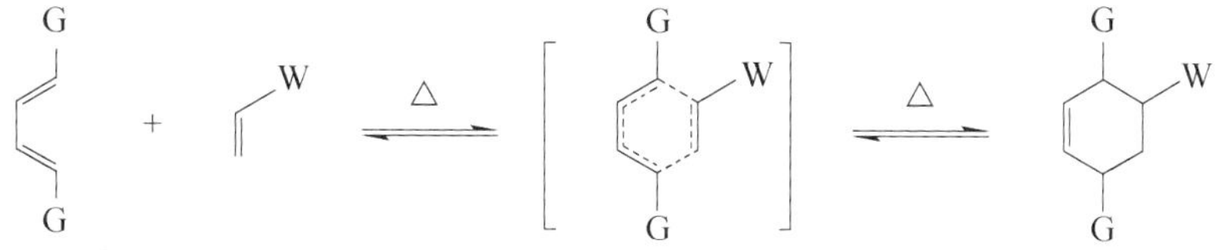

Diels-Alder 反应具有较强的区域选择性，当双烯烃和亲双烯体上均连有取代基时，有可能产生两种不同的产物。实验证明，主要产物为两个取代基处于邻位或对位的结构。

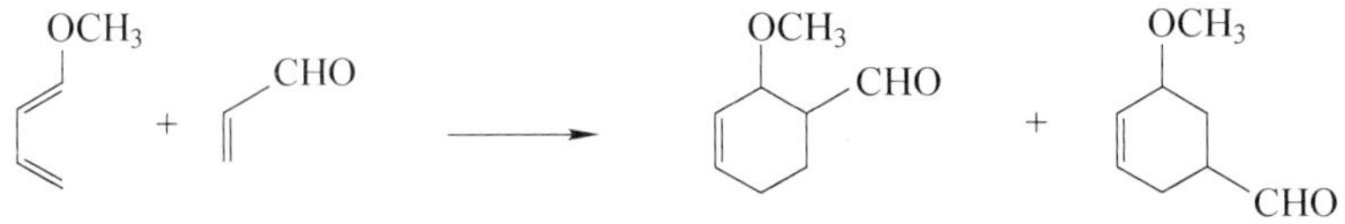

100%　　0%

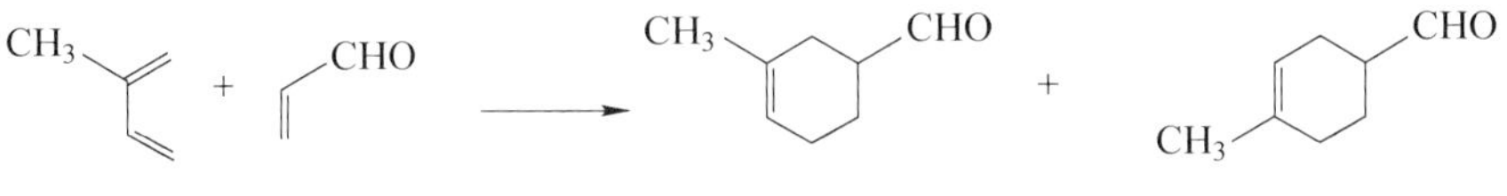

30%　　70%

4.4 丁-1,3-二烯的来源和制法

4.4.1 由丁烷或丁烯制备

丁-1,3-二烯是生产合成橡胶的主要原料，工业上合成方法多样。其中，通过石油裂解和脱氢是生产丁-1,3-二烯的主要方法。石油裂解气中的1-丁烯或2-丁烯，在催化剂的作用下脱氢，生成丁-1,3-二烯。近年来，利用丁烷采取一步脱氢法，成为制备丁-1,3-二烯的一种高效清洁的方法，备受化工行业青睐。

$$CH_3CH_2CH_2CH_3 \xrightarrow{\text{催化剂}} \begin{cases} H_3C—CH_2—CH=CH_2 \ (\text{丁-1-烯}) \\ H_3C—CH=CH—CH_3 \ (\text{丁-2-烯}) \end{cases} \xrightarrow{\text{催化剂}} H_2C=CH—CH=CH_2$$

4.4.2 由乙醇脱水脱氢制备

以乙醇为原料，在合适的催化剂作用下，发生脱氢脱水反应，可制得丁-1,3-二烯。这一方法在20世纪40~50年代是生产丁-1,3-二烯的主要路线。虽然石油化工的快速发展为丁烷或丁烯脱氢制备丁-1,3-二烯提供了便利条件，但随着环境污染和能源危机的加剧，各国又开始致力于以生物乙醇为原料生产丁二烯的催化研究。

$$2C_2H_5OH \longrightarrow CH_2=CH—CH=CH_2 + H_2 + 2H_2O$$

4.5 天然橡胶和合成橡胶

4.5.1 天然橡胶

橡胶是一种重要的高分子化合物，具有可逆形变的高弹性能。橡胶在室温下富有弹性，在很小的外力作用下能产生较大形变，除去外力后能恢复原状。在1910年之前，天然橡胶是橡胶的唯一来源。印第安人最早发现，将野生橡胶树的树皮割破，会流出一种乳状液体，他们将之称为“caoutchout”，意为“树的眼泪”。向这种乳状液中加入醋酸，使之凝固压制后，形成生橡胶。生橡胶机械强度和耐热性较差，遇热变软发黏，无法直接使用。1898年，固特异向生橡胶中加入少量硫黄，加热后获得硫化橡胶，也称为熟橡胶。在此过程中，橡胶的分子链由线型变为网状的交联结构，物理性质发生极大改变。硫化橡胶具有优良的弹性、机械性能、绝缘性和较高的耐热性，广泛用于生产汽车轮胎。

1910年左右，天然橡胶的结构被测定，发现以顺聚异戊-1,4-二烯为主要化学成分。此外，人们还发现另外一种天然的橡胶——杜仲胶的主要成分为反聚异戊-1,4-二烯。天然橡胶结构的确认为人工合成橡胶奠定了基础，特别是在二战期间，缺乏天然橡胶资源的国家花费了巨大的精力进行橡胶合成。

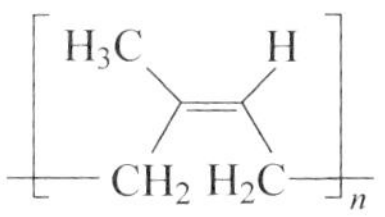

顺聚异戊-1,4-二烯

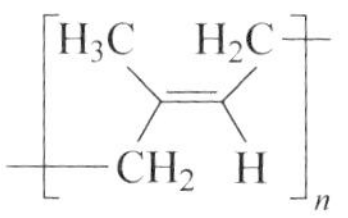

反聚异戊-1,4-二烯

4.5.2 合成橡胶

1910年，化学家们采用金属钠为引发剂，丁-1,3-二烯为单体首次实现了人工合成橡胶。这种橡胶被称为丁钠橡胶，成分包括丁-1,3-二烯分子间的1,2-加成聚合物、1,4-加成聚合物及1,2-与1,4-加成共聚物等形成的混合物，因此性能并不理想。

发展至今，随着催化剂和聚合反应研究的不断深入，合成橡胶在品种和数量上已远超天然橡胶。目前，合成橡胶主要分为两大类：通用合成橡胶如顺丁橡胶、丁苯橡胶、氯丁橡胶、乙丙橡胶等，用于制备一般的橡胶用品；特种合成橡胶如丁腈橡胶、氟橡胶、硅橡胶等，用于某些特种场合。比如丁腈橡胶具有优良的耐油性，用于制备输油管线和油压部件的密封圈，氟橡胶具有优异的耐热性和耐氧化性，常用于航天工业中的耐低温和耐超高温部件中。

几种主要的合成橡胶特性及其制备方法如下。

4.5.2.1 丁苯橡胶

丁苯橡胶于1933年研制成功，是目前产量最大的一种合成橡胶，具有优良的综合性能。丁苯橡胶的耐腐蚀性、耐老化性均优于天然橡胶，但力学性能仍不如天然橡胶，主要用于制造轮胎外胎、传送皮带、防腐衬里等。丁苯橡胶的合成是通过丁-1,3-二烯和苯乙烯共聚实现的。

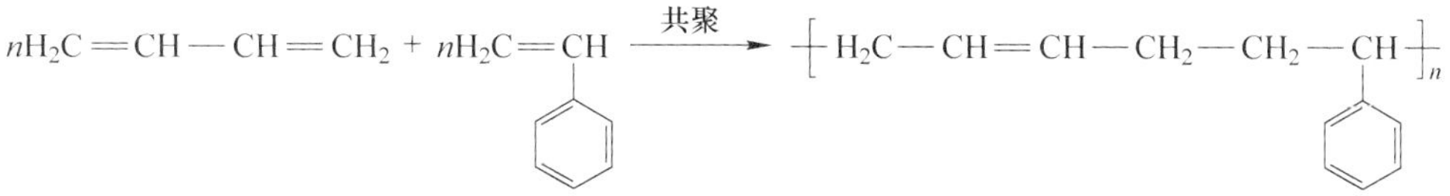

4.5.2.2 氯丁橡胶

氯丁橡胶于1937年投入大量生产，是由氯丁二烯单体通过乳液聚合进行合成的。

$$n\mathrm{H_2C}=\underset{\underset{\mathrm{Cl}}{|}}{\mathrm{C}}-\underset{\mathrm{H}}{\mathrm{C}}=\mathrm{CH_2}\xrightarrow{\text{乳液聚合}}\left[\mathrm{CH_2}-\underset{\underset{\mathrm{Cl}}{|}}{\mathrm{C}}=\underset{\mathrm{H}}{\mathrm{C}}-\mathrm{CH_2}\right]_n$$

氯丁二烯具有优异的聚合能力，聚合速度可达顺异戊二烯的700倍以上。氯丁橡胶不仅具有很好的综合性能，而且耐油性仅次于丁腈橡胶。因此，氯丁橡胶不仅可作为通用合成橡胶使用，也可作为特种合成橡胶用于耐油部件的生产。

4.5.2.3 丁腈橡胶

丁腈橡胶与丁苯橡胶、氯丁橡胶诞生在同一时期，被誉为合成橡胶的三大先驱之一。丁腈橡胶是采用丁二烯和丙烯腈在乳液中低温共聚得到的，具有优良的耐油性，兼具很好的耐热性和耐磨性。缺点在于抗低温性和抗臭氧性能劣，电绝缘性不佳，弹性稍差。

$$n\mathrm{H_2C}=\underset{\mathrm{H}}{\mathrm{C}}-\underset{\mathrm{H}}{\mathrm{C}}=\mathrm{CH_2}+n\mathrm{H_2C}=\underset{\underset{\mathrm{CN}}{|}}{\mathrm{CH}}\xrightarrow{\text{乳液聚合}}\left[\mathrm{CH_2}-\underset{\mathrm{H}}{\mathrm{C}}=\underset{\mathrm{H}}{\mathrm{C}}-\mathrm{CH_2}-\mathrm{CH_2}-\underset{\underset{\mathrm{CN}}{|}}{\mathrm{CH}}\right]_n$$

4.5.2.4 顺丁橡胶

顺丁橡胶是丁-1,3-二烯在齐格勒-纳塔催化剂下通过定向聚合得到的，在聚合物链中顺-1,4-加成聚合物含量达90%以上。由于顺丁橡胶中分子链具有高度规整性，聚合物链排列整齐，因此具有优良的综合性能。当前，用于顺丁橡胶的催化剂已发展出镍系、钛系、钴系等多种类型。我国于21世纪初研制成功的稀土系催化剂，相对于其他催化体系而言，所制备的顺丁橡胶具有较高的弹性、较好的拉伸性能、较低的生热和滚动阻力以及优异的耐磨耗和抗疲劳等物理力学性能，符合高性能轮胎在高速、节能、安全、环保等方面发展的需要，常用于高性能绿色轮胎。

5 炔　　烃

分子中含有碳碳叁键（—C≡C—）的不饱和烃，叫做炔烃。碳碳叁键是炔烃的官能团。炔烃可看作是相应碳原子数的烯烃在它双键的两个碳原子上各失去一个氢原子后所形成的化合物。开链炔烃的通式是 C_nH_{2n-2}，与碳原子数相同的开链二烯烃的通式相同。

5.1　炔烃的构造异构和命名

5.1.1　炔烃的构造异构

碳原子数相同的炔烃和二烯烃互为官能团不同的同分异构体。炔烃本身还由于碳链的异构和叁键位次的不同，而产生同分异构现象。乙炔、丙炔都没有同分异构体。从含四个碳以上的炔烃开始，才有碳链异构和叁键位次不同而产生的异构体。碳原子数目愈多，同分异构体也愈多。例如：

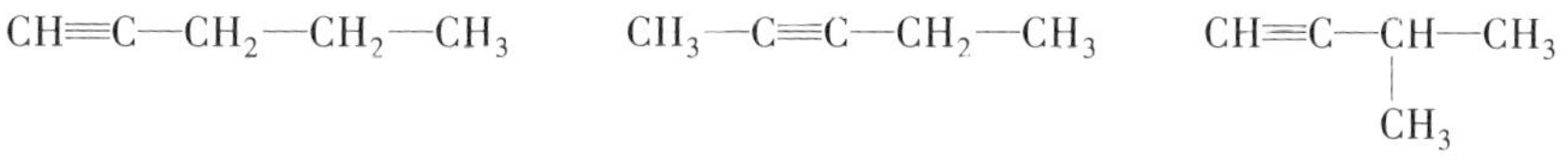

戊-1-炔　　　　戊-2-炔　　　　3-甲基-戊-1-炔

但是，炔烃的构造异构体数目比相同碳原子数目的烯烃要少。由于叁键上只能连有一个取代基，因此炔烃不存在顺反异构现象。

5.1.2　炔烃的命名

炔烃的系统命名法与烯烃相似，选择分子内最长的碳链作为主链，而支链则作为取代基。如果主链包含叁键，就根据主链的碳原子数命名为“某炔”。

双键的位次用两个碳原子中编号小的位次表示，写在“某”和“炔”之间，前后用半字线相连，记为某-x-炔（x 为叁键位次编号）。

简单的炔烃可用衍生命名法命名，与烯炔相似，只要以乙炔作为母体，将其他炔烃看作是乙炔的烃基衍生物。例如：

3-甲基丁-1-炔　　　　4-甲基戊-2-炔

假如分子中同时含有叁健和双键，就叫做烯炔。命名时，首先选择出包含有双键和叁键的最长碳链作为主链；碳链编号以表示双键和叁键位次之和取最小为原则，并使双键位号最小。例如：

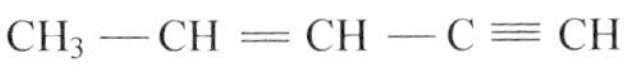

戊-3-烯-1-炔

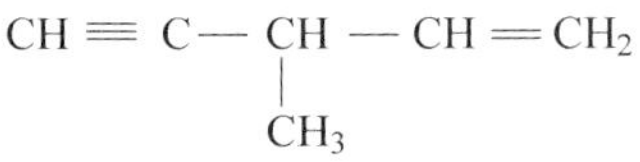

3-甲基戊-1-烯-4-炔

5.2 炔烃的结构

5.2.1 乙炔的结构

乙炔是最简单的炔烃，乙炔分子中含有一个碳碳叁键，可以通过乙炔来了解炔烃的结构。许多事实证明碳碳叁键并不是由叁个相同的单键所构成，而是由一个 σ 键和两个 π 键构成。现代物理方法测定，乙炔分子是一个线型分子，4 个原子都排布在同一条直线上，乙炔分子中各键的键长和键角如下所示：

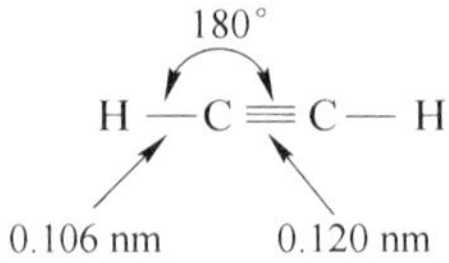

根据物理方法测定，乙炔分子的键角为 180°， C≡C 键长为 0. 120 nm，C—H 键长为 0. 106 nm。

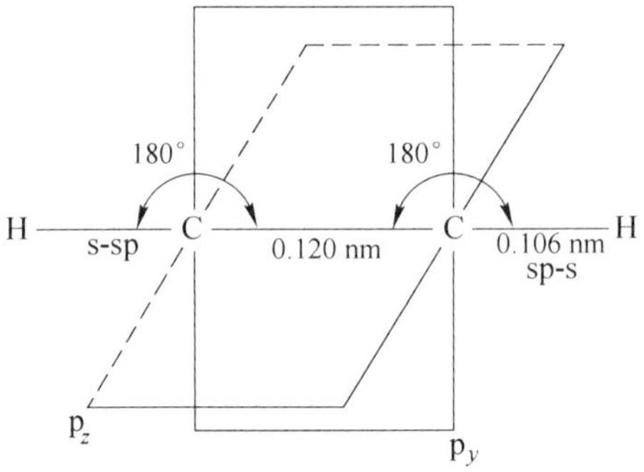

乙炔分子中，形成 C≡C 叁键的每一个碳原子只与其他两个原子相连接。因此，碳原子外层的四个价电子的杂化，与烷烃的 sp^3 杂化和烯烃的 sp^2 杂化都不同。它是由一个 2s 轨道和一个 2p 轨道进行杂化，形成两个 sp 杂化轨道，每个 sp 杂化轨道具有相当于1/2s和 1/2p 的特性成分。它们的形状与 sp^3 及 sp^2 杂化轨道相似，但在空间的分布却不相同，两个 sp 杂化轨道的对称轴在一条直线上。如图 5-1 和图 5-2 所示。

如图 5-1 所示，乙炔分子中两个碳原子的 sp 杂化轨道的一端相互重叠形成 σ 键，另一端与氢原子的 s 轨道形成 σ 键；两个 $2p_z$ 轨道以侧面相互重叠形成 π 键，两个 $2p_y$ 轨道以剖面相互重叠形成 π 键。

当两个 sp 杂化碳原子各以一个 sp 杂化轨道相互重叠时，便形成 C—C σ 键；另一个 sp 杂化轨道各与一个氢原子的 s 轨道相互重叠，形成 C—H σ 键。这两个碳原子分别剩下

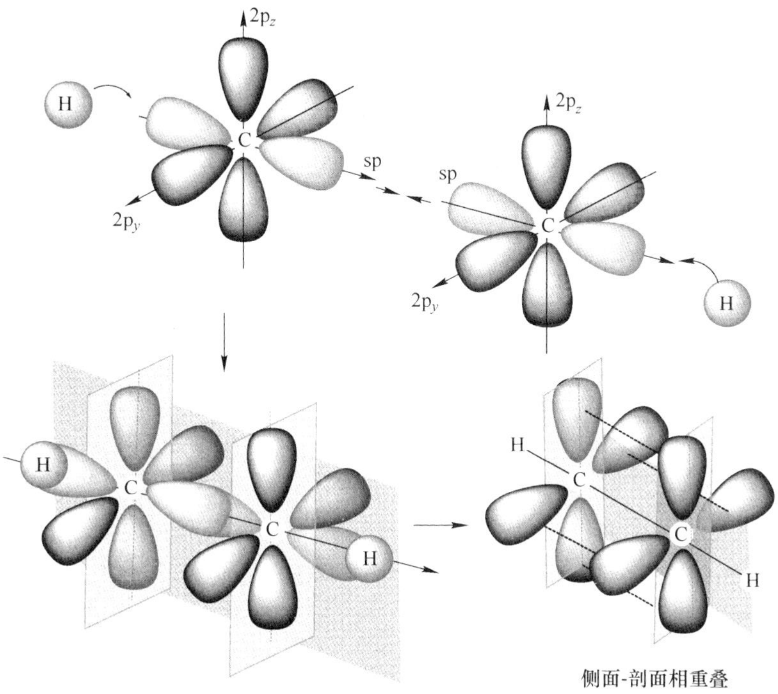

图 5-1 两种 sp 杂化轨道的对称轴在一条直线上

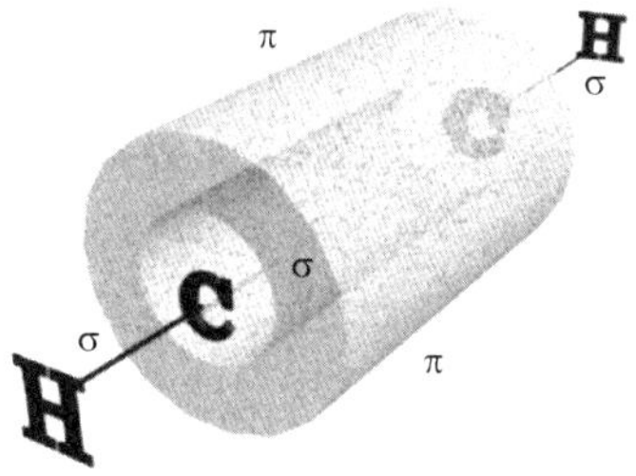

图 5-2 乙炔分子中的 π 键的形成及电子云分布示意图

的两个 p 轨道上各保留一个电子，当这两个碳原子的 p 轨道以“肩并肩”的方式从相互平行的侧面相互重叠而形成两个相互垂直的 π 键，并且垂直于 C—C σ 键轴，这样乙炔分子中的两个碳原子和两个氢原子所构成的三个 σ 键，其对称轴都同在一条直线上。两个 π 键的电子云对称地围绕在两个碳原子的碳碳 σ 键周围，形成一个圆筒形。从图 5-1 和图 5-2 可以看出，由于炔烃叁键的 π 电子云呈筒状对称分布，而且三个 σ 键都在同一对称轴的直线上，与烯烃的结构不同，因此炔烃没有顺反异构现象。

5.2.2 碳碳叁键

碳碳叁键是由一个 σ 键和两个 π 键构成。乙炔的碳碳叁键的键能是 837 kJ/mol，乙烯的碳碳双键的键能是 611 kJ/mol，乙烷的碳碳单键的键能是 347 kJ/mol，相比之下叁键的键能最大，但是仍比单键的三倍要低得多。

一个杂化轨道的 s 成分越多，则在此原子轨道的电子就越靠近原子核。由于乙炔分子中的 C—H 键是 sp-s σ 键，而 sp 杂化轨道的 s 成分多（占 50%），和 sp^3、sp^2 杂化轨道相比较，由 sp 杂化轨道参加组成的 σ 键，其电子也就靠近碳原子核。所以乙炔的 C—H 键长（0.106 nm）比乙烯和乙烷的 C—H 的键长（分别是 0.108 nm、0.110 nm）要短。

与碳碳双键和单键相比，碳碳叁键的键长最短（0.120 nm）。除了由于有两个 π 键形成的原因之外，由 sp 杂化轨道参与碳碳 σ 键的组成，也是键长缩短的一个原因。

分子中具有碳碳叁键是炔烃分子的结构特征。

5.3 乙炔及其他炔烃的制法

5.3.1 乙炔的制法

制备炔烃主要有两个途径，利用已有的叁键的化合物经金属炔化物的烷基化，制备需要的炔烃；分子中无碳碳叁键时，从相邻两个碳原子上脱去两个一价的原子或基团形成碳碳叁键。

5.3.1.1 从碳化钙（电石）制备

乙炔的工业制法，有以煤炭为原料的电石法和以天然气或石油为原料的热裂或部分氧化法。

将焦炭和生石灰（氧化钙）在高温电炉中加热至 2500~3000 ℃，即得碳化钙。然后将碳化钙用水分解，就得到乙炔。

$$CaO + 3C \xrightarrow{2500 \sim 3000\ ℃} CaC_2 + CO$$

$$CaC_2 + 2H_2O \longrightarrow CH \equiv CH + Ca(OH)_2$$

这个方法很早就在工业上应用。缺点是耗电量很大（生产 1 t 乙炔约需 3 t 电石，耗电量约一万千瓦时），并产生大量的氢氧化钙，处理困难，成本较高。但工艺简单，技术比较成熟，目前我国仍采用。

5.3.1.2 从天然气、石油热裂或部分氧化制备

天然气的主要成分是甲烷，在 1500 ℃高温下热裂，可生成乙炔，但同时也分解生成碳和氢，产率很低。目前工业上常采用部分氧化法制备乙炔，其原理是在甲烷中加入氧气，使部分甲烷燃烧时所产生的热量，供给其余部分甲烷进行高温裂解生成乙炔所需要的热量，而使裂解反应顺利进行，产率提高。

$$2CH_4 \xrightarrow{1500\ ℃} CH \equiv CH + 3H_2$$

$$4CH_4 + O_2 \longrightarrow CH \equiv CH + 2CO + 7H_2$$

此法同时得到副产物一氧化碳和氢（通称“合成气”），可用作合成氨的原料，经济效益较电石法为优。在天然气资源丰富的国家成本较低，适宜大规模生产。

目前石油工业飞速发展，石油的低沸点馏分也可以在一定的温度下裂解或与氢气一起在高温下裂解，制备乙炔和乙烯两者为主的裂解气体，这已逐步取代电石乙炔法。

5.3.2 其他炔烃的制法

5.3.2.1 利用炔钠和伯卤代烃制备

乙炔的金属化物与伯卤烷（RCH_2-X）作用，生成叁键在碳链末端的一烷基乙炔，这是一个在乙炔分子中引入烷基，增长碳链的合成方法，通称炔烃的烷基化反应。例如：

$$CH_3CH_2C\equiv CNa + CH_3CH_2Br \xrightarrow[-33\ ℃]{\text{液氨}} CH_3CH_2C\equiv CCH_2CH_3$$

5.3.2.2 由二卤代烷脱卤化氢制备

$$CH_3-\underset{Br}{\underset{|}{CH}}-\underset{Br}{\underset{|}{CH_2}} \xrightarrow[\triangle]{\text{KOH，乙醇}} CH_3C\equiv CH + 2HBr$$

$$CH_3-CH_2-CH_2-CHCl_2 \xrightarrow[\triangle]{\text{KOH，乙醇}} CH_3C\equiv CH + 2HCl$$

5.4 炔烃的物理性质

炔烃的物理性质与烷烃、烯烃基本相似，在常温常压下，4 个碳原子以下的炔烃为气体，$C_5 \sim C_{15}$炔烃为液体，C_{16}以上炔烃为固体。炔烃沸点略高于相同碳原子数的烷烃和烯烃，随相对分子质量的增大而增高。碳碳叁键位于碳链末端（又称端位炔烃）和碳碳叁键位于碳链中的异构体相比，前者的沸点略低。

炔烃不易溶于水而易溶于石油醚，可溶于乙醇等有机溶剂。

乙炔在丙酮中溶解度极大，在常压 15 ℃时，1 体积丙酮可溶解 25 体积的乙炔；在 1.2 MPa 下，能溶解 300 体积乙炔。液态乙炔受震可发生爆炸。因此，将乙炔于 1 MPa 下，溶解于丙酮并把它吸收在多孔介质如石棉、硅藻土中而贮于钢瓶，就可以安全运输和使用。纯乙炔为无色无臭的气体。工业乙炔因含有杂质（来自电石中 Ca_3P_2、Ca_3As_2、CaS 等杂质水解所产生的 PH_3、AsH_3、H_2S）而具有特殊的刺激性蒜臭和毒性。乙炔分子中含碳量比例较高，燃烧时发出明亮的火焰和烟。它的爆炸极限很宽，为 2.5%～80%，生产和使用时应注意安全。

炔烃的相对密度也小于 1，比相同碳原子的烯烃、烷烃稍大。一些炔烃的物理常数见表 5-1。

表 5-1 一些常见炔烃的名称及物理性质

化合物	结构式	熔点/℃	沸点/℃	相对密度
乙炔	$CH\equiv CH$	−81.8（加压）	−83.4（升华）	0.681（升华时）
丙炔	$CH_3-C\equiv CH$	−101.5	−23.3	0.671（沸点时）
丁-1-炔	$CH_3CH_2C\equiv CH$	−122	8.5	0.668（沸点时）
戊-1-炔	$CH_3(CH_2)_2C\equiv CH$	−98	39.7	0.695
己-1-炔	$CH_3(CH_2)_3C\equiv CH$	−124	71	0.719
庚-1-炔	$CH_3(CH_2)_4C\equiv CH$	−80	100	0.733

续表 5-1

化合物	结构式	熔点/℃	沸点/℃	相对密度
辛-1-炔	$CH_3(CH_2)_5C\equiv CH$	-70	126	0.747
癸-1-炔	$CH_3(CH_2)_6C\equiv CH$	-36.0	174.0	0.765
丁-2-炔	$CH_3-C\equiv C-CH_3$	-24	27	0.694
戊-2-炔	$CH_3CH_2C\equiv CCH_3$	-101	56	0.713
己-2-炔	$CH_3(CH_2)_2C\equiv CCH_3$	-88	84	0.730
己-3-炔	$CH_3CH_2C\equiv CCH_2CH_3$	-105	81	0.725
十八碳烯-1-炔	$CH_3(CH_2)_{15}C\equiv CH$	22.5	180（2 kPa）	0.870（0 ℃）

与烷烃碳原子为 sp^3 杂化不同，烯烃分子中的双键碳原子为 sp^2 杂化，炔烃分子中的叁键碳原子为 sp 杂化。由于 2s 轨道更靠近碳原子的原子核，因此在杂化轨道中 s 轨道成分越多，价电子受原子核的束缚力就越大，即碳原子的电负性越大。由此可知，不同碳原子的电负性顺序是叁键碳原子>双键碳原子>饱和碳原子。在烯烃和炔烃分子中，饱和碳原子和不饱和碳原子的电负性不同，分子具有偶极矩。但烯烃和炔烃分子通常只有较弱的极性，其中末端炔烃分子的极性比末端烯烃略强。例如：

$$CH_3CH_2C\equiv CH \qquad\qquad CH_3CH_2CH=CH_2$$

$$\mu = 2.67\times10^{-30}\ \mathrm{C\cdot m} \qquad\qquad \mu = 1.0\times10^{-30}\ \mathrm{C\cdot m}$$

而非末端的炔烃的偶极矩通常很小，具有对称中心的烯烃和炔烃偶极矩等于零。

与烷烃相似，折射率也可用于液态烯烃和炔烃的鉴定和纯度的检验。在分子体系中，电子越容易极化，折射率越高，因此，烯烃和炔烃的折射率一般比烷烃大。

5.5　炔烃的化学性质

炔烃的化学性质主要表现在官能团——碳碳叁键（$-C\equiv C-$）上，大部分反应都发生在叁键上。炔烃的化学性质活泼，主要是叁键的加成反应、氧化反应及叁键碳上氢原子的反应。

5.5.1　加成反应

炔烃与烯烃相似，也能进行加氢和亲电加成反应。由于叁键中含有两个 π 键，能与两分子试剂加成。反应过程一般分两步进行：第一步，炔烃先与一分子试剂加成，叁键变为双键（从 sp 杂化轨道变为 sp^2 杂化轨道），生成烯烃的衍生物；第二步，所生成的烯烃的衍生物继续与一分子试剂加成，双键变为单键（从 sp^2 杂化轨道变为 sp^3 杂化轨道），生成饱和的化合物烷烃或烷烃的衍生物。

5.5.1.1　催化加氢

炔烃加氢与烯烃相似，但催化加氢比烯烃容易，因为炔烃对催化剂的吸附作用比烯烃强。当采用铂、钯或镍等催化剂时，可使加氢反应不停留在烯烃阶段而一直进行到生成烷烃。若降低催化剂的催化活性，则加氢反应可使之停留在生成烯烃阶段。例如：

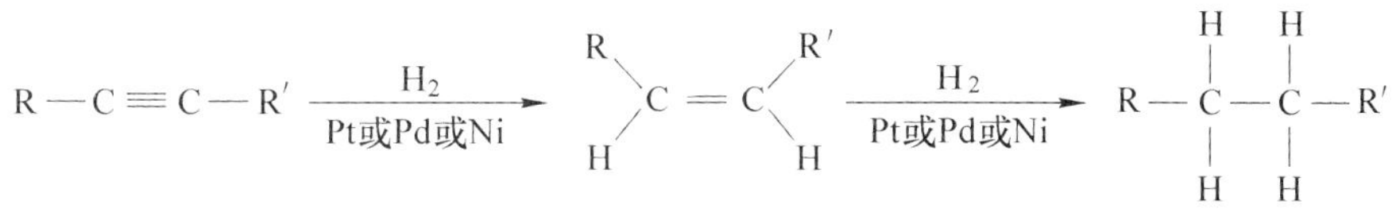

$$CH\equiv CH \xrightarrow[\text{Pd, Pb(OOCCH}_3)_2]{H_2} CH_2=CH_2$$

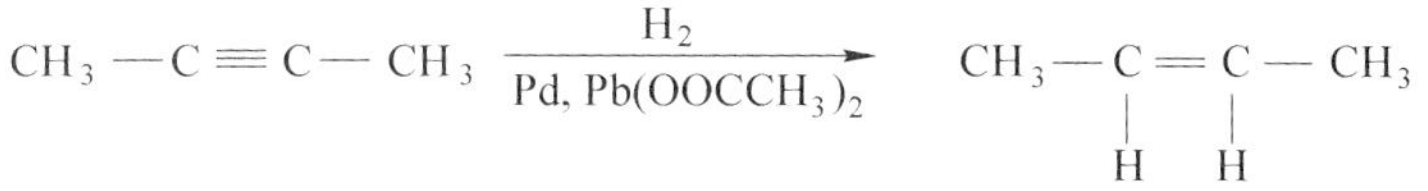

常用的催化剂是林德拉催化剂，它是用金属钯沉淀于碳酸钙上，然后用醋酸铅处理得到的加氢催化剂。

由于炔烃的催化加氢反应在催化剂的表面，氢原子从碳碳重键的同侧依次加到两个不饱和碳原子上，因此是立体选择性反应——主要是顺式加成。例如：

5.5.1.2 与卤素加成

炔烃与卤素（氯、溴）很容易发生加成反应。在光或催化剂的影响下，乙炔与氯反应剧烈，甚至可以引起爆炸而生成氯化氢和碳。如果在黑暗中使气态的氯与乙炔作用，则先生成一分子加成产物二氯乙烯，并继续反应而生成两分子加成产物四氯乙烷。

工业上以氯化铁为催化剂，四氯化碳为溶剂，于 80~85 ℃使乙炔与氯气制备 1,1,2,2-四氯乙烷。

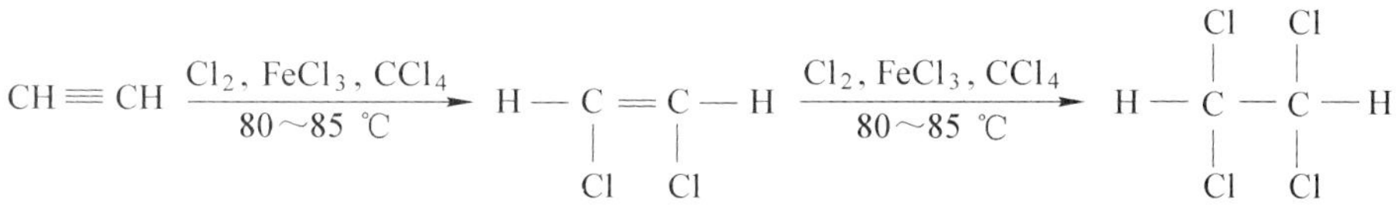

这个反应也可在氮气稀释下或三氯甲烷溶剂中进行。

炔烃与氯、溴的加成，有时控制条件，可使反应停留在一分子加成产物上。

炔烃与烯烃相似，也能使溴水或溴的四氯化碳乳液褪色，所以该反应可以检验不饱和键的存在。

碘的活性较低，与乙炔作用比较困难，在乙醇溶液中，只生成 1,2-二碘乙烯。

$$CH\equiv CH + I_2 \xrightarrow{\text{乙醇}} IHC=CHI$$

5.5.1.3 与卤化氢加成

炔烃可以与卤化氢（HCl、HBr、HI）加成，但是反应活性小于烯烃，比与卤素加成更难。当有催化剂如亚铜盐或汞盐存在时，可以加速反应进行。加成过程也是分两步进行。不对称炔烃与卤化氢加成也符合马尔科夫尼科夫加成规律，最后所得到的产物是同碳二卤烷。

$$R-C\equiv CH \xrightarrow{HX} R-\underset{\displaystyle X}{\underset{|}{C}}=\underset{\displaystyle H}{\underset{|}{CH}} \xrightarrow{HX} R-\overset{\displaystyle X}{\overset{|}{\underset{\displaystyle X}{\underset{|}{C}}}}-CH_3$$

这个反应也可控制在一分子加成阶段。例如，工业上用氯化汞或氯化亚铜作催化剂，温度控制在150~160 ℃以制备氯乙烯，氯乙烯作为生产聚氯乙烯的原料。

$$CH\equiv CH + HCl \xrightarrow[150\sim160\ ℃]{HgCl_2} CH_2=CHCl$$

卤化氢活泼性：HI>HBr>HCl。

5.5.1.4　与水加成

乙炔在一般情况下，与水不起作用，但当有催化剂硫酸汞和稀硫酸存在时，才能发生加成反应。首先是叁键与一分子水加成，生成一个很不稳定的“烯醇式”化合物（即羟基与双键碳原子直接相连的化合物），一经产生就立刻发生分子内重排，羟基上的氢原子转移到双键的另一端的碳原子上，而碳氧之间的单键变为双键，形成一个含有羰基（$\rangle C=O$）的化合物——乙醛。这种一个分子（或离子）在反应过程中发生了基团的转移和电子密度的重新分布，而最后生成较稳定的分子的反应，叫做分子重排反应。烯醇式结构不稳定，易发生重排，最后得到醛或酮。例如：

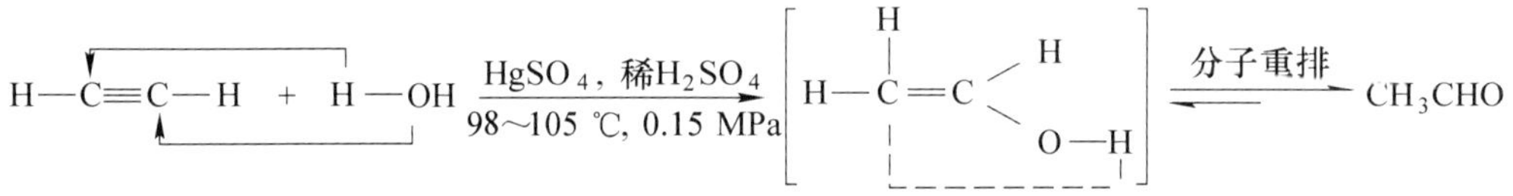

烯醇式　　乙醛

这种反应是工业上合成乙醛的方法之一，通称乙炔直接水合法。乙炔直接水合可生成乙醛。其他不对称炔烃在催化剂存在下与水加成，均按马尔科夫尼科夫规律进行，先生成烯醇，再经重排最后得到酮类产物。例如：

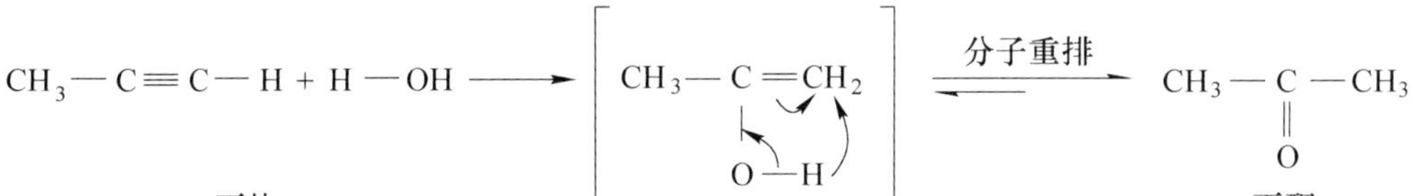

丙炔　　丙酮

这个反应称为库切洛夫（M. T. Kyuepob）反应。为了避免汞污染，现已采用铜、锌等磷酸盐非汞催化剂来代替。

5.5.2　氧化反应

炔烃被氧化剂氧化，往往可以使碳碳叁键断裂，最后得到完全氧化的产物羧酸或二氧化碳。如将乙炔通入高锰酸钾的水溶液，则高锰酸钾被还原为棕褐色的二氧化锰，紫色消失，并使碳碳叁键断裂，生成二氧化碳和水。例如：

$$HC\equiv CH + 10KMnO_4 + 2H_2O \longrightarrow 6CO_2 + 10KOH + 10MnO_2$$

其他炔烃被高锰酸钾氧化，则可生成相应的羧酸。例如：

$$R—C\equiv C—H \xrightarrow[H^+]{KMnO_4} R—COOH + CO_2$$

$$R—C\equiv C—R' \xrightarrow[H^+]{KMnO_4} R—COOH + R'—COOH$$

$$CH_3CH_2CH_2—C\equiv C—CH_2CH_3 \xrightarrow[100\ ℃]{KMnO_4\ 水溶液} CH_3CH_2CH_2COOH + CH_3CH_2COOH$$

可以利用上述反应来检验分子中是否有碳碳叁键存在，并可从所得产物的结构来确定分子中叁键的位次，以及原来炔烃的结构。

5.5.3 聚合反应

乙炔也能发生聚合反应。在不同的催化剂和不同的反应条件下，能生成不同的聚合物。例如，乙炔在氯化亚铜和氯化铵的作用下，可生成二聚的乙烯基乙炔和三聚的二乙烯基乙炔。

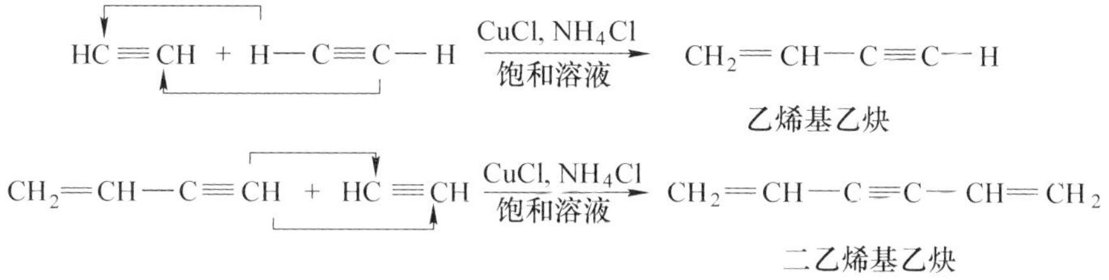

在工业上，可以控制反应条件，使主要产物为乙烯基乙炔，用作生产氯丁橡胶的原料——2-氯丁-1,3-二烯（见 4.5.2 节）。

5.5.4 叁键碳上氢原子的活泼性

在炔烃的结构中，已讨论过乙炔分子的 C—H σ 键是以 sp 杂化轨道与 s 轨道相互重叠而成。sp 杂化轨道具有 1/2s 的特性成分，比 sp^2 和 sp^3 杂化轨道的 s 成分大，由于碳原子的电负性随杂化时 s 成分的增加而增大，故 sp 杂化碳原子比 sp^2 和 sp^3 杂化碳原子对于相应的 C—H 上电子的吸引力更强，也就是 sp 杂化的叁键碳原子的电负性大于 sp^2 和 sp^3。因此，碳氢键之间的电子密度靠近碳原子周围较大，使碳氢键极化，氢原子比较容易离解，因而具有微弱的酸性（pK_a 约 25）。

$$\equiv C—H \rightleftharpoons \equiv C^- + H^+$$

5.5.4.1 炔钠的生成

在炔烃分子中与叁键碳原子直接相连的氢原子，能与极强的碱金属，例如钠或钾等作用，生成金属炔化物。通常把≡C—H 中的氢称为“活泼氢”或“炔氢”。例如，乙炔与金属钠在液氨中进行反应，就生成乙炔钠并放出氢气。在较高温度下（190~220 ℃）与钠作用，则生成乙炔二钠。

$$HC\equiv CH + Na \xrightarrow{\text{液氨}} H—C\equiv C\overset{-}{:}Na^{+} + \frac{1}{2}H_2$$

乙炔钠(白色)

$$HC\equiv CH \xrightarrow[190\sim220\ ℃]{2Na} NaC\equiv CNa \xleftarrow[190\sim220\ ℃]{2Na} H—C\equiv C\overset{-}{:}Na^{+}$$

乙炔二钠

乙炔的一烷基衍生物（R—C≡C—H）都可以发生这种反应；二烷基衍生物(R—C≡C—R)则因分子中没有活泼氢，不能发生这种反应。

乙炔的金属化物与伯卤烷（RCH_2—X）作用，只生成叁键在碳链末端的一烷基乙炔，这是一个在乙炔分子中引入烷基，增长碳链的合成方法。通称炔烃的烷基化反应。

$$H—C\equiv C\overset{-}{:}Na^{+} + R—X \longrightarrow HC\equiv C—R + NaX$$

5.5.4.2 炔银和炔亚铜的生成

乙炔或乙炔的一烷基衍生物也可与重金属离子，如 Ag^+或 Cu^+作用，生成不溶于水的白色乙炔银或红棕色的乙炔亚铜沉淀。例如，将乙炔通入硝酸银或氯化亚铜的氨溶液，即可得到乙炔银或乙炔亚铜。

$$HC\equiv CH + Ag(NH_3)NO_3 \longrightarrow AgC\equiv CAg\downarrow + 2NH_4NO_3 + 2NH_3$$

乙炔银(白色)

$$HC\equiv CH + Cu(NH_3)Cl \longrightarrow CuC\equiv CCu\downarrow + 2NH_4Cl + 2NH_3$$

乙炔亚铜(红棕色)

乙炔的一烷基衍生物，因分子中仍含有一个活泼氢，也可发生同样反应，生成相应的炔金属沉淀：

$$R—C\equiv C—H + Ag(NH_3)NO_3 \longrightarrow R—C\equiv C—Ag\downarrow + NH_4NO_3 + NH_3$$

$$R—C\equiv C—H + Cu(NH_3)Cl \longrightarrow R—C\equiv C—Cu\downarrow + NH_4Cl + NH_3$$

这种反应非常灵敏而且沉淀颜色明显，常用来鉴别具有活泼氢的炔烃，或从混合物中分离出含有—C≡CH 结构的炔烃，或用以萃取贵金属。

乙炔银、乙炔亚铜等重金属炔化物，在湿润时比较稳定，但在干燥时受撞击或受热，容易发生爆炸。因此在实验室中，当实验完毕后，这些重金属炔化物必须用无机酸（盐酸或硝酸）加以处理，使之分解，以保证安全。

$$AgC\equiv CAg \longrightarrow 2Ag + 2C + 364\ kJ$$

$$AgC\equiv CAg + \underset{(\text{或 }2HNO_3)}{2HCl} \longrightarrow HC\equiv CH + \underset{(\text{或 }2AgNO_3)}{2AgCl}$$

5.6 乙炔的用途

乙炔俗名电石气，是最重要的炔烃，纯净的乙炔是无色、无臭味的气体。乙炔不仅是一种有机合成的主要基本原料，而且还大量用作高温氧炔焰的燃料。乙炔在氧气中燃烧可发生高温和强光。氧炔焰温度可高达 3500 ℃左右，常用来焊接或割切金属材料。

乙炔的最大用途是用作有机合成原料以合成各种化工产品，例如聚氯乙烯塑料、维尼纶、氯丁橡胶以及乙醛等重要的基本工业原料，其用途极为广泛，如图 5-3 所示。

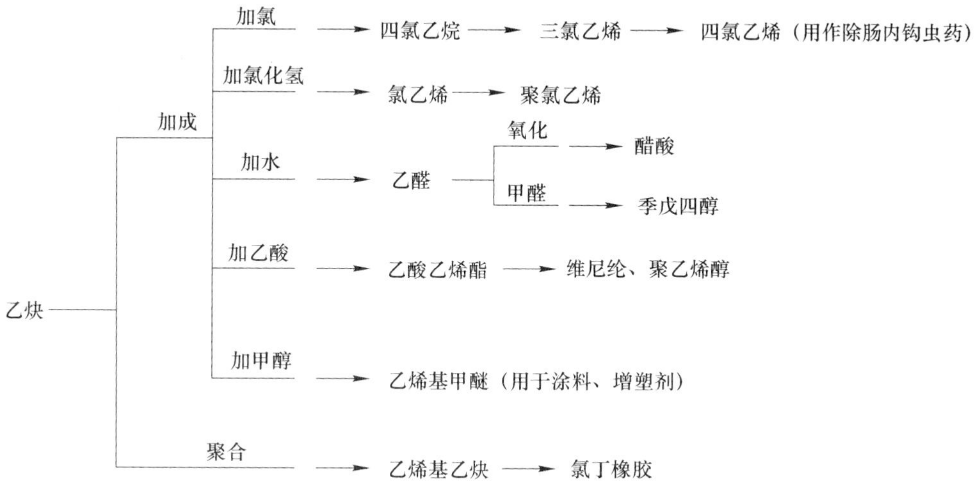

图 5-3　乙炔的综合利用

6 脂 环 烃

脂环烃是指分子只有碳和氢两种元素组成，而含有环状结构的烷烃。相对于开链烷烃，环烷烃多了一个成环的C—C键，少了两个氢原子，所以单环环烷烃的通式为C_nH_{2n}。

根据碳环上碳原子数目多少，环烷烃可分为小环（三元环至四元环）、普通环或正常环（五元环至七元环）、中环（八元环至十一元环）和大环（十二元环以上）。

6.1 环烷烃的异构和命名

在单环环烷烃中，碳环的大小、碳环上取代基的不同和取代基在碳环上的位置都会产生构造异构体。只有仅含三个碳原子的环丙烷没有异构体。为了简化起见，环烷烃可用多边形表示，多边形的每个顶点表示亚甲基（—CH_2—）。如下图所示。

环丙烷

环丁烷

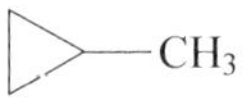

甲基环丙烷

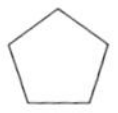
环戊烷

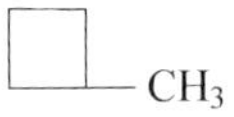

甲基环丁烷

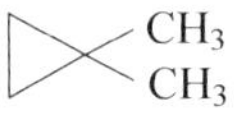

1，1-二甲基环丙烷

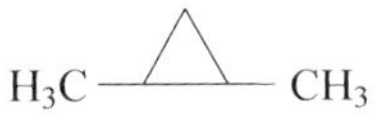

1，2-二甲烷环丙烷

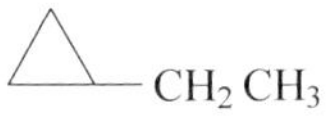

乙基环丙烷

其中，1,2-二甲基环丙烷中的两个甲基可以在碳环的同一边或两边。

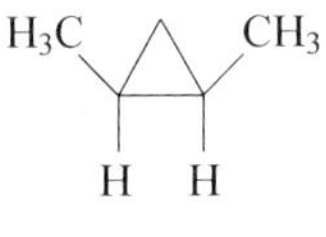

顺-1,2-二甲基环丙烷

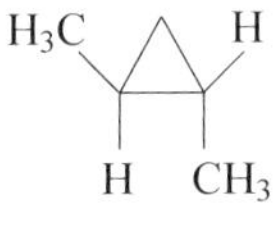

反-1,2-二甲基环丙烷

它们之间不能相互转变，否则会引起碳环共价键的断裂，它们是物理性质不同的两个异构体。这种异构现象称为顺反异构。凡是分子的构造相同，而分子中原子在空间的排列方式不同的化合物互称为立体异构体。顺反异构体是立体异构体中的一类，这种立体异构体的构造相同，而分子中原子在空间的排列方式不同，这种异构称为构型异构。环烷烃中的顺反异构属于构型异构。

6.1.1 环烷烃的命名

环烷烃的命名与烷烃相似，在其相应的烷烃前加一个“环”字。

（1）不带侧链的环烷烃按照环碳原子的数目称为“环某烷”。表示形式如下。

环丙烷

环己烷

（2）带侧链的环烷烃将环上的支链作为取代基，若有多个取代基，需标出其位次编号，尽可能使位次编号小，并根据次序规则中“较优基团在后”的原则。例如：

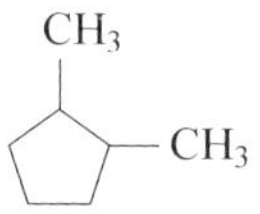

1,2-二甲基环戊烷

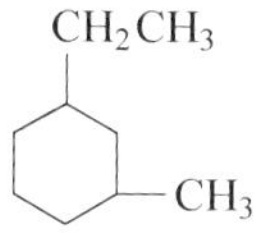

1-甲基-3-乙基环己烷

在此要注意以下两点：

（1）含有 3 个以上碳原子的环烷烃，除了和碳原子数相同的烯烃互为同分异构体外，还有环状的同分异构体。例如，含有 4 个碳原子的环烷有两种：

环丁烷

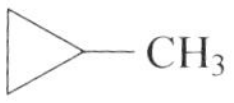

甲基环丙烷

（2）因为碳原子连成环状，中小环上 C—C 单键不能自由旋转。所以，在环烷烃中，只要环上有 2 个碳原子各连有不同的原子或基团，就一定有构型不同的顺反异构体。例如：

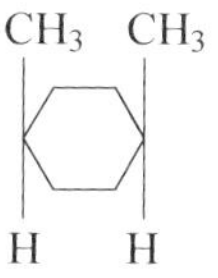

反-1,4-二甲基环己烷

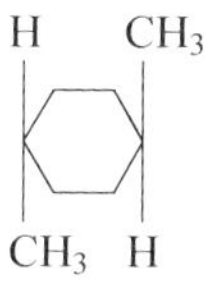

顺-1,4-二甲基环己烷

6.1.2 不饱和脂环烃命名

以不饱和碳环为母体，侧链作为取代基，并将 1，2 位次留给双键碳原子。例如：

3-甲基环戊烯

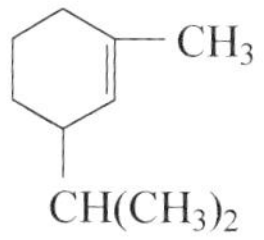

1-甲基-3-异丙基环己烯

6.1.3 双环化合物的命名

分子中含有两个碳环称为双环化合物，常见的有以下两种：

（1）螺环化合物。两个环共用一个碳原子，此碳原子称为螺原子。

命名时按以下规则命名：

1）根据组成环的碳原子总数，命名为“某烷”，再加上词头“螺”。

2）将连接螺原子的两个环的碳原子数目，按先小环后大环的次序写在“螺”和“某烷”之间的方括号内，数字用圆点分开。例如：

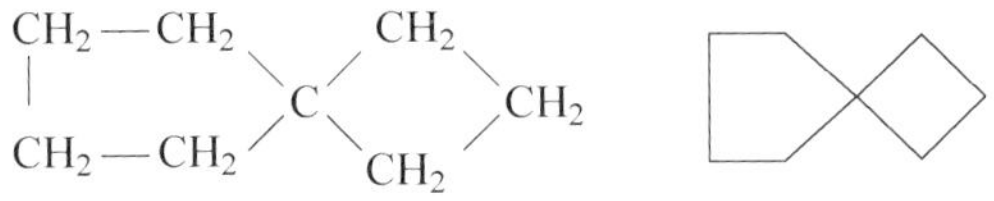

螺[3.4]辛烷

（2）桥环化合物。桥环化合物在结构上都有两个“桥头”碳原子和三条连在两个桥头的“桥”。命名时以“双环”为词头，根据组成环的碳原子总数命名为“某烷”，并将各桥所含碳原子数目由多到少依次序写在“双环”和“某烷”之间的方括号里，因此，括号中有 3 个数字，分别用圆点分开。例如：

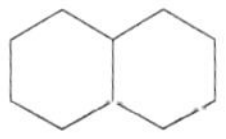

双环[4.4.0]癸烷

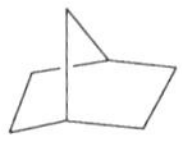

双环[2.2.1]庚烷

环上的编号是从一个桥头碳原子开始，沿最长的桥到另一个桥头碳原子，再沿次长的桥编回到开头的桥头碳原子，最短的桥上的碳原子最后编号。例如：

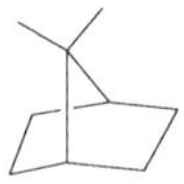

7,7–二甲基双环[2.2.1]庚烷

6.2 环烷烃的性质

6.2.1 环烷烃的物理性质

环烷烃的沸点、熔点和相对密度都比相同碳原子的开链烷烃高。在常温下，C_3 ~ C_4 环烷烃为气态，C_5 ~ C_{11} 环烷烃为液体，C_{12} 以上的高级环烷烃除个别外，都为固体。环烷烃与烷烃一样，都不溶于水。部分环烷烃的沸点、熔点和相对密度见表 6-1。

表 6-1 部分环烷烃的物理常数表

环烷烃 $(CH_2)_n$	n	燃烧热 /kJ · mol^{-1}	每个 CH_2 平均燃烧热 /kJ · mol^{-1}	环张力 /kJ · mol^{-1}
环丙烷	3	2091	697. 0	115

续表 6-1

环烷烃 $(CH_2)_n$	n	燃烧热 /kJ · mol^{-1}	每个 CH_2 平均燃烧热 /kJ · mol^{-1}	环张力 /kJ · mol^{-1}
环丁烷	4	2744	686.0	109
环戊烷	5	3320	664.0	27
环己烷	6	3952	658.7	0
环庚烷	7	4637	662.4	27
环辛烷	8	5310	663.8	42
环壬烷	9	5891	664.6	54
环癸烷	10	6636	663.6	50
环十五烷	15	9885	659.0	6
无支链开链烃			658.6	

6.2.2 环烷烃的化学性质

脂环烃的化学性质虽然与相应的脂肪烃类似，但其具有环状结构，而且环有大小，所以还具有一些环状结构的特点。

6.2.2.1 取代反应

在光和热的引发下，环烷烃和烷烃一样可发生自由基取代反应。例如发生卤代反应，生成相应的卤代物。例如：

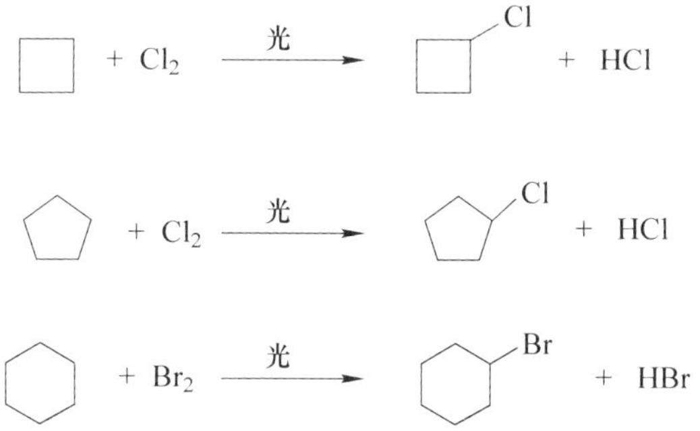

6.2.2.2 开环反应——加成反应

环烷烃中小环却和烷烃不同，表现出一种特殊的化学性质：容易开环而发生加成反应。

A 加氢

在催化剂铂、钯或雷尼镍的作用下，环丙烷和环丁烷与氢发生开环加成反应。例如：

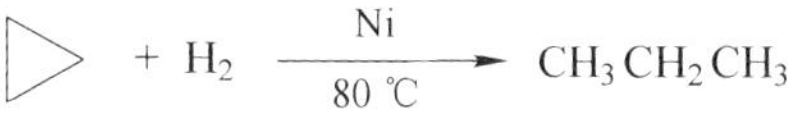

从上述例子可以看出：环丙烷易加氢，环丁烷则需要在较高的温度下才能加氢。而环戊烷和环己烷必须在更为强烈的条件下方能加氢。例如：

从催化加氢可以看到小环环烷烃相对比较容易开环，因为它们不太稳定。

B 加卤素

小环环烷烃还与卤素发生开环加成反应。例如：

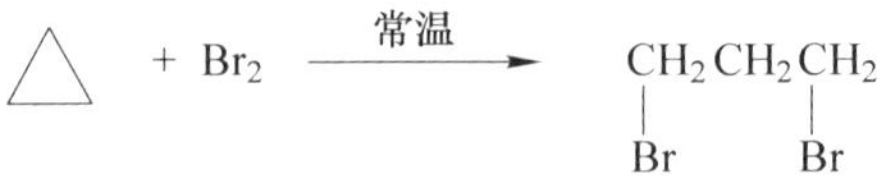

C 加卤化氢

环丙烷还可与溴化氢发生开环加成反应，生成相应的卤代烃。例如：

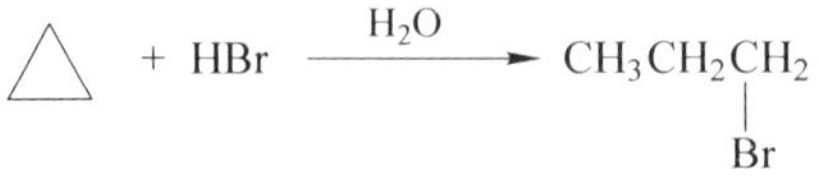

在此必须注意到，环丙烷的烷基衍生物在与卤化氢加成时，环的破裂发生在含氢最多和最少的两个碳原子之间，同时卤化氢加成时还必须符合马氏规则。例如：

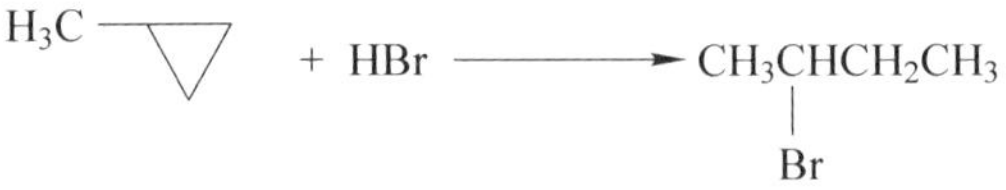

总之，四元环不如三元环那么容易开环，在常温下与卤素、卤化氢不发生反应，环戊烷和环己烷也都不发生上述反应。

6.2.2.3 氧化反应

在常温下，环烷烃与一般氧化剂（如高锰酸钾、臭氧等）不起反应。但在加热时与强氧化剂或催化剂存在的条件下用空气氧化，则可氧化成各种氧化产物。例如：

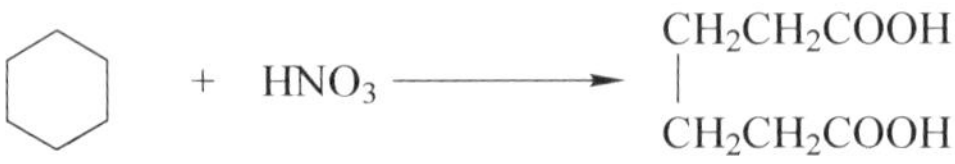

6.3 环烷烃的结构和稳定性

6.3.1 环丙烷、环丁烷与环戊烷的结构和稳定性

在环烷烃中碳环上，碳原子都是 sp^3 杂化，环丙烷中的三个碳原子处在同一平面上，从几何图形分析，其键角应为 60°，因此两个碳原子的 sp^3 杂化轨道难以沿键轴方向有效交盖成 C—C σ 键，而是成为类似香蕉状弯曲的 C—C σ 键，这种弯曲的 C—C σ 键重叠程度很不好，键角也不是正常的 109.5°，其∠CCC 为 105.5°，∠HCH 为 115°。相邻碳原子上的 C—H 键都处于重叠式的位置，是不稳定的重叠式构象。

这种不能很好重叠的 C—C σ 键极容易断裂，体系的热力学能也升高，所以小环环烷烃的稳定性较相同碳原子数的开链烃小，如环丙烷和环丁烷等的碳环很容易被打开。这种环的不稳定性通常称为环的张力，环的张力可以用它与环己烷中的每个 CH_2的平均燃烧热的差值乘以相应的碳原子数来衡量。

环丁烷的环张力比环丙烷小，由于环上有四个碳原子，为了减少环的张力，四个碳原子可以不在同一平面上。在环丁烷的各构象中，平面型和折叠型是两个极限构象。在平面型构象中，相邻碳原子上的 C—H 键都处于重叠状态，因此势能比折叠型的高。在折叠型构象中，$C_1C_2C_3$所在平面与 $C_1C_2C_3$所在平面的夹角约为 35°，而相邻碳原子上的 C—H 键也不处于重叠状态，其扭转角约为 25°，因此折叠型是比平面型稳定的构象。但由于二者之间的势能仅差 6.3 kJ/mol，因此在环丁烷的构象中，平面型构象也占有一定的比例，而且折叠型构象还可以通过平面型构象翻转转为势能相等的另一个折叠型构象。

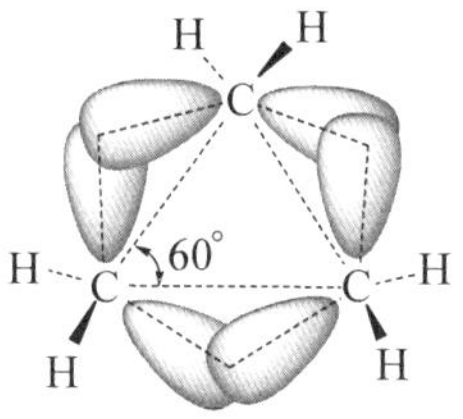

环丙烷构象

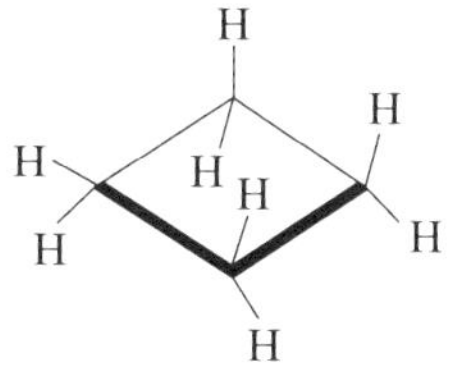
环丁烷平面型构象

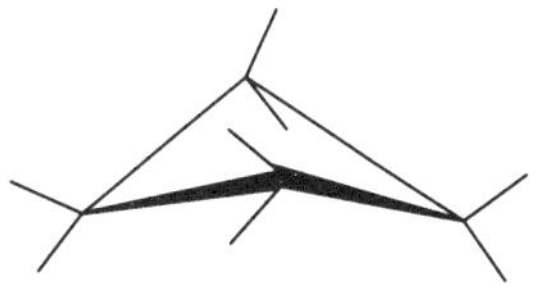
环丁烷折叠型构象

环戊烷比环丁烷的张力更小。由于正五边形的内角为 108°，已经与正四面体的键角接近，但如果取平面型构型时，相邻碳原子上的 C—H 键都会处于不稳定的重叠式构象，因此环戊烷成折叠式的信封状构象，其中四个碳原子在同一平面上，另一碳原子在这平面的上方或下方约 50 pm 处，而且是不断地在五个碳原子之间轮换更迭。

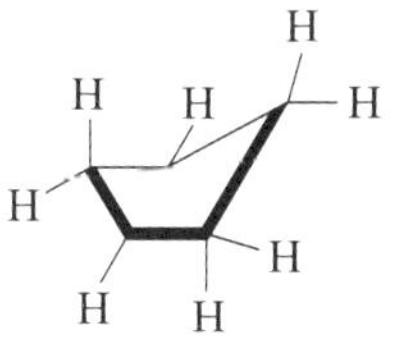
环戊烷的构象

6.3.2　环己烷的结构和稳定性

在环己烷中，碳的四个键角都接近正四面体的键角 109.5°。环己烷是六个碳原子不在同一平面内、没有张力的环状化合物，用碳原子的正四面体模型可以组合成椅式和船式两个典型的环己烷构象模型：

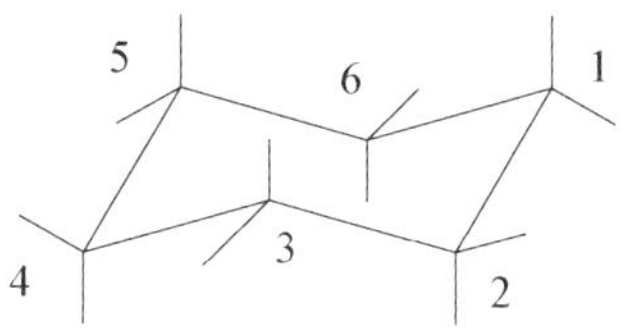
环己烷的椅式构象

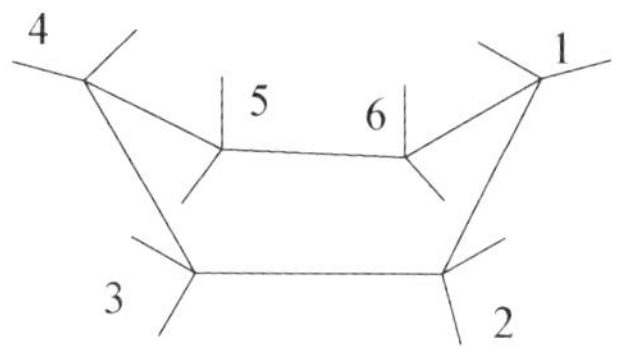
环己烷的船式构象

在环己烷的椅式构象中，C_1、C_3和C_5在同一平面内，而C_2、C_4和C_6在另一平面内，两平面彼此平行，它们之间的距离为 50 pm。在C_1、C_3和C_5上各有一个 C—H 键都向上，且垂直于这三个碳原子所在的平面；在C_2、C_4和C_6上各有一个 C—H 键都向下，也垂直于这三个碳原子所在的平面。这六个向上和向下交替排列的垂直于两平面的键称为直立键，也称 a 键。另外，在C_1、C_3和C_5上还各有一个 C—H 键与这三个碳原子所在的平面向下倾斜 19°伸向环外，在C_2、C_4和C_6上各有一个 C—H 键与这三个碳原子所在的平面向上倾斜 19°伸向环外，这六个向上和向下交替排列的伸向环外的键称为平伏键，也称 e 键。经过 C—C 键的旋转，一个环己烷的椅式构象可以转变为另一个椅式构象，转变后原来的 a 键转变为 e 键，原来的 e 键转变为 a 键。例如：

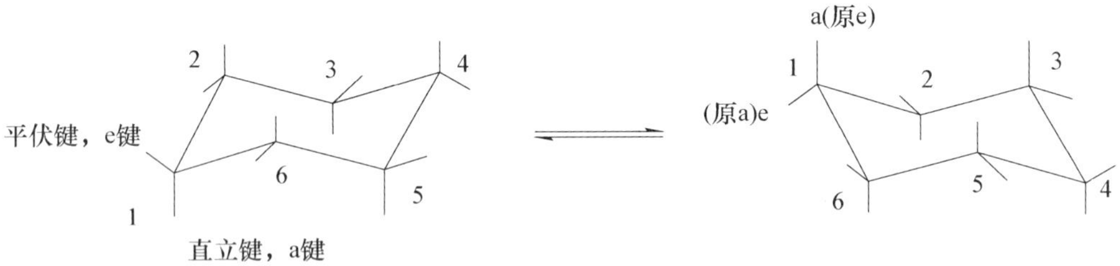

在椅式构象中，也可以把C_2、C_3、C_5和C_6看成在同一平面内，而C_1和C_4则位于这平面的两边，分别可看成椅子背和椅子脚。

在船式构象中，C_2、C_3、C_5和C_6在同一平面内，可看成船体，而C_1和C_4则在这平面的上方，可看成船头或船尾。在环己烷的椅式构象和船式构象中，尽管它们的键角都符合正四面体的正常键角 109.5°，都没有角张力。但在椅式构象中，每相邻两个碳原子之间都是交叉式的稳定构象。而在船式构象中，船沿的$C_2 \sim C_3$和$C_5 \sim C_6$间却是最不稳定的全重叠式构象。另外，环上氢原子之间的相对空间障碍也不同。在椅式构象中，氢原子之间的距离都大于两个氢原子的半径之和 240 pm。而在船式构象中，在船头和船尾及船沿上的两个氢原子之间的距离都小于两个氢原子半径之和。

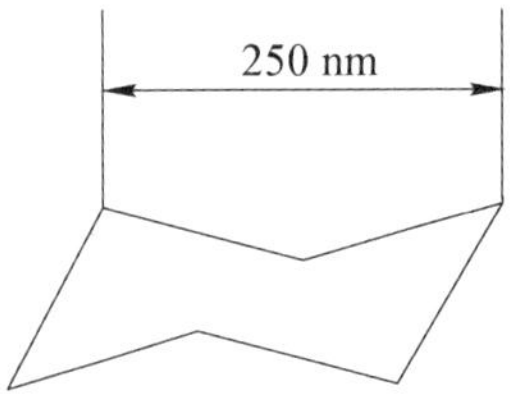

椅式构象

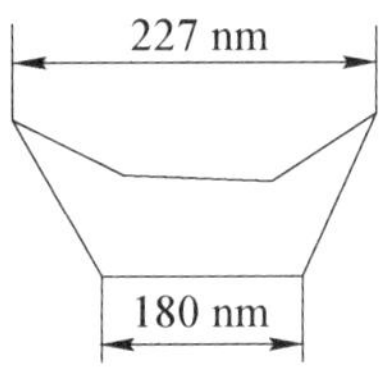

船式构象

所以相对来说，环己烷的椅式构象比船式构象稳定。在室温下，主要以椅式构象存在，船式构象只有椅式构象的约千分之一。

7 芳香烃

在有机化学发展的早期，化学家们把一类从植物胶里提取的具有芳香气味的物质称为芳香族化合物。在研究这些芳香族化合物时，发现它们大多都含有苯环结构单元。随着研究的深入，芳香族化合物的含义有了新的发展，现在化学家将具有特殊稳定性的不饱和环状化合物称为芳香族化合物。从结构上看，芳香族化合物一般都具有平面或接近平面的环状结构，键长趋于平均化，高度不饱和，化学性质异常稳定，不易发生加成和氧化，而易发生亲电取代反应，此外还具有一些特殊的光谱特征。上述特点，通常被称为芳香性，而具有芳香性的碳氢化合物被称为芳香烃。

7.1 单环芳烃

1825 年，英国物理学家和化学家法拉第（Farady M）首次从照明气中分馏得到苯。此后，对于这个为 C_6H_6 的分子式，科学家们一直在探索研究它的结构表达式。科学家们提出了多种苯的结构式假设，其中代表性的结构式有：

凯库勒式

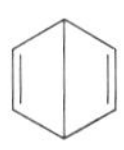

双环结构式

菱形结构式

向心结构式

对位键结构式

余价结构式

最具代表性的结构式，当属德国化学家凯库勒（Kekule F A）提出的伟大设想：苯分子为环状结构，6 个碳原子首尾相连，每个碳原子上连有 1 个氢，6 个氢地位均等（a 或 b）；每个碳未用去的一价，彼此结合，构成 3 个碳碳双键，成单双键交替的共轭体系。凯库勒式很好地解决了苯环碳氢个数，以及取代产物异构体的数目等问题，被一直沿用至今。

但是，他无法解释苯环上碳碳双键完全等同且不易发生加成反应。此外，按照凯库勒式，苯的邻位二取代应该存在两种异构体（异构体 d 和 e）。但多种实验证明，邻位二取代物只有一种结构。到目前为止，科学家们还未找到一个完美的苯环结构表达式，还沿用凯库勒式或离域式（c）表示苯的结构。

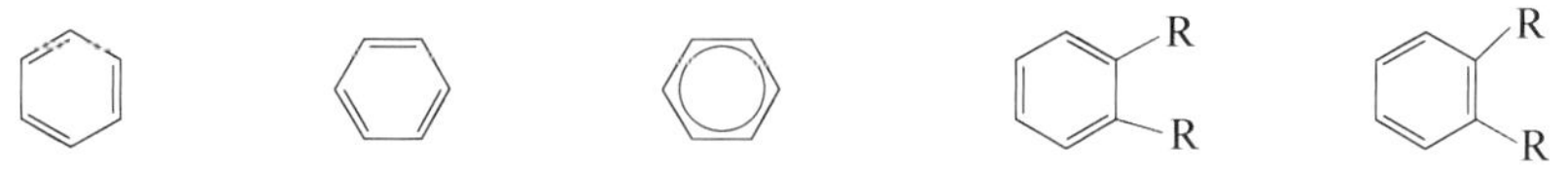

a b c d e

近代物理方法证明：苯分子所有碳原子和氢原子均处于同一平面，6 个碳原子组成一个正六边形，碳碳键长均为 140 pm，介于普通的单键和双键之间，键角均为 120°。

经化学家们总结实验结果，推导出以下三点：

(1) 苯环中具有闭合共轭大 π 键，内能低，导致苯分子相对稳定，不易发生加成和氧化反应。

(2) 苯分子中 6 个碳原子和 6 个氢原子被两大块 π 电子云所包围，易受亲电试剂的攻击而发生亲电取代反应。

(3) 因为苯分子具有闭合的共轭大 π 键，所以当其中任何一个碳原子受到外界试剂的作用，将通过共轭效应影响到其他碳原子。

7.2 同分异构和命名

具有芳香性的烃称为芳香烃，一般是指分子中含有芳环的化合物，广义的芳香烃应包含非苯芳烃。

单环芳香烃是指分子中仅含一个苯环结构单元的芳烃。其他的这类单环芳烃可以看作是苯的一元或多元烃基的取代物。苯的一元烃基取代物只有一种，命名的方法有两种，一种是将苯作为母体，烃基作为取代基称为××苯；另一种是将苯作为取代基，称为苯基，它是苯分子减去一个氢原子后剩下的基团，可简写成 Ph-，苯环以外的部分作为母体，称为苯（基）某某，例如：

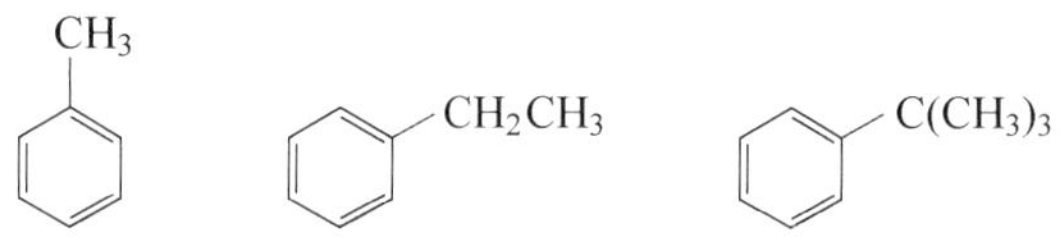

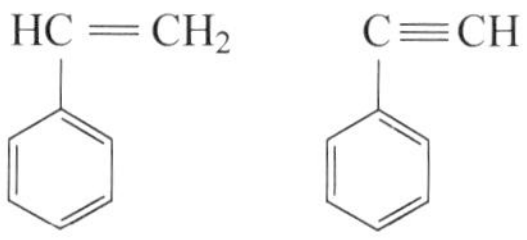

甲苯 乙苯 叔丁基苯 苯乙烯 苯乙炔

苯作为母体 苯作为取代基

苯环上两个氢原子被取代的称为二取代苯。二取代苯有 3 个位置异构体，可以用阿拉伯数字 1,2-、1,3-、1,4-或邻间对表示二取代基的相对位置。当有不同取代基时，按基团的英文字母顺序，首个字母在前面的基团位次尽可能小。例如：

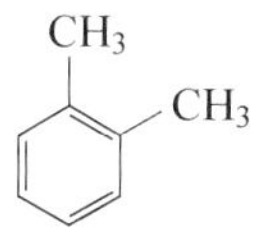

1,2-二甲苯
邻二甲苯

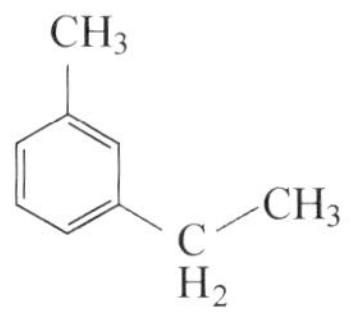

1-乙基-3-甲基苯
间乙基甲苯

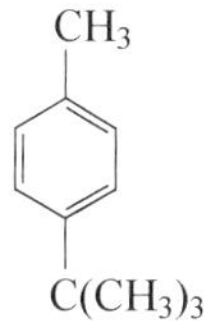

1-叔丁基-4-甲基苯
对叔丁基甲苯

对于三取代苯可以用阿拉伯数字或连、偏、均表示它们的位置异构，例如：

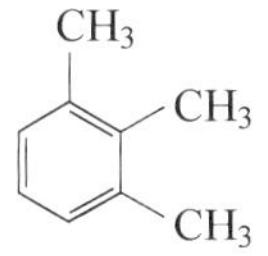

连三甲苯

1,2,3-三甲苯

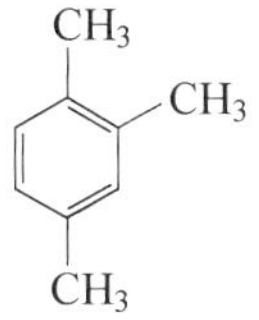

偏三甲苯

1,2,4-三甲苯

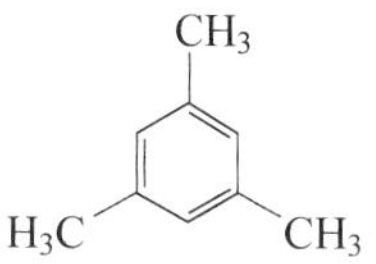

均三甲苯

1,3,5-三甲苯

此外，要注意以下三点：

（1）当苯环上连接的脂肪烃基比较复杂或是不饱和烃基或是多个苯环时，往往以脂肪烃为母体，苯作为取代基。例如：

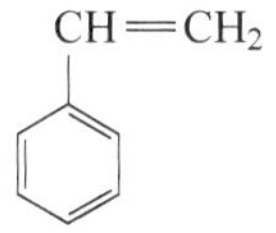

苯乙烯（乙烯基苯）

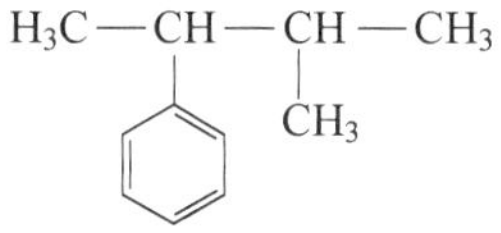

2-甲基-3-苯基丁烷

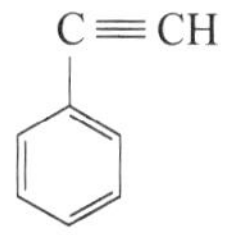

苯乙炔

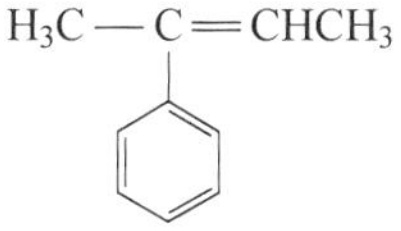

2-苯基丁-2-烯

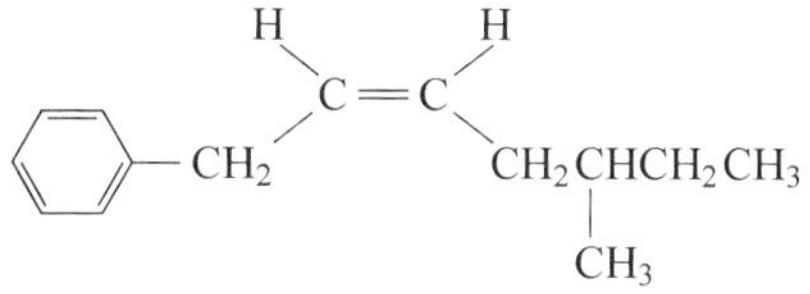

顺-5-甲基-1-苯基庚-2-烯

（2）苯分子减去一个氢原子后的基团 C_6H_5—称为苯基，可用 Ph-表示。芳烃分子中去掉一个氢原子后的基团称为芳基，可用 Ar-表示。

（3）甲苯分子中苯环去掉一个氢原子所得的基团为 $CH_3C_6H_4$—称为甲苯基，甲苯分子中甲基上去掉一个氢原子后所得的基团 $C_6H_5CH_2$—称为苯甲基或苄基。例如：

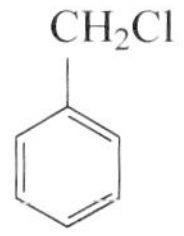

苄氯（苄化氯）

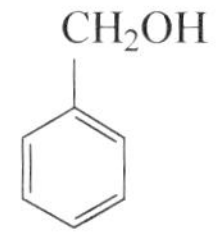

苄醇（苯甲醇）

7.3 芳烃的物理性质

苯及其同系物是无色液体，有芳香味，不溶于水，平面结构，sp^2杂化，每个 C 原子上都有一个 p 轨道，在各个方向上重叠，6 个 π 电子均匀离域在苯环上，形成环状闭合大 π 键。沸点随相对分子质量增加而升高，对位异构体的熔点一般比邻位和间位异构体高，这是因为熔点与相对分子质量和分子形状有关，即对称性高，熔点也高（见表 7-1）。

表 7-1 芳烃的物理性质

化合物	熔点/℃	沸点/℃	相对密度
苯	5.5	80.1	0.8786
甲苯	-95	110.6	0.8669
乙苯	-95	136.2	0.867
丙苯	-99.5	159.2	0.862
异丙苯	-96	152.4	0.8618
丁苯	-88	183	0.8601
仲丁苯	-75	173	0.8621
叔丁苯	-57.8	169	0.8665
邻二甲苯	-25.2	144.4	0.8802
间二甲苯	-47.9	139.1	0.8642
对二甲苯	13.3	138.2	0.8611
连三甲苯	-25.5	176.1	0.8942
偏三甲苯	-43.9	169.2	0.8758
均三甲苯	-44.7	164.6	0.8651

7.4 芳烃的化学性质

芳烃的化学性质

在苯及其同系物中，尽管它们具有高度的不饱和性，但苯环具有闭合的环状共轭结构，环上 π 电子的高度离域和碳碳键长平均化，使苯环成为一个势能相对较低的稳定体系。由于苯环的特殊稳定性，所以苯环在一般情况下，不容易发生类似烯烃的加成反应和氧化反应；而在亲电试剂的进攻下，容易发生芳环上的亲电取代反应，这是芳香族化合物共有的性质。

7.4.1 亲电取代反应

苯的反应

7.4.1.1 卤代反应

苯环上的氢被卤素取代生成相应卤代苯的反应称为苯的卤化反应。在三卤化铁、路易斯酸催化剂的作用下，苯与氯或溴反应，生成氯苯或溴苯，同时释放出氯化氢或溴化氢气体。

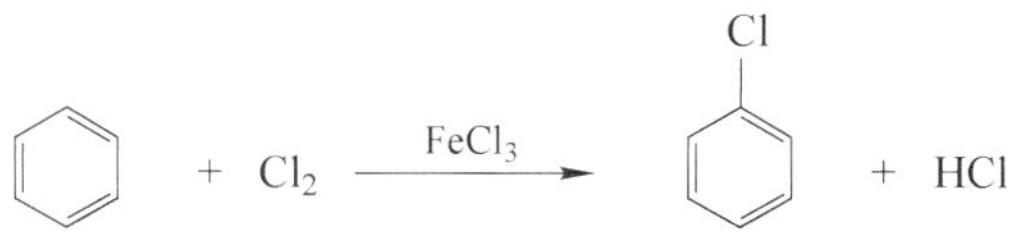

常用的卤素有氯和溴，与苯环发生取代反应的活性是氯大于溴。氟的亲电性很强，反应太剧烈，反应难以控制。而碘化反应很慢，而且生成的碘化氢具有还原性，使反应可逆，且反应主要向逆方向偏移。铁粉可以与卤素反应生成三卤化铁，所以反应时常用铁粉直接催化反应。苯的氯化和溴化反应为不可逆反应。

7.4.1.2　硝化反应

苯环上的氢被硝基取代的反应称为苯的硝化反应，苯与浓硝酸和浓硫酸的混合物，也称为混酸共热，生成苯环上的氢被取代的硝基苯。

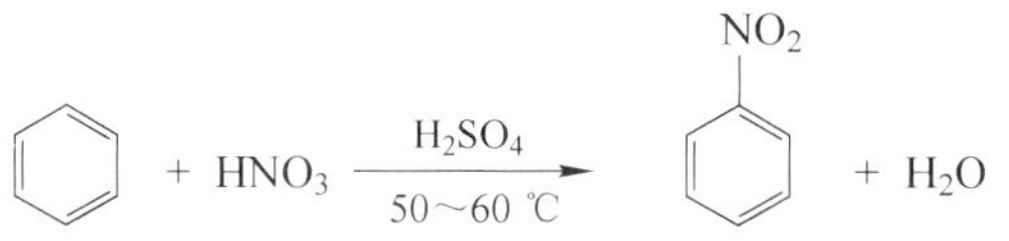

在较高的温度下，硝基苯与过量的混酸可继续反应，生成间二硝基苯。

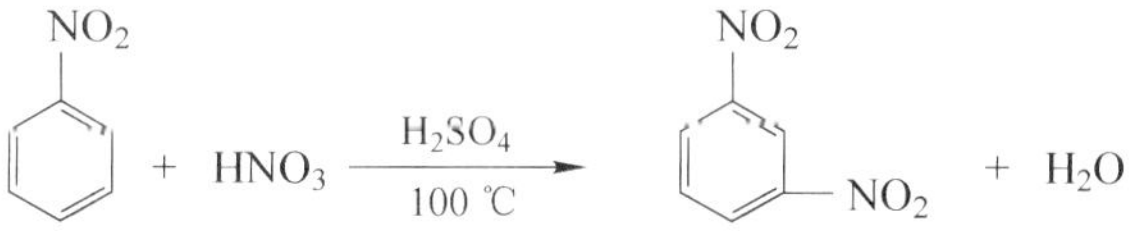

烷基苯和混酸比苯容易发生硝化反应，产物主要是邻位和对位的取代物。

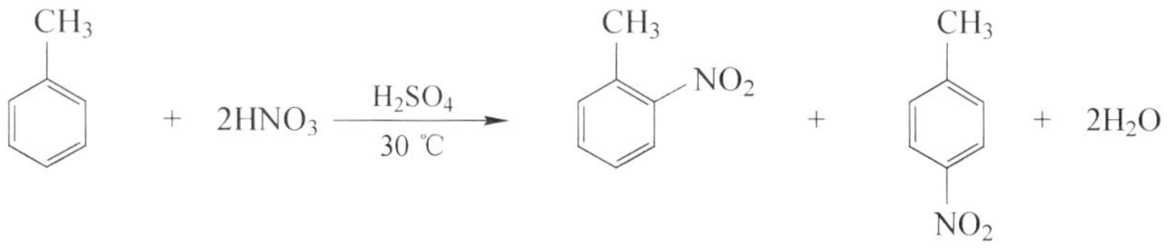

7.4.1.3　磺化反应

苯环上的氢被磺酸基取代的反应称为苯的磺化反应，苯与浓硫酸或发烟硫酸共热生成苯磺酸。

磺化反应是可逆的，这是它与卤化和硝化反应的不同之处，将产物苯磺酸在稀的酸性水溶液中加热，水解则生成原料苯和硫酸，因此在合成上为了不引入新的基团进入苯环上的某些位置，可以先用磺酸基把这个位置占据，当新的基团被引入后，再利用水解法将磺酸基去掉。

苯与浓硫酸反应速度很慢，但与发烟硫酸在室温下可生成苯磺酸，若在更高温度下继续磺化，可生成间苯二磺酸。

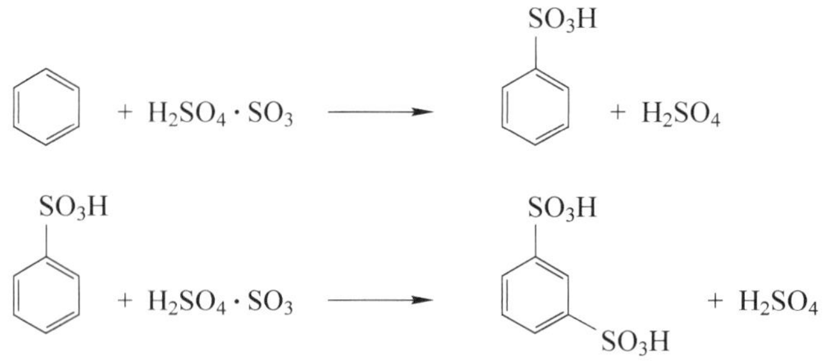

甲苯比苯容易磺化，与浓硫酸在室温可生成邻甲苯磺酸和对甲苯磺酸。

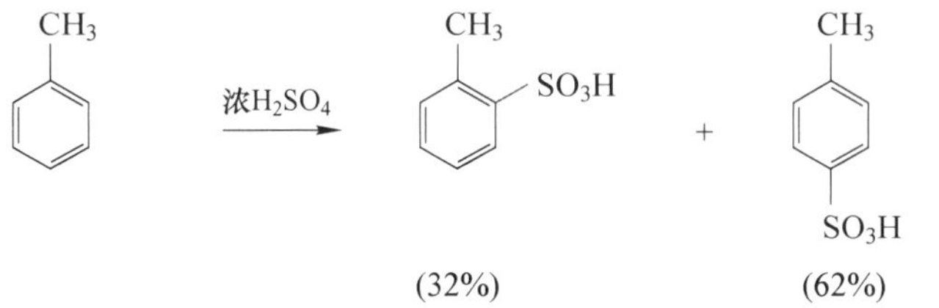

7.4.1.4 Friedel-Crafts 反应

Friedel-Crafts 反应简称 F-C（傅克）反应。有机化合物分子中的氢被烷基取代的反应称为烷基化反应，被酰基取代的反应称为酰基化反应。苯环上的烷基化反应和酰基化反应统称为傅克反应。

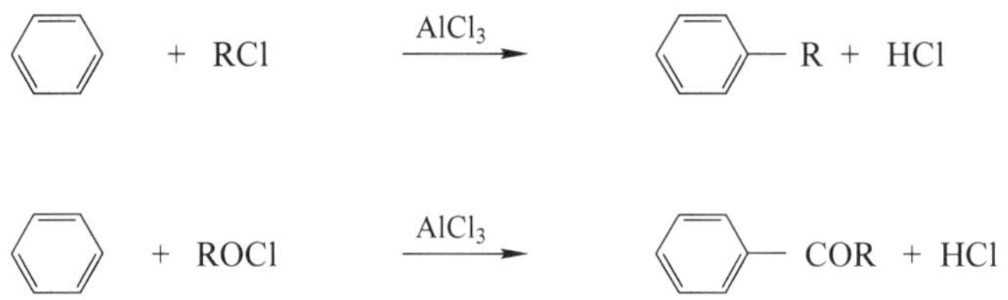

傅克烷基化反应是指在路易斯酸催化下，苯和烷基化试剂（卤代烃、醇和烯烃）作用，苯环上的氢原子被烷基取代，生成烷基苯的反应。这是把烷基引入到苯环的方法之一。

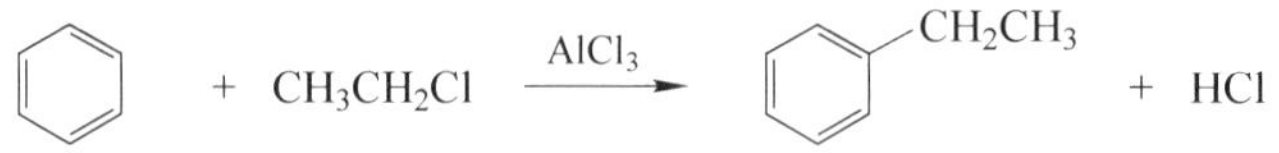

傅克烷基化反应的反应机理与磺化、硝化类似，首先在催化剂的作用下产生烷基碳正离子，它作为亲电试剂，向苯环进攻形成碳正离子，然后失去一个质子生成烷基苯。

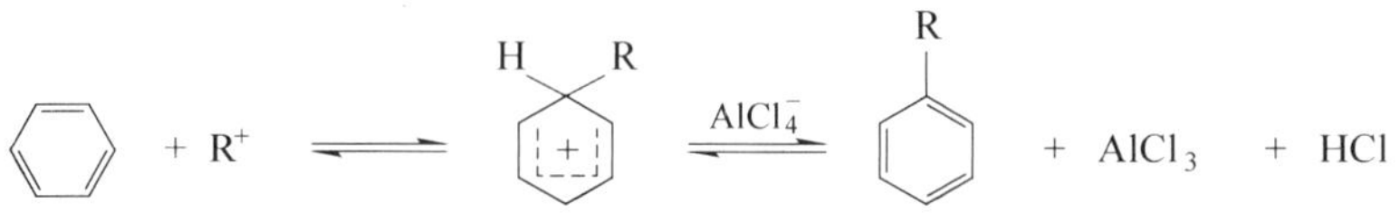

卤代烷、烯烃、醇、环氧乙烷等在适当催化剂的作用下都能产生烷基碳正离子，卤代烷、烯烃醇是常用的烷基化试剂，最初用的催化剂是三氯化铝，后经证明，许多路易酸同样可以起催化作用，常用的路易斯酸催化剂的催化活性顺序大致如下：

$$AlCl_3 > FeCl_3 > SbCl_5 > SbCl_4 > BF_4 > TiCl_4 > ZnCl_2$$

其中，三氯化铝的效力最强也是最常用的，但催化剂的活性常因反应物和反应条件的改变而发生变化，效力最强的催化剂，并不一定在所有情况下都是最合适的催化剂，操作者应根据被取代氢的活性、烷基化试剂的类别和反应条件来选择合适的催化剂。

傅克烷基化反应有以下三个特点：

（1）当烷基化试剂的碳原子数含三个或三个以上，往往发生重排并生成重排产物。例如：

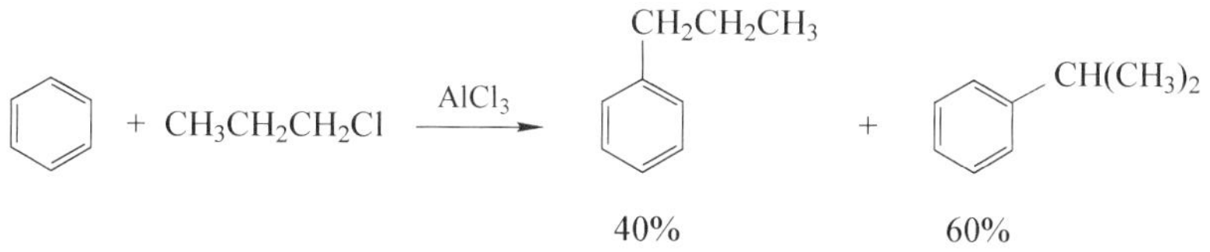

（2）常有多烷基取代物生成，原因是烷基苯比苯更容易烷基化。例如：

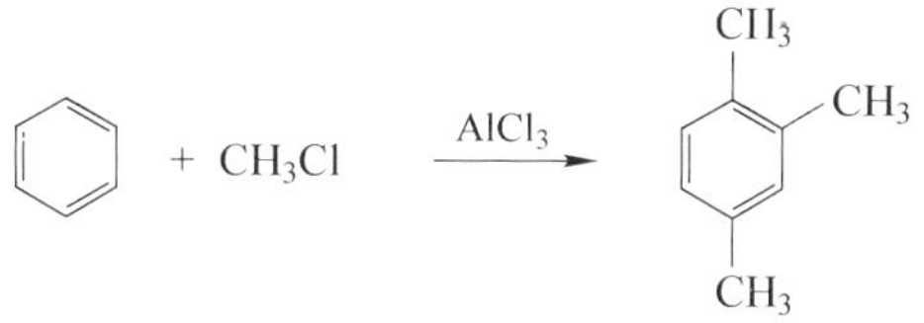

（3）因为反应是可逆的，常伴有歧化反应。一分子烷基苯脱去烷基生成苯，另一分子则生成多取代苯。例如：

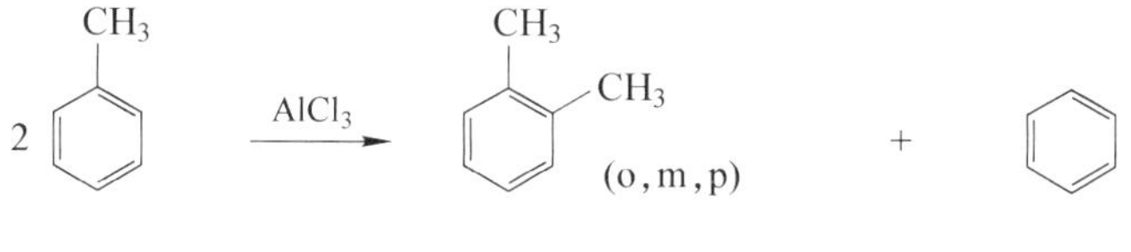

傅克酰基化反应：在无水氯化铝等路易斯酸的催化下，苯与酰卤或酸酐反应，苯环上的氢被酰基取代，生成酰基取代苯，称为傅克酰基化反应。例如：

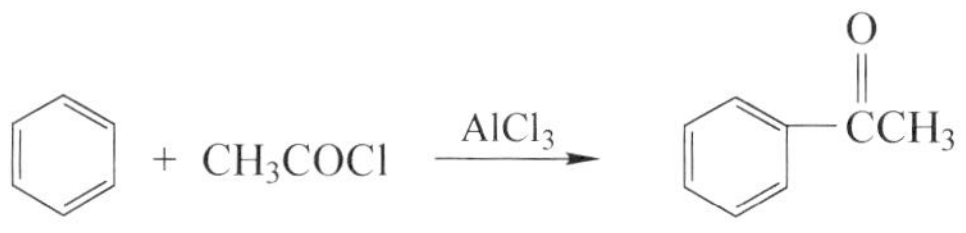

反应中的亲电试剂是酰基碳正离子，由于酰基碳正离子不会发生重排，因此傅克酰基化反应中不会生成重排产物，也没有多酰基化产物。

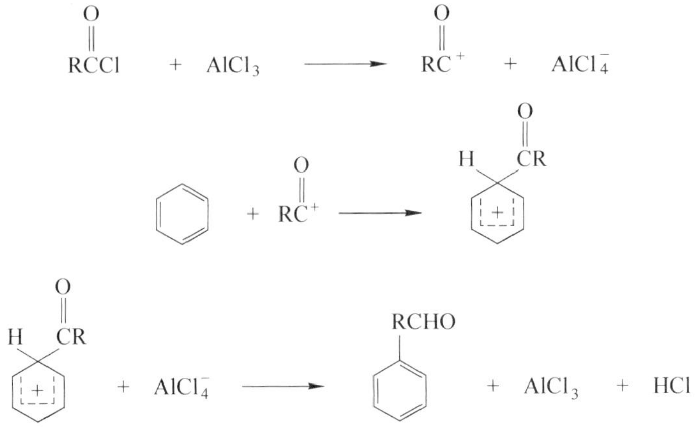

傅克酰基化反应是制备芳香酮的主要方法。常用的酰基化试剂除酰氯外，还有酸酐和羧酸。例如：

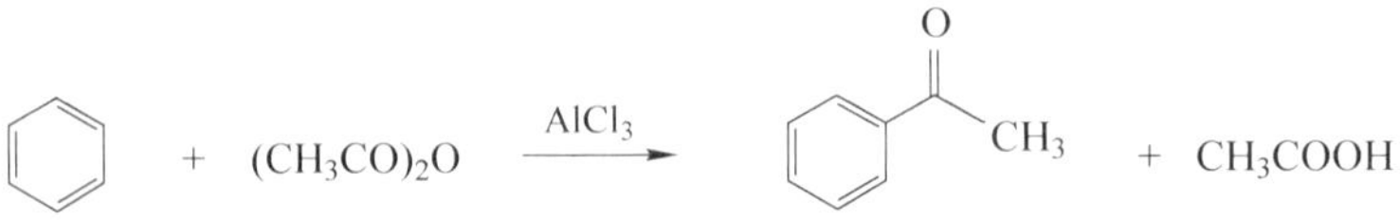

芳环上有强吸电子取代基时，通常不能发生傅克反应，所以硝基苯可以作为傅克反应的溶剂。

7.4.2 加成反应

苯在正常条件下不易进行加成反应，在特殊条件下才能发生加成反应。

7.4.2.1 加氢

在催化剂 Pt、Pd 或雷尼镍的催化下，加热加压，可和氢加成，生成环己烷。

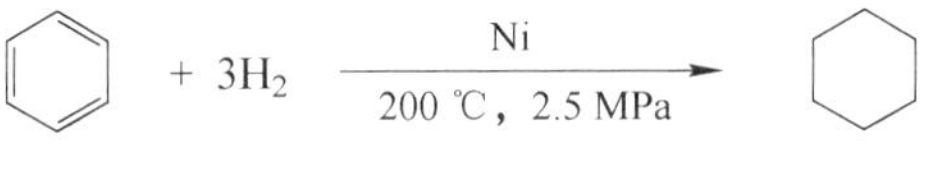

7.4.2.2 加氯

在日光或紫外线照射下，苯可和氯加成，生成六氯环己烷（$C_6H_6Cl_6$），简称六六六。

7.4.3 芳烃的侧链上的反应

由于受到苯环上的 α-π δ 超共轭作用的影响，单环芳烃的 α-H 表现出一定的活性，容易发生取代和氧化反应。

7.4.3.1 取代反应

芳烃侧链上的卤化与烷烃卤化同样是自由基反应，在加热或日光照耀下，反应主要发生在苯环直接相连的 α-H 原子上。例如：

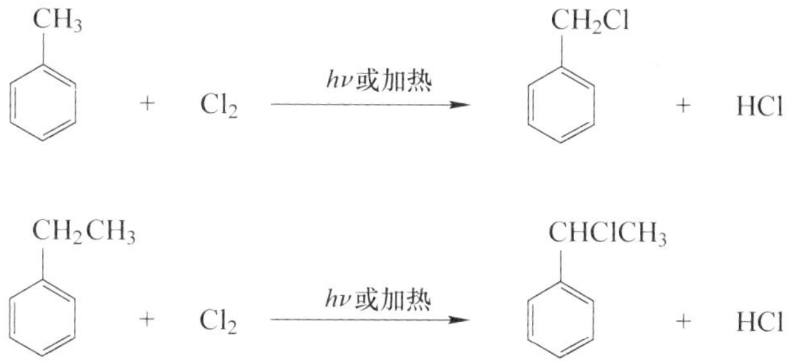

上述反应式中生成的苄氯可继续氯化，生成相应的苯二氯甲烷和苯三氯甲烷。

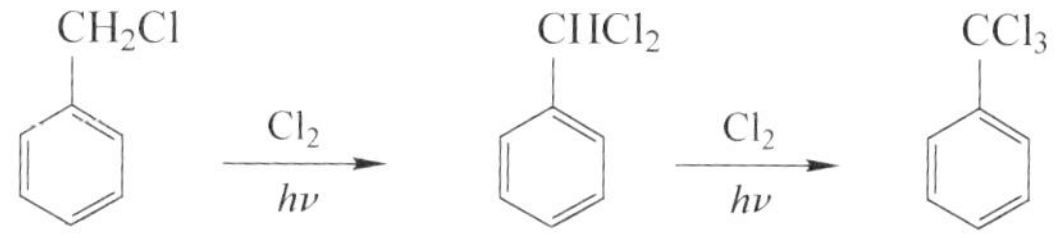

7.4.3.2 氧化反应

苯环侧链有 α-H 时，其较容易被氧化生成羧酸，而且侧链只要有 α-H，不论侧链的长短，反应的最终产物都是苯甲酸。

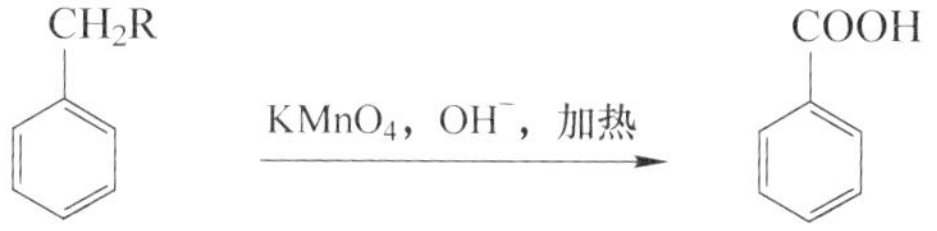

常用的氧化剂除了高锰酸钾外，重铬酸钾加硫酸、稀硝酸都能使有 α-H 的烷基苯侧链氧化。例如：

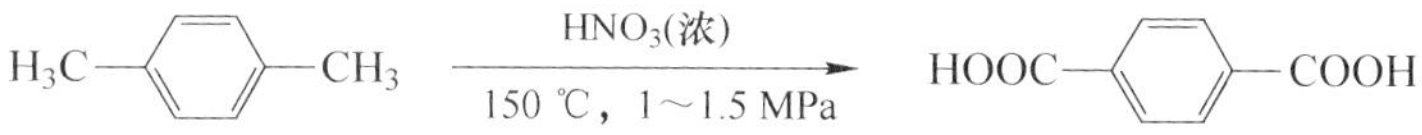

而无 α-H 原子芳烃，在同样条件下不易氧化。例如：

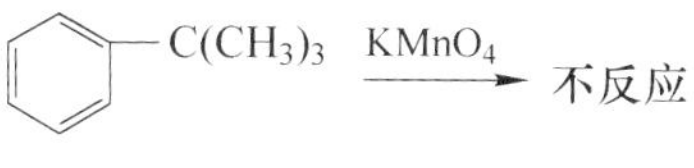

7.5 苯环上亲电取代反应的定位规律

7.5.1 定位规律

当一取代苯在进行亲电取代反应时，新导入的取代基可以进入原有取代基的邻位、间位和对位，生成三种不同的二取代物的位置异构体。

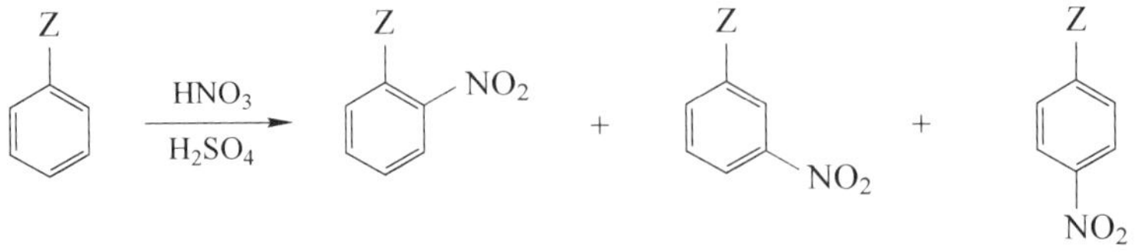

邻二取代　　间二取代　　对二取代

如果取代在各个位置上的概率基本相等，即各个位置占 20%，则邻位取代物应占 40%，对位二取代物占 20%，间位二取代物占 40%。实际上新取代基导入的位置并不遵循概率规律，而主要受控于苯环上原有取代基的性质，分别得到在原有取代基的邻位、对位为主要的产物（大于 60%）或在原有取代基的间位为主要的产物（40%）。显然，苯环上原有的取代基对新导入的取代基有定位作用，这种效应称为取代基的定位效应（orientation effect）。能导致邻位、对位产物大于 60% 的原取代基称为邻位、对位定位基（ortho-para direacting group），能导致间位产物大于 40%的原取代基称为间位定位基（meta directing group）。

苯环上原有取代基不仅影响和决定新的取代基导入苯环的位置，还对芳香环再发生亲电取代反应的难易程度产生影响，即影响芳香环发生亲电取代反应的活性。凡是原有取代基能通过共轭效应及诱导效应使苯环上的电子云密度升高的，则把原有取代基称为活化基团（acti-vating groups），活化基团都是邻位、对位定位基。例如，甲基是邻位、对位定位基，是活化基团。原有取代基能通过共轭效应及诱导效应使苯环上的电子云密度降低的，则把原有取代基称为钝化基团（deactivating groups）。钝化基团基本上都是间位定位基（卤素除外，卤素是邻位、对位定位基，但卤素是弱钝化基团）。例如，硝基是间位定位基，是钝化基团。

7.5.1.1 邻位、对位定位基

邻位、对位定位基绝大多数（卤素除外）都是使苯环活化的基团，能使亲电试剂进攻它的邻、对位的取代产物的产率超过 60%。从经验规律判断，在邻位、对位定位基中，直接与苯环相连的原子大多是以单键与其他原子相连（苯基、烯基等除外），即不含重键，且直接与苯环相连的原子多数具有未共用电子对。常见的邻位、对位定位基如下：

$—NR_2$、—NHR、$—NH_2$、—OH、$—NHCOCH_3$、$—OCH_3$、$—OCOCH_3$、$—C_6H_5$、

强活化　　中等活化　　弱活化

—R、—F、—Cl、—Br、—I

弱钝化

7.5.1.2 间位定位基

间位定位基都是使苯环钝化的基团。它使亲电试剂主要进攻其间位，并使间位取代产物的产率超过 40%。从经验规律判断，在间位定位基中，直接与苯环相连的原子大多以重键与其他原子相连（$—CX_3$除外），或带有正电荷，或带有多个吸电子原子的基团。

常见的间位定位基如下：

$—N^+R$、$—NO_2$、—CN、$—SO_3H$、—CHO、$—COCH_3$、—COOH、

强钝化

—COOR、$—CONH_2$、$—CF_3$等

上述两类定位基从左到右的排列顺序大致是其对苯环亲电取代反应的活化或钝化作用由强到弱的排列顺序。

这里必须指出，所谓邻位、对位定位基是指新导入的取代基主要进入它的邻位和对位，仅有少量间位产物。同样，所谓间位取代基是指新导入的取代基主要进入它的间位，而邻位、对位产物是少量的。

当二取代苯再进行亲电取代反应时，则第三个取代基进入苯环的位置和速率由原来两个取代基的综合作用决定。如果原有两个取代基的定位效应一致，则新导入的取代基进入的位置比较容易推测，取代在它们共同定位的位置上，但以位阻相对较小的位置为主。例如：

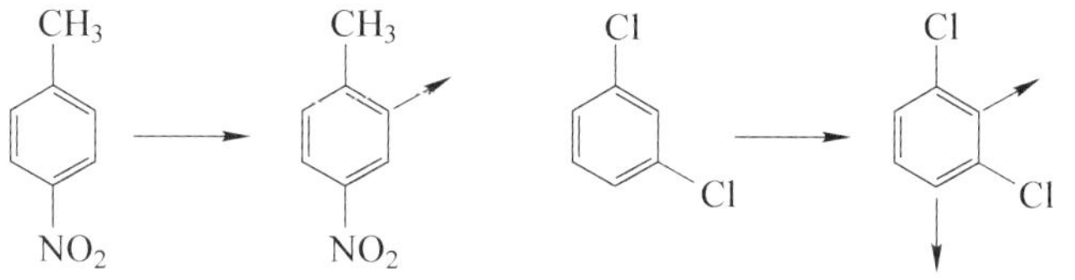

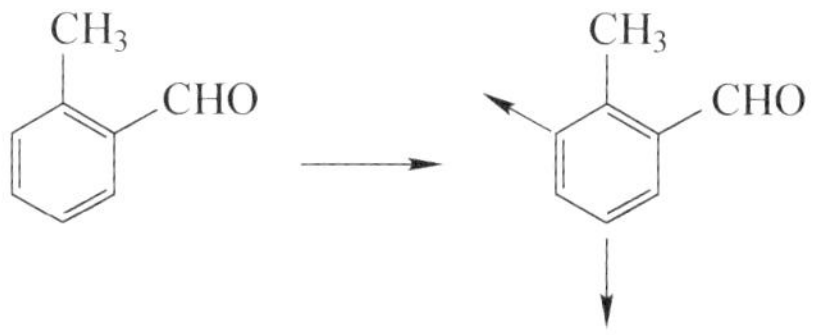

如果原有两个取代基的定位效应不一致，这时推测新导入取代基进入的位置必须根据原不同定位基的情况具体分析。如果两个取代基属于同类型的定位基，则第三个取代基进入苯环的主要位置由定位效应更强的定位基决定，同样以位阻相对较小的位置为主。例如：

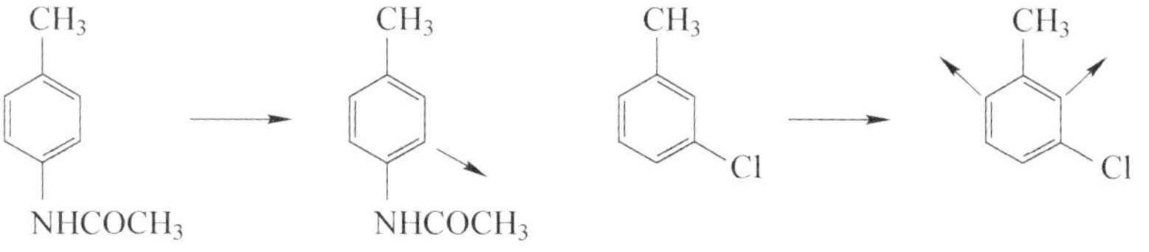

如果两个取代基分别属于不同类型的定位基，则第三个取代基进入苯环的位置主要由邻位、对位定位基决定。例如：

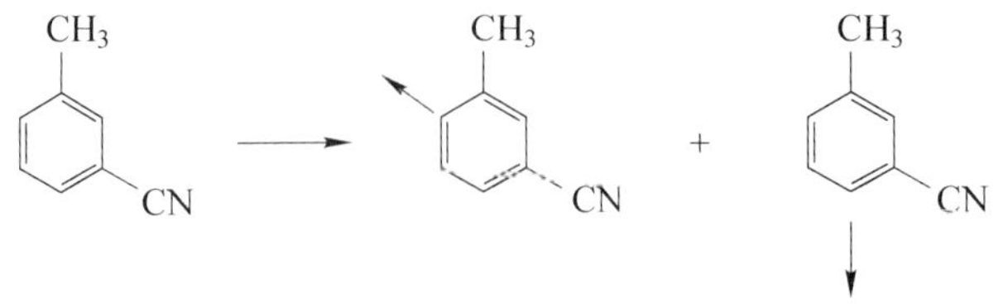

当这两个取代基的定位能力差别不大时，得到混合物。例如：

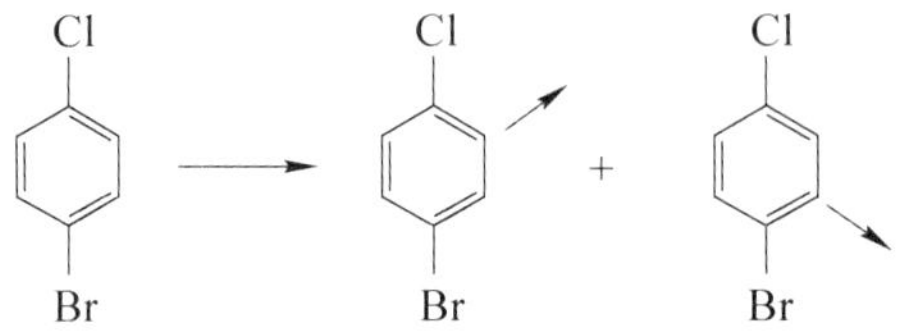

甲基是使苯环活化的邻位、对位定位基，所以甲苯的硝化可以在室温下进行，而硝基是使苯环钝化的间位定位基，所以硝基苯的硝化必须在加热 95 ℃以上的条件下才能进行。

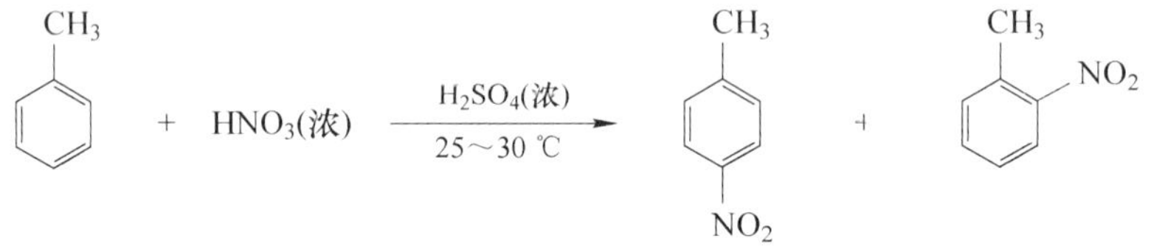

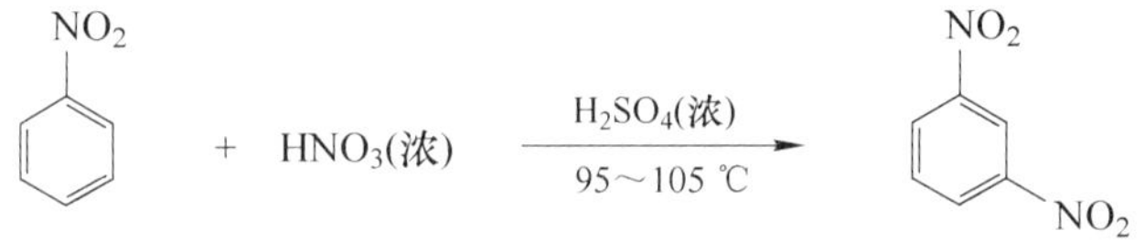

7.5.2 定位效应的理论解释

苯环上亲电取代反应的定位效应是通过大量实验事实总结而成的经验规律，其中主要是 σ-配合物（即碳正离子中间体）稳定性理论。归纳起来，可以从下面两方面加以解释。

7.5.2.1 邻对位定位基的影响

除卤素外的其他邻对位定位基对苯环具有供电子效应，进而促使苯环电子云密度增加，有利于苯环亲电取代反应的发生。因此，发生亲电取代反应主要在邻、对位，并且形成 σ-配合物的正电荷分散而又稳定，能量较低。而进攻间位时所形成 σ-配合物正电荷不易分散，能量较高，所以当第一类定位基连在苯环上时，使亲电取代反应比苯容易，生成的主要是邻、对位产物。例如甲苯在亲电取代反应中生成的三种 σ-配合物如下所示：

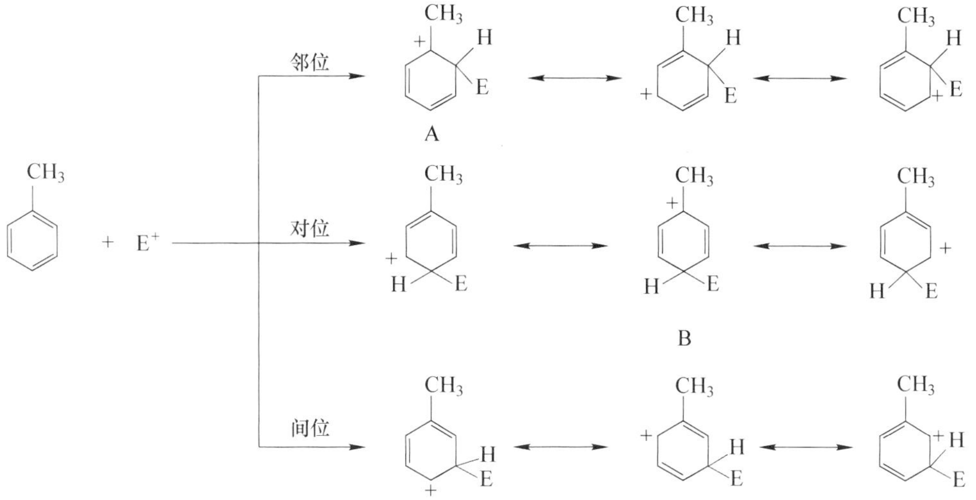

从上面所示的情况可以看出：只有 A 和 B 正电荷和供电子的甲基相连，使正电荷得以分散而稳定，这两个结构的能量才较低。而 E^+攻击间位产生的 σ-配合物，都是仲正碳离子，远不如 A、B 叔正碳原子稳定，正碳离子越稳定，越容易形成。由此可见，甲苯的亲电取代反应主要是邻、对位产物。

卤素虽然属于第一类定位基，但反应使苯环钝化，这是因为卤素和苯环连接时，卤素对苯环的两个相反的效应——吸电子的诱导效应和推电子的共轭效应综合的结果。卤原子是强吸电子取代基，通过诱导效应可使苯环钝化。但当发生亲电取代反应时，卤原子上的未共用 p 电子对和苯环的大 π 键共轭而向苯环离域，当卤原子的邻、对位受亲电试剂攻击时，所生成的 σ-配合物应有下列结构共同参与：

（1）亲电试剂攻击邻位。

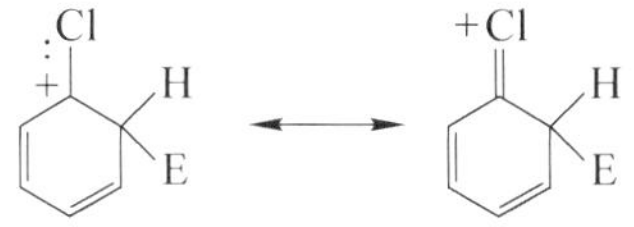

A

（2）亲电试剂攻击对位。

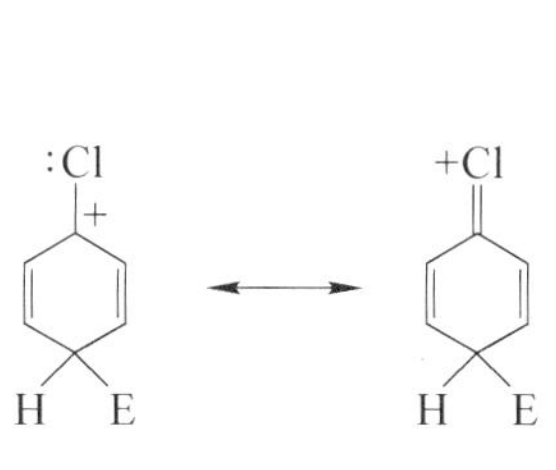

B

从上列结构 A 和 B 中看到，参与共轭体系的各原子都是八隅体结构，均为很稳定的结构。当卤原子的间位受到攻击时，所形成的碳正离子中间体不存在这种比较稳定的结构。所以攻击邻位和对位的碳正离子中间体较容易生成，相对也较稳定，取代产物中主要是邻位和对位产物。由此可知，卤原子的诱导效应使苯环钝化，使亲电取代的进行比苯困难。而卤原子的未共用电子对的共轭效应又使邻、对位上的钝化作用小于间位，所以取代产物中主要得到的是邻位和对位产物。

7.5.2.2 间位定位基的影响

这类定位基的特点是其具有吸电子效应，使苯环的电子云密度降低，生成的σ-配合物正电荷增大，其能量就比较高，相对的稳定性较差，导致苯环上发生亲电取代反应困难；例如硝基是吸电子基，具有吸电子的诱导效应，并且硝基的3个原子和苯处于同一平面，苯环的大π键的π电子趋于进入氮原子的p轨道，所以静态共轭效应也使苯环上的π电子向硝基移动。硝基的两种电效应都降低了环上的电子云密度，但由于各部位降低程度不同，邻、对位电子云密度降低较多，而间位则降低较少。硝基苯在亲电取代反应中形成的σ-配合物，可用下列结构式表示：

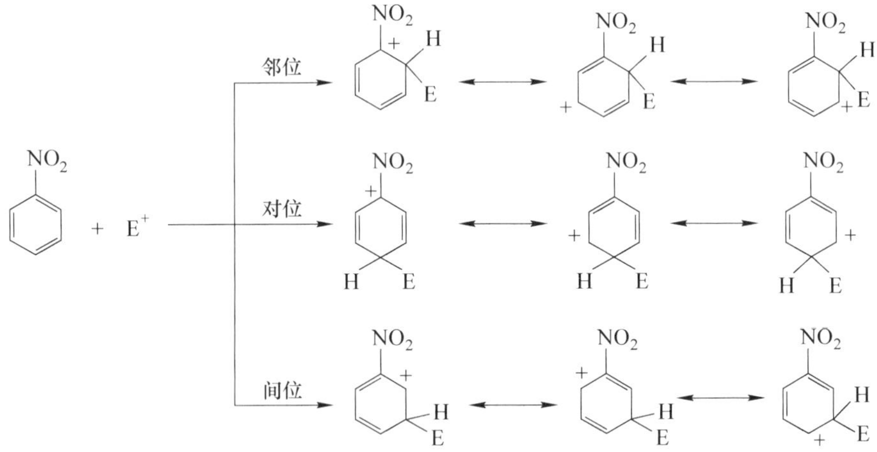

综合上述三种σ-配合物中，A、B的正碳离子都和具有吸电子作用的硝基连接，正电荷不能分散，此类正碳离子相当不稳定，不易形成。当家电试剂攻击间位时，所形成的σ-配合物却没有这种结构，比较容易形成，所以硝基苯亲电取代反应产物主要是间位取代产物。

7.5.3 苯的二元取代产物的定位规律

苯环上已有两个取代基，第三个取代基进入苯环的位置，要由原来两个取代基决定，大致可分为以下两种类型：

(1) 两个取代基定位效应一致时，第三个取代基进入的位置由两个取代基定位效应规则决定。例如：

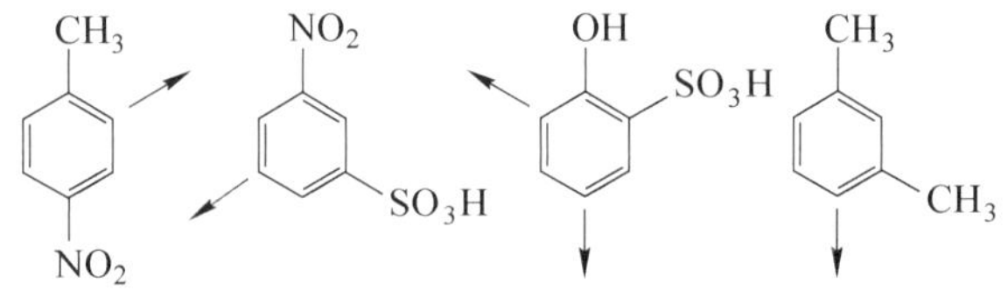

A B C D

(箭头表示取代基进入位置)

从 D 中可以看到，第三个取代基进入的位置有时受到空间效应等因素影响，虽然苯环中两个甲基间的位置是邻位，却很难进入取代基。

（2）两个取代基的定位效应不一致可分为以下两种情况：

1）苯环上两个取代基不同类型，第三个取代基进入位置由邻对位定位基决定。例如：

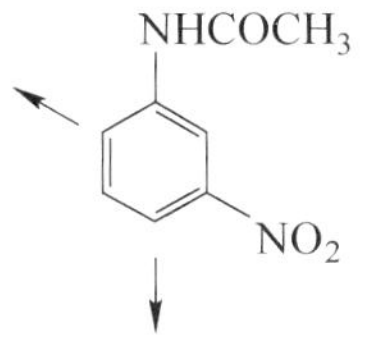

2）苯环上两个取代基同一类型，第三个取代基进入位置由定位效应强的取代基决定。例如：

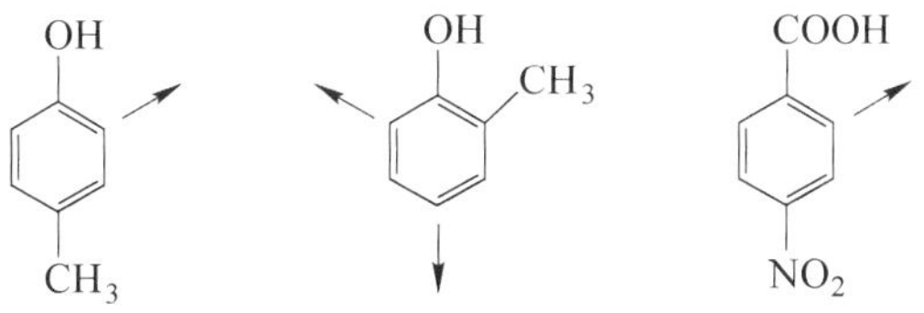

若两个定位基的能力接近时，如邻-乙酰氨基苯甲醚第三个取代基位置很难预测，亲电取代反应的四种产物都有：

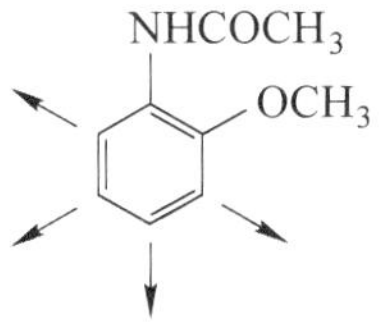

7.6 稠环芳烃

稠环芳烃，又名多环芳烃，指的是两个或多个苯环彼此间共用两个相邻碳原子形成的多环碳氢化合物，主要有萘、蒽、菲等。稠环芳烃具有芳香性，键长与电子云存在平均化，但是并不像苯的键长完全平均化，键长仍以长短交替出现。

7.6.1 萘

7.6.1.1 萘的结构

萘与苯的结构相似，是一个平面形分子。萘的分子式为 $C_{10}H_8$，是一种含两个苯环的稠环芳烃，萘分子中的碳原子都是以 sp^2 杂化轨道和相邻的碳原子及氢原子的原子轨道相互交盖形成 σ 键，10 个碳原子都处在同一平面，联结成两个稠合的六元环，8 个氢原子也在同一平面。每个碳原子还有 1 个 p 轨道，这些对称轴平行的 p 轨道侧面互相交盖，形成包含 10 个碳原子在内的大 π 分子轨道。在基态时，10 个 π 电子分处于 5 个成键轨道上，所以萘分子没有一般的碳碳单键和碳碳双键，而是特殊的大 π 键。由于 π 电子的离域，萘分子具有 255 kJ/mol 的离域能（图 7-1）。

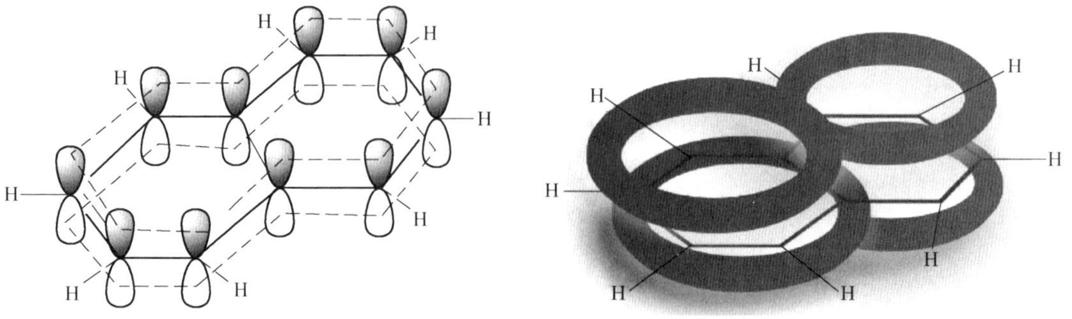

图 7-1　萘的 π 分子轨道

通过对萘分子结构分析可知，萘分子是较稳定的具有芳香性的化合物，可发生亲电取代反应。但由于萘分子中两个苯环的相互作用，π 电子的离域程度比苯环差，电子云并没有完全平均化，因此萘分子中的键不像苯环那样完全平均化，在萘分子中有 4 种键长。

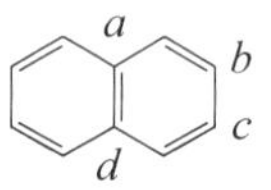

a=0.142 nm　　*b*=0.137 nm　　*c*=0.140 nm　　*d*=0.139 nm

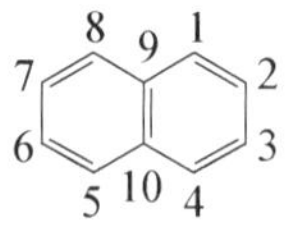

在萘分子中，其中 1、4、5、8 位称为 α 位；2、3、6、7 位称为 β 位。在这两个位置中，α 位比 β 位活泼，所以反应通常发生在 α 位。

7.6.1.2　化学性质

A　亲电取代反应

萘的化学性质与苯相似，但不如苯稳定，所以萘比苯更容易进行亲电加成反应和氧化反应。萘可以发生卤化、硝化、磺化、Friedel-Crafts 等亲电取代反应。由于萘环上的 p 电子的离域程度不如苯环离域的完全，而是在 α 位上的碳原子的电子云密度高，即萘的 α 位活性比 β 位大，所以亲电取代反应一般都是在 α 位取代。

a　卤化反应

在氯化铁的作用下，将氯气通入萘的溶液中，主要得到 α-氯萘；萘的溴化反应得到 α-溴萘。

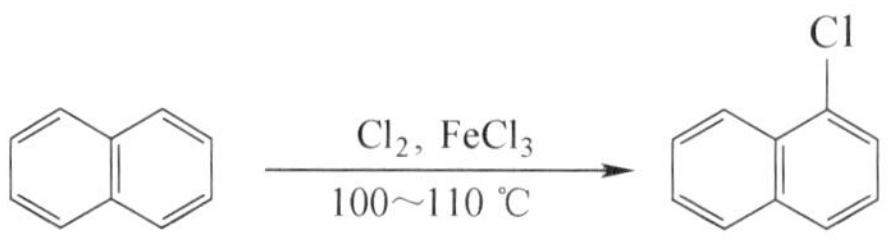

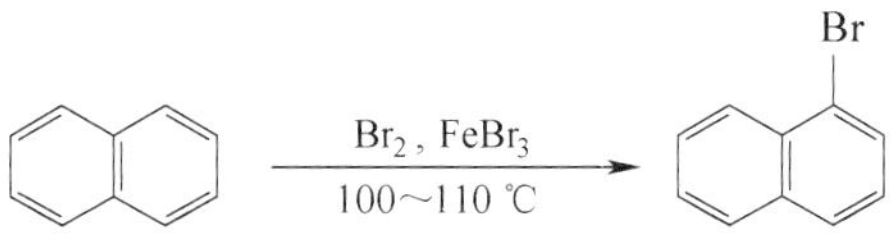

b 硝化反应

萘与混酸在常温下就可以反应，产物几乎全是α-硝基萘，再经还原可得α-萘胺。

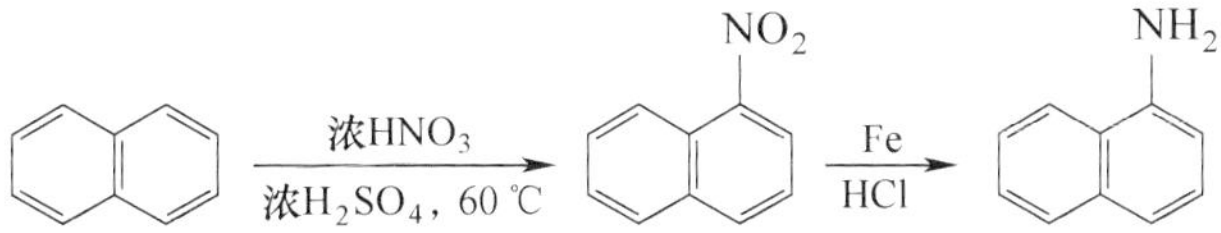

c 磺化反应

磺化反应的产物与温度有关，低温（60 ℃）磺化时多为α-萘磺酸，较高温度（165 ℃）磺化时则主要是β-萘磺酸。

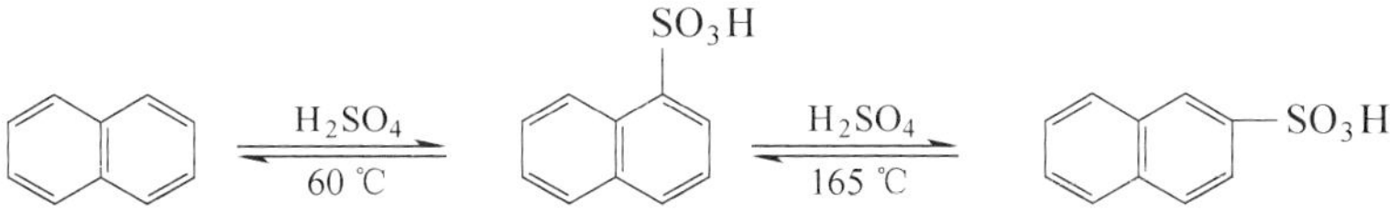

d Friedel-Crafts 反应

萘的酰基化反应常常得到混合物。一般以三氯化铝作催化剂，产物以α-异构体为主。

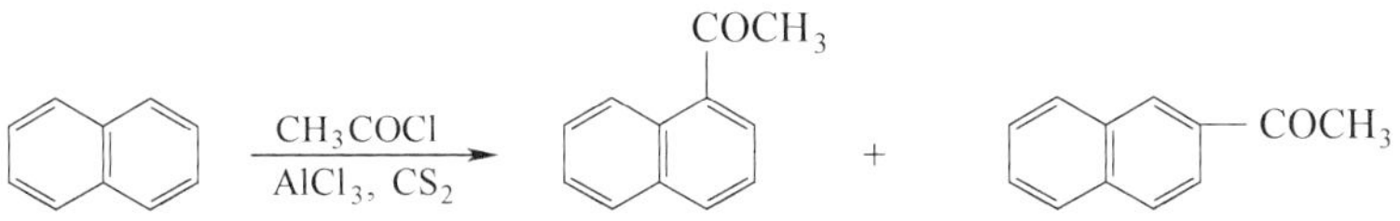

3 : 1

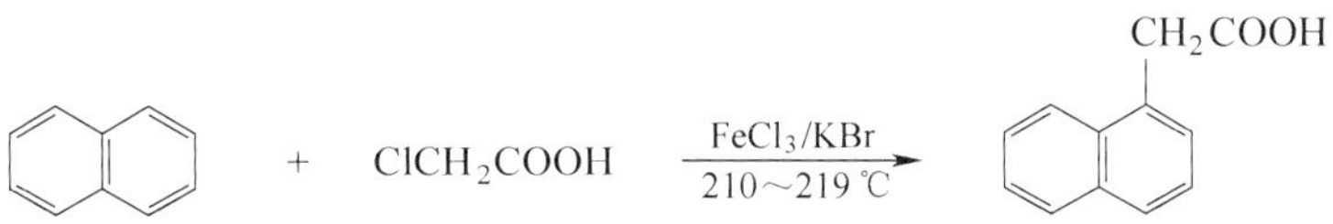

B 氧化反应

萘比苯容易氧化，不同条件下得到不同产物，以五氧化二钒为催化剂，萘的蒸气可被氧化为邻苯二甲酸酐。

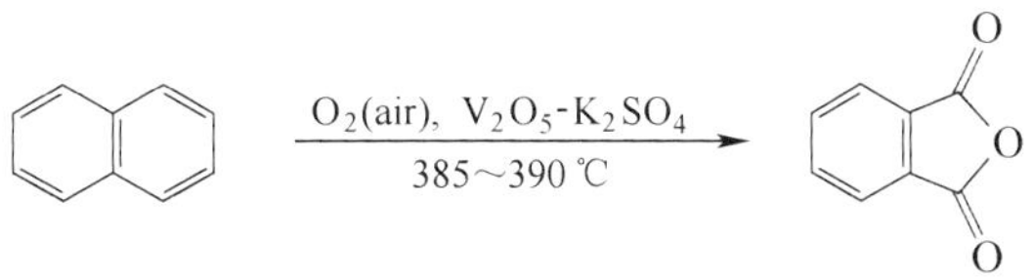

69%

C　还原反应

萘比苯容易氢化还原，在不同条件下可以发生部分加氢或全部加氢；控制反应条件，用催化、氢化或化学还原剂、加氢等方法将萘还原，可得到各种还原物。

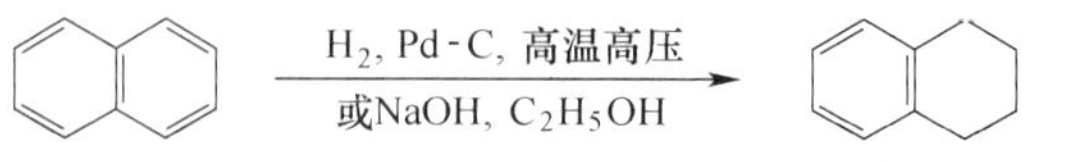

四氢化萘

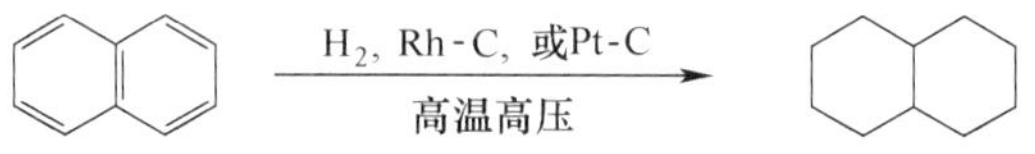

十氢化萘

7.6.2　蒽

7.6.2.1　蒽的结构

蒽的分子式为 $C_{14}H_{10}$，是一种含 3 个苯环的稠环芳烃，分子中所有碳原子都处在同一平面。与萘相似，蒽虽然是闭合的共轭体系，但环上电子云密度的分布并不完全平均化，所以碳碳键的键长并不是等长。蒽有较大的离域能（349 kJ/mol），比苯离域能的三倍（451.4 kJ/mol）小，所有蒽虽然具有芳香性，但比苯、萘都差。其构造可表示如下：

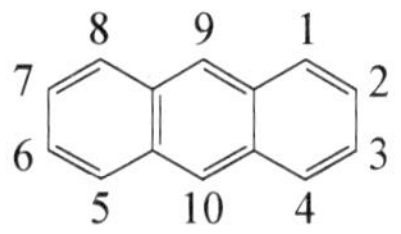

7.6.2.2　蒽的化学性质

在蒽分子中，其中 1、4、5、8 位称为 α 位；2、3、6、7 位称为 β 位；9、10 位称为 γ 位。因此，蒽的一元取代物有三种。在这 3 个位置中，γ 位比 α 位和 β 位都活泼，所以化学反应通常发生在 γ 位或中位。例如，蒽氧化和还原反应都首先在 γ 位上发生。

溴化:

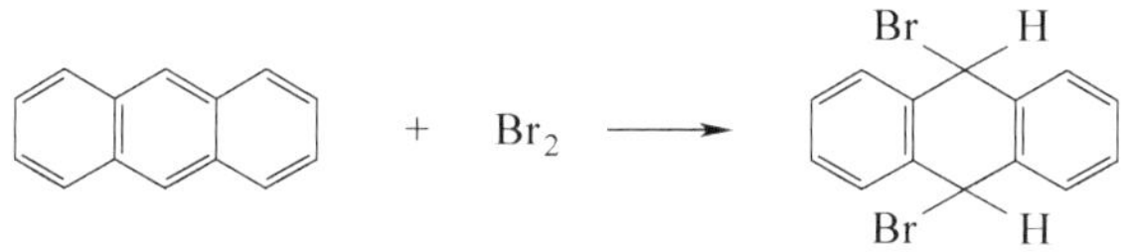

9,10-二溴-9,10-二氢蒽

氧化:

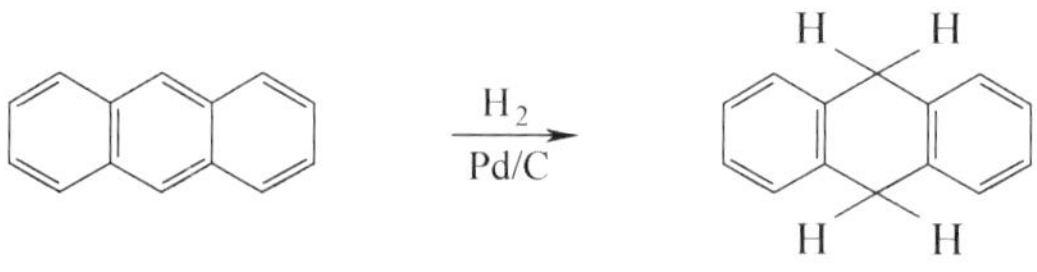

9,10-二氢蒽

还原：
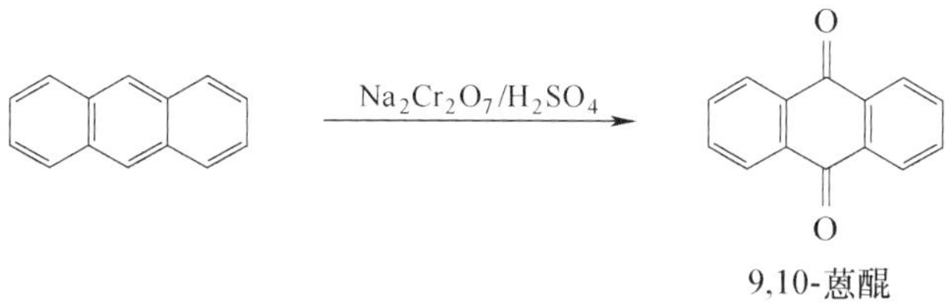

8 卤 代 烃

8.1 卤代烃的分类和命名

烃分子中的氢原子被卤素所取代的化合物，称为卤代烃。一般用 RX 表示，X 表示卤素（F、Cl、Br、I）。卤代烃不仅是一种重要的有机原料，而且在国民经济多个领域中具有重要用途，如冷冻剂（如氟利昂）、麻醉剂（如 $Cl_2CHCF_2OCH_3$）、杀虫剂（如六六六，现已禁用）等。

8.1.1 卤代烃的分类

（1）根据分子中所含卤素的不同，可分为：

R—F	R—Cl	R—Br	R—I
氟代烃	氯代烃	溴代烃	碘代烃

（2）根据分子中所含烃基的不同，可分为：

CH_3CH_2X

饱和卤代烃

$CH_2{=}CHCH_2X$

不饱和卤代烃

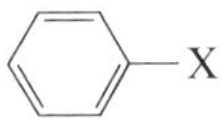

卤代芳烃

（3）根据分子中卤原子数的不同，可分为：

CH_3CH_2Br

一卤代烃

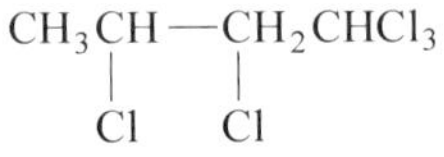

多卤代烃

（4）根据分子中卤素原子直接相连的碳原子类型不同，可分为：

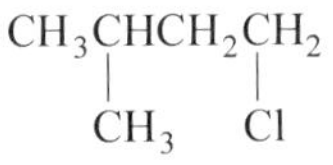

伯卤代烃（1°卤代烃）

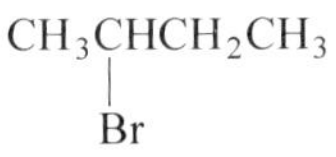

仲卤代烃（2°卤代烃）

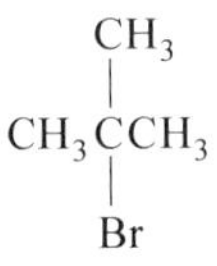

叔卤代烃（3°卤代烃）

8.1.2 卤代烃的命名

8.1.2.1 习惯命名法

简单的一卤代烃以相应的烃为母体，成为卤（代）某烃，或看作是烃的卤化物。例如：

$CH_3CH_2CH_2CH_2Cl$　　　$CH_2{=}CHCH_2Br$　　　

氯(代)丁烷　　　烯丙基溴　　　苄基氯(或氯化苄)

8.1.2.2 系统命名法

（1）卤素原子作为取代基，选取含卤原子的最长碳链作为主链，根据碳原子数称为“某烷”。

（2）从最靠近取代基的一侧开始进行编号。当有几种编号可能时，选定取代基具有最低系列的编号。

（3）命名时，将取代基的位置、名称依次写在母体前面。如有立体构型，在名称前注明。

（4）当分子中含有两个或多个相同卤素时，在卤素前冠以“二、三、…”。例如：

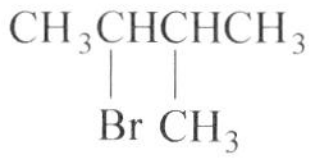

2-溴-3-甲基丁烷

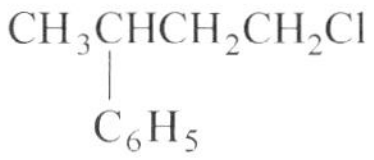

1-氯-3-苯基丁烷

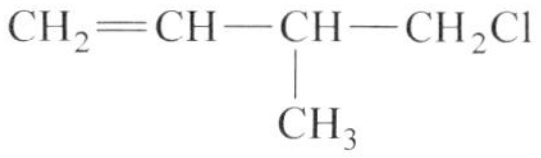

4-氯-3-甲基丁-1-烯

反-1-溴-2-甲基环丙烷

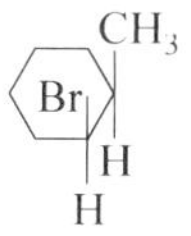

顺-1-溴-2-甲基环己烷

1-溴-4-氯苯

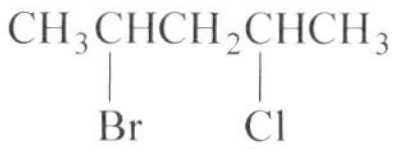

2-溴-4-氯戊烷

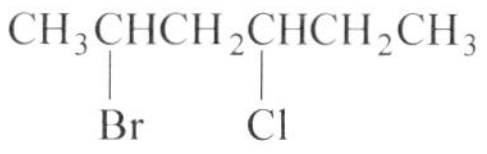

2-溴-4-氯己烷

8.2 卤代烃的制法

8.2.1 烷烃的卤化

烷烃的卤代是卤代烷烃的工业合成方法（参见第 2.6.1 节）。由于各种 C—H 键卤代的选择性较差，而且二元取代与一元取代的速度接近，往往生成多种卤代产物的混合物，最后通过分馏进行分离。由于溴和碘成本高昂，工业上大量采用该方法生产氯代烷烃。

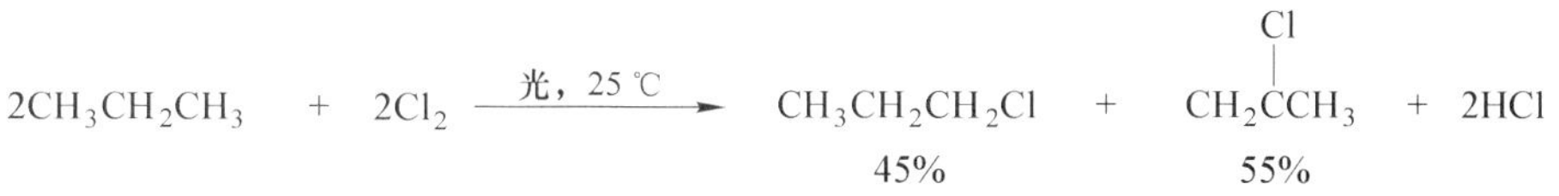

8.2.2 由不饱和烃制备

乙烯、丙烯、乙炔等不饱和烃可由石油裂解大量制得，因此不饱和烃与多种含卤化物如卤素、氢卤酸、次卤酸等的亲电加成反应是工业上制备简单卤代烃的重要方法。如丙烯酸甲酯与氢溴酸的加成用于制备重要的精细化工中间体溴丙酸甲酯。

$$H_2C{=}CHCOOCH_3 + HBr \xrightarrow{C_2H_5OC_2H_5} BrCH_2CH_2COOCH_3$$

8.2.3 芳烃卤化

芳烃的卤代是合成卤代芳烃的重要方法。在特定反应条件下，通过对芳烃的芳环或侧链进行卤化进行制备。如在铁粉存在下，对硝基甲苯通过溴化反应可制得 2-溴-4-硝基甲苯。在光照条件下，邻二甲苯与溴在水溶液中于室温下即可反应，生成 α,α′-二溴邻二甲苯。

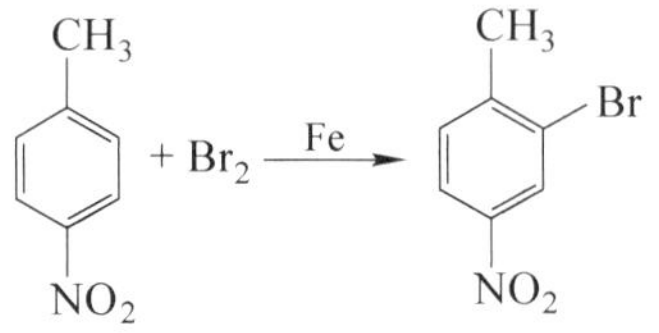

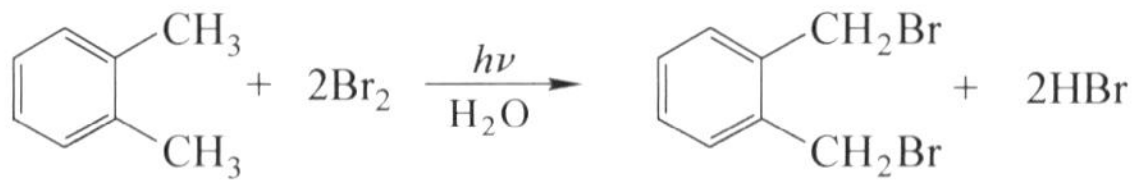

8.2.4 由醇制备

醇的羟基可被多种卤代试剂如卤化氢、盐酸-氯化锌（HCl-$ZnCl_2$）、亚硫酰氯（$SOCl_2$）、三溴化磷（PBr_3）等取代。如将干燥的溴化氢通入加热至 100 ℃的正癸醇中，即可生成 1-溴癸烷；采用正丁醇与盐酸-氯化锌在室温下即可顺利合成 1-氯丁烷；亚硫酰氯在 6-甲基磷酰三胺（HMPT）中可作为醇的温和氯化试剂，在−10～10 ℃范围内，与 2-庚醇反应生成 2-氯庚烷。

$$n\text{-}C_{10}H_{21}OH + HBr \xrightarrow{100\ ℃} n\text{-}C_{10}H_{21}Br + H_2O$$

$$CH_3CH_2CH_2CH_2OH + HCl \xrightarrow{ZnCl_2} CH_3CH_2CH_2CH_2Cl + H_2O$$

$$CH_3(CH_2)_4CHOHCH_3 + SOCl_2 \xrightarrow{HMPT} CH_3(CH_2)_4CHClCH_3$$

8.3 卤代烃的物理性质

卤代烃的物理性质包括：

（1）沸点。四个碳以下的氟代烷，两个碳以下的氯代烷和溴甲烷为气体，一般的卤代烃为液体，高级卤代烃为固体。同系列卤代烃随碳原子数增加，沸点升高。相同烃基的卤代烃沸点，R—I > R—Br > R—Cl > R—F。

（2）溶解性。所有卤代烃均不溶于水，但能溶于大部分有机溶剂。

（3）密度。一氟代烃和一氯代烃密度比水小，其余卤代烃密度比水大。分子中卤原子越多，密度越大。

（4）其他卤代烷在铜丝上燃烧发出绿色火焰，根据这一现象可鉴别卤代烷烃。多卤代烃一般很难燃烧，可作为阻燃剂。

典型卤代烃的物理性质见表 8-1。

表 8-1 卤代烃的物理性质

卤代烃	氟化物		氯化物		溴化物		碘化物	
	沸点/℃	相对密度	沸点/℃	相对密度	沸点/℃	相对密度	沸点/℃	相对密度
$H_3C—X$	-78.4		-24.2		3.6		42.4	2.279
$H_3CH_2C—X$	-37.7		12.3		38.4	1.440	72.3	1.933
$CH_3CH_2CH_2—X$	-2.5		46.6	0.890	71.0	1.335	102.5	1.747
$CH_3CH(CH_3)—X$	-9.4		34.8	0.859	59.4	1.310	89.5	1.705
$CH_3CH_2CH_2CH_2—X$	32.5	0.779	78.4	0.884	101.6	1.276	130.5	1.617
$CH_3CH_2CH(CH_3)—X$	25.3	0.766	68.3	0.871	91.2	1.258	120	1.595
$CH_3CH(CH_3)CH_2—X$	25.1		68.8	0.875	91.4	1.261	121	1.605
$H_3C—C(CH_3)_2—X$	12.1		50.7	0.840	73.1	1.222	100(分解)	—
$CH_3CH_2CH_2CH_2CH_2—X$			108	0.883	130	1.223	157	1.517
			142.5	1.000	165			
CH_2X_2	-52		40	1.336	99	2.49	180(分解)	3.325
CHX_3	-83		61	1.489	151	2.89	升华	4.008
CX_4	-128		77	1.595	189.5	3.42	升华	4.32

8.4 卤代烃的化学性质

卤代烃的结构特点：卤代烃的官能团为卤原子，C—X 键比 C—H 键键能小，因此 C—X 键比 C—H 键更易断裂，与金属发生反应和被氢还原。由于卤原子较强的电负性，具有吸电子诱导效应，相邻碳原子带部分正电荷，易受带负电荷或孤电子对的亲核试剂的进攻。同时，卤原子的电负性还将影响 β-H 原子，使其容易消除。

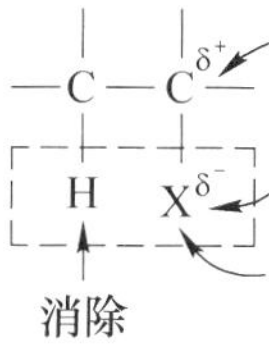

8.4.1 亲核取代反应

有机化合物分子中的原子或原子团被亲核试剂取代的反应称为亲核取代反应，用 S_N

表示，反应通式为：

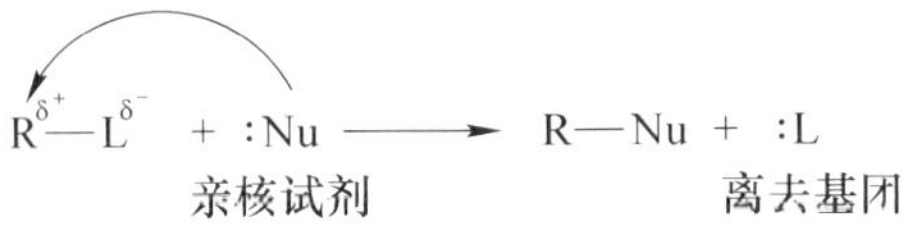

其中的亲核试剂可以是负离子 OH^-、RO^-、CN^-、X^-、 RC≡C—等，或者含未共用电子对的 H_2O、ROH、NH_3、RNH_2 等；离去基团常为 Cl、Br、I 等。

8.4.1.1　卤代烃的水解

卤代烃与 NaOH 或 KOH 的水溶液共热，生成相应的醇。反应通式为：

$$RX + OH^- \xrightarrow{H_2O} ROH + X^-$$

卤代烃活性：烯丙基≈苄基>1°>2°>3°>乙烯基≈苯基。

实例：

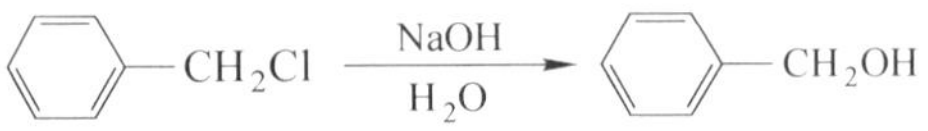

8.4.1.2　卤代烃的醇解

在相应的醇介质中，卤代烃与醇钠发生反应，烷氧基取代卤原子生成醚。卤代烃的醇解是制备醚的常用方法，又称为威廉姆森合成法。反应通式为：

$$R—X + R'ONa \longrightarrow R—O—R' + NaX$$

卤代烃活性：烯丙基≈苄基>1°>2°>3°>乙烯基≈苯基。

实例：

$$CH_3CH_2Cl + CH_3ONa \longrightarrow CH_3CH_2OCH_3$$

3°卤代烃发生醇解反应时，常面临消除反应的竞争，生成相应的烯烃。因此，对于结构复杂的醚，一般采用 3°醇钠和 1°卤代烃合成。

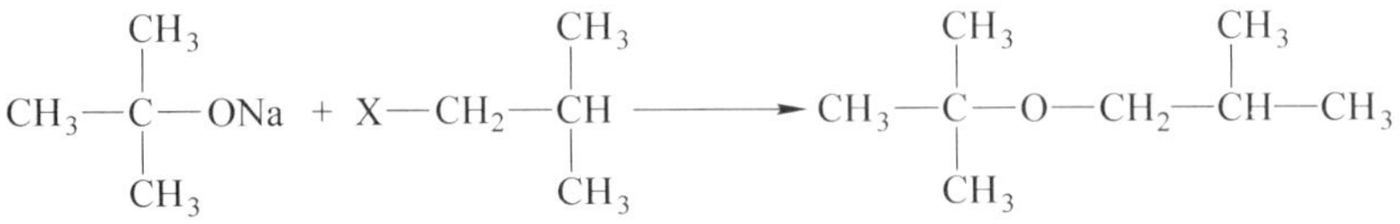

8.4.1.3　卤代烃的氨解

卤代烃与过量的氨溶液共热，氨基取代卤原子可得胺。反应通式为：

$$R—X + NH_3 \longrightarrow R—\overset{+}{N}H_3X^- \xrightarrow{NH_3} R—NH_2 + NH_4X$$

卤代烃活性：烯丙基≈苄基>1°>2°>3°>乙烯基≈苯基。

生成的伯胺也是亲核试剂，可继续与卤代烃发生氨解得到仲胺。仲胺同样具有亲核性，将继续参与反应。因此，最终得到的是伯、仲、叔胺和季铵盐的混合物，难以进行分离，限制了该方法的应用。

8.4.1.4　卤代烃的氰解

卤代烃与氰化钠的醇溶液共热，CN—取代卤原子生成腈（R—CN）。反应通式为：

$$R—X + NaCN \xrightarrow{C_2H_5OH} R—CN + NaX$$

卤代烃活性：烯丙基≈苄基>1°>2°>3°>乙烯基≈苯基。

腈在适当条件下水解，可得到酰胺和羧酸；通过还原，可得胺。因此，利用卤代烃的氰解可制备多一个碳原子的腈、酰胺、羧酸和胺。

8.4.1.5 卤代烃与碘化钠的反应

氯代烷和溴代烷可以和碘化钠的丙酮溶液反应，生成相应的碘代烷。

$$R—Cl + NaI \xrightarrow{CH_3COCH_3} R—I + NaCl\downarrow$$

$$R—Br + NaI \xrightarrow{CH_3COCH_3} R—I + NaBr\downarrow$$

卤代烃活性：烯丙基≈苄基>1°>2°>3°>乙烯基≈苯基。

碘化钠可溶于丙酮，而氯化钠和溴化钠在丙酮中发生沉淀，成为推动该反应顺利进行的动力。同时，利用反应的沉淀现象，可检验氯代烷和溴代烷。

8.4.1.6 卤代烃与硝酸银的反应

卤代烃与硝酸银的乙醇溶液反应，生成硝酸酯和卤化银沉淀。反应通式为：

$$R—X + AgNO_3 \xrightarrow{C_2H_5OH} R—ONO_2 + AgX\downarrow$$

卤代烃活性：烯丙基≈苄基>3°>2°>1°>乙烯基≈苯基。

由于卤代烃活性差异，各种卤代烃和硝酸银反应速度不同。根据生成沉淀的快慢，可以鉴别卤代烷：3°卤代烃在室温下能迅速反应，生成卤化银沉淀；2°卤代烃反应较慢，几分钟后生成沉淀；1°卤代烃反应最慢，需要加热才能反应生成沉淀。

8.4.2 亲核取代反应机理

卤代烷中卤原子具有强电负性，使 C—X 键中的电子偏向卤原子，导致碳上带部分正电荷，易受亲核试剂进攻，发生卤原子的离去。大量实验事实表明，卤代烃的亲核取代反应，有两种反应历程，分别为双分子机理 S_N2 和单分子机理 S_N1。

8.4.2.1 双分子亲核取代反应（S_N2）

实验发现，在溴甲烷的水解过程中，反应速率不仅和溴甲烷浓度有关，还与氢氧根浓度成正比，在动力学上为二级反应。

$$CH_3Br + OH^- \longrightarrow CH_3OH + Br^-$$

$$v = k[CH_3Br][OH^-]$$

S_N2 反应的历程如下：

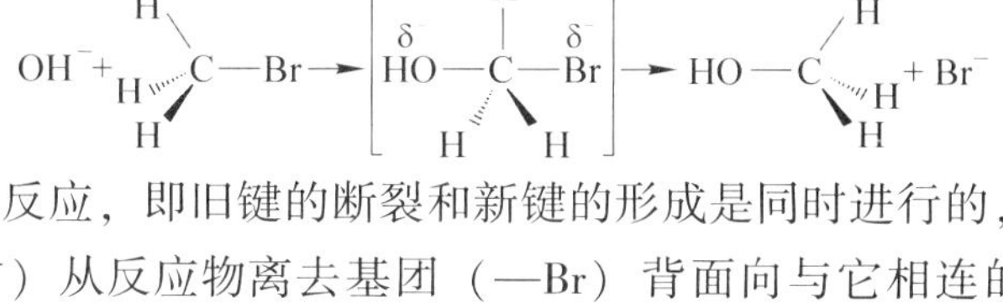

S_N2 为一步协同反应，即旧键的断裂和新键的形成是同时进行的，反应过程形成过渡态。亲核试剂（OH^-）从反应物离去基团（—Br）背面向与它相连的碳原子进攻，先与碳原子形成较弱的键，同时离去基团与碳原子的 C—Br 键有一定程度的减弱。在此过程中底物由伞形逐渐转变为平面，形成过渡态。随后亲核试剂与碳原子之间形成稳定的共价键，并伴随碳原子和离去基团的键断裂。碳原子上的三根键由平面向另一个方向偏转，整个过程犹如伞面被风刮翻一般，产物的立体构型与反应物正好相反，称为瓦尔登翻转。

由于形成过渡态的过程决定水解反应的快慢，其速度取决于底物（溴甲烷）和亲核试剂（OH^-）的浓度，因此这个反应历程称为双分子亲核取代反应，以 S_N2 表示。

8.4.2.2 单分子亲核取代反应（S_N1）

叔丁基溴的水解反应中，反应速率仅与反应物叔丁基溴浓度有关，在动力学上为一级反应。

$$(CH_3)_3C—Br + OH^- \longrightarrow (CH_3)_3C—OH + Br^-$$
$$v = k[(CH_3)_3CBr]$$

S_N1 反应的历程如下，分两步进行：

$$(CH_3)_3C—Br \xrightarrow{\text{慢}} [(CH_3)_3\overset{\delta^+}{C}—\overset{\delta^-}{Br}] \longrightarrow (CH_3)_3C^+ + Br^-$$
$$(CH_3)_3C^+ + OH^- \longrightarrow [(CH_3)_3\overset{\delta^+}{C}—\overset{\delta^-}{OH}] \longrightarrow (CH_3)_3C—OH$$

反应物首先解离为碳正离子和带负电的离去基团，这个过程需要较高能量，也是决定反应速率的一步。随后，碳正离子与亲核试剂结合，反应速率很快。可见，整个反应速率仅取决于叔丁基溴的浓度，因此这个反应历程称为单分子亲核取代反应，以 S_N1 表示。

由于反应中生成的碳正离子为平面结构，可以从两个方向接受亲核试剂进攻，因此最终得到立体消旋产物。

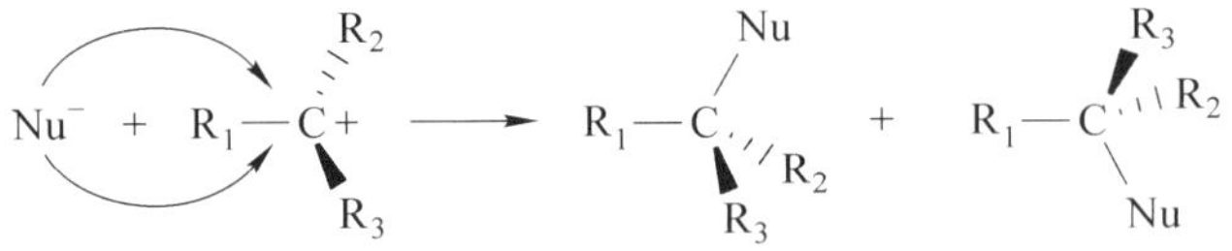

8.4.2.3　影响亲核取代反应的因素

A　反应物烃基结构

从 S_N2 反应机理来看，亲核试剂从反应底物的离去基团背面进攻碳原子。若碳原子上所连烃基数目越多，体积越大，显然将增大亲核试剂进攻时受到的空间位阻，导致 S_N2 历程难以进行。如下列卤代烷在 80% 乙醇水溶液中按 S_N2 机制水解，相对水解速率为：

$$RBr + OH^- \longrightarrow ROH + Br^-$$

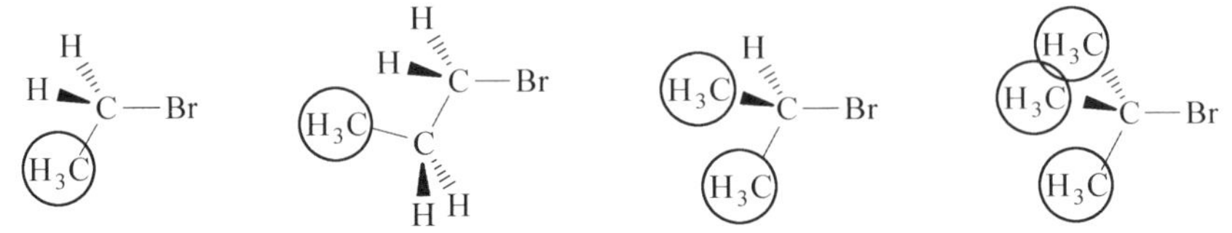

相对速率　100%　7.9%　0.22%　约0

一般来说，S_N2 反应中卤代烃的活性顺序为：

$$CH_3—X > RCH_2—X > R_2CH—X > R_3C—X$$

对于 S_N1 反应，生成碳正离子为决定速度步骤。碳正离子越稳定，越容易形成，则 S_N1 反应速率越快。S_N1 反应中卤代烃的活性顺序为：

烯丙基卤代烃≈苄基卤代烃> 3°卤代烃>2°卤代烃>1°卤代烃>卤甲烷

B　离去基团

在亲核取代中，C—X 键断裂，X 带有一对电子离去，称为离去基团。无论对于 S_N2 反应还是 S_N1 反应，离去基团都很重要。C—X 键越弱，X^- 越易离去，反之亦然。判断 C—X 键的强弱，主要看 X^- 的电负性，也就是碱性大小。卤素原子的电负性大小为 $I < Br < Cl < F$，因此卤代烷中卤素作为离去基团的反应性为：

碘代烃>溴代烃>氯代烃

由于氟原子外层电子集中，且靠近原子核，使氟离子的电负性较强。因此，氟代烃不容易发生亲核取代反应。

除卤素原子外，一些磺酸酯基团如对甲磺酸酯、苯磺酸酯和对甲苯磺酸酯等，其中的酸根基团均可作为很好的离去基团用于亲核取代反应。

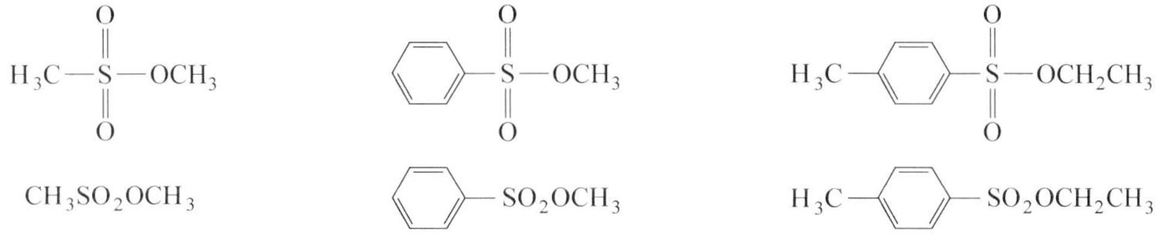

甲磺酸甲酯　　　　苯磺酸甲酯　　　　对甲苯磺酸乙酯

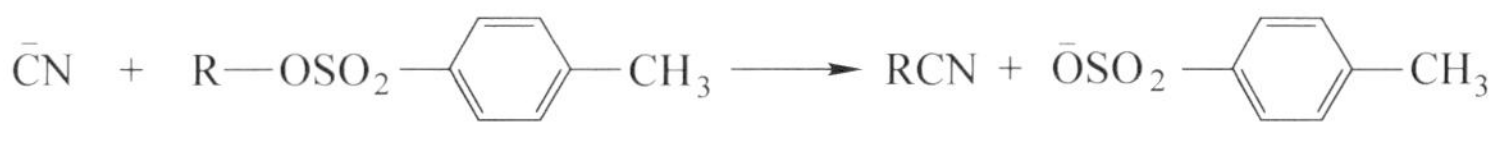

C　亲核试剂

对于 S_N2 反应，亲核试剂的亲核性越大，越容易进攻底物碳原子中心形成过渡态，有利于反应的进行。对于 S_N1 反应，由于决定速度步骤为底物生成碳正离子的反应，因此亲核试剂的强弱对反应无明显影响。

一般，试剂的碱性和亲核性一致，但并不完全相同。亲核性和碱性的区别在于：亲核性指一个试剂在形成过渡态过程中对碳原子的亲和能力，碱性指一个试剂对质子的亲和能力。试剂的亲核能力，由给电子能力和可极化性决定。通常，亲核试剂的亲核性大小遵循如下原则：

（1）同一周期元素，从左到右亲核性逐渐减弱：

$$R_3C^- > R_2N^- > RO^- > F^-$$

（2）同一主族元素，从上到下亲核性逐渐增强：

$$F^- < Cl^- < Br^- < I^-$$

D　溶剂的极性

不同类型的溶剂在亲核取代反应中的作用是不同的。极性溶剂有利于 S_N1 反应的进行，原因在于，溶剂极性的增大能够加速卤代烷的离解，促进碳正离子的形成；而在 S_N2 反应中，过渡态的形成是由电荷比较集中的亲核试剂变成电荷比较分散的过渡态，因此溶剂极性的增大不利于反应的进行。

8.4.3 消除反应

在卤代烃的亲核取代反应中，经常伴随着另外一种反应——消除反应。在卤代烃分子中消除一分子卤化氢，生成烯烃。

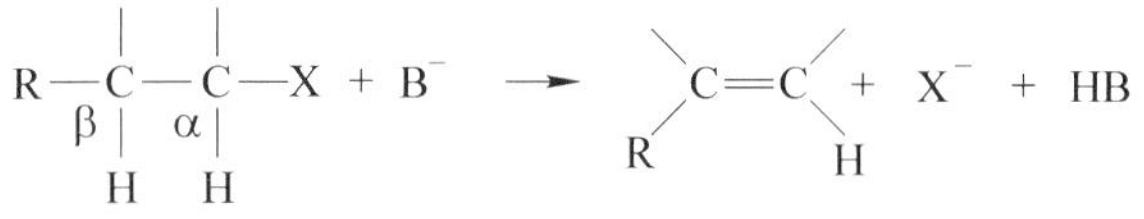

消除反应和亲核反应互为一对竞争反应。表 8-2 为溴代烃在不同条件下，取代产物和消除产物的比例。由表可见，影响消除反应的因素包括卤代烃结构和碱的浓度。一级卤代烃易发生亲核取代反应，不易发生消除反应；二级、三级卤代烃易发生消除反应。没有碱存在时以亲核取代反应为主，增加碱的浓度，消除反应产物增加。

$$RBr + C_2H_6ONa \xrightarrow[55℃]{C_2H_6OH} ROC_2H_6 + 烯$$

表 8-2 不同条件下取代产物和消除产物的比例

卤代烷	C_2H_5ONa 浓度/mol·L^{-1}	取代产物/%	消除产物/%
$(CH_3)_2CHBr$	0	97	3
$(CH_3)_2CHBr$	0.05	29	71
$(CH_3)_2CHBr$	0.20	21	79
$(CH_3)_3CBr$	0	81	19
$(CH_3)_3CBr$	0.05	66	34
$(CH_3)_3CBr$	0.20	7	93

8.4.4 消除反应机理

从消除反应机制上，可分为双分子消除（E2）和单分子消除（E1）两种机理。

8.4.4.1 双分子消除反应（E2）

从二级和三级卤代烷在碱作用下的反应发现，消除产物的浓度不仅与卤代烃浓度有关，还与碱浓度有关，是一个双分子过程。

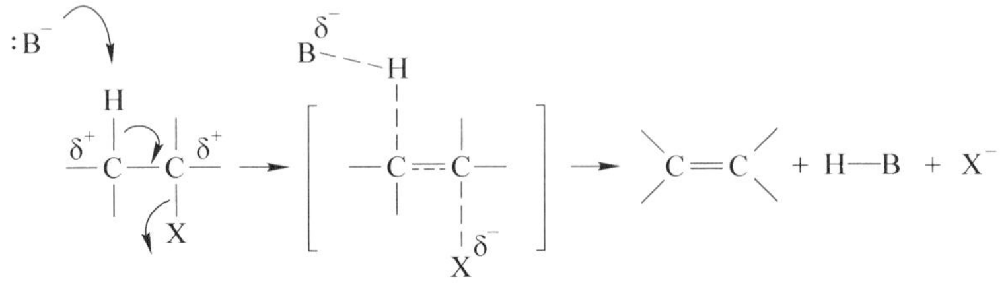

由于卤原子的强电负性，β 碳上的氢原子受吸电子诱导效应影响，带有部分正电性，易受到碱的进攻形成五中心过渡态。此时，C—H 键和 C—X 键已开始变弱，当 H—C—C—X 四个原子处于反式共平面时，氢原子和卤素原子同时离去，两个新生成的 p 轨道平行重叠形成 π 键，得到烯烃。在过渡态中，新键的生成和旧键的断裂是同时完成的。

8.4.4.2 单分子消除反应（E1）

三级溴代烃在没有碱存在的情况下，反应分两步，卤素离子首先离去形成碳正离子，随后碱进攻 β 碳上的氢原子发生消除反应得到烯烃。

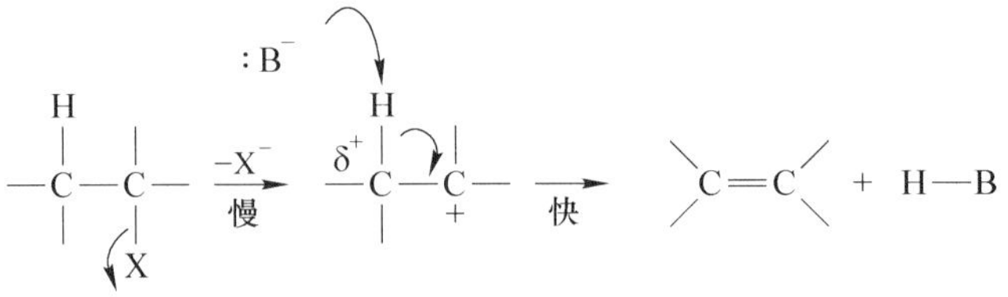

8.4.4.3 影响 E2 和 E1 反应的因素

消除反应和取代反应的竞争关系，受到卤代烃体积、碱和溶剂等因素的影响。一般来说，试剂的碱性强，浓度大，溶剂极性小，反应温度高，有利于消除反应；反之，有利于取代反应。

一级卤代烃与亲核试剂发生 S_N2 反应速率很快，一般不发生消除反应。但当 β 位上有活泼氢，如苄基型、烯丙基型氢，则 E2 反应速率增大。二级卤代烃及 β 位带侧链的一级卤代烃，由于空间位阻，S_N2 反应很慢，E2 反应增加。三级卤代烃倾向于发生 E1 反应。

8.4.4.4 消除反应的区域选择性

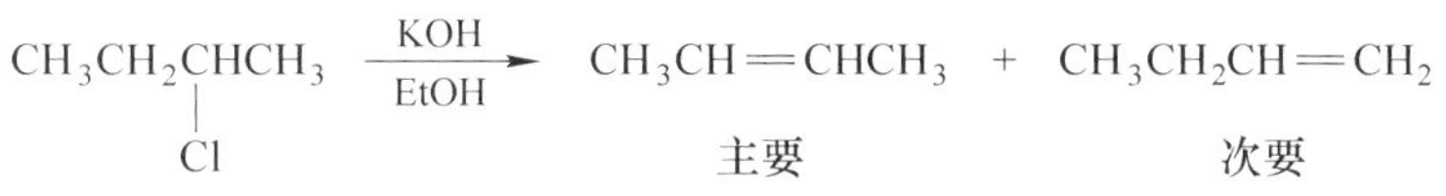

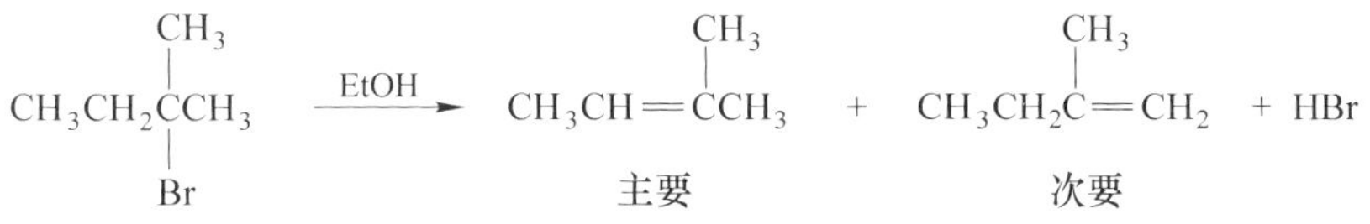

消除反应遵循扎依采夫规则，即含氢较少的 β-H 提供氢原子，生成取代基较多的稳定烯烃。卤代烷的消除顺序为：3°> 2°> 1°。

8.5 与金属镁的反应

在无水乙醚溶液中，卤代烷与金属镁可形成有机镁试剂（RMgX）。这是法国化学家格林尼亚（Grignard）首先制备的，故又称为格氏试剂。

$$R—X + Mg \xrightarrow{\text{无水乙醚}} R—MgX$$

事实上，格氏试剂的组成比较复杂，为 RMgX、R_2Mg、MgX_2、$(RMgX)_n$ 等的混合体系，但常用 R—MgX 表示。

格氏试剂非常活泼，其中的 C—Mg 键为强极性共价键，如遇到活泼氢化合物（水、醇、氨、卤化氢、末端炔烃等）易分解为烷烃。

$$R—MgX + H_2O \longrightarrow RH + MgX(OH)$$

$$R—MgX + R'OH \longrightarrow RH + MgX(OR')R—MgX + HX \longrightarrow RH + MgX_2$$

$$R—MgX + HC\equiv CR' \longrightarrow RH + R'C\equiv C—MgX$$

此外，格氏试剂还能和空气中的氧气、二氧化碳缓慢作用，生成酚和羧酸。

$$R—MgX + O_2 \longrightarrow ROMgX \xrightarrow{H_2O} R—OH$$

$$R—MgX + CO_2 \longrightarrow RCOOMgX \xrightarrow{H_2O} R—COOH$$

因此，在制备格氏试剂的过程中应该注意：（1）所用溶剂必须绝对无水；（2）制备过程和储存过程中需隔绝空气；（3）格氏试剂分子中，不能含有活泼氢。

格氏试剂是一种活泼的亲核试剂，可用于合成烷烃、醇、醛、羧酸等各类化合物。

8.6 重要的卤代烃

8.6.1 氯甲烷

氯甲烷（CH_3Cl），又名甲基氯，为无色易液化的气体，沸点-23.7 ℃，需加压液化贮存于钢瓶中。氯甲烷微溶于水，易溶于氯仿、乙醚、乙醇、丙酮，为易燃易爆的高危化学品。高温时（400 ℃以上）和强光下分解成甲醇和盐酸，加热或遇火焰生成光气。

工业上一般通过甲烷氯化法和甲醇氢氯化法制备氯甲烷，主要用作有机硅的原料，也用作溶剂、冷冻剂、香料等。

$$CH_4 + Cl_2 \longrightarrow CH_3Cl + HCl$$

$$CH_3OH + HCl \longrightarrow CH_3Cl + H_2O$$

8.6.2 卤仿

三氯甲烷（$CHCl_3$），俗称卤仿，为无色液体，沸点 61.2 ℃，微溶于水，能与乙醇、乙醚、苯、石油醚等有机溶剂混溶。

氯仿在光照下遇空气逐渐被氧化生成剧毒的光气，因此需保存在密封的棕色瓶中。

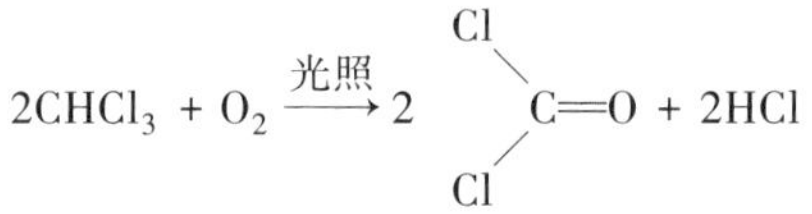

光气与乙醇作用，生成无毒的碳酸二乙酯，故常加入 1% 乙醇以破坏可能生成的光气。

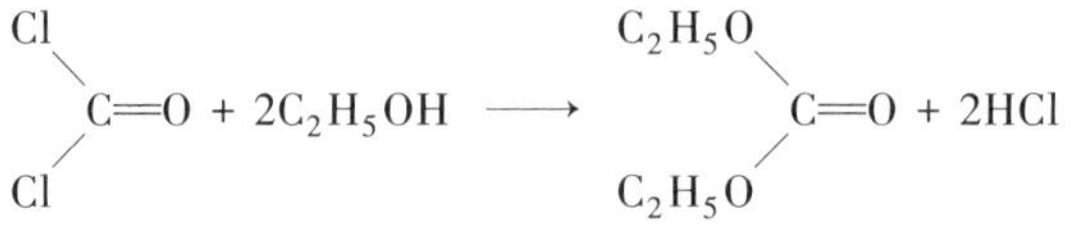

8.6.3 四氯化碳

四氯化碳（CCl_4），无色易挥发液体，沸点 76.8 ℃，具氯仿的微甜气味。四氯化碳与水互不相溶，可与乙醇、乙醚、氯仿及石油醚等混溶，能溶解脂肪、油漆、树脂、橡胶等有机物质及一些无机物。

四氯化碳不易燃烧，其蒸气密度比空气大，可把燃烧物体覆盖，使之与空气隔绝而达到灭火效果，故曾用作灭火剂。但四氯化碳在 500 ℃以上时可与水反应，产生二氧化碳和有毒的光气、氯气和氯化氢气体，加之四氯化碳会加快臭氧层的分解，所以被停用。

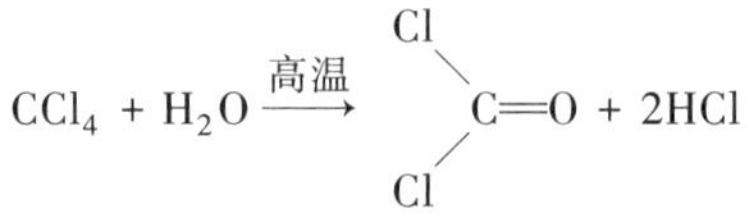

四氯化碳具有一定的毒性，对肝脏有较大的损害，使用时应注意做好保护。

8.6.4 二氯二氟甲烷（freon）

二氯二氟甲烷（CF_2Cl_2），商品名为氟利昂，在常温下是无色、无臭、无毒、无腐蚀性和不燃的气体。沸点为-28.9 ℃，易压缩为不燃性液体，解除压力后立即气化，同时吸收大量的热，是一种性能优良的制冷剂。

由于在使用和制造氟利昂过程中，累积的氟利昂受紫外线辐射，分解释放出的氯自由基同臭氧发生连锁反应，不断破坏臭氧分子。大气高空臭氧层具有保护地球免受宇宙强烈紫外光侵害的作用，臭氧层被破坏将导致臭氧层空洞，从而产生全球性的环境污染问题。

9 醇、酚、醚

醇、酚、醚作为一类烃的含氧衍生物，可看成是水分子（H—OH）中的氢原子被（芳）烃基所取代的产物。

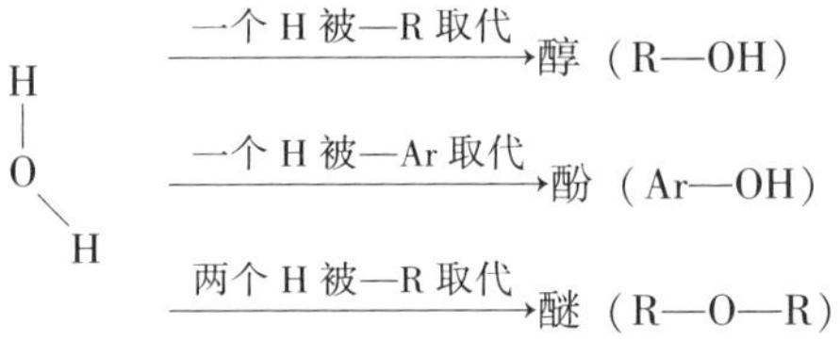

当水分子中的一个氢原子被烷基取代时，称为醇（R—OH）。水分子中一个氢原子被芳基取代时，且羟基直接与芳环碳原子相连时，称为酚（Ar—OH）。水分子中的两个氢原子都被烃基（脂肪族或芳香族烃基）取代时，称为醚（R—O—R）。醇的官能团为醇羟基，酚的羟基直接与芳环相连，称为酚羟基，为酚的官能团，其性质并不完全与醇羟基等同；醚的官能团为C—O—C。由于硫与氧同属第ⅥA族，硫醇与硫醚的结构、性质有相似的地方。因此，把硫醇和硫醚放在本章一起讨论。

9.1 醇的分类、构造、构造异构和命名

9.1.1 醇的分类

醇的分类有：

（1）根据醇羟基所连接碳原子类型的不同，可分为伯醇、仲醇和叔醇。

RCH_2OH	R_2CHOH	R_3COH
伯醇（一级醇）	仲醇（二级醇）	叔醇（三级醇）

（2）根据羟基所连烃基的不同，可分为脂肪醇、脂环醇和芳香醇。

CH_3CH_2OH	$CH_3CH{=}CHCH_2OH$	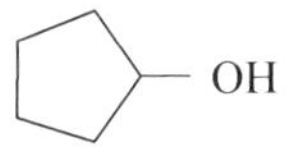	$ArCH_2OH$
饱和醇	不饱和醇	脂环醇	芳香醇

注意：芳香醇和酚的区别在于，芳香醇是羟基连接在芳环侧链上，酚是羟基直接连在芳环上。

（3）根据分子中所含羟基数目的多少，可分为一元醇、二元醇、三元醇等。含有两个以上羟基的醇，统称为多元醇。

$CH_3CH_2CH_2OH$

一元醇

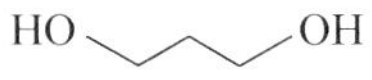

二元醇

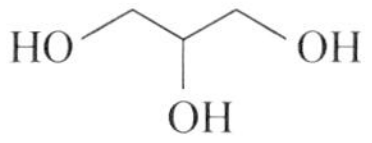

三元醇

9.1.2　醇的结构

醇的官能团是醇分子中所含的羟基（—OH）。脂肪族饱和一元醇的通式是 $C_nH_{2n+1}OH$ 或简写为 R—OH。

氧原子的电子构型是 $1s^2 2s^2 2p_x^{\ 2} p_y^{\ 1} 2p_z^{\ 1}$。水分子中的氧原子是以 sp^3 杂化轨道与氢原子的 1s 轨道结合成键。同样，在醇分子中，O—H 键也是氧原子以一个 sp^3 杂化轨道与氢原子的 1s 轨道相互重叠结合成 σ 键，C—O 键是碳原子的一个 sp^3 杂化轨道与氧原子的一个 sp^3 杂化轨道相互重叠结合成 σ 键。此外，氧原子还有两对未共用电子，分别占据另外两个未参与成键的 sp^3 杂化轨道。甲醇结构如图 9-1 所示。

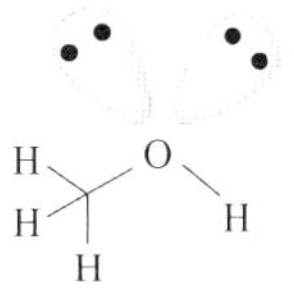

图 9-1　甲醇结构示意图

由于氧的电负性比碳、氢都大，因此，氧原子上电子云密度较高，与其相连的碳原子和氢原子上的电子云密度较低，使分子呈现较强的极性，同时，使得 α 和 β 位上的氢具有一定的活性。

9.1.3　醇的构造异构和命名

醇的构造异构包括碳链异构和羟基官能团位置异构。

碳链异构　$CH_3CH_2CH_2CH_2CH_2OH$　和

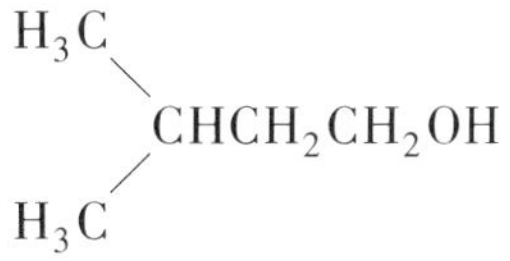

羟基位置异构　$CH_3CH_2CH_2OH$　和

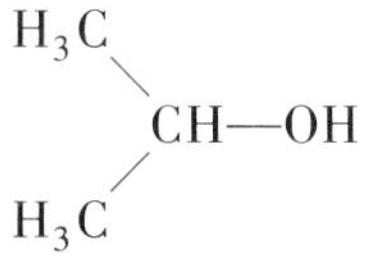

9.1.3.1　习惯命名法

习惯命名法适用于一些碳原子数较少的一元醇，命名时，在烃基名称后面加“醇”字，“基”字省略。比如：

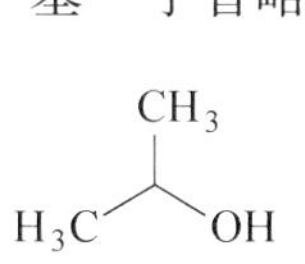

异丙醇

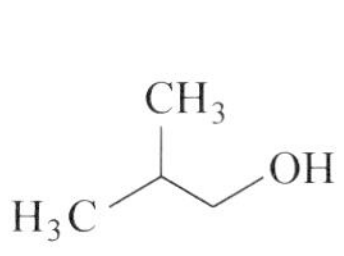

异丁醇

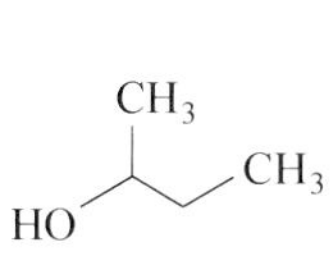

仲丁醇

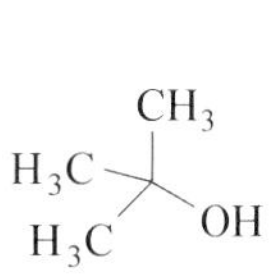

叔丁醇

9.1.3.2　衍生物命名法

结构较简单的醇，以甲醇作为母体，把其他醇看作是甲醇的衍生物来命名。比如：

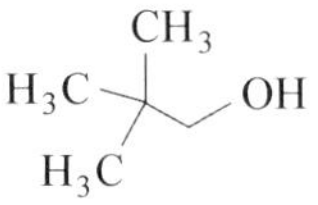

叔丁基甲醇

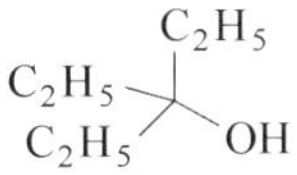

三乙基甲醇

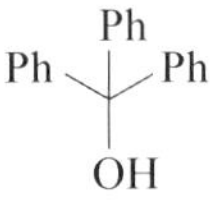

三苯基甲醇

9.1.3.3 *系统命名法*

结构比较复杂的醇，通常采用系统命名法。有以下几点命名要点：

（1）选主链。选择含有羟基的最长碳链作为主链，支链作为取代基，根据主链所含碳原子总数称为“某醇”。

（2）编号。主链碳原子的位次从靠近羟基的一端开始编号，遵循“最低系列原则”，尽可能使支链位置之和最小。

（3）取代基表述。在母体前，按“次序规则”中规定的顺序依次冠以取代基的位次、数目、名称以及羟基的位次和数目。

（4）醇名前羟基的位次和数目须写出。

命名举例如下：

（1）饱和醇的命名。

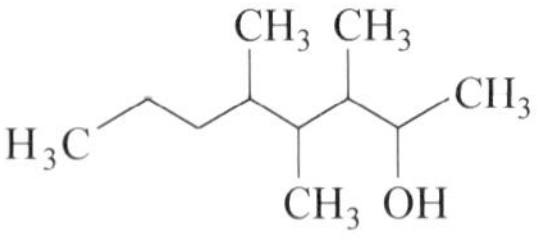

3,4,5-三甲基-2-辛醇

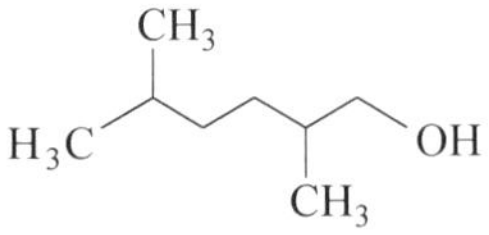

2,5-二甲基-1-己醇

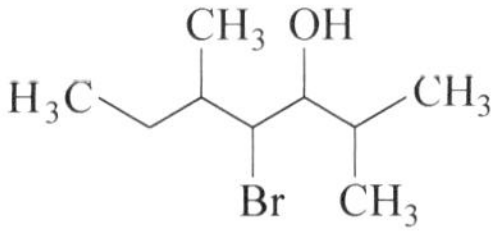

2,5-二甲基-4-溴-3-庚醇

（2）不饱和醇的命名。选择含有（双、叁键）碳原子在内且连有羟基的碳链作为主链，编号时，尽可能使羟基位次最小。比如：

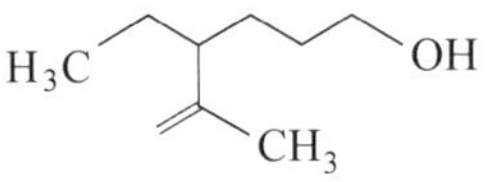

5-甲基-4-乙基-5-己烯-1-醇

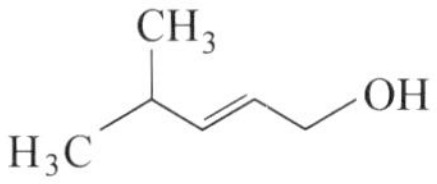

4-甲基-2-戊烯-1-醇

（3）芳醇的命名。把芳基作为取代基。

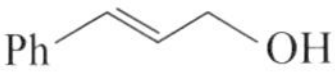

3-苯基-2-丙烯-1-醇
（肉桂醇）

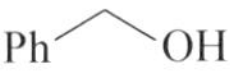

苯基甲醇
（苄醇）

（4）多元醇的命名。结构简单的一般用俗名；结构复杂的，选主链时，将含羟基最多且碳链最长的链作为主链。比如：

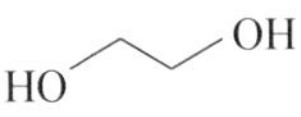

1,2-乙二醇

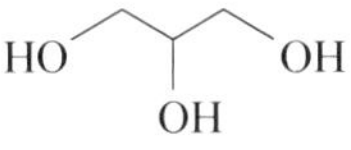

丙三醇

9.2 醇的制法

9.2.1 从烯烃水合

9.2.1.1 直接水合

以烯烃作为原料，与水蒸气在加热、加压和催化剂存在条件下，可直接水合得到醇。除乙烯水合生成伯醇外，其他烯烃水合均遵循马氏规则，得到仲醇或叔醇。

$$H_2C=CH_2 + H_2O \xrightarrow{\text{硅钨酸}} CH_3CH_2OH$$

$$H_3CHC=CHCH_3 + H_2O \xrightarrow{\text{硅钨酸}} CH_3\underset{\displaystyle OH}{\underset{|}{C}H}CH_2CH_3$$

工业上也可用浓度为60%~65%的稀硫酸进行催化水合。

9.2.1.2 间接水合

将烯烃用浓度为98%的浓硫酸吸收，则先生成硫酸氢烷基酯，再经水解得到醇。

$$H_3CHC=CH_2 + HOSO_2OH \longrightarrow H_3C-\overset{\displaystyle CH_3}{\overset{|}{\underset{\displaystyle H}{C}}}-SO_2OH \xrightarrow{H_2O} CH_3\overset{\displaystyle CH_3}{\overset{|}{C}}HOH + H_2SO_4$$

硫酸氢烷乙酯

间接水合法有废水（45%~50%稀硫酸）产生，腐蚀设备，但对乙烯的纯度要求不高（30%~95%体积），可用于工业和实验室制备。直接水合法收率高，技术先进，但对乙烯的纯度要求高，动力消耗大。

9.2.2 卤代烃水解

卤代烃一般在碱的水溶液中发生亲核取代反应转化成相应的醇。芳香族卤代烷，进行碱性水解，可制备苯甲醇（苄醇）。

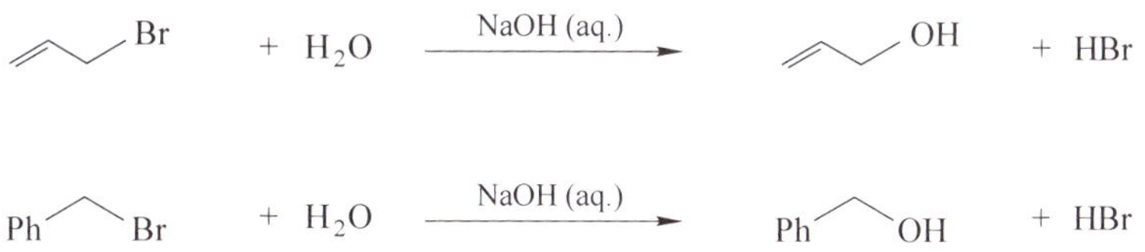

9.3 醇的物理性质

直链饱和一元醇中，C_4以下的低级醇为具有酒味的无色液体，C_5~C_{11}的醇为具有不愉快气味的油状液体，C_{12}以上的高级醇为无臭无味的蜡状固体。直链饱和一元醇的熔点和相对密度，除甲醇、乙醇、丙醇外，随相对分子质量增大而升高。

9.3.1 沸点

饱和一元醇的沸点是伯醇大于仲醇，仲醇大于叔醇（支链越多，沸点越低）。每增加

一个 CH_2（系差），沸点升高 18～20 ℃（见表 9-1）。低级醇的沸点比高级醇的沸点高得多。由于醇是极性分子，醇分子中含有氧原子和氢原子，分子间的羟基能够通过氢键缔合作用，使得其沸点比相近分子量的烃类化合物高得多。例如：甲醇相对分子质量为 32，沸点为 64.7 ℃；而乙烷相对分子质量为 30，沸点为−88.6 ℃。但是随着碳原子数增多，这种趋势逐渐减弱，使得醇的沸点与相近分子量的烃类化合物的沸点接近。

9.3.2　溶解度

甲醇、乙醇和丙醇等低级醇都能与水互溶，从丁醇开始溶解度逐渐降低，癸醇以上都不溶于水。这是由于低级醇与水分子间能够形成氢键，如图 9-2 所示，使得低级醇在水中的溶解度增大。随着碳原子数或支链数增加，烃基在分子中所占比例也增大，导致羟基与水分子形成氢键的阻力越大。因此，高级醇与烃的性质相似，难溶于水，溶解度逐渐减弱。多元醇分子中所含羟基越多，可以形成的氢键越多，沸点也就越高，溶解度也越大。例如乙醇、乙二醇和丙三醇的沸点分别为 78.3 ℃、197 ℃和 290 ℃，并且都能与水互溶。

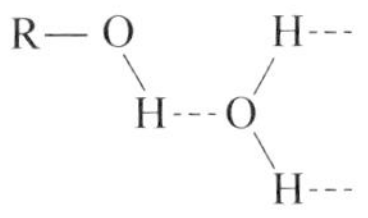

图 9-2　氢键形成示意图

9.3.3　形成结晶醇络合物

低级醇能够与如氯化镁、氯化钙、硫酸铜等无机盐形成结晶醇络合物，可利用此性质分离低级醇与其他化合物。另外，也基于此，不能用无水氯化钙来干燥醇类化合物。

常见醇的物理常数见表 9-1。

表 9-1　常见醇的物理常数

构造式	名称	熔点/℃	沸点/℃	相对密度（20 ℃）	在每 100 g 水中的溶解度/g	折射率
CH_3OH	甲醇	−97	64.7	0.792	无限	1.3288
CH_3CH_2OH	乙醇	−114	78.3	0.789	无限	1.3611
$CH_3CH_2CH_2OH$	丙醇	−126	97.2	0.804	无限	1.3850
$(CH_3)_2CHOH$	异丙醇	−88	82.3	0.786	无限	1.3776
$CH_3CH_2CH_2CH_2OH$	正丁醇	−90	117.7	0.810	7.9	1.3993
$CH_3CH(CH_3)CH_2OH$	异丁醇	−108	108.0	0.802	10.0	1.3959
$(CH_3)_3COH$	叔丁醇	25	82.5	0.789	无限	1.3878
$CH_3(CH_2)_3CH_2OH$	正戊醇	−78.5	138.0	0.817	2.4	1.4101
$CH_3(CH_2)_4CH_2OH$	正己醇	−52	156.5	0.819	0.6	1.416
$CH_3(CH_2)_{10}CH_2OH$	正十二醇	24	259	0.831	—	1.444
$CH_2=CHCH_2OH$	烯丙醇	−129	97	0.855	无限	1.4135
$PhCH_2OH$	苯甲醇	−15	205	1.046	4	1.5396
CH_2OHCH_2OH	乙二醇	−16	197	1.113	无限	1.430
$CH_2OHCHOHCH_2OH$	丙三醇	18	290	1.261	无限	—

9.4 醇的化学性质

醇的化学性质主要是由醇分子中的官能团羟基所决定。按键的断裂方式不同，有C—O 键断裂和 O—H 键断裂两种不同类型的反应；不同结构的烃基也影响反应性能。另外，由于羟基的影响，α-H 易发生反应。

9.4.1 与活泼金属作用

由于氧的电负性比氢的电负性大，使得醇的羟基 O—H 键具有一定的酸性，能跟活泼金属如 K、Na、Mg、Al 等反应生成氢气和醇金属，低级醇更容易发生反应，高级醇较难。相比于水，醇的酸性更弱，因此与活泼金属的反应比较缓和。

$$\text{R—OH} + \text{M} \xrightarrow{\text{M = K, Na, Mg, Al}} \text{R—OM} + 1/2\text{H}_2$$

反应活泼性：甲醇>伯醇>仲醇>叔醇。

醇钠是白色固体，能溶于醇，遇水就水解为原来的醇和氢氧化钠。醇钠水解是个可逆反应，平衡偏向于生成醇的一边。

$$\text{R—ONa} + \text{H}_2\text{O} \rightleftharpoons \text{R—OH} + \text{NaOH}$$

在工业上生产醇钠时，为了避免使用昂贵的金属钠，一般采用醇和氢氧化钠反应，并加苯进行共沸蒸馏，以除去水分，破坏平衡，有利于醇钠生成。

9.4.2 与卤化氢作用

醇与卤化氢作用，发生可逆反应产生卤代烃和水，这是制备卤代烃的重要方法之一。

$$\text{R—OH} + \text{HX} \xrightleftharpoons{\text{S}_\text{N}\text{反应}} \text{R—X} + \text{H}_2\text{O}$$

醇的结构和酸的性质都影响这个反应的速率。

对相同的氢卤酸来说，醇结构不同，反应速率大致是：

烯丙醇、苄醇 > 叔醇 > 仲醇 > 伯醇

对相同的醇来说，不同的氢卤酸的反应速率大致是：

HI > HBr > HCl

利用不同结构醇与卢卡斯试剂（浓盐酸+无水氯化锌配成的溶液）反应速率的不同，可鉴别伯、仲、叔醇，其中，叔醇反应速率最快，仲醇次之，伯醇最慢。

$$\text{R}_3\text{C—OH} + \text{HCl} \xrightarrow[\text{RT, 1 min}]{\text{ZnCl}_2} \text{R}_3\text{C—Cl} + \text{H}_2\text{O}$$

$$\text{R}_2\text{HC—OH} + \text{HCl} \xrightarrow[\text{RT, 10 min}]{\text{ZnCl}_2} \text{R}_2\text{HC—Cl} + \text{H}_2\text{O}$$

$$\text{RH}_2\text{C—OH} + \text{HCl} \xrightarrow[\triangle\text{, 20 min}]{\text{ZnCl}_2} \text{RH}_2\text{C—Cl} + \text{H}_2\text{O}$$

氢卤酸与醇的反应属于亲核取代反应，一般来说，叔醇和仲醇按照 S_N1 反应历程进行，伯醇按照 S_N2 反应历程进行。这是因为叔醇的 α-碳上基团位阻较大，阻碍了亲核试剂的进攻而不利于发生 S_N2 反应，有利于发生 S_N1 反应。另外，在反应过程中常发生碳正离子重排，生成与醇具有不同碳架结构的卤代烃。

由于反应所生成的氯代烷不溶于水，因此，可以从反应后是否出现浑浊或分层的快慢状况，来区分反应物是伯醇、仲醇还是叔醇。

9.4.3　脱水反应

醇脱水按反应条件不同，可以分为分子内脱水形成烯烃，以及分子间脱水形成醚。

9.4.3.1　分子内脱水反应

在质子酸（例如硫酸、磷酸等）或路易斯酸（例如三氯化铝）的作用下加热，醇分子的羟基以及羟基邻近碳原子上的氢原子发生脱水反应形成碳碳双键。主要包括以下两种方法：

（1）醇在强酸条件下的脱水反应。在酸的作用下，醇既可以进行分子内脱水，也可以发生分子间脱水，两者是相互竞争的反应，究竟以何种为主，与反应条件和醇的构造有关。一般情况下，较低温度有利于分子间脱水生成醚，较高温度下有利于分子内脱水生成烯烃。例如：

$$\underset{\boxed{H\quad\;\; OH}}{H_2C-CH_2} \xrightarrow[170\ ℃]{浓H_2SO_4} H_2C{=}CH_2 + H_2O$$

$$CH_3CH_2CH_2\underset{\mid\atop OH}{C}HCH_3 \xrightarrow{+H^+} \begin{matrix} CH_3CH_2CH{=}CHCH_3 & 主要产物 \\ CH_3CH_2CH_2CH{=}CH_2 & 次要产物 \end{matrix}$$

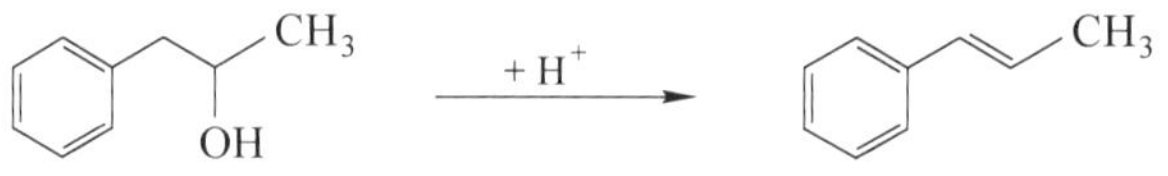

唯一产物

特别提醒：

1）脱水反应的温度与酸的浓度以及醇的构造有关，醇的反应活性大小为：叔醇>仲醇>伯醇；

2）反应产物碳碳双键构型，遵循扎伊采夫规则：羟基与含氢原子较少的 β-氢原子发生脱水反应，反应总偏向于形成含取代基较多的碳碳双键分子；

3）某些醇脱水过程中可能会发生碳骨架的异构化或重排。

$$H_3C-\overset{CH_3}{\underset{CH_2OH}{C}}-\overset{H}{C}-CH_3 \xrightarrow{+H^+} H_3C-\overset{CH_3}{C}{=}\overset{CH_3}{C}-CH_3 \quad 80\%$$

（2）醇在氧化铝存在条件下的脱水反应。若采用氧化铝为催化剂，醇在高温气相条件下，往往不发生重排。例如：

$$CH_3CH_2CH_2CH_2CH_2OH \xrightarrow[高温]{Al_2O_3} CH_3CH_2CH_2CH{=}CH_2$$

9.4.3.2 分子间脱水反应

在催化剂作用下，两分子醇发生分子间脱水可以形成 C—O—C 键，所得化合物称为醚。常用的催化剂有硫酸、对甲苯磺酸、路易斯酸、硅胶、多聚磷酸和硫酸氢钾等。例如：

$$R-O-H \quad + \quad H-O-R \xrightarrow{催化剂} R-O-R$$

反应温度可以调控反应的选择性，在较高温度下，有利于醇自身分子内脱水形成烯烃；在较低温度下，有利于醇与醇分子间脱水形成醚，如：

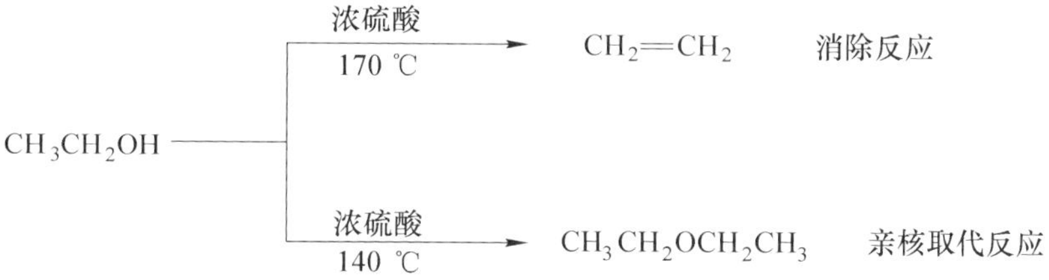

此外，不同类型的醇发生脱水反应时得到不同类型的产物。在一般条件下，伯醇在强酸条件下发生分子间脱水成醚；仲醇则发生分子内脱水形成烯烃；叔醇则较为单一得到烯烃。

醇脱水成醚反应一般经历亲核取代反应历程，一分子醇作为亲核试剂，另一分子醇在酸活化下作为亲电试剂，进而经历 S_N2 反应成醚。

9.4.4 酯的生成

醇能与酸（含氧有机酸和无机酸）、酰氯或酸酐反应形成酯，该类反应称为酯化反应；酯根据酸的不同分为无机酸酯和有机酸酯两大类。后者将在第 11 章讨论。

9.4.4.1 有机酸酯的形成

醇与有机酸发生脱水反应可以形成有机酸酯。

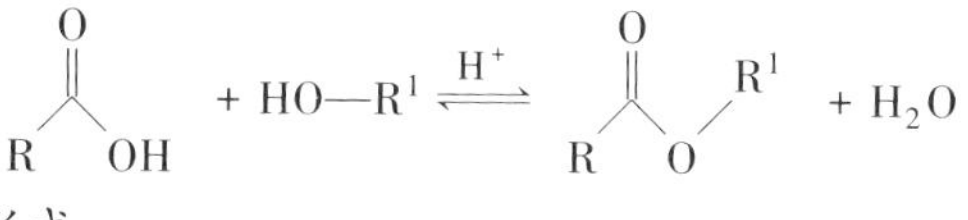

9.4.4.2 硝酸酯的形成

醇与硝酸发生脱水反应可得硝酸酯，如具有抗心绞痛作用的三硝酸甘油酯。

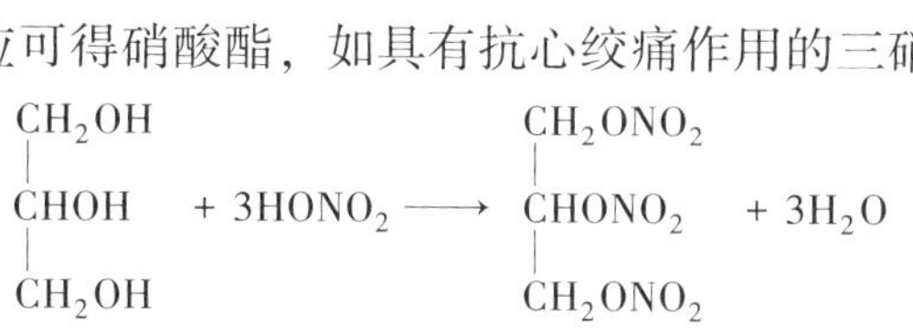

丙三醇（甘油）　　三硝酸甘油酯

9.4.4.3 硫酸酯的形成

醇与硫酸发生脱水作用可得酸性硫酸酯，酸性硫酸酯进一步减压蒸馏可得中性硫酸二酯。其中 $CH_3OSO_2OCH_3$（硫酸二甲酯）是重要的亲电甲基化试剂，但是其毒性也较大，在使用时务必小心。

$$R—OH + HOSO_2OH \rightleftharpoons R—OSO_2OH + H_2O$$

$$R—OSO_2OH \xrightarrow{\text{减压蒸馏}} R—OSO_2R + H_2SO_4$$

9.4.4.4 磷酸酯的形成

醇与三氯氧膦发生反应可得磷酸酯。例如，磷酸三丁酯是常用的冶金萃取剂和增塑剂。

$$3R—OH + POCl_3 \rightleftharpoons (RO)_3PO + 3HCl$$

用高级醇（C_{12}~C_{18}）制成的烷基硫酸钠，具有较强的去污能力，可用作洗涤剂，其钙镁盐在水中溶解度较大，可在硬水中使用。它具有很强的起泡能力，可用于浮选工业。

9.4.5 氧化反应

醇发生氧化反应可得醛、酮和羧酸等化合物，一般来说，伯醇氧化得到醛，醛进一步氧化可得羧酸；仲醇氧化得到酮；叔醇由于没有 α-氢原子，不易发生 α-脱氢氧化，但可以发生碳碳键断裂氧化成其他小分子化合物。

可利用不同类型的醇氧化产物以及难易程度的不同来区别伯、仲、叔醇。如：

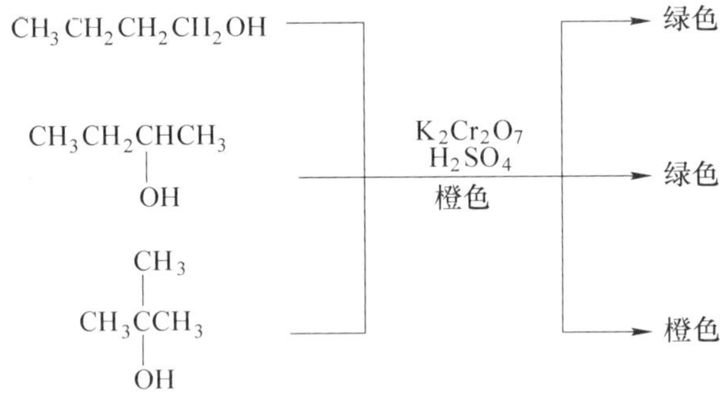

伯醇在氧化时要停留在醛的产物阶段，可使用三氧化铬吡啶络合物作氧化剂，且分子中的双键不受影响。

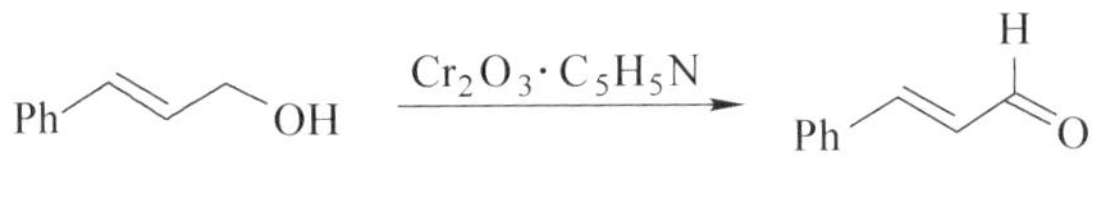

醇也可以发生无氧化剂条件下的脱氢氧化反应。

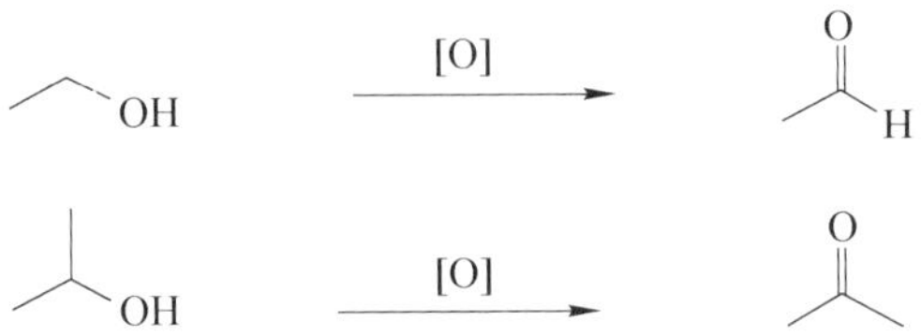

9.5 重要的醇

9.5.1 甲醇

甲醇是一元饱和醇中最简单的一种，起初是由木材中干馏得到，因此又叫木醇。甲醇为有特殊气味的挥发性易燃无色透明液体，沸点 64.9 ℃，能和水以及大多数有机溶剂混溶。甲醇毒性大，甲醇蒸气或液体误入人体中，可致眼睛失明（内服 1~10 mL），量大可致人死亡（大于 30 mL）。

工业上，甲醇可由一氧化碳加氢制备，是优良的有机溶剂，也是重要的化工原料。工业上主要用来制备甲醛、氯仿、羧酸甲酯以及作为甲基化试剂等。

$$CO + H_2 \xrightarrow[10 \sim 15\ \text{MPa},\ 230 \sim 270\ ℃]{CuO\text{-}ZnO\text{-}Cr_2O_3} CH_3OH$$

9.5.2 乙醇

乙醇俗名酒精，乙醇在常温常压下是一种无色透明、易挥发、易燃烧的液体，它的水溶液具有酒香的气味，味甘。乙醇的熔点是-114.1 ℃，沸点 78.3 ℃，相对密度（20 ℃）0.789，它是酒的主要成分。乙醇蒸气能与空气形成爆炸性混合物。95.57%（质量分数）的乙醇与 4.43%的水可以组成恒沸化合物，沸点 78.15 ℃，故直接用蒸馏法不能将乙醇中的水完全去掉。乙醇可与水无限混溶。在食品领域，主要利用发酵法得到乙醇。

$$\text{淀粉} \xrightarrow{\text{淀粉酶}} \text{麦芽糖} \xrightarrow{\text{麦芽糖酶}} \text{葡萄糖} \xrightarrow{\text{酒化酶}} \text{乙醇}$$

在工业上，则用乙烯的水合法制备。

$$CH_2{=\!=}CH_2 + H_2O \xrightarrow[\text{约 }300\ ℃,\ \text{约 }7\ \text{MPa}]{\text{磷酸 - 硅藻土}} CH_3CH_2OH$$

乙醇是重要的有机溶剂，广泛用于有机合成反应中。75%浓度的酒精溶液可用于消毒、防腐；40%浓度的酒精溶液可用于涂擦身体起到促进血液循环的作用；大量的乙醇用于制造各种酒类。

9.5.3 乙二醇

乙二醇俗名甘醇，是最简单的二元醇。乙二醇是无色无臭、具有甜味的黏稠液体，熔点-13.2 ℃，沸点 197.5 ℃，相对密度（20 ℃）1.116，能与水无限混溶。

在工业上，乙二醇采用环氧乙烷水合的方法制备：

乙二醇

乙二醇是重要的有机化工原料，也可作为抗冻剂，如 60%的乙二醇水溶液的凝固点为-40 ℃。

9.5.4 丙三醇

丙三醇俗名甘油，为无色无臭有甜味的黏稠液体，熔点 18.17 ℃，沸点 290 ℃，相对密度（20 ℃）1.261，可与水无限混溶。甘油吸湿性强，能吸收空气中的水分。

工业上，以丙烯为原料制备甘油。

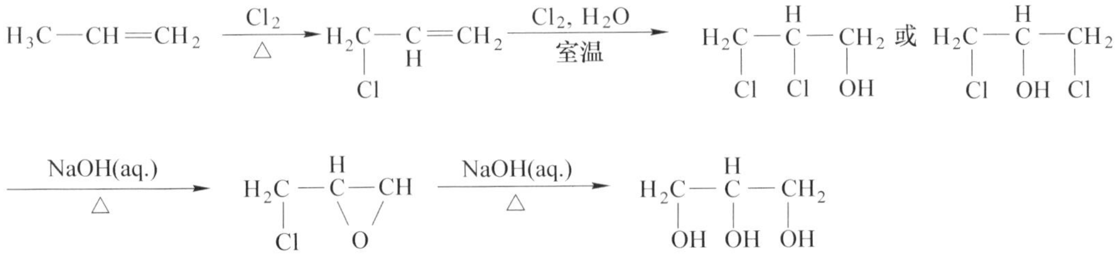

甘油可用来制造三硝酸甘油酯，也可用于合成树脂。

9.5.5 苯甲醇

苯甲醇又名苄醇，为无色液体，具有芳香性，微溶于水，易溶于有机溶剂，熔点 -15.3 ℃，沸点 205.4 ℃，相对密度（20 ℃）1.046。

工业上，苄氯在碱性条件下水解得到苯甲醇。

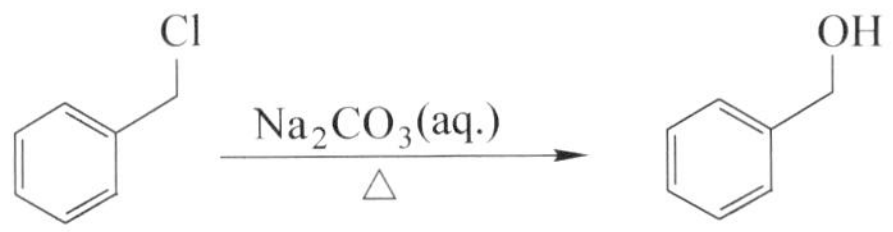

苯甲醇是常用的有机合成原料，也可作溶剂和定香剂，还可用于药剂防腐。

9.6 硫　　醇

硫醇是指含巯基官能团（—SH）的一类非芳香化合物。从结构上来说，可以看成醇分子中的氧原子被硫原子替代之后所得的化合物。硫醇的官能团为—SH，—SH 称为氢硫基（巯基）。

除甲硫醇在室温下为气体外，其他硫醇均为液体或固体。低级硫醇一般有难闻的气味，有毒。硫醇分子间有偶极吸引力，但小于醇分子间的偶极吸引力，且硫醇分子间无明显的氢键作用，也无明显的缔合作用。因此，硫醇的沸点比相对分子质量相近的烷烃高，比相对分子质量相近的醇低，与相对分子质量相近的硫醚相似。硫醇与水不能很好地形成氢键，所以硫醇在水中的溶解度比相应的醇小得多。常温下，乙硫醇在水中的溶解度仅为 1.5 g/100 mL。

硫醇命名时，只需将醇分子名称的“醇”改为“硫醇”即可。

9.6.1 制法

卤代烷与硫氢化钾反应或醇与硫化氢反应可制备硫醇。

$$R—Br \xrightarrow[\triangle]{KHS} R—SH \xleftarrow[高温]{H_2S} HO—R$$

9.6.2　性质

巯基是硫醇化学性质的主要体现。其中 S—H 键涉及硫较大的 3s/3p 组成的杂化轨道与氢较小的 1s 轨道成键，所以 S—H 键较弱，硫醇具有一定的酸性。硫上还有孤对电子，因此巯基也可被氧化。

9.6.2.1　弱酸性

硫醇的酸性比相应的醇强，可溶于氢氧化钠的乙醇溶液中生成较稳定的盐，通入二氧化碳又变回硫醇。

$$R—SH + NaOH \longrightarrow R—\overset{\ominus\oplus}{SNa}$$

硫醇钠比醇钠稳定，因此，工业上将反应中混有硫醇的化合物，用稀氢氧化钠洗涤，可除去硫醇。

硫醇可与重金属络合，形成不溶于水的硫醇盐。利用此性质，硫醇可作为医药领域中重金属中毒的解毒剂。

9.6.2.2　氧化反应

硫醇极易被氧化形成二硫化合物。弱氧化剂（如空气、碘、氧化铁、二氧化锰等）即可将硫醇氧化为二硫化物。

$$R—SH \xrightarrow{氧化剂} RSSR$$

硫醇用强氧化剂（如高锰酸钾、硝酸、高碘酸）氧化，经过中间体次磺酸、亚磺酸，最终生成磺酸。此法可用于脂肪族磺酸的制备。

$$R—SH + HNO_3(浓) \longrightarrow R—SO_2OH$$

9.7　酚的构造、分类和命名

酚，是羟基（—OH）与芳烃核（苯环或稠苯环）直接相连形成的有机化合物。这种结构与脂肪烯醇有相似之处，故也会发生互变异构，称为酚式结构互变。但是，酚的结构较为稳定，故在互变异构平衡中苯酚是主要存在形式。

9.7.1　酚的构造

羟基直接与苯环的 sp^2 杂化的碳原子相连的化合物称为“酚”，通式为 Ar—OH。与脂肪族化合物中的烯醇很相似。由于酚的羟基氧原子的未共用电子对与苯环可以形成 p-π 共轭作用，不但使苯酚形成稳定化合物，而且也有利于苯酚的解离。值得注意的是，酚的羟基氧原子为 sp^2 杂化，不同于醇羟基氧原子的 sp^3 杂化。

在酚中，羟基氧原子是 sp^2 杂化；O—H 键也是氧原子以一个 sp^2 杂化轨道与氢原子的 1s 轨道相互重叠结合而成 O—H（σ 键），C—O 键是碳原子的一个 sp^3 杂化轨道与氧原子的一个 sp^2 杂化轨道相互重叠结合而成 C—O（σ 键）。此外，余下的一个 sp^2 杂化轨道和一个 p 轨道则分别被一对未共用电子占据，如图 9-3 所示。

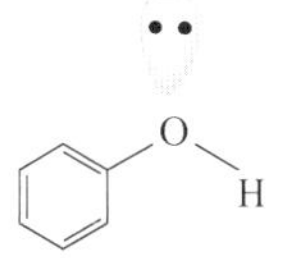

图 9-3　酚结构示意图

9.7.2 酚的分类

酚类按其芳环上所直接连接的羟基数目的不同，可分为一元、二元和多元酚；二元及二元以上的酚统称为多元酚。例如：

一元酚

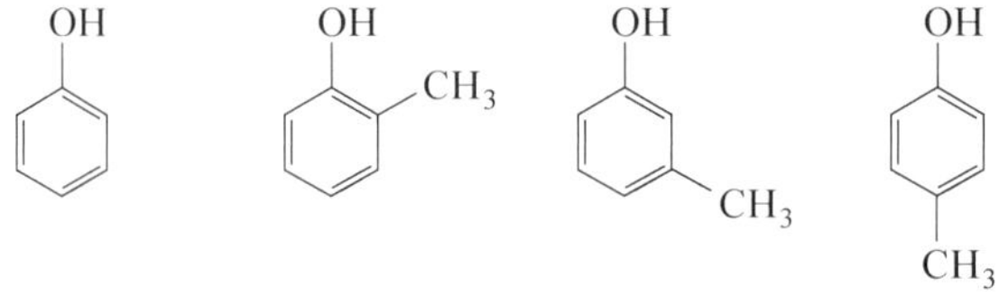

多元酚

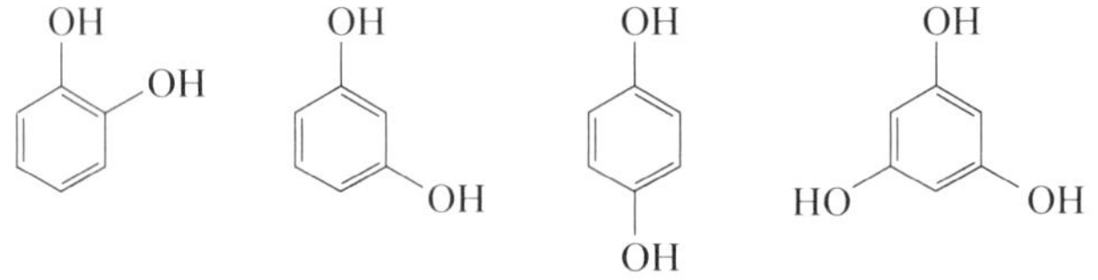

9.7.3 酚的命名

构造比较简单的酚，一般是在“酚”字前加烃基名来命名，通常以苯酚为母体，苯环上其他基团为取代基，按照最低系列原则再冠以取代基位次、数目和名称。

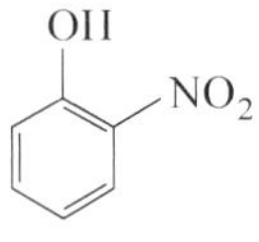

邻硝基苯酚

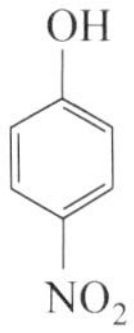

对硝基苯酚

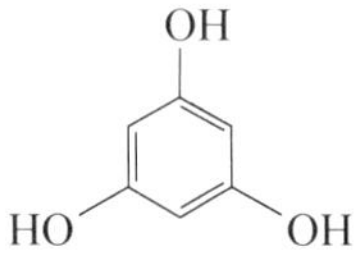

1,3,5-苯三酚
(间苯三酚)

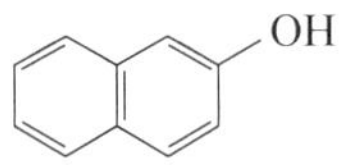

2-萘酚 (β-萘酚)

9.8 酚的制法

苯酚和甲苯酚存在于煤焦油分馏所得的酚油和萘油中，可用碱和酸处理后，再经分馏而得。工业上都用合成方法大量生产。

9.8.1 从芳磺酸制备

芳香烃化合物在浓硫酸条件下发生磺化反应形成芳基磺酸，芳基磺酸在碳酸钠溶液中形成磺酸钠，随后磺酸钠在高温氢氧化钠溶液中形成酚钠，最后通入二氧化碳和水即可得酚。

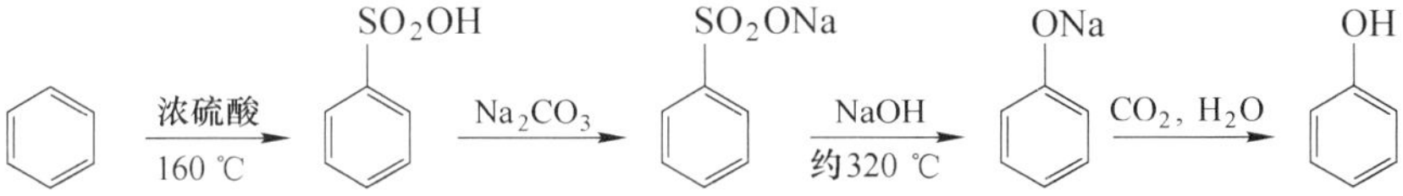

9.8.2 从异丙苯制备

芳香烃化合物首先与丙烯发生傅克反应得到异丙苯，随后异丙苯在过氧化物或紫外线的作用下，高温氧化得到过氧化异丙苯，随后在强酸或离子交换树脂作用下，分解成苯酚和丙酮。

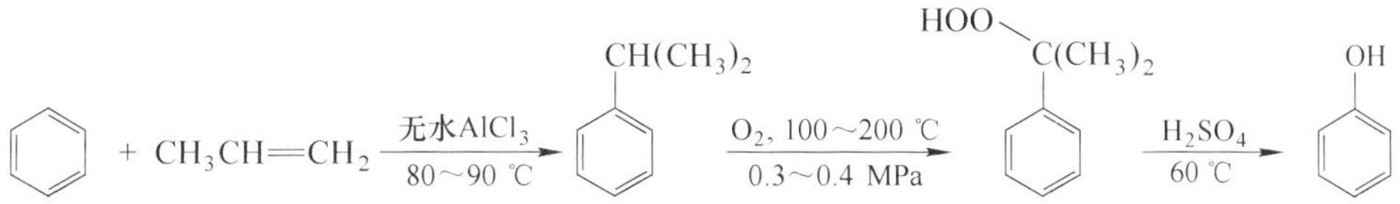

9.9 酚的物理性质

大多数酚是结晶固体，只有少数烷基酚（如：间甲苯酚）为高沸点液体。酚具有特殊的气味，纯净的酚无色，由于空气的氧化，酚常常带有不同程度的黄色或红色。

酚的沸点和熔点均比相近分子量的烃高，这是由于酚分子中含有酚羟基，因此，与醇相似，也存在分子间氢键缔合作用；另外，酚还能与水形成氢键，所以在水中具有一定的溶解度。酚能溶于常见的有机溶剂中。常见酚的物理常数见表 9-2。

表 9-2 常见酚的物理常数

名称	构造式	熔点/℃	沸点/℃	溶解度 /g·(100 gH_2O)$^{-1}$	pK_a
苯酚	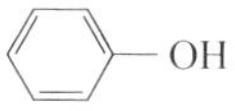	43	181	9.3	9.98
对甲苯酚	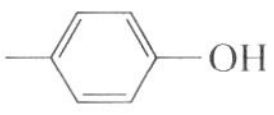	34.5	202	2.3	10.14
4-甲基-2,6-二叔丁基苯酚	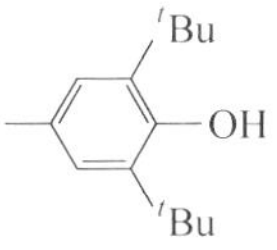	70.0	147	难	—
对氯苯酚	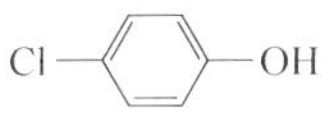	43	220	2.7	9.38
邻硝基苯酚	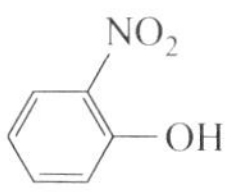	45	217	0.2	7.23
间硝基苯酚	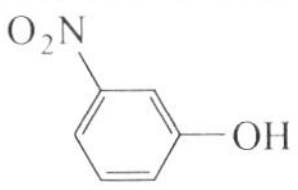	96	分解	1.4	8.40
对硝基苯酚	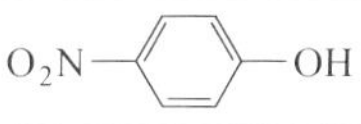	114	分解	1.7	7.15
2,4,6-三硝基苯酚	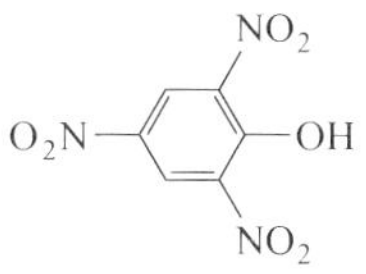	122	分解	1.4	0.71

续表 9-2

名称	构造式	熔点/℃	沸点/℃	溶解度 /g·(100 gH_2O)$^{-1}$	pK_a
α-萘酚	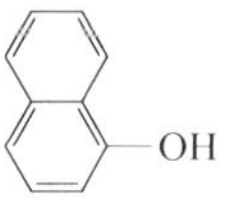	94	279	难	9.31
β-萘酚	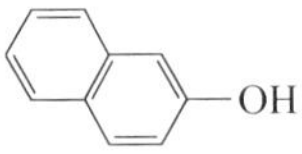	123	286	0.1	9.55
对苯二酚	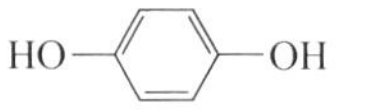	170	286	8	9.96

9.10 酚的化学性质

9.10.1 酚羟基的反应

9.10.1.1 酸性

苯酚的羟基 pK_a ≈ 10，因此具有一定的酸性，且比醇酸性强（乙醇 pK_a ≈ 17，环己醇 pK_a ≈ 18），但比碳酸（pK_a ≈ 6.38）弱。所以苯酚能溶解于氢氧化钠水溶液中而形成酚钠，但不能与碳酸氢钠反应放出二氧化碳。

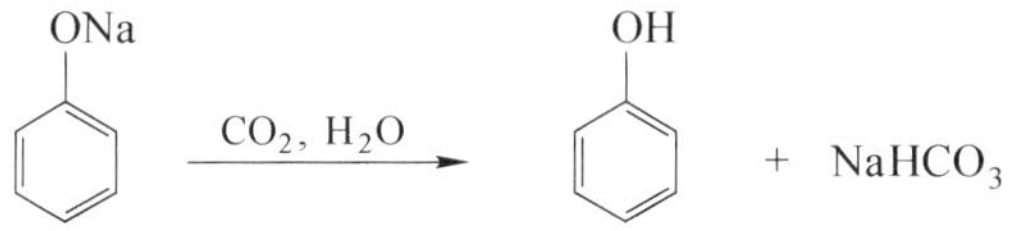

将二氧化碳通入酚钠水溶液中，可以游离出酚。可用该反应区分酚和非酸性化合物。

酚显酸性，以苯酚为例，有以下几个原因：(1) 酚羟基与苯环直接相连，酚羟基的氧原子的价电子能以 sp^2 杂化轨道参与成键，酚羟基的氧原子上的一对未共用电子对所在 p 轨道，与苯环发生 p-π 共轭作用。导致氧原子上部分负电荷离域而分散到共轭体系中，使氧原子电子云密度降低，减弱了 O—H 键，有利于氢原子解离成质子；(2) 解离后的苯氧负离子可以更好地离域而分散到整个共轭体系中，使苯氧负离子比苯酚更稳定。

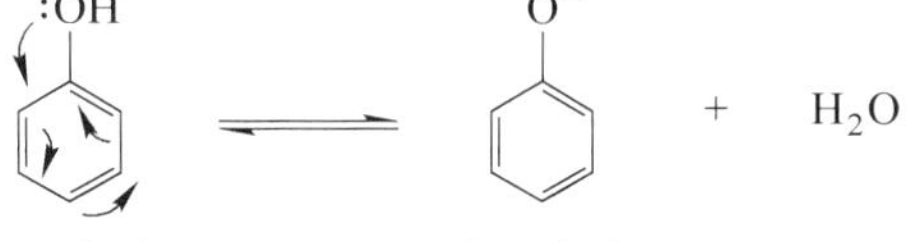

电子离域（小共轭稳定作用）　　电荷离域（大共轭稳定作用）

影响酚酸性强弱因素有：

（1）当苯环上有给电子基时，不利于负电荷分散，苯氧负离子稳定性降低，酸性减弱。

（2）当苯环上有吸电子基时，有利于负电荷分散，苯氧负离子稳定性升高，酸性增强。

（3）邻对位吸电子基越多，酚酸性越强。

9.10.1.2 酚醚的形成

酚与醇相似，也可以生成醚。醚通常由酚金属与烷基化试剂在弱碱条件下形成，但因酚分子中的碳氧键比较牢固，一般不能通过酚分子间脱水来制备。通常是由酚盐与烷基化试剂（碘甲烷或硫酸二甲酯）在氢氧化钠溶液中作用而得。

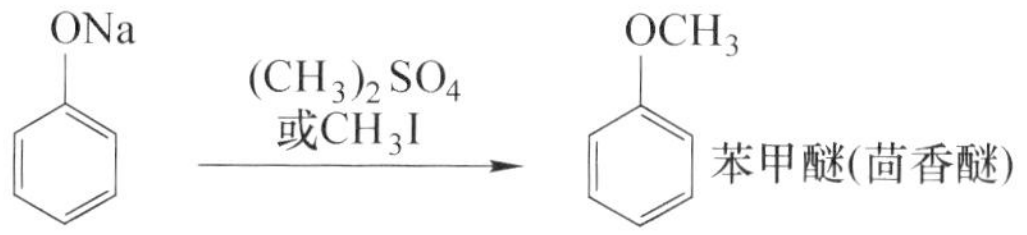

二芳基醚可由酚钠与芳卤衍生物在铜催化下反应制得。

$$Ar—ONa + PhBr \xrightarrow{[Cu]} Ar—O—Ph$$

酚醚与氢碘酸作用，可以分解得到原来的酚。

$$Ar—O—Me + HI \xrightarrow{\triangle} Ar—OH + MeI$$

由于酚醚化学性质稳定，不像苯酚容易氧化，因此，在有机合成上常使酚暂时转变为醚，然后进行其他反应，以免羟基被破坏，待反应终了之后，再将醚用氢碘酸使之分解，恢复为原来的羟基，起到“保护酚羟基”的目的。

9.10.1.3 酚酯的形成

酚与醇相似，也可以与羧酸作用生成酯。酚与羧酸直接酯化比较困难，因酚的酯化是个轻微的吸热反应，对平衡反应不利。因此，一般是由酚与酰氯或者酸酐酯化来制备酚酯。

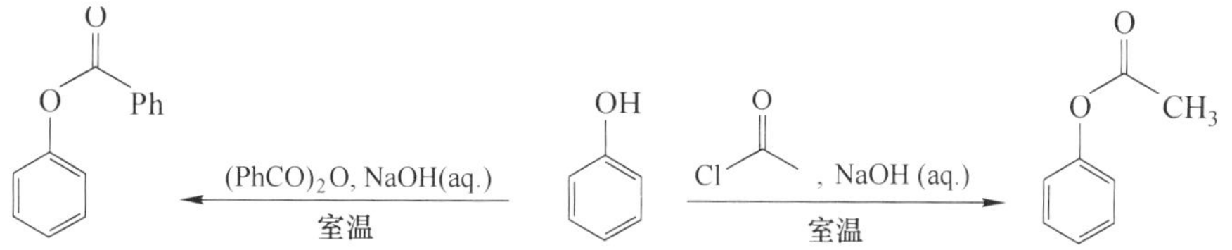

9.10.2 芳环上的反应

酚分子中羟基氧与苯环能形成 p-π 共轭作用，酚的 C—O 键比醇的难断裂，很难发生分子间脱水，例如苯酚在高温和催化剂作用下才能生成醚。但是 p-π 共轭效应使酚羟基邻位和对位电子云密度增加，使得苯环的亲电取代反应活性增强，容易发生卤化、硝化、磺化以及烷基化等亲电取代反应。

9.10.2.1 卤化反应

由于酚羟基的影响，苯酚比苯更容易发生卤化反应。苯酚在溴水溶液中，可立即形成2,4,6-三溴苯酚白色沉淀。由于三溴苯酚在水中的溶解度极小，即使是极稀的（10×10^{-6}）苯酚溶液也能有2,4,6-三溴苯酚析出，该反应迅速、简单、灵敏，常用于苯酚的定性和定量分析。

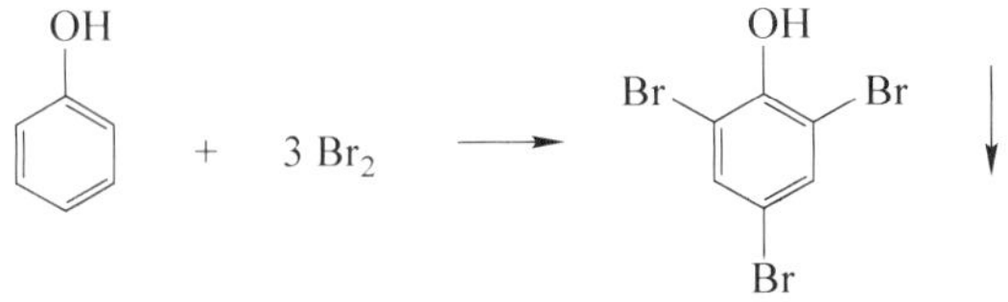

苯酚能迅速溴化生成三取代物，是因为苯酚在水溶液中能部分解离生成苯氧负离子，苯氧负离子是很强的第一类定位基。

卤化反应在不同的溶剂、不同的温度条件下，控制卤素的用量，也可以得到一卤代酚或二卤代酚。

9.10.2.2 硝化反应

在室温下，苯酚可以在稀硝酸存在条件下，生成邻、对位硝基苯酚的混合物。用浓硝酸时，则生成2,4-二硝基苯酚和2,4,6-三硝基苯酚（苦味酸）。

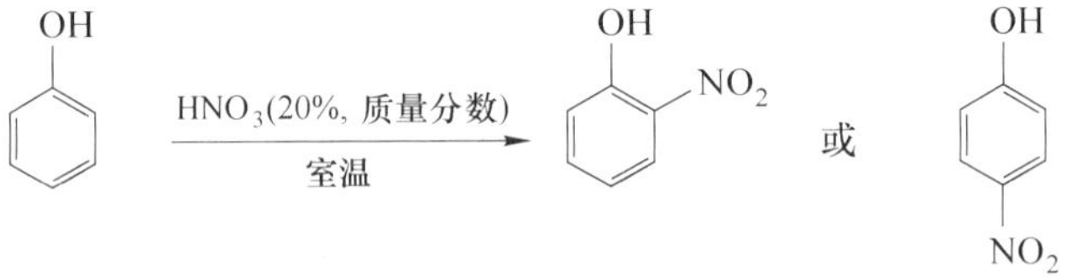

邻硝基苯酚由于羟基与硝基位置相距很近，可形成分子内的氢键螯合环，不能再发生分子间的氢键，因此，能随水蒸气挥发。对硝基苯酚由于羟基与硝基位置相隔较远，只能通过分子间氢键缔合，不能随水蒸气挥发。因此，利用这一性质，借水蒸气蒸馏方法可把邻、对位异构体分开。

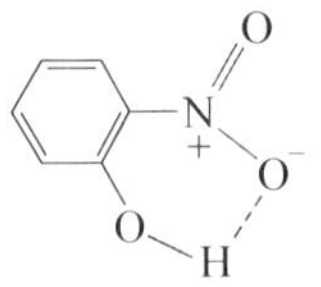

邻硝基苯酚的分子内氢键作用

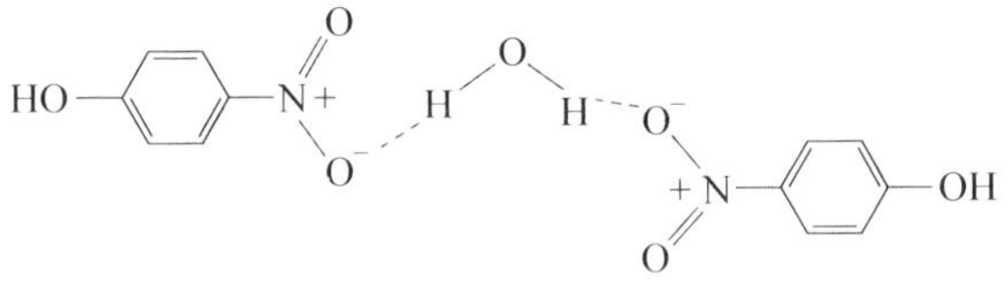

对硝基苯酚与水分子的分子间氢键作用

9.10.2.3 磺化反应

苯酚和浓硫酸作用，随反应温度不同，可形成邻、对位羟基苯磺酸。由于磺化反应是容易进行的可逆反应，酚的一磺化反应主要受平衡控制，随着磺化温度的升高，稳定异构体的对位增多；继续磺化或用浓硫酸在加热下直接与酚作用，则可得苯酚二磺酸。例如：

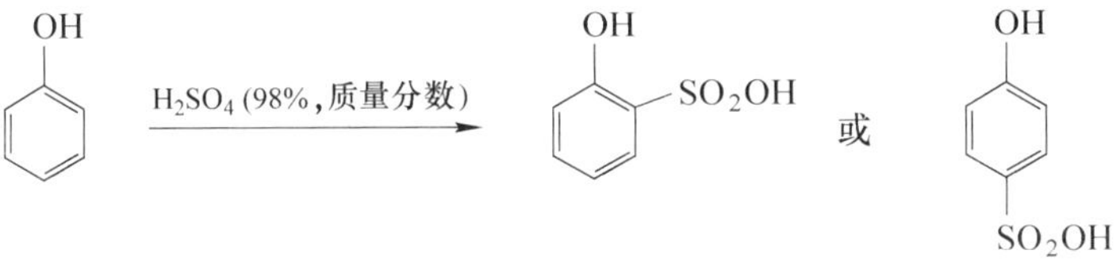

20 ℃	49%	51%
100 ℃	10%	90%

9.10.2.4　Friedel-Crafts 反应

A　烷基化

酚比芳烃更容易发生烷基化反应，产物以对位为主，若对位有取代基则烷基进入邻位。通常在酸性条件下，用醇、烯烃或环丙烷代替卤代烷作为烷基化试剂，进行烷基化反应。不用三氯化铝作烷基化反应催化剂，因为酚会与三氯化铝形成络合物（$PhOAlCl_2$），使三氯化铝的催化活性减弱甚至失去。

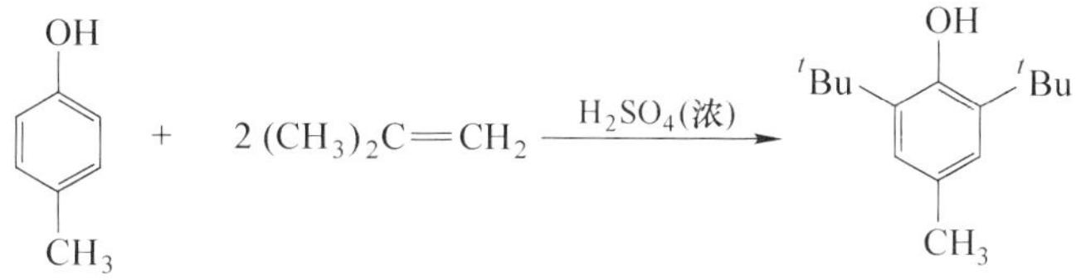

(2,4,6-抗氧化剂)

B　酰基化

酚的酰基化反应在路易斯酸的催化下也较容易进行，如苯酚的对位乙酰化反应。

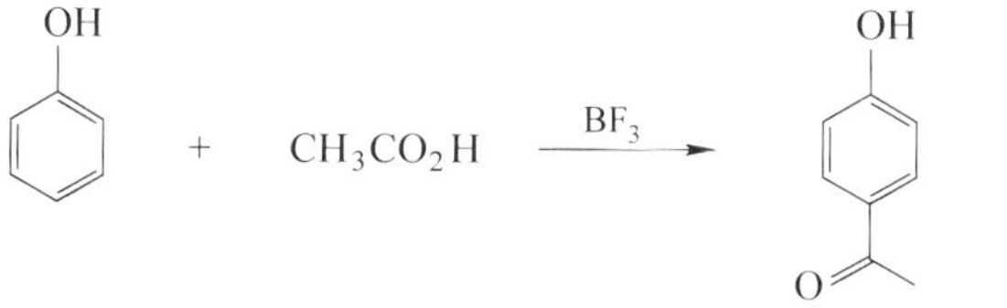

(对羟基苯乙酮)

由于 Friedel-Crafts 烷基化反应在多数情况下容易导致多烷基化，因此，人们常常经过酰基化再还原，可以间接合成羟基化合物。

9.10.2.5　氧化和氢化

在氧化剂的作用下，酚易被氧化成醌；通过催化加氢，酚也容易被还原成环己烷衍生物。例如：

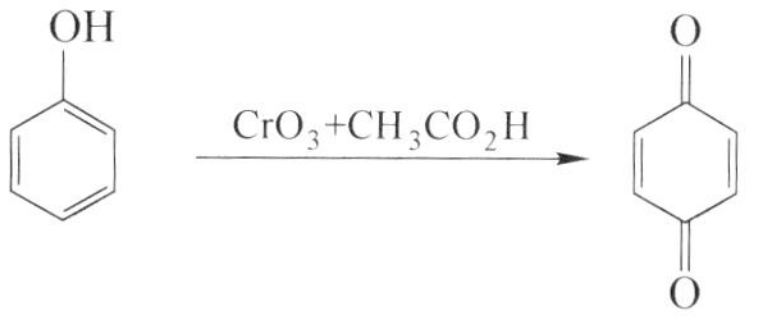

(对苯醌)

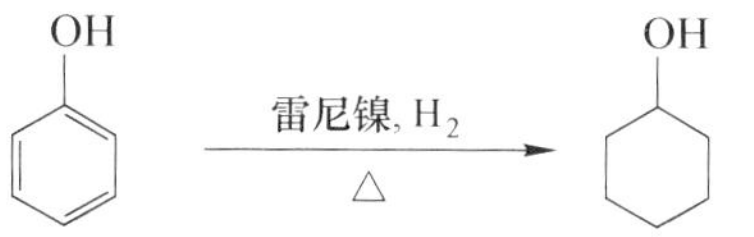

(环己醇)

9.10.2.6　与羰基化合物的缩合反应

在催化剂作用下，苯酚与甲醛反应，形成邻位或对位羟甲基酚；苯酚与丙酮在酸的催化作用下，两分子苯酚可以在羟基的对位与丙酮缩合，生成 2,2-二羟苯基丙烷，俗称双酚 A。例如：

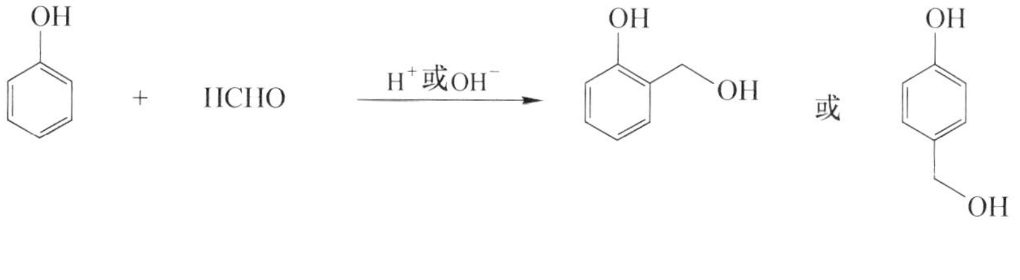

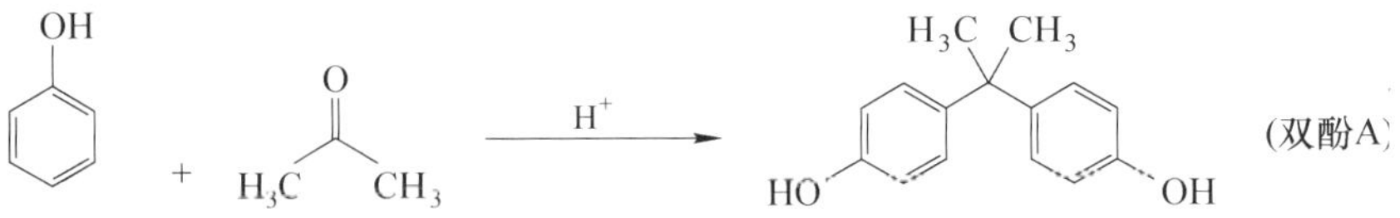

9.10.3 与三氯化铁的反应

酚因羟基与芳环直接相连，可以认为分子中具有烯醇式（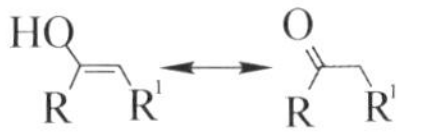），因此与其他具有烯醇式结构的化合物如乙酰乙酸乙酯一样，能与三氯化铁溶液发生显色反应。

$$6ArOH + FeCl_3 \longrightarrow [Fe(OAr)_6]^{3-} + 6H^+ + 3Cl^-$$

有色络离子

不同的酚与三氯化铁溶液作用显示不同的颜色。例如苯酚显紫色；对甲苯酚显蓝色；邻苯二酚显深绿色。由于一般醇没有该显色反应，因此，可以利用这种特殊的颜色反应，用三氯化铁来检验酚的存在。

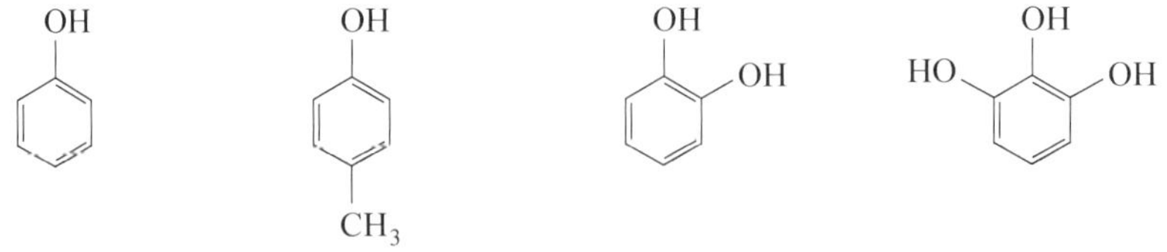

呈紫色　　呈蓝色　　呈深绿色　　呈淡棕红色

9.11 重要的酚

9.11.1 苯酚

苯酚俗名石炭酸，是具有特殊气味的无色针状晶体，有毒；暴露在空气中易被氧化变成粉红色。苯酚熔点 43 ℃，沸点 181.8 ℃，相对密度（20 ℃）为 1.058。常温下微溶于水，易溶于有机溶剂；当温度高于 65 ℃时，能跟水以任意比例互溶。苯酚用途广泛，是重要的有机化工原料，大量用于制造酚醛树脂、环氧树脂。在医药上，3%～5%的苯酚溶液用于外科器械和房屋的消毒，5%的酚甘油用于中耳炎治疗药物。工业上，利用异丙苯法制备苯酚（见 9.8.2 节）。

9.11.2 对苯二酚

对苯二酚，又名氢醌或氢化苯醌，是苯的两个对位氢被羟基取代形成的有机化合物，化学式为 $C_6H_6O_2$，为白色结晶性粉末，熔点 170 ℃，沸点 286 ℃。容易被氧化成对苯二醌，主要用于制取黑白显影剂、蒽醌染料、偶氮染料、橡胶防老剂、稳定剂和抗氧剂。

9.11.3 萘酚

萘酚中有两种不同的氢，能产生两种同分异构体，即 1-萘酚（α-萘酚）和 2-萘酚

(β-萘酚), 少量存在于煤焦油中。萘酚的化学性质与苯酚相似, 呈弱酸性, 可溶于碱, 与 $FeCl_3$ 发生颜色反应, 易发生硝化、磺化、Friedel-Crafts 反应。萘酚的羟基比苯酚的羟基活泼些, 容易生成醚和酯。

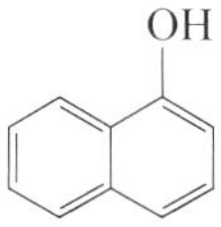

α-萘酚

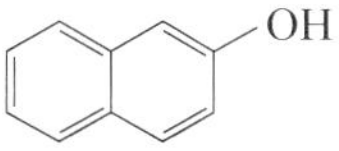

β-萘酚

1-萘酚为无色或黄色菱形结晶或粉末, 熔点 96 ℃, 有难闻的苯酚气味, 在光照下变成深棕色。溶于乙醇、乙醚、苯、氯仿及碱溶液, 微溶于水。

2-萘酚为白色或浅黄色结晶性粉末或薄碎片, 微有苯酚气味, 熔点 121~123 ℃; 久贮或遇光颜色渐变深, 加热升华, 能随醇或水蒸气挥发。微溶于水, 溶于乙醇、乙醚、氯仿、甘油。

9.12 醚的分类和命名

醚在结构上可看作是醇(酚)的羟基氢被烃基所取代的产物。通式为 R—O—R′, 官能团为醚键 "—O—"。

9.12.1 醚的分类

按照醚键所连烃基的结构和方式不同, 可分为: 单醚、混合醚以及环醚。

(1) 单醚: 醚键中连接氧原子的两个烃基结构相同, 如 $CH_3CH_2OCH_2CH_3$。

(2) 混合醚: 醚键中连接氧原子的两个烃基结构不同, 如 $CH_3OCH_2CH_3$。

(3) 环醚: 醚键中连接氧原子的两个烃基连接成环, 如四氢呋喃、环氧乙烷。

9.12.2 醚的命名

9.12.2.1 习惯命名法

对于简单醚, 即在醚字前冠以两个烃基的名称。

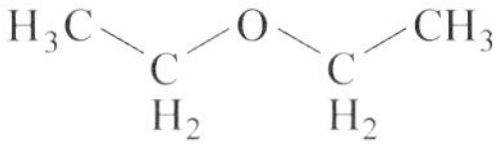

二乙醚

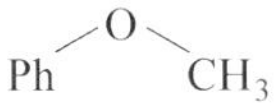

苯甲醚

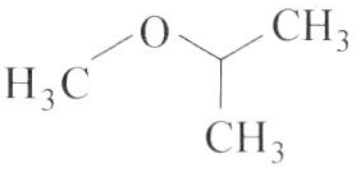

甲基异丙基醚

注意: 混合醚时, 小基团放前面, 大基团放后面, 如甲基异丙基醚; 芳醚命名时, 将芳基放前面, 如苯甲醚。

9.12.2.2 系统命名法

对于结构比较复杂的醚, 采用系统命名法。把其中比较小的烷氧基(RO—)作取代基, 取碳链最长的烃基为母体, 芳醚可用芳烃作为母体。环状醚一般叫环氧某烃, 或按杂环命名。例如:

$CH_3OCH_2CH_2CH_3$

甲氧基丙烷

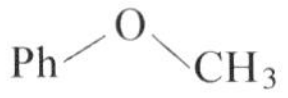

甲氧基苯

$CH_3CH_2OCH_2CH_3$

乙氧基乙烷

环氧乙烷

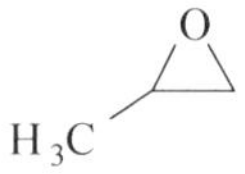

环氧丙烷

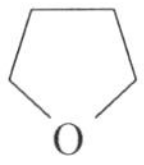

四氢呋喃

脂肪醚与含相同碳原子数的醇互为异构体，这种现象为官能团异构。例如：

CH_3OCH_3 与 C_2H_5OH $C_2H_5OC_2H_5$ 与 C_4H_9OH

9.13 醚的制备方法

9.13.1 由醇脱水

醇分子间脱水可形成醚，该反应属于亲核取代反应。

$$R—OH + HO—R^1 \xrightarrow[\triangle]{\text{浓硫酸}} R—O—R^1$$

9.13.2 由卤代烃和醇金属作用（威廉姆森合成法）

醇钠与卤代烃发生 S_N2 反应也可以制备醚，这是制备混醚常用的方法，一般选用伯卤代烃为原料，因为在碱性条件下，仲卤代烷和叔卤代烷容易得到消除反应的产物——烯烃（按 E2 反应历程）。

$$R—ONa + X—R^1 \longrightarrow R—O—R^1$$

因此，在合成混醚时，必须选择适当的原料，尽量减少副反应的发生。由于醇钠具有强碱性，因此要与卤代烃的脱卤化氢成烯反应区别开来。

$$CH_3—CH_2Br \xrightarrow{^tBuONa} CH_2=CH_2$$

9.14 醚的物理性质

除甲醚和甲乙醚为气体外，一般醚在常温下为无色液体，有特殊气味。低级醚的沸点比相对分子质量相近的醇低得多，例如乙醚的沸点 34.6 ℃，而丁醇的沸点 117.3 ℃。主要是由于醚分子间不能形成分子间氢键。多数醚难溶于水，由于醚中含有氧原子，因此可以部分溶于水。但四氢呋喃能与水互溶，四氢呋喃是一种环醚，分子量与乙醚相近，因四氢呋喃的氧和碳架形成环，氧原子突出在外，容易与水分子形成氢键，而乙醚中的氧原子被包围在分子内，难与水形成氢键，所以乙醚在水中的溶解度较低。常见醚的命名与物理性质见表 9-3。

表 9-3 常见醚的命名与物理性质

化合物	习惯命名法	系统命名法	熔点/℃	沸点/℃	相对密度
$CH_3—O—CH_3$	甲醚	甲氧基甲烷	-140	-24.9	0.661
$C_2H_5—O—C_2H_5$	乙醚	乙氧基乙烷	-116	34.6	0.741
$(CH_3CH_2CH_2)_2O$	丙醚	丙氧基丙烷	-122	90.5	0.736
$CH_3CH_2OCH=CH_2$	乙基乙烯基醚	乙氧基乙烯	—	36	0.763
$CH_3O(CH_2)_2OCH_3$	乙二醇二甲醚	1,2-二甲氧基乙烷	—	83	0.863
	氧化乙烯	环氧乙烷	-111.3	10.7	0.8969
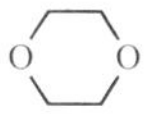	1,4-二氧六环	1,4-二氧杂环己烷	11	101	1.036
$Ph—O—CH_3$	苯甲醚	甲氧基苯	-37	154	0.994
Ph—O—Ph	二苯醚	苯氧基苯	27	258	1.0728

9.15 醚的化学性质

醚键（C—O—C）是非常稳定的，因为醚分子中，氧原子与两个烃基相连，分子极性小，是一类比较稳定的化合物，在常见的氧化剂、还原剂以及碱中均比较稳定。但是稳定性是相对的，在一些特殊条件下，醚也可发生一些特有的反应。

9.15.1 鉡盐的形成

由于醚分子中存在氧原子，氧原子上含孤对电子，能与强无机酸的质子结合，以配位键的形式形成鉡盐。所形成的鉡盐不稳定，遇水分解成原来的醚，可用于分离烃类与醚类化合物。

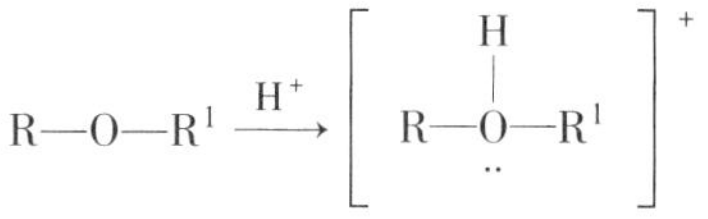

醚还可以将氧原子上的未共用电子对与缺电子试剂如三氟化硼、三氯化铝、Grignard 试剂等生成络合物。

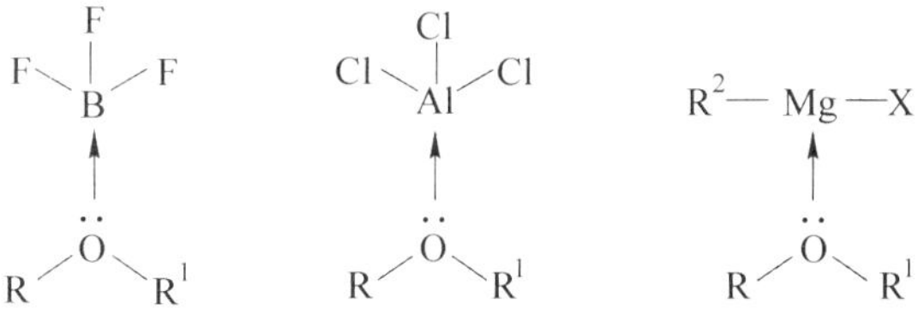

9.15.2 醚键的断裂

鉡盐的形成使醚键变弱，在合适条件下（如酸性）可以发生醚键的断裂。使醚键断裂的最有效试剂是浓氢卤酸（一般为 HI 或 HBr）。浓氢碘酸的作用最强，在常温下就可以使醚键断裂，生成醇和卤代烷，而且是从较小基团的烃基先断裂，以 S_N2 反应历程为主，例如：

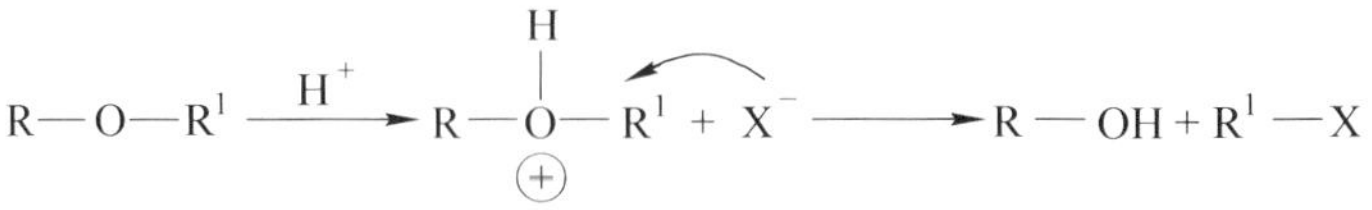

9.15.3 过氧化物的生成

一般条件下，醚比较稳定，但长期暴露在空气中时，容易转化成过氧化物。可能是经历 α 位 C—H 键的氧化形成过氧化物。

$$CH_3CH_2OCH_2CH_3 + O_2 \longrightarrow CH_3\underset{}{\overset{OOH}{\overset{|}{C}}}HOCH_2CH_3$$

过氧化物不稳定，受热时易发生爆炸，因此，在蒸馏之前，必须经过有无过氧化物存在检验，以防发生事故，如：(1) 加入硫酸亚铁和硫氰化钾，如有红色现象，说明有过氧化物存在；(2) 用碘化钾-淀粉试纸检验，有蓝色现象，说明含有过氧化物。去除过氧化物的方法有加入如亚硫酸钠或硫酸亚铁等还原剂。

9.16 重要的醚

9.16.1 乙醚

乙醚为无色液体，沸点 34.5 ℃，在常温下易挥发、易燃。乙醚极性小，性质稳定，可用于溶解许多有机物质，因此是一种良好的有机溶剂和萃取剂，在医药上可用作麻醉剂。在有机合成中需要无水乙醚时，可用无水氯化钙处理后，再用金属钠处理除去微量的水和醇。

9.16.2 环氧乙烷

环氧乙烷可通过乙烯空气氧化制备，环氧乙烷为无色，有毒气体，易燃，沸点 10.7 ℃，易液化，能与水无限混溶。

环氧乙烷由于环张力的存在，容易在碱性条件下接受亲核试剂的进攻发生氧环断裂，生成相应的产物；在酸性条件下，也可以与水发生开环反应，生成乙二醇。

环氧乙烷还可与金属试剂，如格氏试剂，发生开环反应得到增长两个碳原子的伯醇。

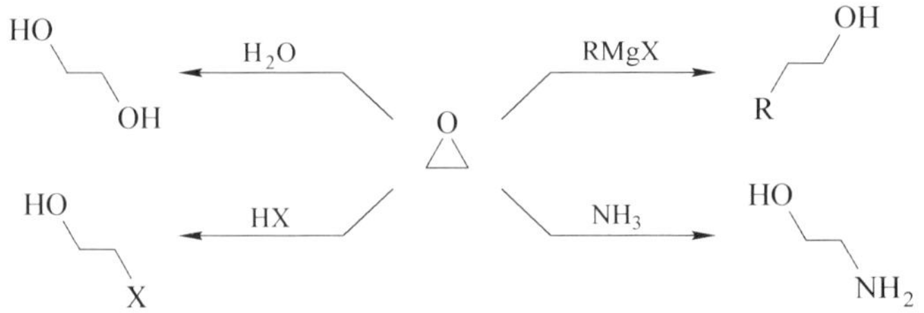

基于上述特点，环氧乙烷被广泛地应用于有机合成，是一种很重要的有机合成中间体。

9.16.3 冠醚

冠醚指的是一类分子中含有多个—氧—亚甲基—结构单元的大环多醚，其结构特征是由多个—OCH_2CH_2—结构单元重复组成，由于形似王冠，故称为冠醚。常见的冠醚有15-冠-5、18-冠-6。

冠醚有其独特的命名方式，这类化合物的习惯命名法是词头-冠-词尾，命名时把环上所含原子的总数标注在“冠”字之前，把其中所含氧原子数标注在名称之后，例如：15-冠-5、18-冠-6。

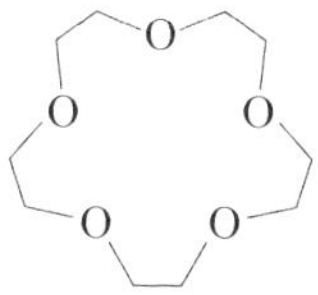

15-冠-5

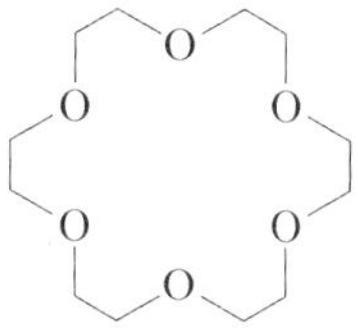

18-冠-6

由于冠醚是一种大分子环状化合物，其内部有很大的空间。因此，冠醚具有特殊的配位性能，能与正离子，尤其是与碱金属离子络合，并且随环的大小不同而与不同的金属离子络合。利用冠醚这一特性，可以分离不同大小的金属离子。

冠醚在有机反应中可作相转移催化剂，可以使仅溶于水相的无机物如$KMnO_4$、NaCl等（其中的金属离子）被冠醚配合而转入有机相，从而使有机物与无机物借助冠醚而共处于一相内，大大加大它们的反应速率。

由于冠醚毒性较大，合成困难，价格较高，因而限制了它在生产中的应用。

9.17 硫　　醚

硫醚分子可视为醚分子中的氧原子被硫原子替换之后的化合物。硫醚的官能团为—S—，通式为R—S—R。

9.17.1 硫醚的结构和命名

硫醚命名与醚命名类似，只需在“醚”字前加“硫”字。如：

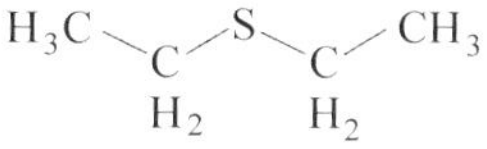

二乙硫醚

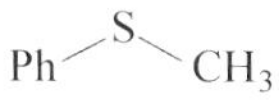

苯甲硫醚

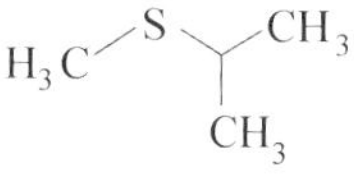

甲基异丙基硫醚

9.17.2 硫醚的制法

单硫醚制备：用亲核性的硫化钾与卤代烷发生取代反应得到。

$$2CH_3CH_2I + K_2S \longrightarrow CH_3CH_2SCH_2CH_3 + 2KI$$

混硫醚制备：采用类似威廉姆森合成法，用硫醇钠与卤代烷发生亲核取代反应得到。

$$CH_3CH_2X + CH_3CH_2CH_2SNa \longrightarrow CH_3CH_2CH_2SCH_2CH_3 + NaX$$

9.17.3 硫醚的性质

硫醚为无色，有臭味的液体，沸点比醚高，不溶于水。硫醚容易被氧化成亚砜或砜。其中，二甲基亚砜（DMSO）本身具备镇痛消炎作用，它也是一类具有较强穿透皮肤能力的液体，可携带药物活性成分进入到人体组织中。

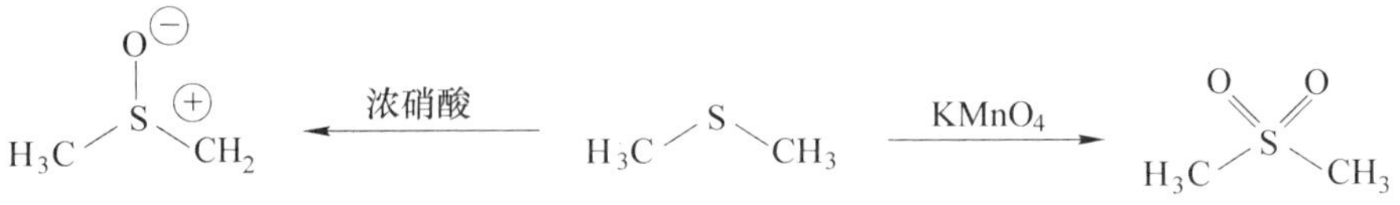

10 醛 和 酮

分子内含有羰基（$>$C═O）官能团的化合物是醛或酮，也称羰基化合物。醛是在羰基碳原子上结合着两个氢原子或一个氢原子和一个烃基的化合物，通式为 RCOH，其官能团常常称为醛基（—CHO）；酮是在羰基碳原子上结合着两个烃基的化合物，通式为 RCOR′。R、R′可以是各种饱和的或不饱和的、脂肪族的、脂环的、芳香族的或杂环的各种基团。本章主要讨论一元醛、一元酮。

10.1 醛、酮的分类、结构和命名

10.1.1 醛、酮的分类

碳原子与氧原子用双键相连的基团称为羰基（$>$C═O）。羰基碳与氢和烃基相连的化合物称为醛（RCHO），结构中的—CHO 称为醛基。羰基碳与两个烃基相连的化合物称为酮（R_2C═O），酮分子中的羰基也称为酮基。

根据与羰基碳相连的烃基是脂肪族的、芳香族的、饱和的和不饱和的，醛、酮分别称为脂肪族醛、酮，芳香族醛、酮，饱和醛、酮和不饱和醛、酮。根据分子中所含羰基的数目，醛、酮又可分为一元醛、酮，二元醛、酮等。羰基与两个相同的烃基相连，称为简单酮或对称酮，与两个不相同的烃基相连则称为混合酮或不对称酮。

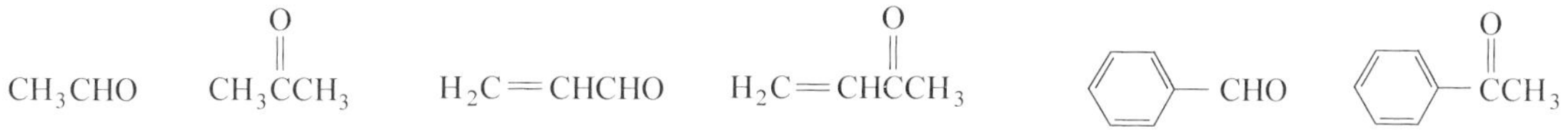

饱和醛、酮　脂肪族醛、酮　不饱和醛、酮　芳香醛、酮

10.1.2 醛、酮的结构

羰基中，碳原子和氧原子以双键相结合，成键的情形和乙烯有些相似，碳原子以三个 sp^2 杂化轨道形成三个 σ 键，其中一个是和氧形成一个 σ 键，这三个键在同一平面上，彼此间相距的角度为 120°，如图 10-1（a）和（b）所示，碳原子的一个 p 轨道和氧的一个 p 轨道彼此重叠起来形成一个 π 键，与这三个 σ 键所成的平面垂直，因此羰基的碳氧双键是由一个 σ 键和一个 π 键形成的，如图 10-1（c）所示。

但是由于氧的电负性比碳大，所以羰基是一个极性基团，具有偶极矩，负极在氧的一边，正极在碳的一边，电子云分布的示意图如图 10-1（d）所示。

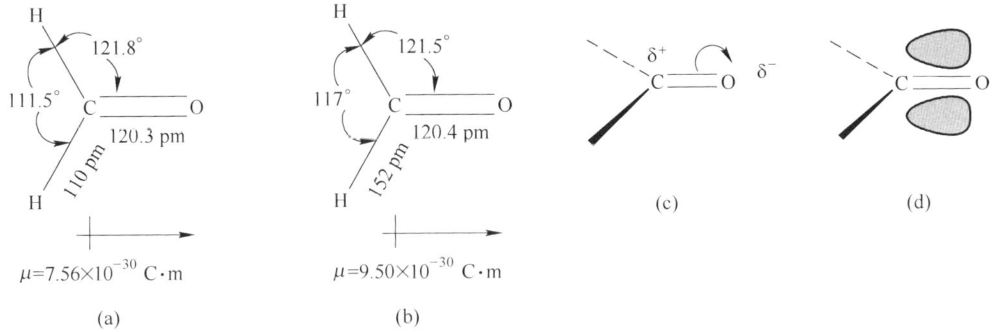

图 10-1　羰基的结构及其电子云分布图

(a) 甲醛；(b) 丙酮；(c)(d) 羰基的结构

10.1.3　醛、酮的命名

醛的普通命名法是按氧化后所生成的羧酸的普通名称来命名，将相应的“酸”改成“醛”字，碳链可以从醛基相邻碳原子开始，用 α，β，γ，…编号。酮的普通命名法按羰基所连接的两个烃基的名称来命名，按顺序规则，简单的在前，复杂的在后，然后加“甲酮”，下面括号中的“基”字或“甲”字可以省去，但对于比较复杂基团的“基”字，则不能省去。酮的羰基与苯环连接时，则称为酰基苯。

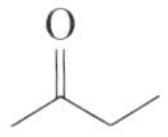

甲(基)乙(基)(甲)酮

丙烯酮

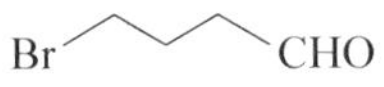

γ-溴丁醛

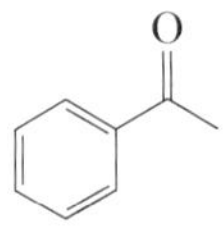

苯乙酮

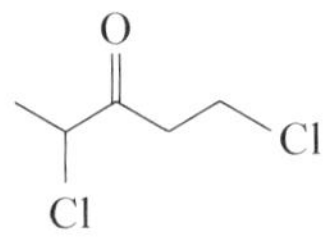

α-氯乙基-β-氯乙基酮

醛酮的命名主要采用系统命名法。

(1) 选含有羰基的最长碳链为主链。

(2) 从醛基一端，或从靠近羰基一端给主链编号。醛基团处在链端，编号总是为 1，可以省略。而酮羰基的位次必须标出（个别除外）。例如：

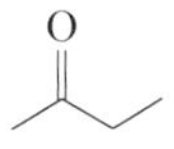

甲基乙基酮

丙烯酮

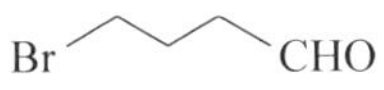

γ-溴丁醛

(3) 不饱和醛、酮的命名是从靠近羰基一端给主链编号，要注意名称的正确写法。

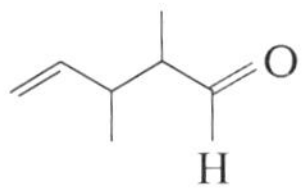

2,3-二甲基戊-4-烯醛

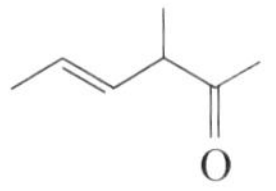

3-甲基己-4-烯-2-酮

羰基在环内的脂环酮，称为环某酮；如羰基在环外，则将环作为取代基。例如：

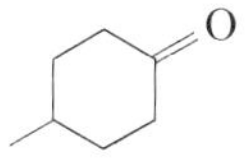

4-甲基环戊酮

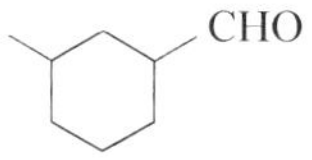

3-甲基环己基甲醛

命名含有芳基的醛、酮，总是把芳基看作取代基。例如：

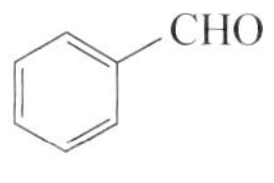

苯甲醛

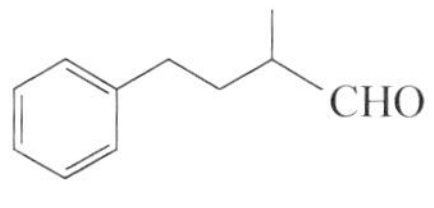

2-甲基-4-苯基丁醛

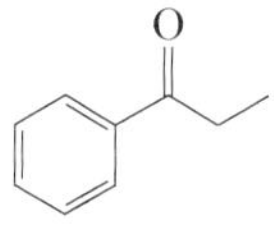

1-苯基-1-丙酮

10.2 醛、酮的制法

10.2.1 由醇制备

烯烃直接或间接加水得到醇，醇再氧化可制备醛或酮。一级醇及二级醇分子中与醇羟基相连的碳原子上有氢，可以被氧化成醛、酮或酸；三级醇分子中与醇羟基相连的碳原子上没有氢，不易被氧化，如在酸性条件下，易脱水成烯，然后碳碳双键氧化断裂，形成小分子化合物。

10.2.1.1 用高锰酸钾或二氧化锰氧化

醇不为冷、稀、中性的高锰酸钾的水溶液所氧化，一级醇、二级醇在比较强烈的条件下（如加热）可被氧化。一级醇生成羧酸钾盐，溶于水，并有二氧化锰沉淀析出，中和后可得羧酸：

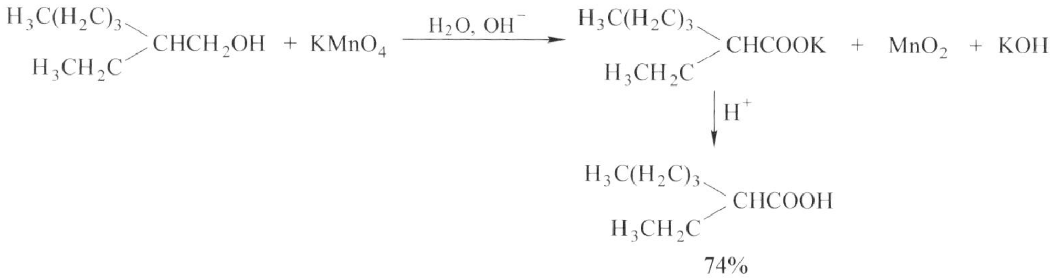

二级醇可氧化为酮：

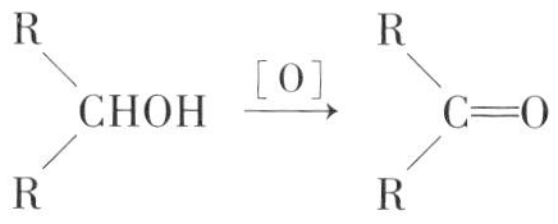

10.2.1.2 用铬酸氧化

铬酸可作为氧化剂的形式有：$Na_2Cr_2O_7$与 40%～50%硫酸混合液、CrO_3 的冰醋酸溶液、CrO_3 与吡啶的络合物等。

一级醇常用 $Na_2Cr_2O_7$与 40%～50%硫酸混合液氧化，先得醛，醛进一步氧化为酸，如：

$$CH_3CH_2CH_2OH \xrightarrow[H_2SO_4]{Na_2Cr_2O_7} \underset{65\%}{CH_3CH_2COOH}$$

如控制合适的氧化条件，在氧化成醛后立即将其从反应体系中蒸出，可避免醛进一步被氧化为酸，反应须在低于醇的沸点高于醛的沸点温度下进行，如：

$$\underset{BP\ 97\ ℃}{CH_3CH_2CH_2OH} \xrightarrow[75\ ℃]{Na_2Cr_2O_7,\ H_2SO_4,\ H_2O} \underset{BP\ 49\ ℃,\ 50\%}{CH_3CH_2CHO}$$

将丙醇滴加到温度约为 75 ℃的 $Na_2Cr_2O_7$，H_2SO_4，H_2O 的溶液中，一旦生成丙醛，就被蒸馏出来。这种反应产率不高，因为总有一部分醛氧化为酸。醛的沸点低于 100 ℃才能用此法，因此它的用途是非常有限的。

二级醇常用上述几种铬酸氧化剂氧化，酮在此条件下比较稳定，因此是比较有用的方法。

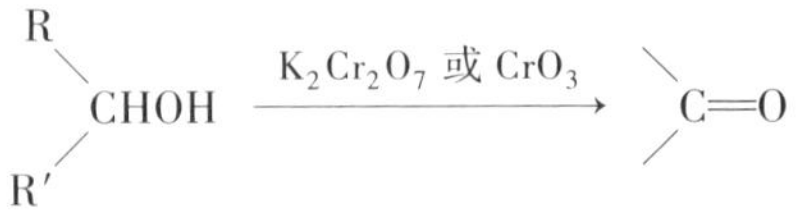

10.2.1.3 Oppenauer 氧化法

在碱如三级丁醇铝或异丙醇铝的存在下，二级醇和丙酮（或甲乙酮、环己酮）一起反应（有时需加入苯或甲苯做溶剂），醇把两个氢原子转移给丙酮，醇变成酮，丙酮被还原成异丙醇。该反应的特点是，只在醇和酮之间发生氢原子的转移，而不涉及分子的其他部分。所以在分子中含有碳碳双键或其他对酸不稳定的基团时，利用此法较为适宜。因此，该法也是由一个不饱和二级醇制备不饱和酮的有效方法。反应举例如下：

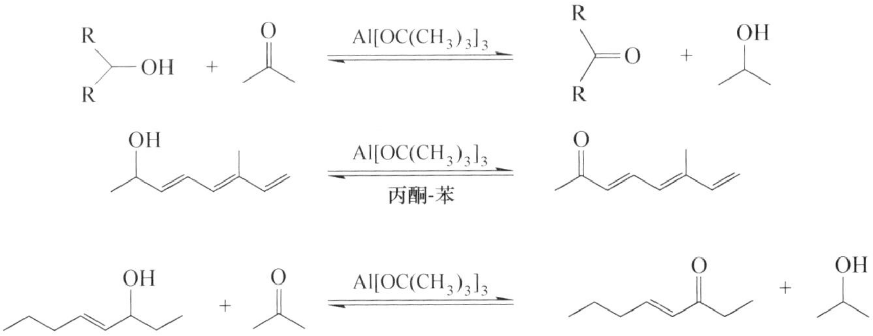

使用上述氧化法，一级醇虽也可氧化成相应的醛，但效果并不太好，因在碱存在下，生成的醛常易进行羟醛缩合反应。

在进行氧化反应时必须注意：许多有机物与强氧化剂接触会发生强烈的爆炸，因此在使用高锰酸钾、高氯酸以及类似氧化剂时，一定要在溶剂中进行反应，因为溶剂可使放出的大量热消散，减缓反应速率。

10.2.2 由乙炔制备

炔烃直接或间接加水得到烯醇，烯醇异构化即得到醛或酮。例如：

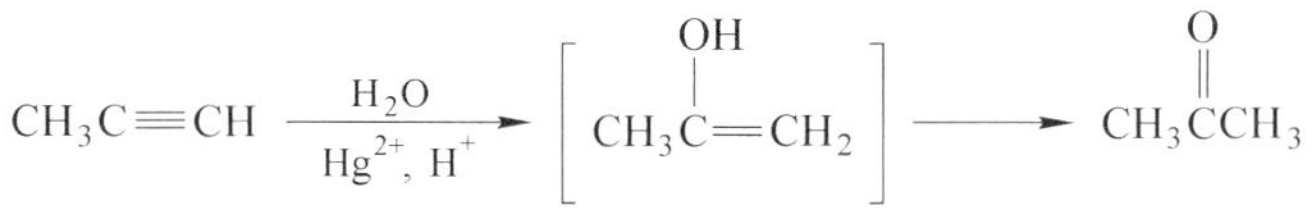

10.2.3　还原法合成醛、酮

10.2.3.1　Rosenmund 还原法

此还原法是用部分失活的钯催化剂使酰氯进行催化还原。钯催化剂中加入少量的硫，喹啉(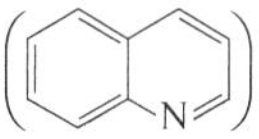)以减低它的活力，使产物醛不致再进一步还原成醇。

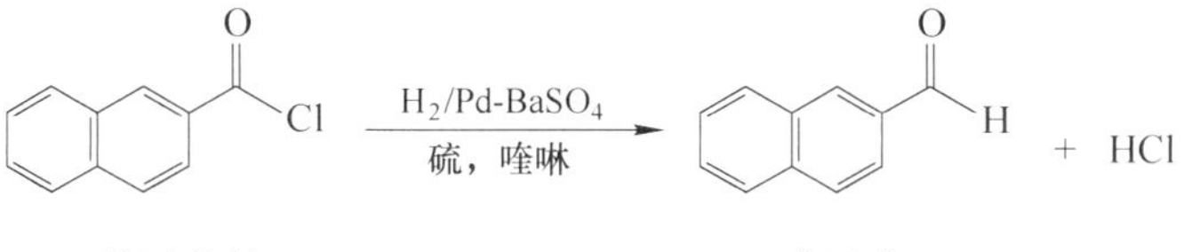

β-萘甲酰氯　　　　β-萘甲醛 74%～81%

如反应物上有硝基、卤素、酯基等基团，均可保留，不被还原。

10.2.3.2　用 $LiAlH_4$ 还原

用 $LiAlH_4$ 可以把酰氯、酯还原为醛，它与醛、酮反应很慢而与氰基、硝基不反应。$LiAlH_4$ 与酰氯反应，能得到产率很高的醛，是由间位或对位取代芳香酰氯制备相应芳香醛的一个很好方法：

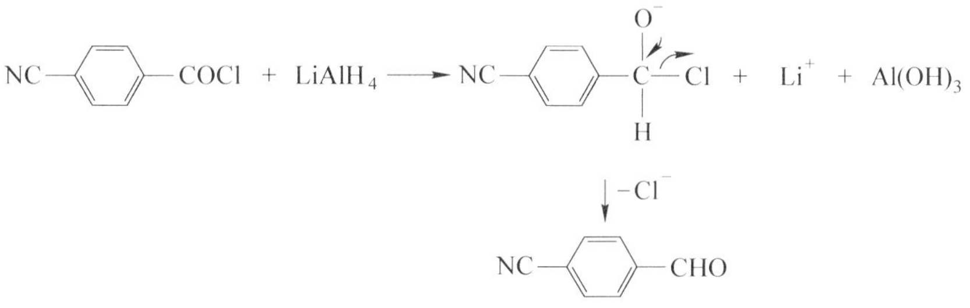

80%

10.3　醛、酮的物理性质

由于羰基的偶极矩增加了分子间的吸引力，因此醛、酮的沸点比相应相对分子质量的烷烃高，但比醇低。醛、酮的氧原子可以与水形成氢键，因此低级醛、酮可以与水混溶，随着相对分子质量的增加，在水中溶解度或微溶或不溶。脂肪族醛、酮相对密度小于 1，芳香族醛、酮大于 1，见表 10-1。

表 10-1　一些常见醛、酮的名称及物理性质

化合物	熔点/℃	沸点/℃	100 g 水中溶解度/g
甲醛 HCHO	−92	−21	易溶

续表 10-1

化合物	熔点/℃	沸点/℃	100 g 水中溶解度/g
乙醛 CH_3CHO	-121	21	16
内醛 CH_3CH_2CHO	-81	49	7
丁醛 $CH_3(CH_2)_2CHO$	-99	76	微溶
戊醛 $CH_3(CH_2)_3CHO$	-92	103	微溶
苯甲醛 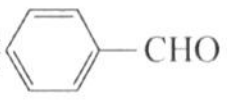	-26	178	0.3
丙酮 $CH_3\overset{O}{\overset{\|}{C}}CH_3$	-95	56	∞
丁酮 $CH_3\overset{O}{\overset{\|}{C}}CH_2CH_3$	-86	80	26
2-戊酮 $CH_3\overset{O}{\overset{\|}{C}}(CH_2)_2CH_3$	-78	102	6.3
3-戊酮 $CH_3CH_2\overset{O}{\overset{\|}{C}}CH_2CH_3$	-40	102	5
环已酮 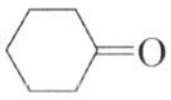	-45	155	2.4
苯乙酮(乙酰苯) 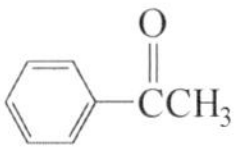	21	202	不溶
苯丙酮 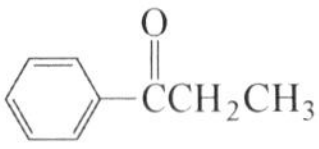	21	218	不溶
二苯酮 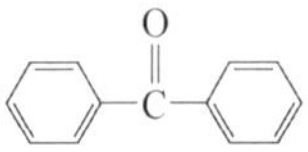	48	306	不溶

10.4 醛、酮的化学性质

羰基是醛、酮的官能团，也是醛酮类化合物的反应中心。

10.4.1 羰基上的亲核加成反应

10.4.1.1 和 Grignard 试剂加成

Grignard 试剂和羰基的加成，是制备醇的一个重要手段。除甲醛产生一级醇外，其他的醛都产生二级醇；酮产生三级醇。这里要进一步讲清楚的是只要羰基两旁的两个基团不太大，空间位阻不很突出时，一般都可发生正常的亲核加成反应，但当羰基两旁的基团太大时，这类酮就不能正常的反应，例如当 R 为—C_2H_5 时是正常的加成，产率为 80%：

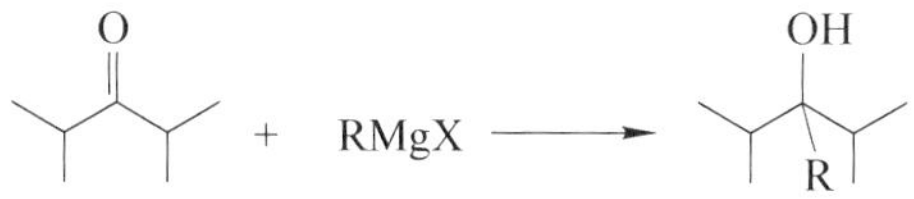

10.4.1.2　和氢氰酸的加成

氰基负离子的碳也可以和醛及多种活泼的酮发生亲核加成，产生 α-羟基腈，它是制备 α-羟基酸的原料。

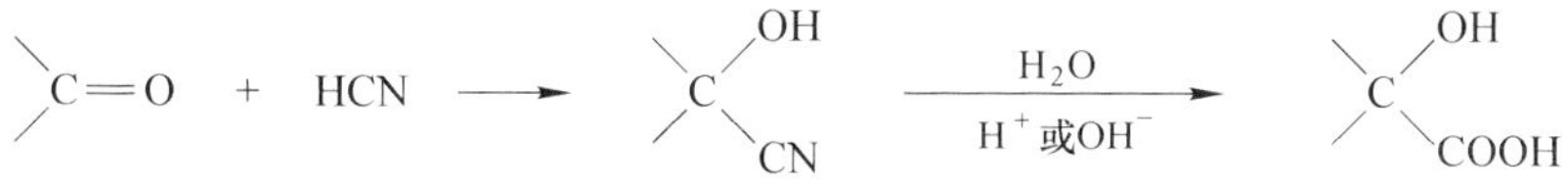

α-羟基腈　　　　α-羟基酸

羟基酸还可进一步失水。变为 α,β-不饱和酸。例如有机玻璃，是聚甲基丙烯酸甲酯，工业上就是利用这个反应步骤合成的。用丙酮和氢氰酸在氢氧化钠的水溶液中反应，首先得到丙酮的羟腈，然后和甲醇在硫酸的作用下，即发生失水及腈的醇解作用，氰基即变为甲氧羰基（$—COOCH_3$），其反应可用下式表示：

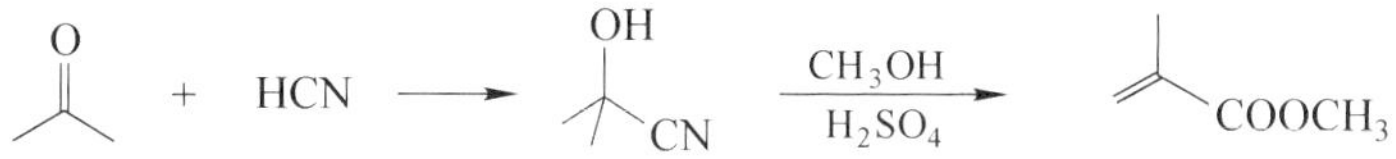

丙酮羟腈78%　　　　甲基丙烯酸甲酯90%

这一反应具有普遍应用价值，但是当酮的两个基团太大时，由于空间位阻的关系，产率大大地下降。

10.4.1.3　和炔化物的加成

炔化物也是一个很强的亲核试剂，能和羰基发生加成作用。炔化锂和炔化钠是比较常用的，例如下列反应，就在羰基的碳原子上引入一个 —C≡CH 基团，在工业上具有很大的意义。

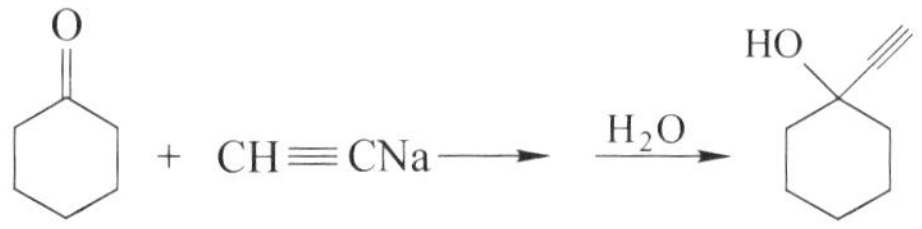

10.4.1.4　与水的加成

水是亲核试剂，在酸性条件下，可以和醛或酮发生亲核加成反应，形成的加成产物称为醛或酮的水化合物。

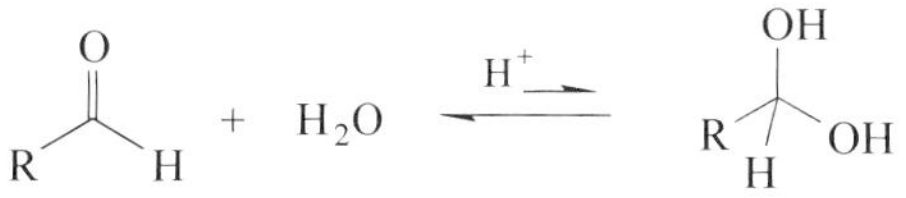

醛水化合物

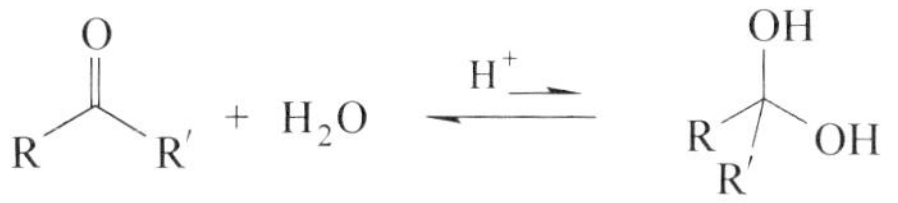

酮水化合物

由于水合物中两个羟基连在同一个碳上，这样的化合物在热力学上是很不稳定的，很容易失水重新转变为醛或酮。也即水和醛、酮的加成是一可逆反应，平衡大大偏向于反应物方面。

10.4.1.5 与醇加成

醇也具有亲核性，在酸性催化剂如对甲苯磺酸、氯化氢的作用下，很容易和醛、酮发生亲核加成，先生成半缩醛或半缩酮，进一步反应生成缩醛和缩酮，该反应都是可逆反应。总的情况是一分子醛或酮和两分子醇反应，失去一分子水后生成缩醛或缩酮。例如：

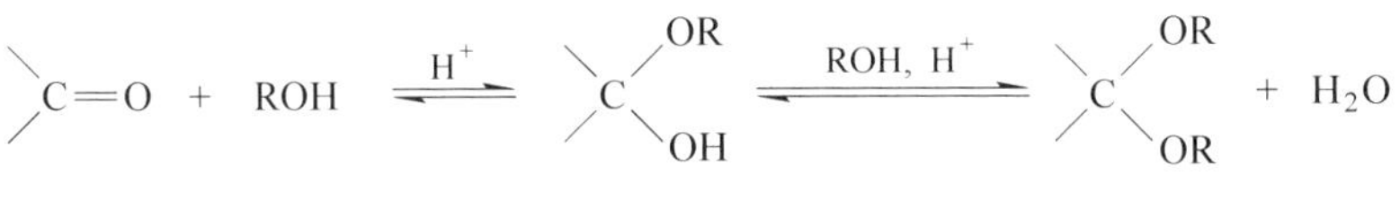

醛或酮　　半缩醛(酮)　某醛(酮)缩-某醇　　缩醛(酮)　某醛(酮)缩-二某醇

半缩醛（酮）在酸性或碱性溶液中都是不稳定的，而缩醛（酮）在酸性水溶液中是不稳定的，但对碱及氧化剂是稳定的。所以缩醛（酮）须在无水的酸性条件下形成，但能被稀酸分解成原来的醛（酮）和醇（即逆向反应）。

醛和醇的反应正向平衡常数较大。酮在上述条件下，平衡反应偏向于反应物方面，不断把反应产生的水除去，使平衡移向右方，也可以制备缩酮。例如：该反应的另一个重要用途是常常在有机合成中用来保护活泼的羰基。

例如：由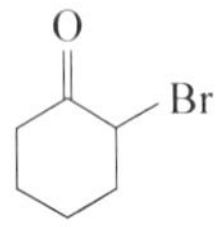合成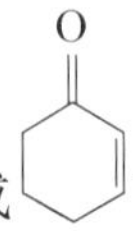可采用消除 HBr 的方法。但 α-卤代酮在碱性条件下会发生重排反应，所以消除前须先将羰基保护起来。反应过程如下所示：

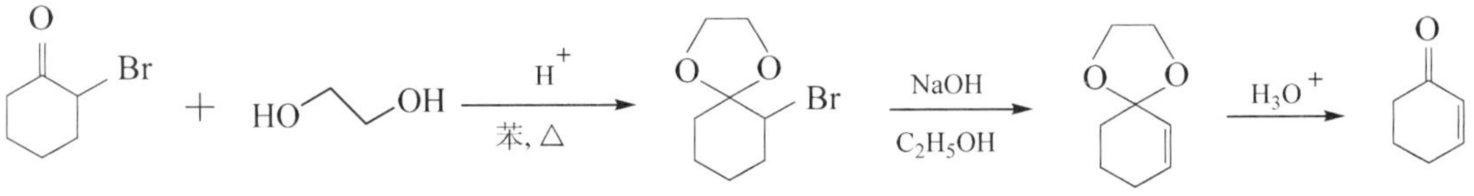

10.4.1.6 与亚硫酸氢钠的加成

亚硫酸氢钠可以和醛、某些活泼的酮发生羰基的加成作用，生成稳定的亚硫酸氢钠加成物，这可能是由于硫的亲核性更强的缘故。而且不需要催化剂就可以发生反应，反应时用过量的饱和亚硫酸氢钠溶液和醛一同振荡，使平衡尽量地向右移动，把全部的醛变为加成物：

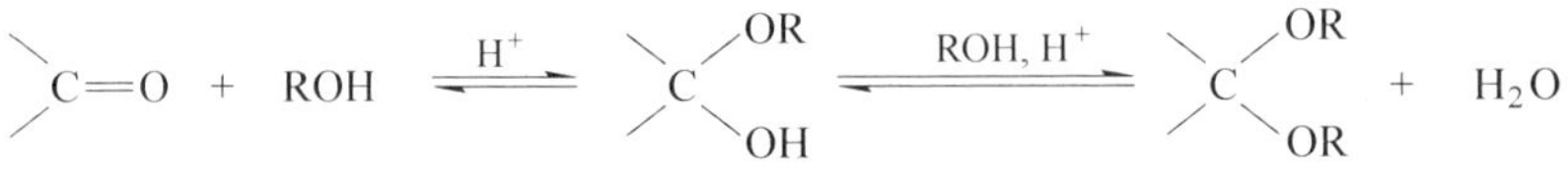

醛或酮　　半缩醛（酮）　某醛（酮）缩-某醇　　缩醛（酮）　某醛（酮）缩-二某醇

产物是盐，不溶于乙醚，但溶于水中，形成晶体，因此，可利用这个反应把醛从其他不溶于水的有机化合物中分离出来。由于这个反应形成一个可逆的体系，把存在于体系中微量的亚硫酸氢钠用酸或碱不断地除去，其结果是加成物又分解成为原来的醛：

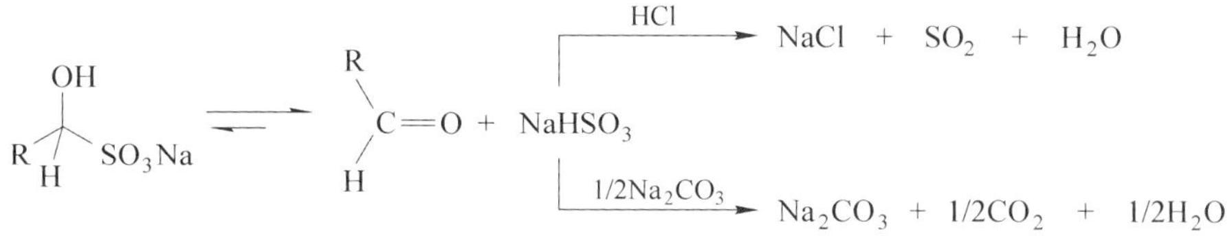

醛能顺利进行上述反应，酮能否进行此反应取决于它的结构，一般来说，甲基酮能发生此加成反应。但只要把甲基换成乙基后，就不能发生反应或反应很少；例如酮与亚硫酸氢钠的反应，在 1 h 内，丙酮产率是 56.2%，丁酮 36.4%，而 3-戊酮就只有 2%。苯基对这个反应的空间位阻作用很大，如苯乙酮，虽有一个小的 CH_3 基团，但产率也只有 1%。

这个反应对芳香族的酮没有什么用途，但可以用来区别醛、脂肪族甲基酮；也可以分离提纯醛和脂肪族甲基酮。

10.4.2 亲核加成反应机理

羰基是一个具有极性的官能团，由于氧原子的电负性比碳原子的大，因此氧带有负电性，碳带有正电性，亲核试剂容易向带正电性的碳进攻，导致 π 键断裂，两个 σ 键形成。这就是羰基的亲核加成。

亲核加成反应可以在碱性条件下进行，反应机理如下：

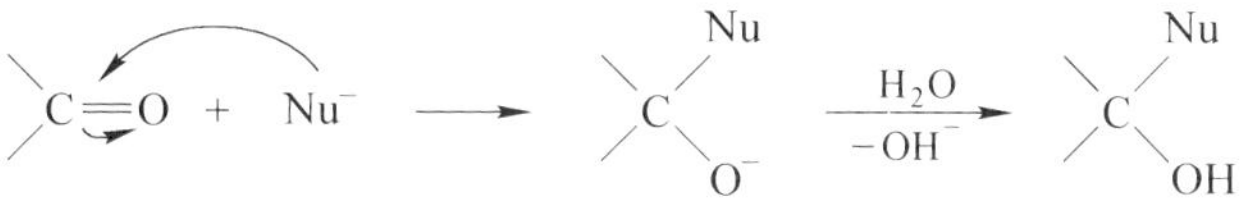

也可以在酸性条件下进行，反应机理如下：

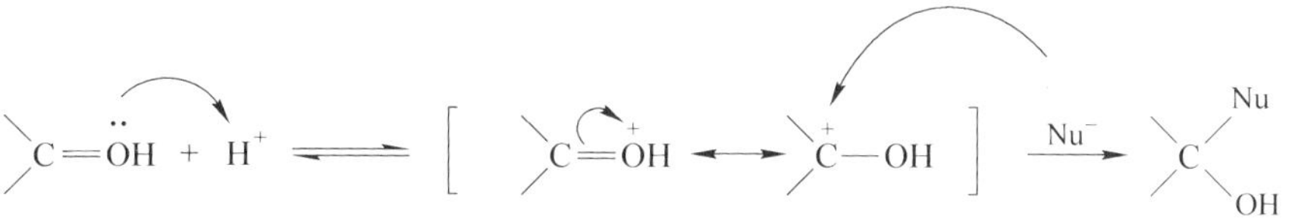

在亲核加成反应中，由于电子效应和空间位阻的原因，醛比酮表现得更加活泼。反应可选用的亲核试剂是多种多样的，可以是极性很强的带负电性的碳原子、氮原子和氧原子等。下面将分别结合各种最具有代表性的亲核试剂来讨论羰基的亲核加成反应。

10.4.3 与氨及其衍生物的加成缩合

氨或胺均可与醛、酮的羰基发生亲核加成反应，但加成产物一般很不稳定，会马上进行下一步失水缩合反应，转变为亚胺。亚胺也不稳定，特别是脂肪族的亚胺，很容易分解。芳香族的亚胺比较稳定，可以分离出来。例如：

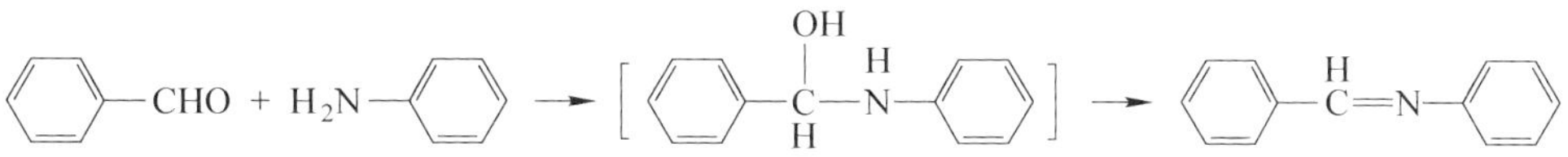

N-苯基苯甲亚胺

醛、酮和氨反应，很难得到稳定的产物。

氨的衍生物可用一般式 $H_2N—Y$ 表示。最常用的氨衍生物有下列几种：$H_2N—NH_2$（联氨或称肼）、$H_2N—OH$（羟胺）、$H_2N—NHC_6H_5$（苯肼）、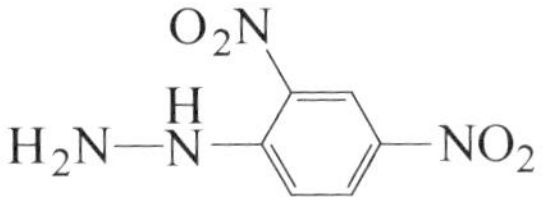（2,4-二硝基苯肼）、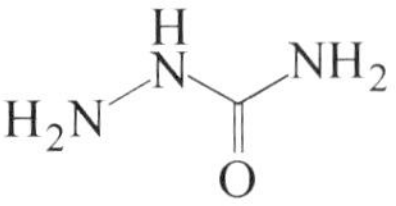（氨基脲，semicarbazide）、$H_2N—NHC(=O)CH_2\overset{+}{N}(CH_3)_3Cl^-$（吉拉德试剂，Girard reagend）等。

氨的衍生物都能和醛、酮发生亲核加成然后失水，形成含有碳氮双键（C ═N）的化合物。反应可以用下列通式表示：

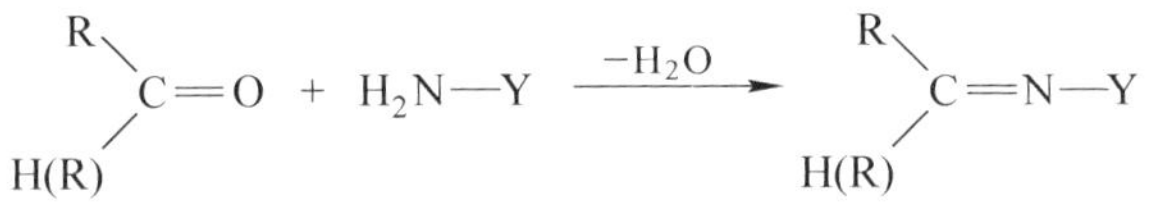

产物分别称为某醛或某酮的腙、肟、苯腙、2,4-二硝基苯腙、缩氨脲等，例如：

$CH_3CH═NNH_2$

乙醛腙

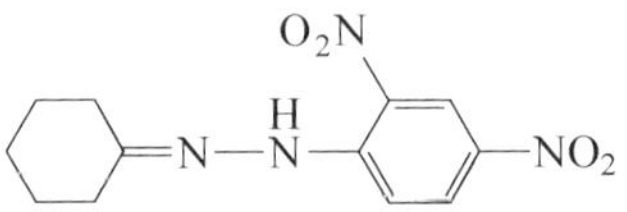

环己酮-2,4-二硝基苯腙

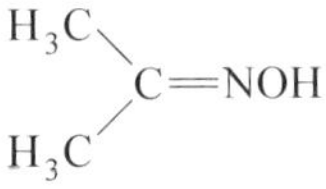

丙酮肟

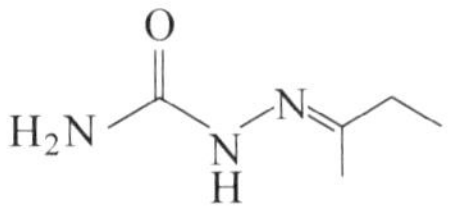

2-丁酮缩脲醛

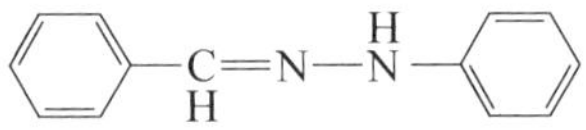

苯甲醛苯腙

所有的这些试剂都是碱性物质，一般都是把它们制成盐酸盐的形式保存。在反应时，用一个弱碱，如醋酸钠将盐分解，把碱游离出来，然后和醛、酮反应。很多这一类型的亲核加成，是一个酸性催化反应。但是不能用强酸，因为氢离子固然可以和羰基结合成鲜盐而增加羰基的亲电性能，但另一方面，氢离子和氨基结合，形成铵离子的衍生物，这样就丧失了胺的亲核能力。

$$H_2N—X + H^+ \rightleftharpoons H_3\overset{+}{N}—X$$

在这些催化反应中，并不仅是氢离子发生作用，因为反应在非水溶剂内进行时，氢离子的浓度很小，实际上，主要是整个弱酸分子在发生作用。经常使用的弱酸是乙酸。由于它的弱酸性，不能把所有亲核的氨基都变为不活泼的铵离子。反应可能是由于羰基先和整个酸分子以氢键的方式结合，从而增加了羰基的亲电性能，促进了它和游离的氨基衍生物进行亲核加成：

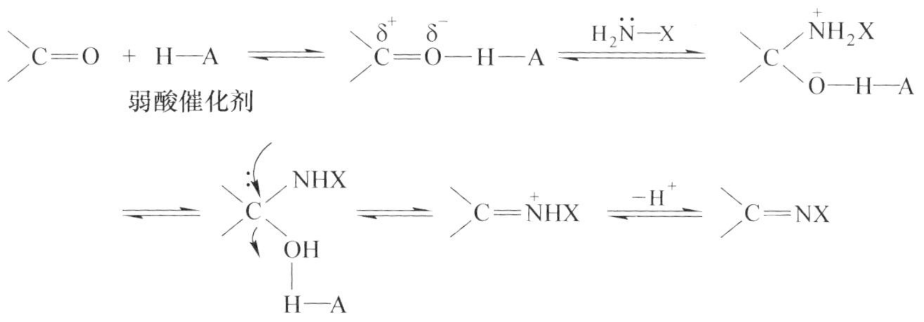

10.4.4 α-氢原子的反应

醛、酮分子中与羰基直接相连的 α-H 原子受羰基的影响，有较大的活泼性。

10.4.4.1 卤化反应

在酸或碱的催化作用下，醛、酮的 α-H 原子被卤素取代的反应称为醛、酮 α-H 的卤化反应。

酸催化卤化反应可以控制在一元、二元、三元等阶段，在合成反应中，大多希望控制在一元阶段。能控制的原因是一元卤化后，由于引入的卤原子的吸电子效应，使羰基氧上电子云密度降低，再质子化形成烯醇要比未卤代时困难一些，因此小控制卤素可以使反应停留在一元阶段。例如：

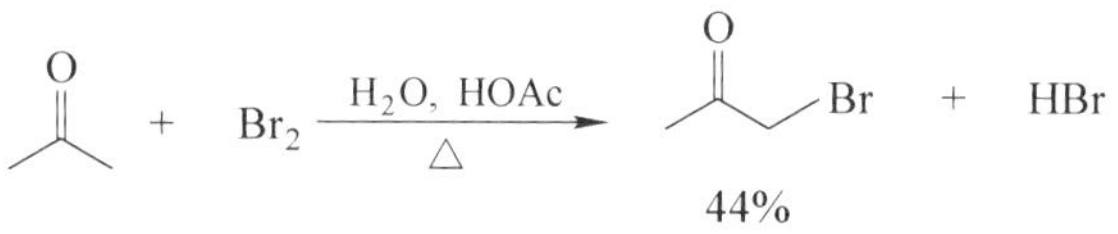

醛类直接卤化，常被氧化成酸，可以将醛形成缩醛后再卤化，然后水解缩醛，得 α-卤代醛，如：

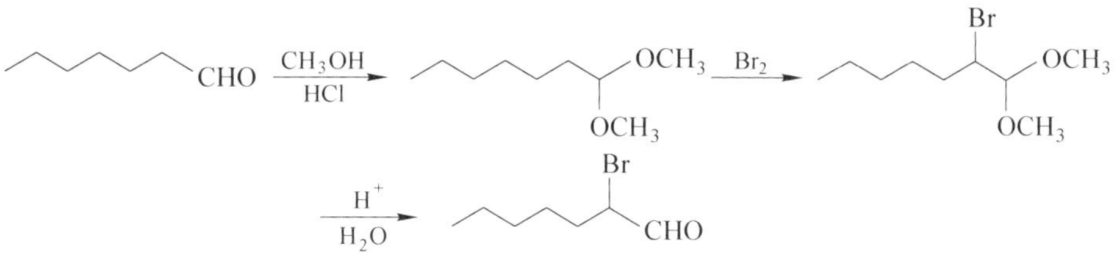

甲基酮类化合物或能被次卤酸钠氧化成甲基酮的化合物，在碱性条件下与氯、溴、碘作用分别生成氯仿、溴仿、碘仿（统称卤仿）的反应称为卤仿反应。

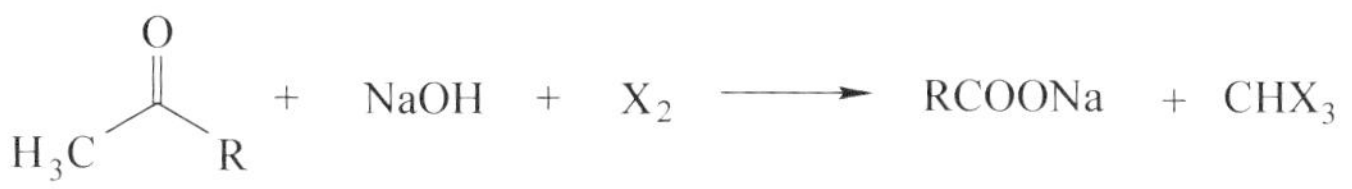

由于碘仿是一个不溶于 NaOH 溶液的黄色沉淀物，所以实验室中，常用碘仿反应来鉴别甲基酮类化合物或能在反应条件下氧化成甲基酮类的化合物。例如通过碘仿反应可以鉴

定乙醇。

$$CH_3CH_2OH + I_2 + KOH \longrightarrow CHI_3 + HCOOH + KI + H_2O$$

在该反应中，碘起两种作用，一是先使乙醇脱氢，形成乙醛；随后进行取代反应，使乙醛成为三碘乙醛，该化合物在氢氧化钾的作用下，生成碘仿和甲酸盐，甲酸盐与碘化氢反应转变为甲酸。

10.4.4.2 羟醛缩合反应

指含有活性α-氢原子的化合物如醛、酮等，在稀碱或稀酸的作用下，两分子的醛或酮可以互相作用，其中一个醛（或酮）分子中的α-氢加到另一个醛（或酮）分子的羰基氧原子上，其余部分加到羰基碳原子上，生成一分子β-羟基醛或一分子β-羟基酮。这个反应叫做羟醛缩合或醇醛缩合。例如：

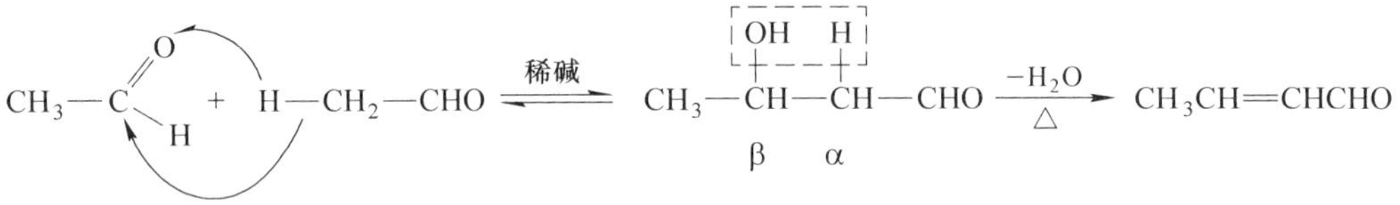

β-羟基醛

一些不带α-氢原子的醛、酮不发生羟醛缩合反应，可它们能够同带有α-氢原子的醛、酮发生交叉羟醛缩合，其中主要是苯甲醛和甲醛的反应。并且产物种类减少，但可以主要得到一种缩合产物，产率也较高。反应完成之后的产物中，必然是原来带有α-氢原子的醛基被保留。在反应时始终保持不含α-氢原子的甲醛过量，便能得单一产物。例如：

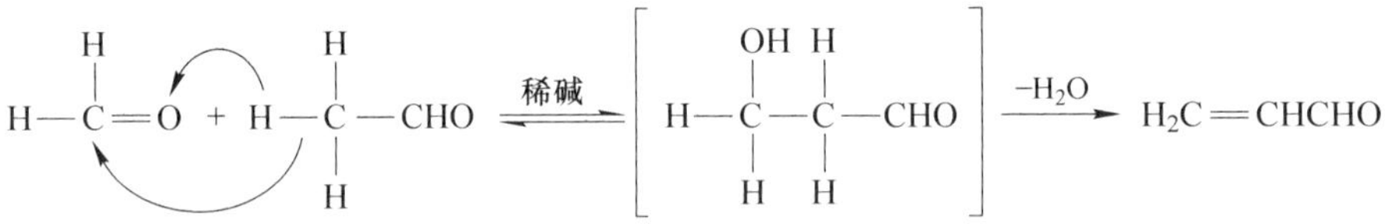

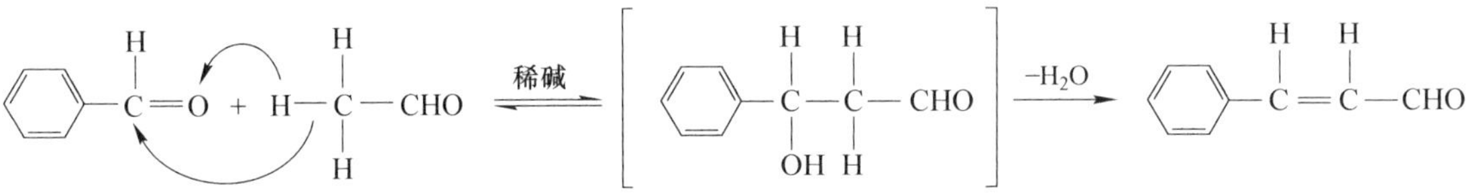

羟醛缩合反应是一个重要的有机化学反应，它在有机合成中有着广泛的应用。通过羟醛缩合反应可以在分子中形成新的碳碳键，并增长碳链。

10.4.5 醛、酮的氧化还原反应

10.4.5.1 氧化反应

A 醛的氧化

a 一般情况

醛极易被氧化。$KMnO_4$、$K_2Cr_2O_7$、H_2CrO_4、过氧酸、双氧水、氧化银和溴等许多氧化剂都能将醛氧化成酸。铬酸和高锰酸钾是最常用的氧化剂。例如：

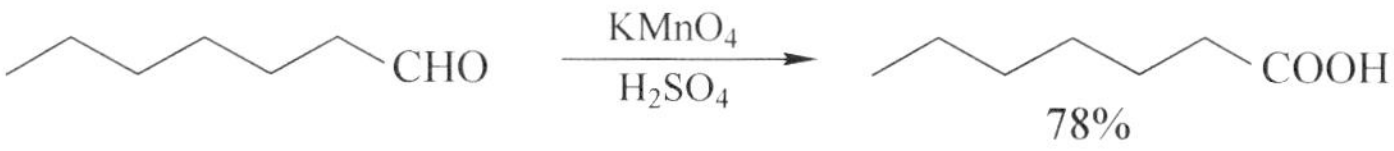

$$PhCH_2CHO \xrightarrow[\text{或冷的}KMnO_4\text{稀溶液}]{CrO_3,\ H^+} PhCH_2COOH$$

氧化芳香醛时，反应条件不能强烈，如反应条件强烈，芳环的侧链断裂，得到苯甲酸。

b 自氧化反应

许多醛如乙醛、苯甲醛等在空气中可被氧化，这叫做自氧化作用，如苯甲醛在瓶中保存很久，在瓶中或瓶口出现白色固体，就是已部分地被氧化成苯甲酸。醛被空气氧化，最初产物是过氧酸：

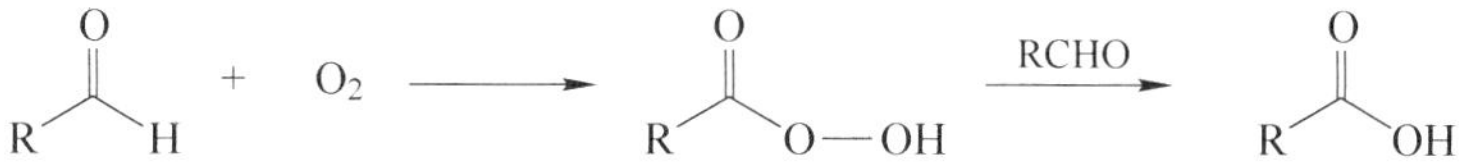

自氧化反应在实际生活中的例子很多，许多物质如高分子、油脂等在空气中均可和空气中的氧结合，从而改变物质的性能，因此要加入一些防止氧化的物质以防止物质的变性。

B 酮的氧化

酮一般不易被氧化，但遇强氧化剂，羰基与 α 碳之间的碳链断裂，形成酸。

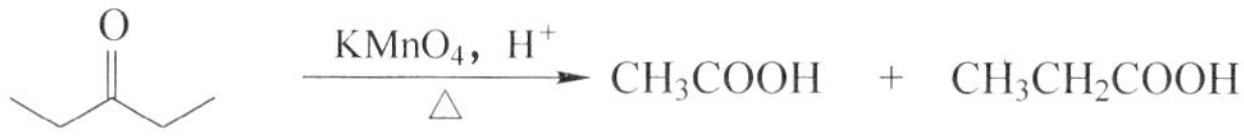

不对称的酮由于羰基两侧的碳链都有可能断裂，产物往往是多种酸的混合物。

酮的氧化在生产上占有很重要的位置。生产尼龙-66 所需要的己二酸可以用以下方法制备：苯加氢得环己烷，环己烷氧化成环己酮，环己酮再氧化成己二酸。

C 醛、酮的鉴别

利用醛、酮氧化性能的差别，可以很迅速地鉴别醛和酮。经常用的有两个试剂：Fehling 试剂和 Tollens 试剂。Fehling 试剂是碱性铜络离子的溶液，硫酸铜的铜离子和碱性酒石酸钾钠成为一个深蓝色络离子溶液。在反应中，Cu^{2+} 络离子被还原成红色的氧化亚铜，从溶液中沉淀出来，蓝色消失，而醛氧化成酸，Fehling 溶液和脂肪醛氧化速率较快。它不与简单酮反应，但可被 α-羟基酮、α-酮醛还原。Tollens 试剂是银氨离子 $Ag(NH_3)_2^+$（硝酸银的氨水溶液）。反应时，醛氧化成酸，银离子还原成银，形成一个银镜附着在管壁上，因此这个反应又称为银镜试验。酮与托伦试剂不发生反应。

$$RCHO + Cu^{2+} + NaOH + H_2O \longrightarrow RCOONa + H^+ + Cu_2O\downarrow$$

$$RCHO + Ag(NH_3)_2^+OH^- \longrightarrow RCOOHNH_3 + NH_4^+ + H_2O + Ag\downarrow$$

葡萄糖是一个特殊的醛。患糖尿病的病人尿中含有多量的这种糖，在医院检查时，就是用铜络离子方法检查。

10.4.5.2 还原反应

醛、酮的羰基可以还原成亚甲基或—CHOH，下面分别讨论。

A 催化氢化

醛、酮在铂、钯、镍等催化剂作用下，很容易加氢还原。产物为相应的一级醇或二级醇：

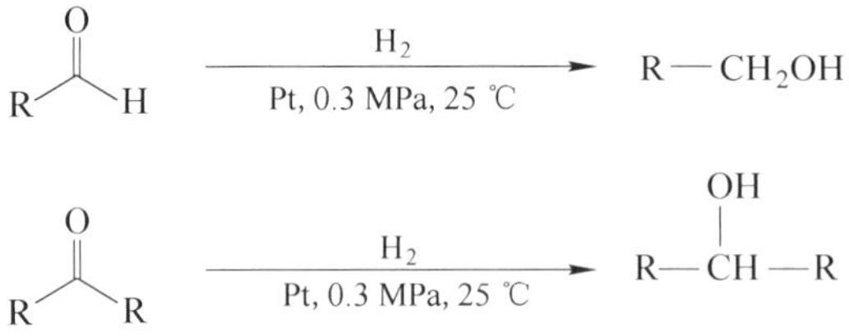

有些反应需加温、加压，或用特殊催化剂进行，最常用的溶剂为醇、酸等。用催化氢化法还原不饱和醛、酮时，当碳碳双键与羰基不共轭时，基团的还原活性为 RCHO > $\gt C{=}C\lt$ > $R_2C{=}O$，当两者共轭时，通常是先还原碳碳双键，再还原羰基。例如：

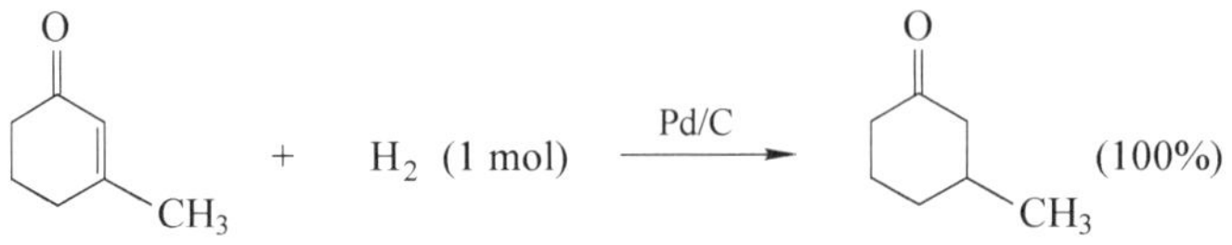

B 克莱门森还原法

醛或酮与锌汞齐和浓盐酸一起回流反应。醛或酮的羰基被还原成亚甲基，这个方法称为克莱门森还原法。反应的一般式为：

$$\gt C{=}O \xrightarrow{\text{Zn-Hg, HCl}} \gt CH_2$$

下面是两个实例：

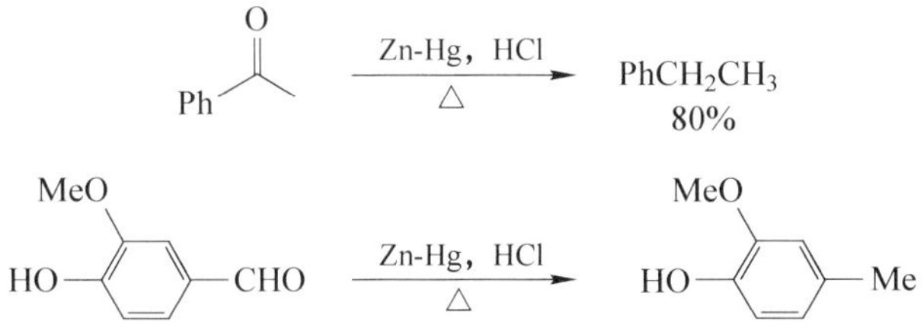

此法对于还原芳酮效果较好，而芳酮可以通过芳烃的傅克酰基化反应制得。但此法只适用于对酸稳定的化合物。α、β-不饱和醛、酮还原时，碳碳双键一起被还原。除 α、β-不饱和键外，一般对碳碳双键无影响。

C　Wollff-Kishner-黄鸣龙还原法

对酸不稳定而对碱稳定的羰基化合物可以用 Wollff-Kishner-黄鸣龙方法还原。原来的方法是将醛或酮与肼和金属钠或钾在高温（约 200 ℃）加热反应，缺点是由于高温，需要在高压或封管中进行，操作不方便，黄鸣龙将此法改进为不用封管而在一高沸点的溶剂如一缩二乙二醇（$HOCH_2CH_2OCH_2CH_2OH$，沸点 245 ℃）中进行，用氢氧化钾代替金属钠，一同加热反应。一般反应式为：

例如：

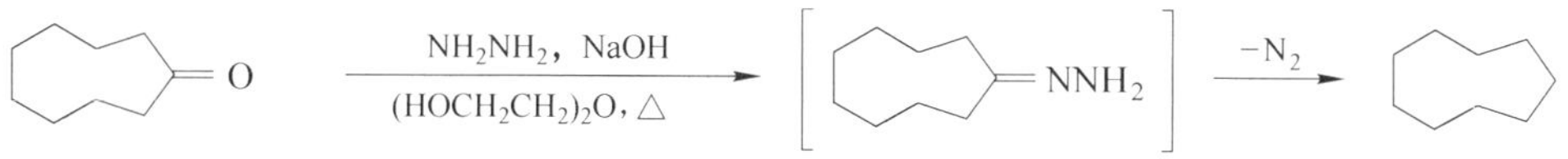

环壬烷47%

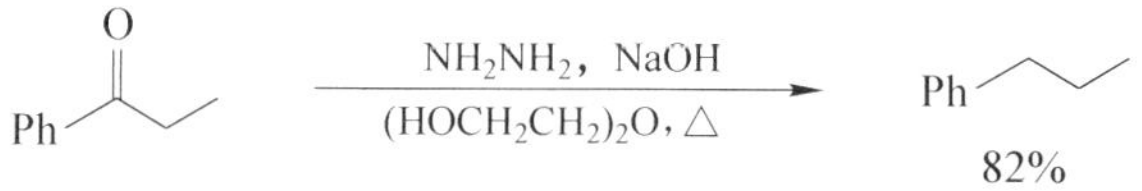

82%

10.4.6 歧化反应

无 α 活泼氢的醛在强碱的作用下发生分子间的氧化还原，结果一分子醛被氧化成酸，另一分子的醛被还原成醇。这是一个歧化反应，称之为 Cannizzaro 反应。例如苯甲醛在浓氢氧化钠溶液的作用下，得到等分子的苯甲醇、苯甲酸，甲醛则得到甲醇和甲酸：

$$2PhCHO \xrightarrow{OH^-} PhCH_2OH + PhCOO^-$$

$$2HCHO \xrightarrow{OH^-} CH_3OH + HCOO^-$$

歧化反应在生产及生理的氧化还原反应中都很重要。例如将两个没有 α 活泼氢的甲醛和苯甲醛混合在一起，由于甲醛在醛类中还原性最强，所以总是自身被氧化成甲酸，苯甲醛被还原成苯甲醇。

$$PhCHO + HCHO \xrightarrow{OH^-} HCOO^- + PhCH_2OH$$

工业上利用甲醛的这一性质来制备季戊四醇。

$$(HOCH_2)_3CCH_2OH + HCHO \xrightarrow{OH^-} (HOCH_2)_4C + HCOO^-$$

10.5 重要的醛和酮

10.5.1 甲醛

甲醛又名蚁醛，是一种无色有刺激性气味的气体，对人眼、鼻等有刺激作用。气体相对密度1.067（空气=1），液体密度0.815 g/cm^3（-20 ℃）。熔点-92 ℃，沸点-19.5 ℃。易溶于水和乙醇。通常水溶液的浓度为37%，称作甲醛水，俗称福尔马林（formalin）。可以利用甲醇的脱氢反应和甲醇的氧化反应制备。甲醇脱氢变为甲醛，是一个吸热反应。

$$CH_3OH \longrightarrow CH_2O + H_2,\ \Delta H = +92\ kJ/mol$$

甲醇的氧化是一个放热反应。

$$CH_3OH + \frac{1}{2}O_2 \longrightarrow CH_2O + H_2O,\ \Delta H = -154.8\ kJ/mol$$

工业上采用以浮石为载体的银做脱氢催化剂，进行脱氢反应，同时又通入空气氧化，把这两个反应结合起来，在700 ℃时进行。

10.5.2 乙醛

乙醛又名醋醛，是一种低沸点且具有刺鼻气味的透明的无色液体，沸点21 ℃，并且很容易氧化，所以一般都把它变为环状的三聚乙醛保存。

$$3CH_3CHO \xrightleftharpoons{H_2SO_4} \underset{\text{三聚乙醛}}{(CH_3CHO)_3}$$

乙醛也是一种重要的工业产品，是生产乙酸、乙酸乙酯、乙酸酐的原料。长期以来是由乙炔制造。但是，由于石油工业的发展，乙烯已成为一种主要的原料，新的生产方法是用乙烯在水溶液中，在氯化铜及氯化钯的催化作用下，用空气直接氧化：

$$H_2C{=}CH_2 + O_2 \xrightarrow[H_2O]{CuCl_2\text{-}PdCl_2} CH_3CHO$$

这是工业生产乙醛的最好方法。

10.5.3 丙酮

丙酮是一种无色透明液体，有微香气味，沸点56.5 ℃，密度0.7899 g/cm^3。丙酮还是一种重要的溶剂，既溶于有机溶剂又溶于水。它是多种有机工业的基本原料，如有机玻璃及环氧树脂都是由它开始合成的。

11 羧酸及其衍生物

羧酸（RCOOH）是具有酸性的有机化合物，羧酸是重要的一类有机酸，分子中含有羧基（—COOH）的化合物称为羧酸。除甲酸（HCOOH）外，羧酸也可以看作是烃分子中的氢原子被羧基取代的衍生物。羧基（—COOH）是羧酸的官能团。一元羧酸的通式为（Ar）RCOOH（甲酸 R 为 H）。羧酸分子的羧基中的羟基被其他官能团取代后的产物称为羧酸衍生物。常见的羧酸衍生物分为五种：酰氯、酸酐、酯、酰胺、腈，它们经过简单的水解反应均可得到对应的羧酸。

11.1 羧酸的结构、分类和命名

11.1.1 羧酸的结构

羧酸分子中的羧基碳原子是 sp^2 杂化，三个 sp^2 杂化轨道分别与两个氧原子和另一个碳原子或氢原子形成三个 σ 键，这三个 σ 键在同一平面上，键角约为 120°。羧基碳原子未参与杂化的一个电子的 p 轨道与羰基氧原子上一个电子的 p 轨道“肩并肩”重叠形成一个 π 键，构成了 C═O 的 π 键，同时羧基中的羟基氧原子有一对孤对电子的 p 轨道与 π 键形成 p-π 共轭体系。X 射线衍射证明，甲酸中羰基的键长 123 pm，长于正常的羰基 122 pm；C—O 的键长 131 pm 小于醇中的 C—O的键长 143 pm；在甲酸分子中，两个碳氧键键长均为 127 pm。其结构如图 11-1 所示。

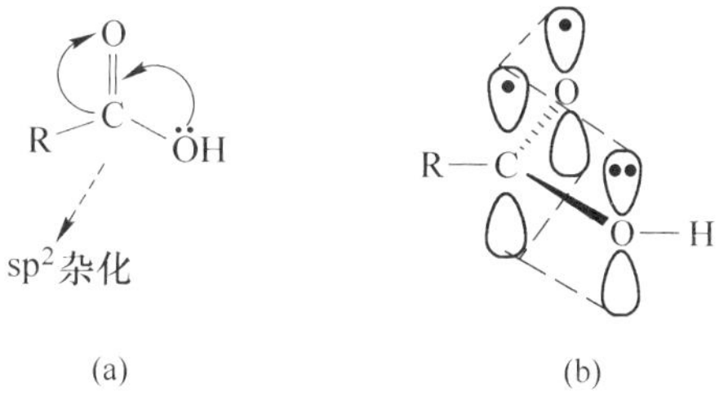

图 11-1　羧基的 p-π 共轭

由于共轭效应，使得羧基不是羰基与羟基的简单加合，而是两者互相影响的统一体。比如，羟基氧原子的电子云向羰基移动，使电子云平均化。这样使羧基碳原子的正电性减弱，羰基的极性降低，不易发生类似醛、酮羰基的亲核加成反应；但使羟基中氧氢键的极性增强，即 O—H 键变弱，有利于氢的电离，所以羧酸具有酸性。

11.1.2 羧酸的分类

羧酸的分类方法有：

（1）根据羧酸分子中的烃基的种类不同，可分为脂肪族羧酸、脂环族羧酸和芳香族羧酸。

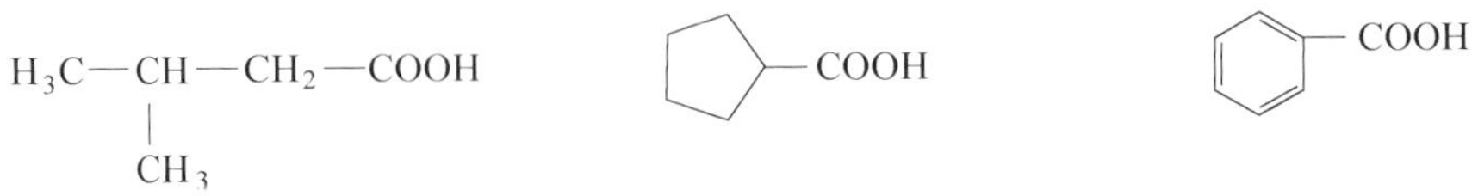

脂肪族羧酸 脂环族羧酸 芳香族羧酸

一元羧酸 一元羧酸 一元羧酸

(2) 根据烃基是否饱和，可分为饱和羧酸和不饱和羧酸。

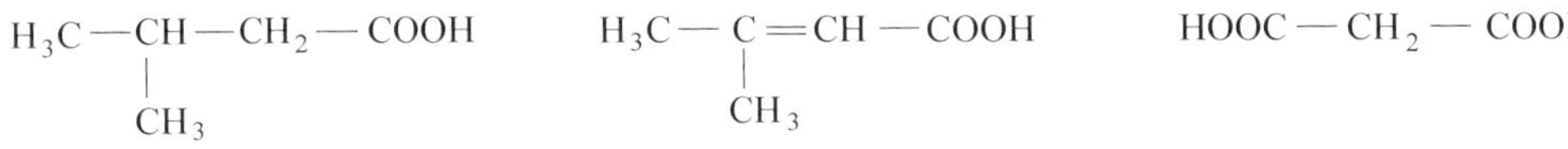

饱和羧酸 不饱和羧酸 饱和羧酸

一元羧酸 一元羧酸 二元羧酸

(3) 根据羧酸分子中所含羧基数目不同，羧酸又可分为一元羧酸、二元酸和三元酸，含有两个以上羧基的酸，统称为多元酸。

一元羧酸 二元羧酸 三元羧酸

11.1.3 羧酸的命名

羧酸的命名方法主要有普通命名法和系统命名法两种。

A 普通命名法

许多羧酸可以从天然产物中获得，因此羧酸的普通命名法是根据最初的来源来命名，也称俗名。甲酸最初从蚂蚁中得到，俗称蚁酸；乙酸是食醋的主要成分，俗称为醋酸；其他还有草酸、安息香酸、琥珀酸、巴豆酸、肉桂酸等。

$HCOOH$ CH_3COOH 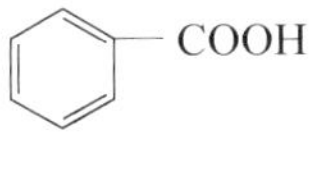

蚁酸 醋酸 安息香酸

B 系统命名法

羧酸的系统命名法与醛相似，命名时将“醛”字改为“酸”字。

(1) 饱和脂肪酸。选择包括羧基碳原子在内的最长碳链作为主链，根据主链碳原子数称为“某酸”。主链编号从羧基碳原子开始，取代基的位次用阿拉伯数字表示。例如：

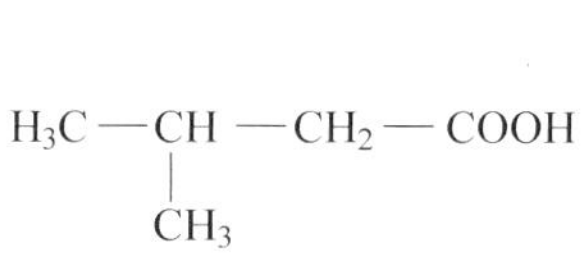

3-甲基丁酸

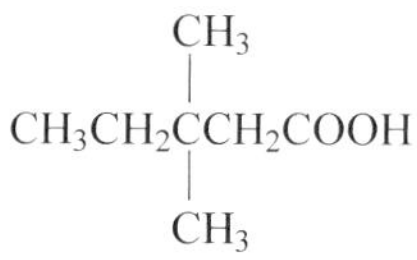

3,3-二甲基戊酸

（2）不饱和脂肪酸。首先选择包含羧基和不饱和键在内最长碳链作为主链，称为“某烯酸”或“某炔酸”。主链碳原子的编号仍从羧基开始，将双键、叁键的位次写在某烯酸或某炔酸名称的前面。

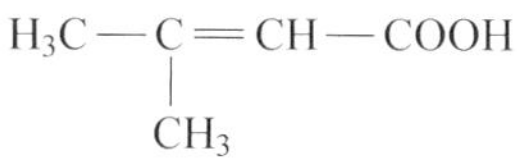

3-甲基丁-2-烯酸

（3）二元脂肪酸。选择包含两个羧基在内的最长碳链作为主链，称为“某二酸”。例如：

$HOOC—CH_2—COOH$

丙二酸

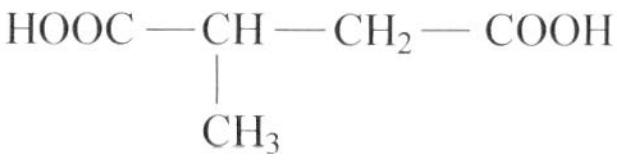

2-甲基丁二酸

（4）脂环羧酸和芳香羧酸。将脂环和芳香环看作取代基，以脂肪羧酸作为母体加以命名。另外，不论羧基直接连在脂环或芳环上，还是连在脂环或芳环侧链上，均可把脂环作为取代基来命名。例如：

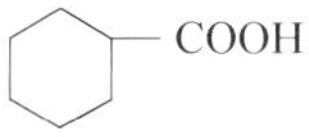

环己烷甲酸

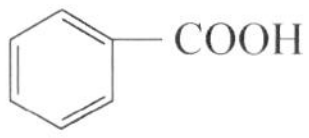

苯甲酸

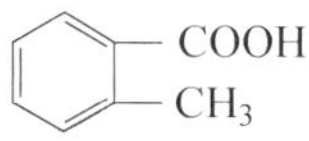

2-甲基苯甲酸

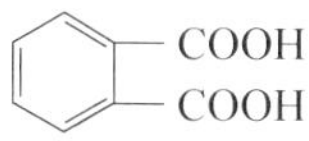

1,2-苯二甲酸

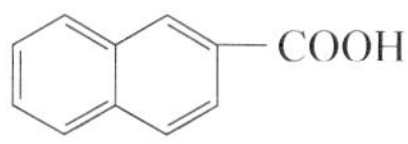

2-萘甲酸

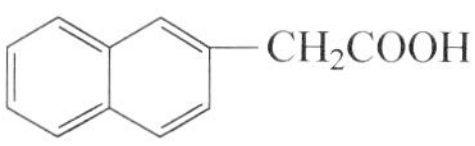

2-萘乙酸

11.2 羧酸的制法

11.2.1 由伯醇和醛氧化

由伯醇氧化制备酸是最普通的方法。而由醛氧化制酸较少应用，但工业上在催化剂存在下，空气氧化乙醛得到乙酸却在大规模的使用。

$$RCH_2OH \xrightarrow{KMnO_4} RCOOH$$

$$CH_3CHO \xrightarrow[\text{催化剂}]{O_2} CH_3COOH(\text{工业制法})$$

11.2.2 由烃氧化

前已述及许多烃类氧化后生成羧酸。较有代表性的有以下几种：

$$R-HC=CH-R \xrightarrow{KMnO_4} 2RCOOH$$

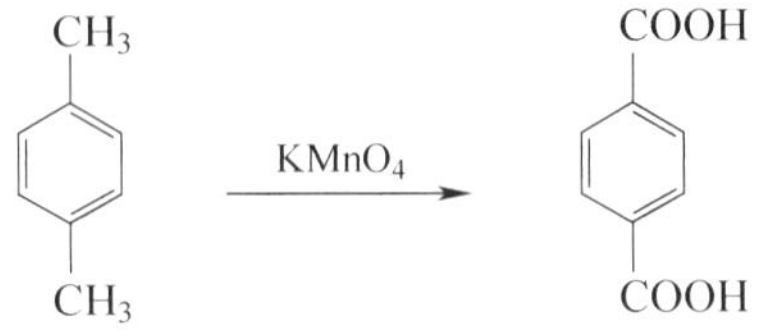

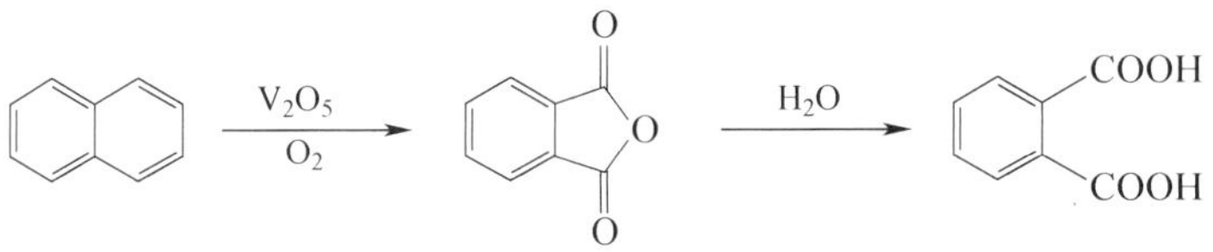

11.2.3 由腈水解

在中性条件下，腈不易水解，但在酸或碱催化下可很快水解成酸。例如：

$$RCN + H_2O \xrightarrow{H^+ \text{或} OH^-} RCOOH$$

腈可通过卤代烃与氰化钠反应合成。利用腈的水解反应，可以制备比原来卤代烃多一个碳原子的羧酸。例如：

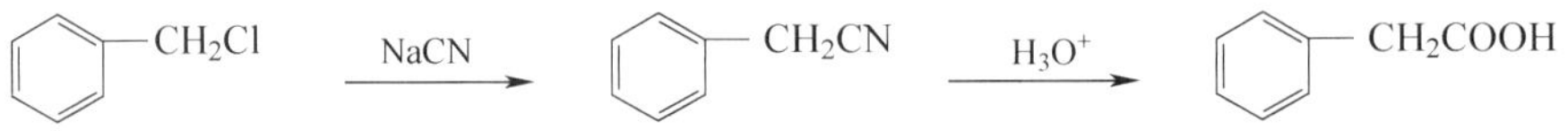

此方法一般仅适用伯卤代烃制备相应的羧酸，而且有较好的收率；因氰化钠的碱性很强，如与仲卤代烃和叔卤代烃，特别是叔卤代烃反应主要生成消除反应的产物烯烃。例如氰化钠与叔丁基溴反应，大部分生成异丁烯。

芳香卤代烃不活泼，一般不与氰化钠作用。因此起始于卤代烃的腈水解法虽是一个制备羧酸的好方法，但有一定的限制，不过该法的弱点可由格利雅试剂弥补。

11.2.4 从 Grignard 试剂制备

在醚溶液中卤代烃与金属镁作用生成 Grignard 试剂（又称格利雅试剂、格氏试剂）。将 CO_2 在低温下通入 Grignard 试剂的乙醚溶液中，或将 Grignard 试剂的醚溶液倾于过量的干冰（即固体 CO_2，干冰既是反应试剂，又是冷却剂）中，使 Grignard 试剂与 CO_2 进行加成反应，再将加成产物水解便得到羧酸。这也是制备羧酸非常好的一种方法。例如由叔烃基氯制备 2，2-二甲基酸，由于消去反应不能采用合成腈再水解的途径，而用 Grignard 试剂法就可顺利制备 2，2-二甲基酸。

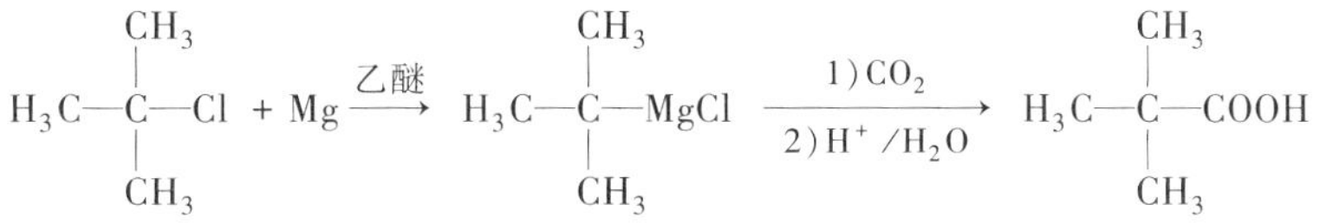

值得注意是：（1）由 Grignard 试剂制备羧酸是有条件的，如烃基上不可含有能与 Grignard 试剂发生作用的其他基团（—OH、—COOH、—NH_2、—SO_3H 等活性基团）。（2）腈的水解和 Grignard 试剂合成羧酸的方法同是起始于卤代烃，且都合成比卤代烃多一个碳的羧酸。这两种方法可交替使用，但必须根据反应特点和限制做出正确选择。下面是两个合成路线的实例。

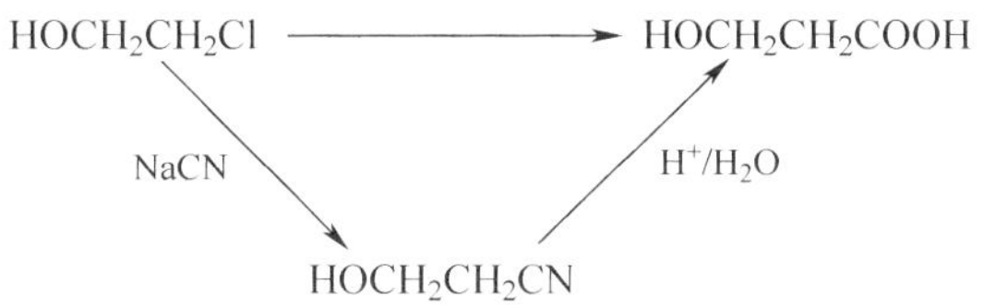

(不可采用Grignard试剂法)

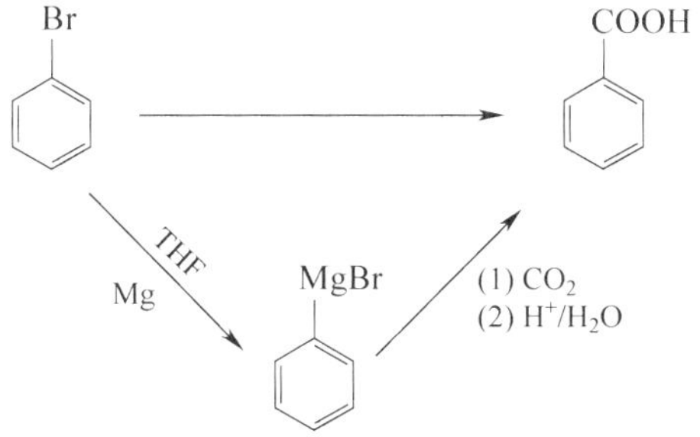

(不可采用腈水解法)

11.2.5 油脂水解

天然动植物油脂（常温下为液体的叫油，固体称脂）是高级脂肪酸的甘油酯，它们在碱性条件下水解，可得到不同碳链的高级脂肪酸。

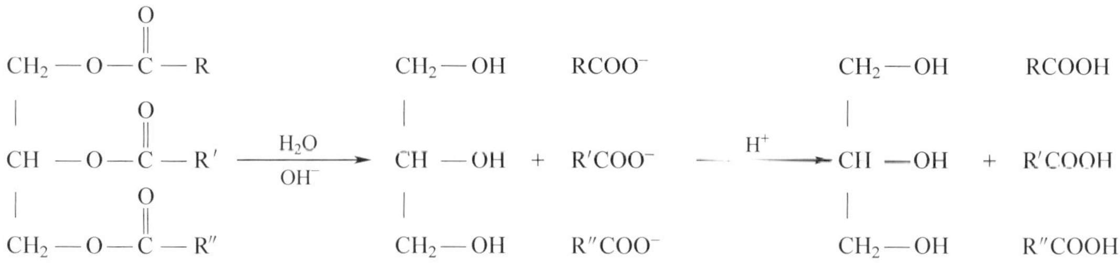

不同的油脂含有酸的种类和比例不同。如椰子油水解主要得到月桂酸45%，肉豆蔻酸15%，软脂酸10%~11%，硬脂酸2%~3%，油酸7%~8%。而牛脂水解主要得到肉豆蔻酸3%，软脂酸25%，硬脂酸24%，油酸42%，亚油酸2%。了解了油脂的主要成分就可根据需要的酸去选择不同的油脂。当然油脂水解不只是从中获得有机合成中需要的脂肪酸，它的一个很重要的用途是利用水解产物 C_{12}~C_{18}羧酸钠盐制肥皂。

11.2.6 酚酸的制备方法

苯酚钠盐在压力和加热情况下与二氧化碳（CO_2）作用生成邻羟基苯甲酸（水杨酸），该反应称作柯柏-施密特合成。

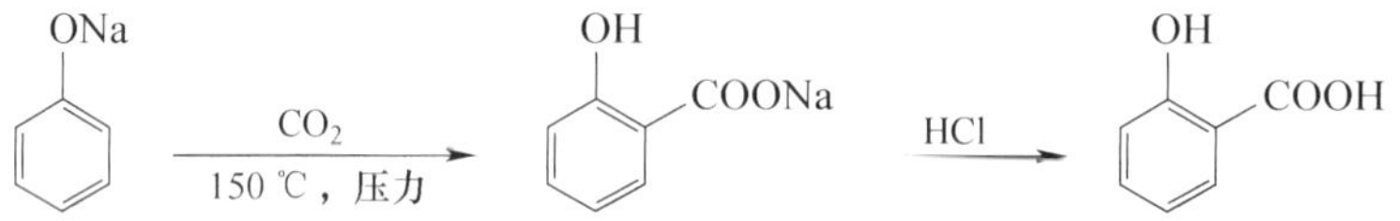

水杨酸

水杨酸是染料、香料、医药等工业的重要原料，例如，常用于制备解热镇痛药阿司匹林。

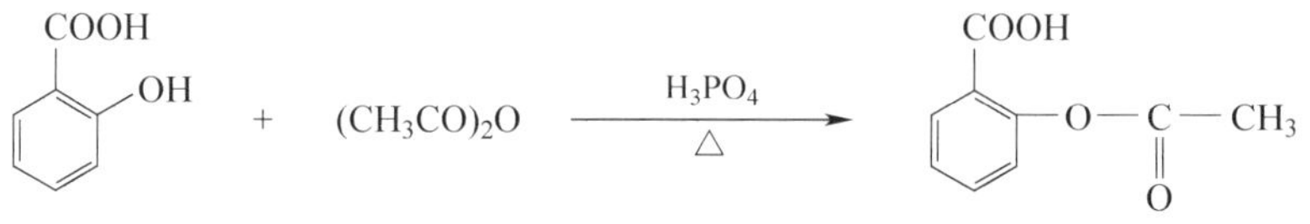

阿司匹林

11.3 羧酸的物理性质

羧酸的沸点比相对分子质量相近的醇高，例如：甲酸和乙醇相对分子质量相同，但甲酸的沸点为100.7 ℃，乙醇的沸点为78.5 ℃。这是因为羧酸分子间能以两个氢键缔合成二聚体，羧酸分子间的这种氢键比醇分子间的氢键更牢固。

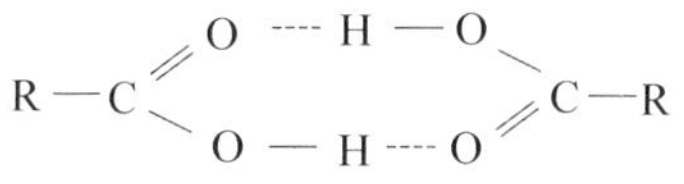

羧酸分子间的氢键(二聚体缔合)

饱和一元羧酸中，C_1~C_3 的羧酸是具有刺激性气味的液体；含有 C_4~C_9 的羧酸是具有令人不愉快气味的油状液体；C_{10} 以上的羧酸为无色无味固体；二元脂肪酸和芳香酸都是结晶性固体。一些常见羧酸的物理性质常数见表 11-1。

表 11-1　常见羧酸的物理常数

化合物	熔点/℃	沸点/℃	pK_a
甲酸	8.4	100.7	3.77
乙酸	16.6	118	4.76
丙酸	-21	141	4.88
丁酸	-5	164	4.82
戊酸	-34	186	4.86
己酸	-3	205	4.85
乙二酸	189.5	157（升华）	$pK_{a_1}=1.23$ $pK_{a_2}=4.19$
丙二酸	135.6	140（分解）	$pK_{a_1}=2.83$ $pK_{a_2}=5.69$
丁二酸	188	235（失水分解）	$pK_{a_1}=4.1$ $pK_{a_2}=5.61$
己二酸	153	330.5	$pK_{a_1}=4.43$ $pK_{a_2}=5.41$
苯甲酸	122.4	100（升华）	
邻苯二甲酸	231（速热）		$pK_{a_1}=2.89$ $pK_{a_2}=5.51$
对苯二甲酸	300（升华）		$pK_{a_1}=3.51$ $pK_{a_2}=4.82$
肉桂酸	133		4.43

羧酸分子中因羧基是一个亲水基，与水可以形成氢键，所以 C_4 以下羧酸能与水任意比互溶，但随着相对分子质量的增加，憎水基（烃基）愈来愈大，在水中的溶解度越来越小。高级脂肪酸难溶于水而易溶于乙醇、乙醚、苯等有机溶剂。多元酸的水溶性大于相同碳原子数的一元羧酸；芳香酸水溶性低。

11.4　羧酸的化学性质

羧酸的化学性质主要体现在官能团羧基上，羧基是由羟基和羰基直接相连而组成。羧基的性质并不是羟基和羰基性质的加和，而是由于它们的相互影响而具有各自特性。由于羰基的 π 键与羟基氧原子上的未共用电子对形成 p-π 共轭体系，所以羧酸性质与醇、醛、酮有显著的差别，表现出独特的性质。

11.4.1 酸性

羧酸在水中离解出质子呈明显酸性，它可与氢氧化钠、碳酸钠或碳酸氢钠作用生成羧酸钠，放出二氧化碳，这说明它的酸性比碳酸（$pK_a=6.38$）强。多数无取代基的饱和一元羧酸的 pK_a 值一般在 3.5~5 之间，比一般强无机酸（$pK_a=1\sim2$）更弱，但比醇的酸性强。

11.4.1.1 显酸性原因

羧酸具有较强的酸性是与它的结构有关。由于 p-π 共轭体系的形成，使羧基上羟基氧原子上的电子云向羰基转移，氧氢键的极性增强，易于解离出质子；羧酸在水中离解，产生的酸根负离子较稳定，使平衡向右。酸根负离子中碳为 sp^2 杂化，所剩 p 轨道可与两个氧的 p 轨道分别交盖，负电荷可分散于两个电负性较强的氧上，使能量降低，表现出它的稳定性。

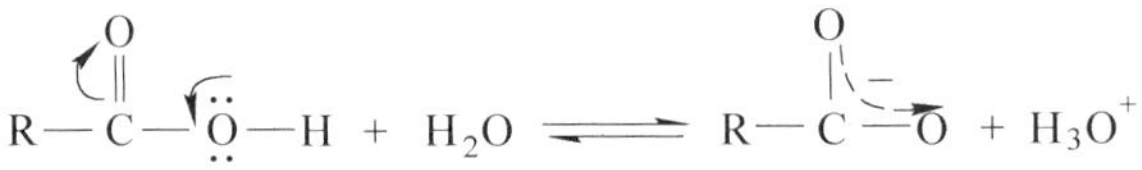

羧酸不但能与碱中和生成羧酸盐和水，并且也可与碳酸盐或碳酸氢盐发生反应。

$$R—COOH + NaOH \longrightarrow RCOONa + H_2O$$

$$R—COOH + NaHCO_3 \longrightarrow RCOONa + CO_2 + H_2O$$

这与比它酸性弱的酚不同，酚只能与强碱作用而溶解在该溶液中，不能与碳酸氢钠反应。利用此性质可以分离，区分羧酸和酚类化合物。例如：

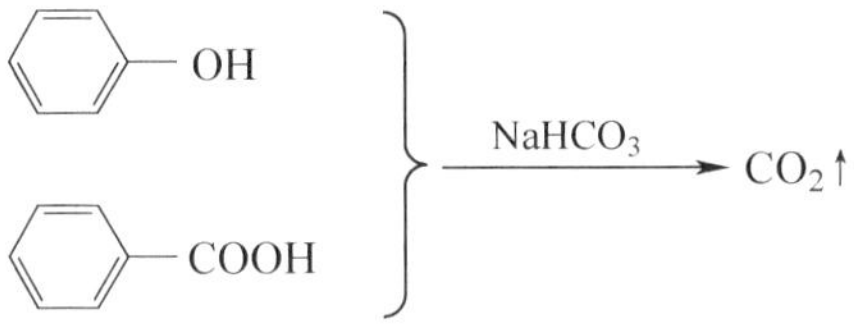

羧酸的钠盐或钾盐一般具有良好的水溶性。在羧酸盐中加入无机酸时，羧酸又游离出来，转化为原来的羧酸。

$$R—COONa + HCl \longrightarrow R—COOH + NaCl$$

利用这一性质，不仅可以鉴别羧酸和苯酚，还可以用来分离提纯有关羧酸类化合物。如苯甲酸，间甲苯酚和间二甲苯混合物分离就利用了两种酸性化合物的这种差别。

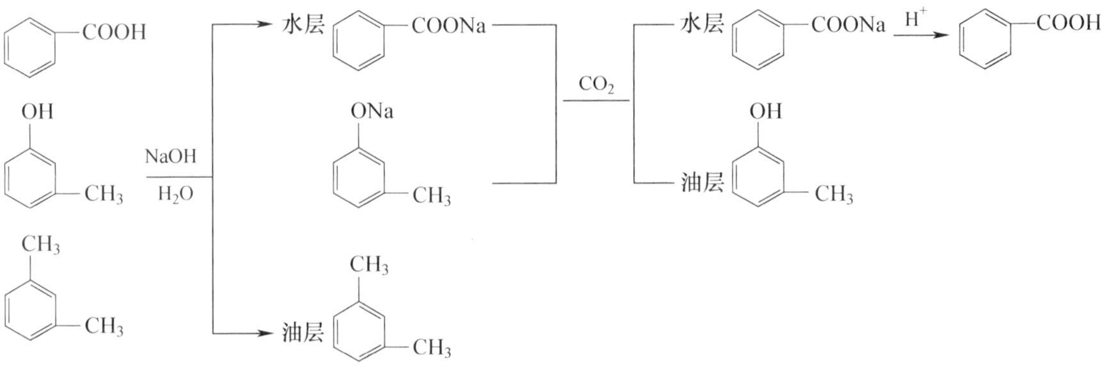

11.4.1.2 对酸性的影响

当烃基上连有各种取代基时，羧酸的酸性强度会发生变化。羧酸酸性的强弱可用 pK_a 值的大小来表示，pK_a 值越小羧酸的酸性越强。

A 诱导效应的影响

羧酸根负离子的稳定性可以体现酸的强度。作为负离子，吸电子基团会增大它的稳定程度，使酸性增强。相反，给电子基团会减弱酸根负离子的稳定性，使酸性减弱。下列取代乙酸酸性常数 pK_a 值可以说明这一点。

y-CH_2COOH	y=H	—CH_3	—CH=CH_2	F	Cl	Br	I	—NO_2
pK_a	4.76	4.87	4.35	2.57	2.86	2.94	3.18	1.08

当 y 为硝基时，通过诱导吸电子效应分散酸根的负电荷，使负离子稳定，从而使硝基乙酸比乙酸酸性要强很多。当 y 为甲基时，通过诱导给电子效应使酸根负电荷集中，减弱酸性。

吸电子基团离羧基愈近、数量愈多、电负性愈强，则羧基酸性愈强。例如：卤代乙酸随着卤素的增多，拉电子的能力增大，酸性逐渐增强。

卤代乙酸	$ClCH_2COOH$	$Cl_2CHCOOH$	Cl_3CCOOH
pK_a	2.86	1.26	0.64

B 取代基对芳香酸酸性的影响

苯甲酸比一般脂肪酸酸性强（除甲酸外），它的 pK_a 值为 4.20。这是因为苯甲酸离解出的负离子与苯环发生共轭，使负电荷离域增加了它的稳定性。当芳环上引入取代基后，酸性将发生变化。表 11-2 为一些苯甲酸取代基的 pK_a 值。从表 11-2 中数据可以明显看出，有对位和间位拉电子基团使酸性增强，有给电子基团的使酸性减弱。若取代基在邻位，不论是拉电子还是给电子取代基都使酸性增强。

表 11-2 一些苯甲酸、取代基 25°时 pK_a 值

取代基	pK_a 值		
	邻	间	对
H	4.20	4.20	4.20
CH_3	3.91	4.27	4.38
Cl	2.92	3.83	3.97
CN	3.14	3.64	3.55
OH	2.98	4.08	4.57
OCH_3	4.09	4.09	4.47
NO_2	2.21	3.49	3.42

11.4.2 还原反应

羧酸分子的羧基中的碳氧双键受羟基的影响，失去了典型羰基的性质。虽然伯醇或醛容易氧化成相应的羧酸，但是在一般条件下羧酸不易被还原，与大多数还原剂不能发生反应，除非选择适当的试剂和条件，例如强还原剂氢化锂铝（$LiAlH_4$）；还原时常用无水乙醚或四氢呋喃作溶剂，最后用稀酸水解得到产物。但是，由自然界丰产的高级脂肪酸还原制备醇是一个非常方便的方法。

$$(CH_3)_2CHCOOH + LiAlH_4 \xrightarrow[H_2O]{\text{干醚}} (CH_3)_2CHCH_2OH(\text{伯醇})$$

由于这个反应产率很好，氢化锂铝广泛地应用于实验室中，它不仅能还原酸，还能还原许多其他种类的化合物，但由于它价格昂贵，仅限于还原少量的贵重的原料。

注意：氢化锂铝（$LiAlH_4$）是一种选择性还原剂，它可以还原具有羰基结构的化合物。用氢化锂铝还原羧酸时，不但产率高，而且分子中的碳碳不饱和键（如双键和叁键）不受影响，只还原羧基而生成不饱和醇。例如：

$$H_2C=CHCH_2CH_2COOH \xrightarrow[H^+,\ H_2O]{LiAlH_4} H_2C=CHCH_2CH_2CH_2OH$$

11.4.3　脱羧反应

羧酸分子经加热脱去羧基放出二氧化碳的反应称脱羧反应。一般脂肪酸难以脱羧，但当羧酸中适当位置含有一些能对脱羧施加影响的官能团时，在加热条件下却可脱羧。如β-酮酸中加热就能放出二氧化碳。反应通过一个六元环过渡态一步完成。丙二酸加热易以相同过程脱羧。

$$R\overset{O}{\overset{\|}{C}}CH_2\overset{O}{\overset{\|}{C}}OH \xrightarrow{\triangle} R-\overset{O}{\overset{\|}{C}}-CH_3 + CO_2$$

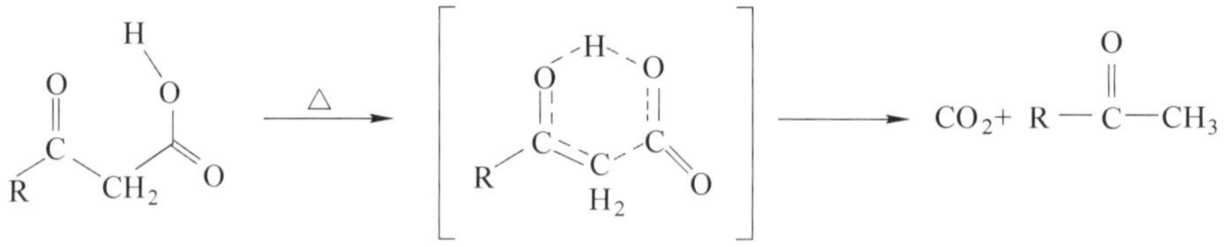

$$HOOCCCH_2COOH \xrightarrow{140\ ℃} CH_3COOH + CO_2$$

乙二酸和丙二酸受热易发生脱羧反应，生成少一个碳原子的一元羧酸。

通过研究它们的结构特点就不难理解它们脱羧的可能性。无论β-酮酸还是丙二酸，其结构都是两个吸电子基团连在同一个碳上，这在热力学上是不稳定的。加热脱羧后生成物却是热力学稳定的化合物。所以，它们容易脱羧是理所应当的。据此可以推断，同一碳上连有羧基和另一个拉电子基团的化合物都容易发生脱羧反应。

$$y-CH_2COOH \xrightarrow{\triangle} y-CH_3 + CO_2$$

$$y = R-\overset{O}{\overset{\|}{C}}- \quad HO-\overset{O}{\overset{\|}{C}}- \quad -CN-NO_2-Ar$$

如果羧基直接连有拉电子基团，同样的原因使它容易脱羧。

$$CX_3-COOH \xrightarrow{\triangle} X_3CH + CO_2$$

饱和一元脂肪酸一般比较稳定，通常情况下不易发生脱羧反应。但在特殊条件下可发生脱羧反应，低级羧酸的钠盐及芳香族羧酸的钠盐在碱石灰（NaOH+CaO）存在下加热，可脱羧生成烃。例如：

$$C_2H_5COONa + NaOH(CaO) \longrightarrow C_2H_6 + Na_2CO_3$$

11.4.4　羧酸衍生物的生成

羧酸分子中羧基上的羟基可以被卤素原子（—X）、酰氧基（—OOCR）、烷氧基（—OR）、氨基（$—NH_2$）取代，分别生成酰卤、酸酐、酯和酰胺等羧酸衍生物。

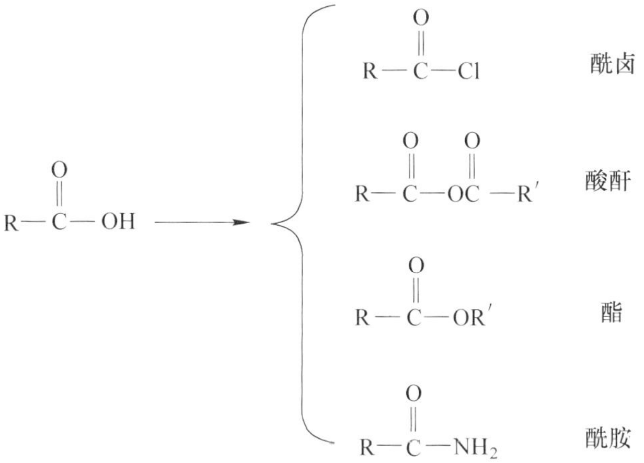

11.4.4.1　酰氯的生成

羧酸与无机酸的酰氯（五氯化磷、三氯化磷或亚磷酸酰氯）直接作用时，羧基中的羟基被氯原子取代，生成羧酸的酰氯。

$$RCOOH + SOCl_2 \longrightarrow RCOCl + SO_2 + HCl$$

$$3RCOOH + PX_3 \longrightarrow 3RCOX + H_3PO_3$$

$$RCOOH + PX_5 \longrightarrow RCOX + POX_3 + HX$$

由于酰氯容易水解，因此，不能用水洗的方法除去反应中的无机物等副产物，必须用蒸馏的方法分离。在制备酰氯时采用哪种试剂，主要取决于原料、产物和副产物之间的沸点差。它们之间差越大，分离越容易。

制备酰氯较方便的方法是亚硫酰氯与羧酸的反应，除产物外，副产物均为气体，易分离，产率高。相对分子质量小的羧酸生成酰卤时，一般采用三卤化磷，这样反应中生成的酰卤可随时蒸出。五卤化磷一般用于相对分子质量大的酰卤制备，该情况下容易靠蒸馏分出副产物。

芳香酰卤一般由五氯化磷或氯化亚砜与芳香羧酸作用。芳香族酰氯的稳定性较好，水解反应缓慢。苯甲酰氯是常用的苯甲酰化试剂。

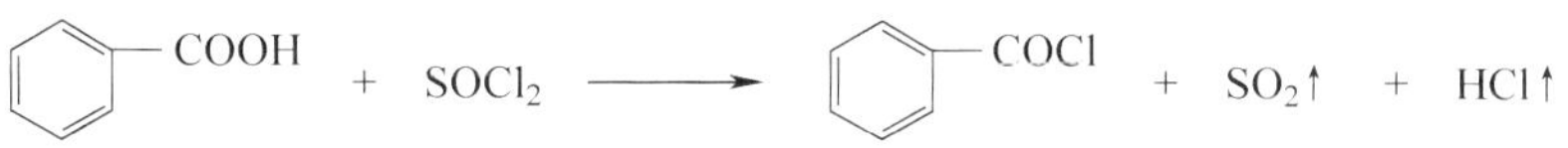

11.4.4.2　酸酐的生成

除甲酸在脱水时生成一氧化碳外，其他一元羧酸在脱水剂的作用下，都可在两分子间脱去一分子水生成酸酐。羧酸的失水有两种。

（1）分子间失水。一元羧酸（除甲酸外）在脱水剂（如 P_2O_5）作用下，加热脱水生成酸酐。

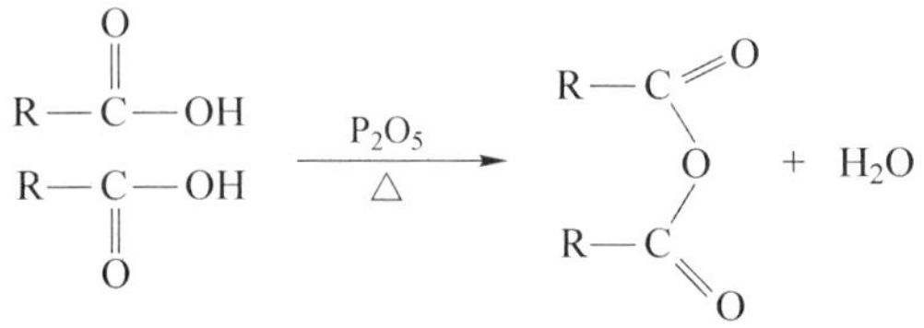

常用乙酸酐作脱水剂制备较高级的酸酐。由于乙酸酐能较迅速与水反应，且价格便宜，生成的乙酸又容易除去，因此，常用乙酸酐作为制备其他酸酐的脱水剂。

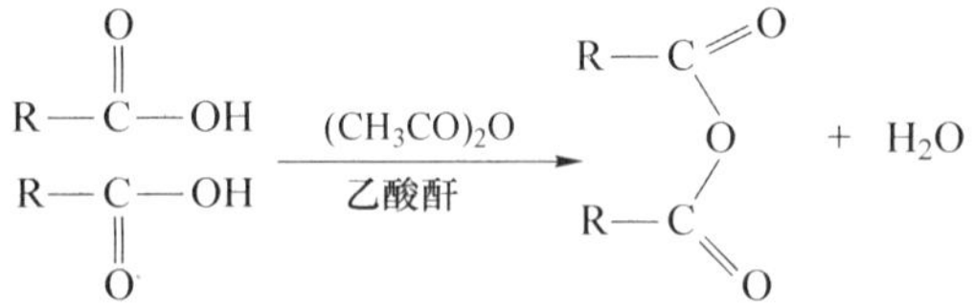

（2）分子内失水。1，4 或 1，5 二元羧酸不需要任何脱水剂，受热后即失水。一些二元羧酸，如丁二酸，不需要任何脱水剂，只需加热就能生成五元或六元环的酸酐；这也是作为合成五、六元酸酐的好方法。五元或六元环状的酸酐（环酐）比较稳定。

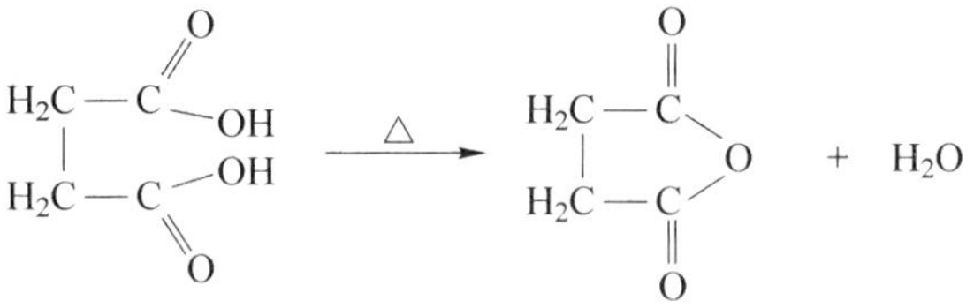

酸酐还可利用酰卤和无水羧酸盐来制备。通常利用此法来制备混合酸酐。

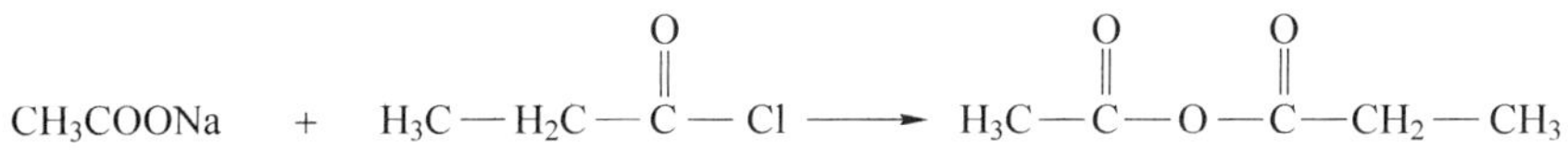

11.4.4.3　酯的生成

羧酸与醇作用生成酯；凡羧酸分子中除去羟基后剩余部分为酰基。酰基与烷氧基组成的化合物就是酯。羧基中的羟基被烷氧基置换生成酯和水的反应称为酯化反应。

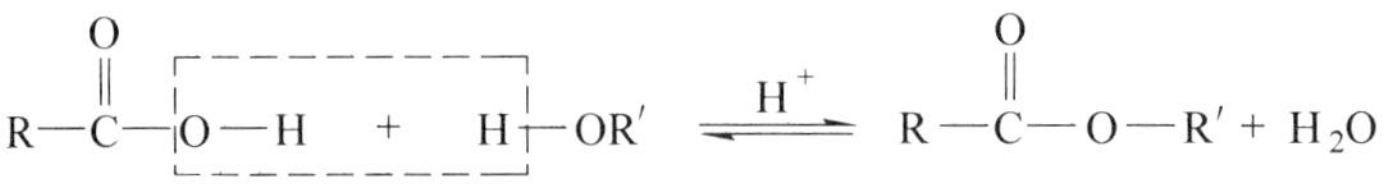

A　酯化反应特点

（1）立体障碍对酯化反应影响：α-侧链越大、越多，酯化反应速度越慢。

（2）酯化反应是可逆的，为了提高酯的产率，常用强酸作催化剂；一般采用过量的反应试剂（根据反应物的价格，过量的酸或醇）或加入与水恒沸的物质不断从反应体系中带出水使平衡向生成物方向移动。酚酯不容易由酚和羧酸直接制备，因平衡非常不利于生成酯的一方。

羧酸的酯化反应随着羧酸和醇的结构以及反应条件的不同，将按照不同的反应历程进行。伯醇和大多数仲醇与酸的酯化反应是以酰氧键断裂方式进行，叔醇与羧酸的酸催化反应历程是按烷氧键断裂方式进行。

B　酯化反应机理（按酰氧键方式进行）

a　酰基氧质子化：

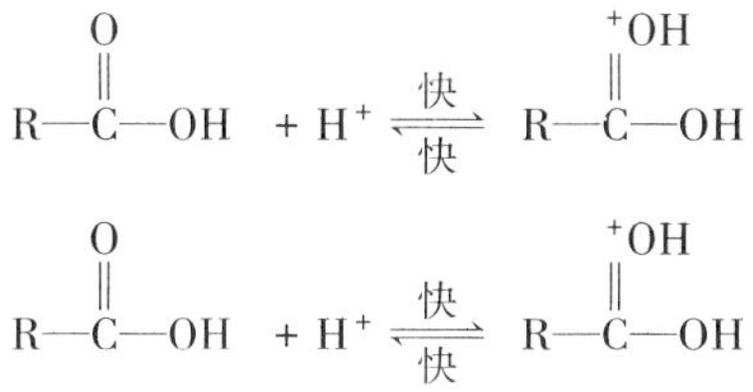

亲核加成：

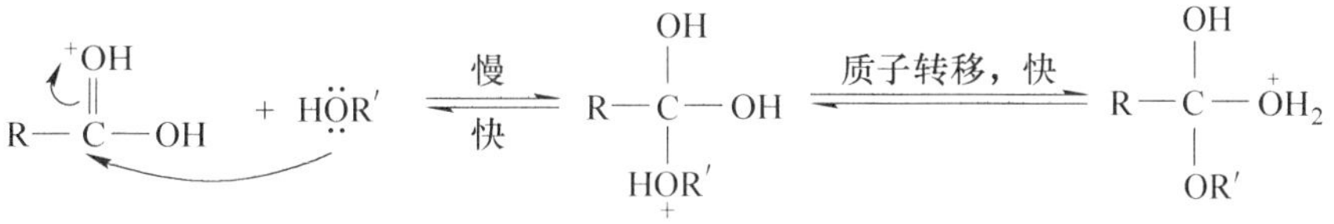

消除水：

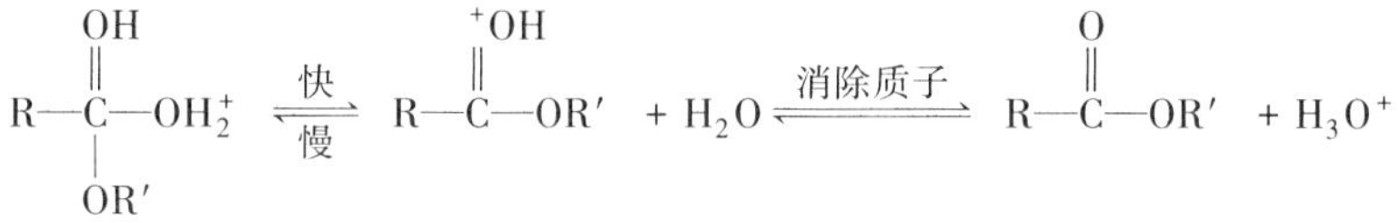

b　叔醇酯化反应历程（按烷氧键断裂方式进行）；

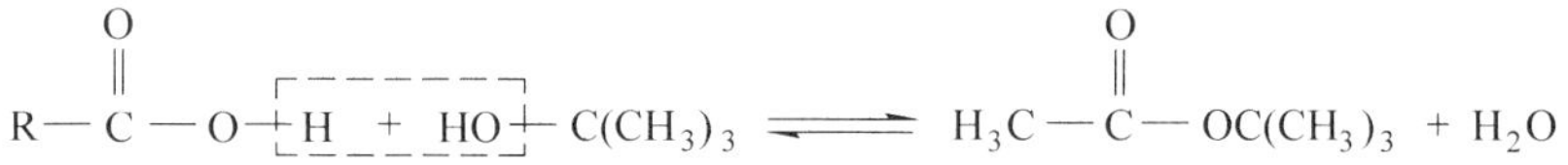

11.4.4.4　酰胺的生成

酰胺是羧酸中的—OH 被—NH_2 所取代的化合物。酰胺一般由羧酸和氨或胺反应先生成羧酸铵（或铵盐），然后加热脱水得到酰胺。

$$RCOOH + NH_3 \longrightarrow RCOONH_4 \overset{\triangle}{\rightleftharpoons} RCONH_2 + H_2O$$

该反应首先形成羧酸铵盐，铵盐加热（150 ℃以上）便分解得到酰胺。这是一个可逆反应，为获得较高的收率，可采用不断蒸出水分措施，促使平衡右移。

11.4.5　烃基上的取代反应

羧酸分子中 α-碳原子上的氢原子，由于受羰基的影响，使得 α-H 原子具有一定的活性，可以发生取代反应。

由于羧基中存在着 p-π 共轭体系，使羧酸中羰基的致活作用比醛中羰基小，所以羧酸的 α-H 卤化反应需要在红磷或三卤化磷的催化作用下才能进行，反应后生成的产物是 α-卤代酸。

$$R-CH_2-COOH \xrightarrow[P]{Br_2} R-\underset{\underset{Br}{|}}{CH}-COOH$$

若这个反应采用三氯化磷与氯反应可以制备 α-氯代羧酸。该反应较易发生，在合成中具有一定的应用价值，如羟基酸可通过 α-卤代酸水解制备。

羧酸分子中 α-H 原子可逐个被卤素原子取代，生成一卤取代物、二卤取代物和三卤取代物。

$$\underset{\text{乙酸}}{CH_3COOH} \xrightarrow[P]{Cl_2} \underset{\text{一氯乙酸}}{ClCH_2COOH} \xrightarrow[P]{Cl_2} \underset{\text{二氯乙酸}}{Cl_2CHCOOH} \xrightarrow[P]{Cl_2} \underset{\text{三氯乙酸}}{Cl_3CCOOH}$$

11.5　重要的羧酸

11.5.1　甲酸

甲酸（HCOOH）俗称蚁酸，因最初是从蚂蚁体内发现而得名。甲酸存在于许多昆虫的分泌物和某些植物（比如荨麻，松叶）中。甲酸为无色液体，有刺激性气味，沸点 100.5 ℃，能与水、乙醇、乙醚混溶，有腐蚀性。蜜蜂蛰或荨麻刺伤皮肤引起肿痛，就是甲酸造成的。甲酸具有杀菌能力，可做消毒剂或防腐剂。甲酸在工业上常用作还原剂、甲酰化试剂，也可用作消毒剂和防腐剂。

甲酸的工业制法是将一氧化碳和氢氧化钠在加热条件下制成甲酸钠，再经酸化而得。

$$CO + NaOH \xrightarrow[0.6 \sim 1\ MPa]{210\ ℃} HCOONa$$

$$2HCOONa + H_2SO_4 \longrightarrow 2HCOOH + Na_2SO_4$$

甲酸是最简单的脂肪酸，它的结构比较特殊，分子中既有羧基的结构，又有醛基的结构。

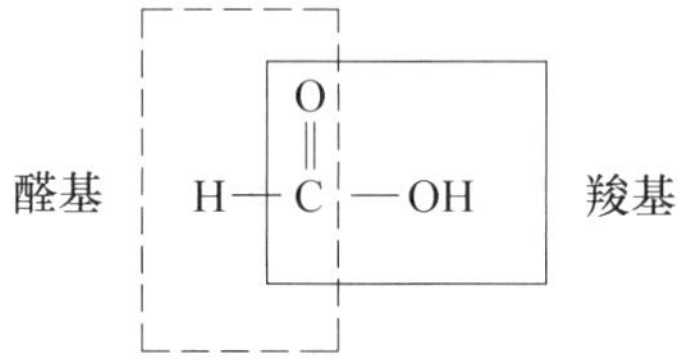

因此，甲酸既有羧酸的一般性质，也有醛的某些性质。甲酸有显著的酸性，且酸性比其他饱和一元羧酸的酸性强；同时甲酸具有醛的还原性，能与托伦试剂发生银镜反应，能与斐林试剂反应生成砖红色沉淀，也能被酸性高锰酸钾溶液氧化而使高锰酸钾紫红色褪色。利用这些反应可区别甲酸和其他羧酸。

$$HCOOH + 2Ag(NH_3)_2OH \longrightarrow (NH_4)_2CO_3 + 2Ag\downarrow + 2NH_3 + H_2O$$

把甲酸加热到 160 ℃以上，则发生分解反应，生成二氧化碳和氢气。

$$HCOOH \longrightarrow CO_2 + H_2$$

甲酸与浓硫酸共热分解生成一氧化碳和水。这是实验室制备纯一氧化碳的制法。

$$HCOOH \xrightarrow[60 \sim 80\ ℃]{\text{浓}\ H_2SO_4} CO + H_2O$$

11.5.2 乙酸

乙酸俗称醋酸，是食醋的主要成分。乙酸为无色有刺激性气味的液体，熔点 16.6 ℃，沸点 118 ℃。纯醋酸（无水乙酸）在低温（16.6 ℃以下）时凝结成冰状固体，因此称为冰醋酸。冰醋酸易吸湿气，须密封保存。乙酸能与水任意比例混溶，也可溶于乙醇、乙醚和其他有机溶剂。

目前常用乙醛的氧化反应制备乙酸。

$$CH_3—CHO \xrightarrow[60 \sim 80 ℃]{(CH_3COO)_2Mn,\ O_2} CH_3COOH$$

医药上通常配成 5~20 g/L 的乙酸稀溶液作为消毒防腐剂，可用于烫伤、灼烧感染的创面清洗。乙酸还有预防感冒作用，在食品添加剂中，乙酸是一种酸度调节剂。乙酸是常用的有机试剂，也是染料、香料、塑料及制药等工业不可缺少的原料。

11.5.3 乙二酸

乙二酸俗称草酸，是最简单的二元羧酸，常以盐的形式存在于许多植物的细胞壁中。草酸是无色晶体，含两分子的结晶水，加热到 100 ℃失去结晶水成为无水草酸，可溶于水和乙醇，不溶于乙醚。草酸的酸性比甲酸及其他饱和脂肪酸二元羧酸都强。它除了具有一般羧酸的性质外，还具有还原性，在酸性溶液中定量被高锰酸钾氧化，在分析化学中作为标定高锰酸钾的基准物质。

$$5HOOC—COOH + 2KMnO_4 + 3H_2SO_4 \longrightarrow K_2SO_4 + 2MnSO_4 + 10CO_2\uparrow + 8H_2O$$

由于草酸的强还原性，它也可用作漂白剂和除锈剂等。例如草酸能把高价铁还原成易溶于水的低价铁盐，因此，可用来除去铁锈或蓝墨水的污渍。草酸的钙盐溶解度很小，因此可用草酸作为钙离子的定性和定量分析试剂。

草酸受热易发生脱羧反应，生成少一个碳原子的一元羧酸（甲酸）。

$$\begin{matrix} COOH \\ | \\ COOH \end{matrix} \xrightarrow{\triangle} HCOOH + CO_2\uparrow$$

工业上制备乙二酸的方法，是利用一氧化碳与氢氧化钠作用，首先生成甲酸钠，再经迅速加热至约 400 ℃，制得草酸钠，再用稀硫酸酸化制得草酸。

$$HCOONa \xrightarrow[\text{迅速加热}]{400 ℃} \begin{matrix} COONa \\ | \\ COONa \end{matrix} \xrightarrow{\text{稀 } H_2SO_4} \begin{matrix} COOH \\ | \\ COOH \end{matrix}$$

11.5.4 苯甲酸

苯甲酸俗称安息香酸，因存在于安息香树胶中而得名。苯甲酸是一种芳香酸类有机化合物，也是最简单的芳香酸。

苯甲酸为白色鳞片状或针状结晶，熔点 122.1 ℃，受热易升华，难溶于冷水，易溶于热水、乙醇、三氯甲烷和乙醚等有机溶剂。

苯甲酸具有一元羧酸的一切性质。苯甲酸对许多真菌、霉菌、酵母菌有抑制作用，其乙醇溶液可用于治疗皮肤病，其钠盐常用作食品、药品的防腐剂。

工业上常用甲苯氧化的方法来制备苯甲酸：

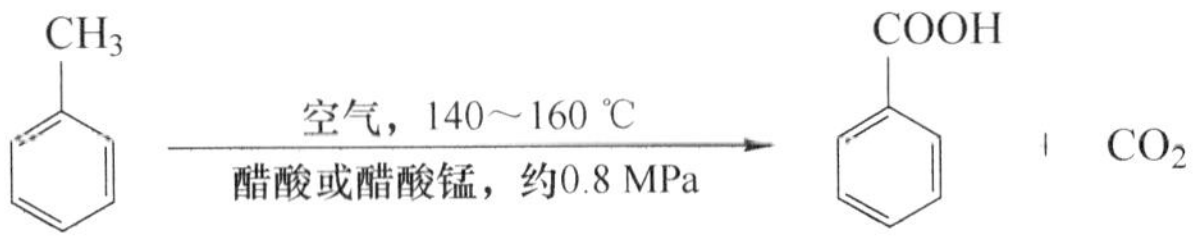

11.5.5 水杨酸

水杨酸系统名称为邻羟基苯甲酸，又名柳酸，主要存在于柳树或水杨树皮中。它是白色针状结晶，熔点 159 ℃，沸点 211 ℃；微溶于冷水，易溶于乙醇、乙醚和热水中，加热至 79 ℃可升华。

水杨酸具有羧酸和酚的一些性质，可与醇反应生成羧酸酯，亦可与三氯化铁作用呈紫色。邻位酚酸比较容易脱羧，加热易分解脱羧为酚。

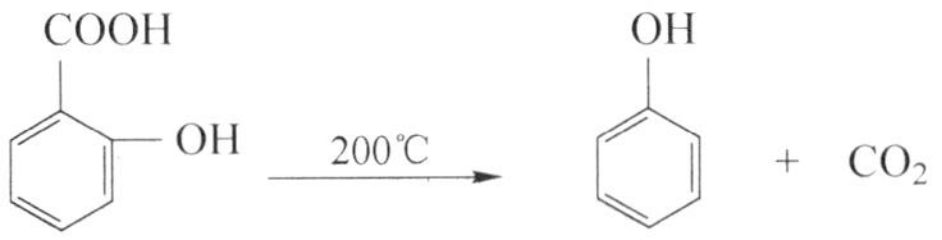

水杨酸的制法：

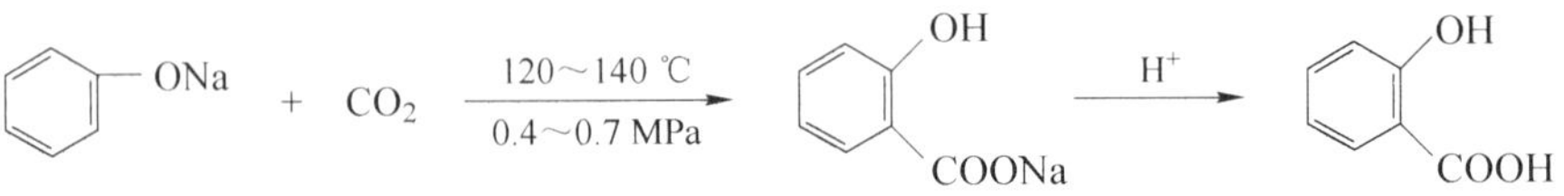

水杨酸具有杀菌防腐、解热镇痛和抗风湿作用，常用作抗风湿病和因霉菌感染引起的皮肤病的外用药。因酸性较强，对食管和胃黏膜的刺激性较大，一般不宜内服。其钠盐可作食品防腐剂和口腔清洁剂，因水杨酸不宜内服，临床上用阿司匹林（乙酰水杨酸）作为内服药。乙酰水杨酸商品为阿司匹林，在冰醋酸中 80 ℃时水杨酸与乙酐共热生成乙酰水杨酸。

11.6 羧酸衍生物的结构、分类和命名

羧酸衍生物是指羧酸分子中羧基（—COOH）的羟基（—OH）被其他原子或基团置换后的生成物。主要的羧酸衍生物有：酰卤 RCOX，酸酐 $(RCO)_2O$，酯 ROOR′，酰胺 $RCONH_2$ 等四类化合物。上述通式中，R、R′为脂肪烃基或芳香烃基，X 为卤素（F、Cl、Br、I）。它们中以酰卤的化学性质最为活泼，酸酐次之，酰胺居后。它们都可发生水解，生成相应的羧酸。酰卤、酸酐与酯还可发生醇解与氨解反应。酰胺用五氧化二磷脱水后生成腈。它们都以羧酸为原料制取。

11.6.1 羧酸衍生物的结构

羧酸分子中的羟基被—X、—OOCR、—NH_2（或—NHR、—NR_2）、—OR 等原子团

或基团取代后的产物称为羧酸衍生物。

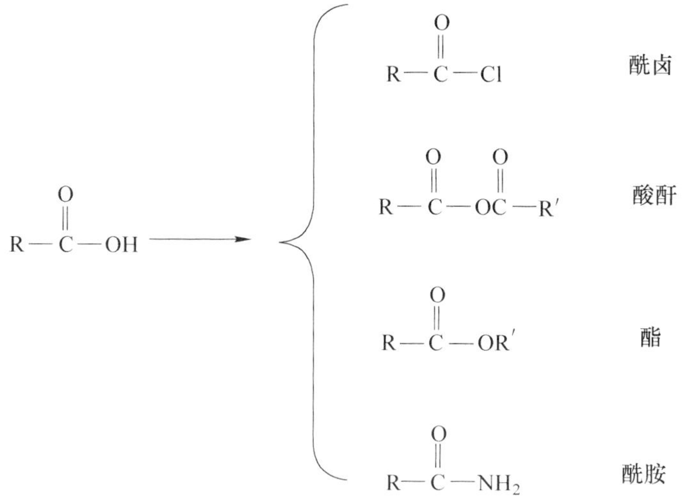

羧酸衍生物

羧酸衍生物的分子中，都含有酰基（$\overset{\displaystyle O}{\overset{\|}{—C—}}$），故又称为酰基化合物。酰基中的羰基碳原子以 sp^2 杂化分别与其他 3 个原子形成 σ 键，再以 p 轨道与氧原子的 p 轨道形成 π 键，呈平面构型，键角大约为 120°，与羰基相连的原子（X、O、N）上都有未共用电子对，它们所占的 p 轨道能与羰基上的 π 键形成 p-π 共轭。羧酸衍生物的结构通式如下：

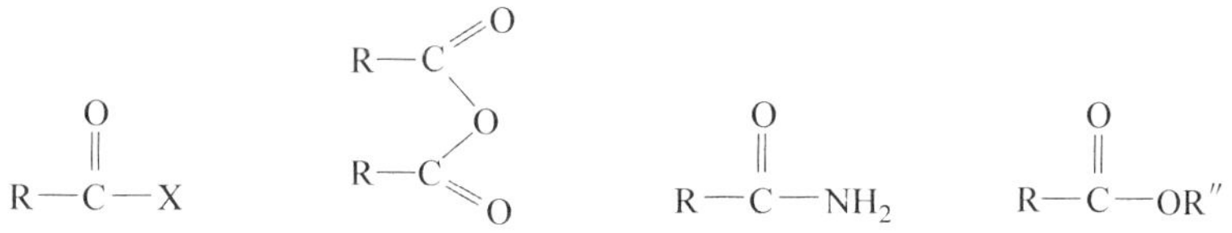

酰氯　　酸酐　　酰胺　　酯

酰胺和酯中，氨基氮或烷基氧的孤对电子可以与羰基共轭，但在酰卤中，这些共轭效应很弱，主要表现为强的吸电子效应。

比较而言，在四种羧酸衍生物中；酰卤表现为 X 的—I 效应，与羰基的+C 效应很弱；酸酐分子中两个羰基竞争中间氧原子上的孤电子对，+C 效应大于酰卤；酯分子中氧原子与羰基的+C 效应大于酸酐，+C>—I，C—O 键具有某些双键的性质；酰胺分子中氮原子的电负性小于氧原子，C—N 键明显具有某些双键的性质。

11.6.2 羧酸衍生物的分类和命名

11.6.2.1 羧酸衍生物的分类

羧酸衍生物按官能团衍生物（羧基中的—OH 被—X、—OOCR、—NH_2、—OR′取代）分为：酰氯、酸酐、酰胺、酯（R 代表烷基或芳基）。

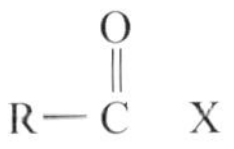
酰氯

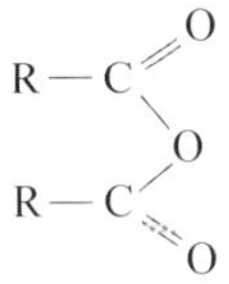
酸酐

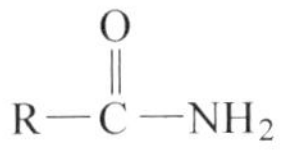
酰胺

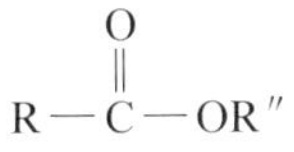
酯

11.6.2.2 羧酸衍生物的命名

羧酸衍生物的名称可从相应羧酸的常用名或系统命名导出。

A 酰卤

酰卤是按酰基命名的。酰卤名称由相应酸的酰基和卤素组成，称为“某酰卤”，常见的为酰氯。例如：

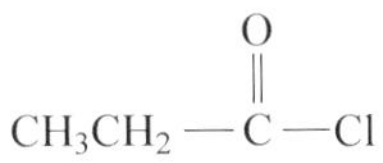
丙酰氯

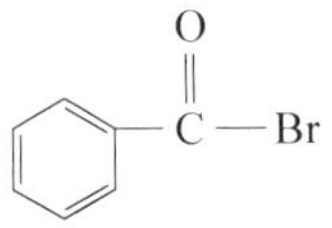
苯甲酰溴

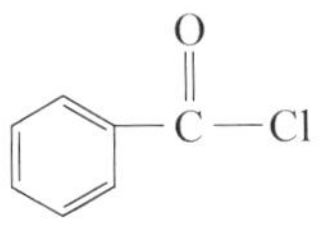
苯甲酰氯

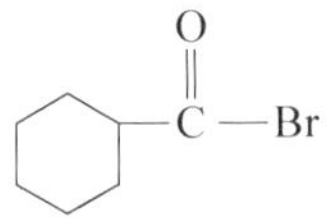
环己基甲酰溴

B 酯

酯的命名是由生成它的羧酸和醇得到的，酸的名称写在前面，醇的名称写在后面，由某酸某醇生成的酯称为“某酸某酯”。例如：

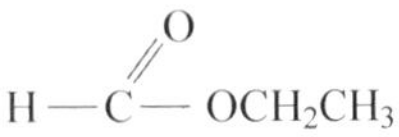
甲酸乙酯

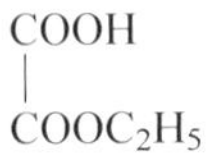
乙二酸乙酯

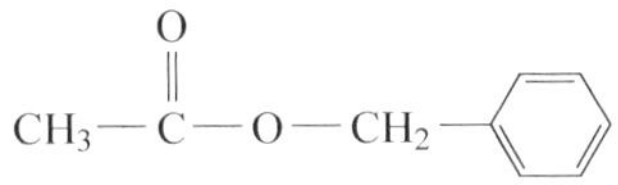
乙酸苯甲酯

但是，对于多元醇的命名，一般将酸名放在后面，称为“某醇某酸酯”。例如：

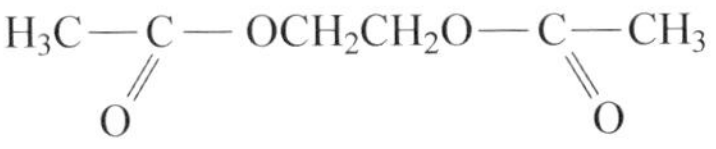
乙二醇二乙酸酯

C 酰胺

简单酰胺是在酰基名称后面加上“胺”，称“某酰胺”；当酰胺的 N 原子上连有取代基时，在取代基名称前加字母“N”，表示取代基连在 N 原子上。

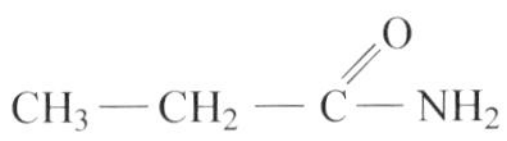
丙酰胺

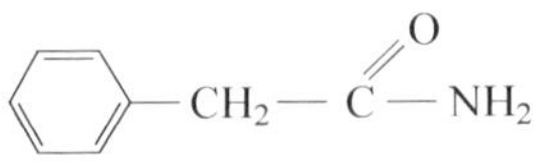
苯乙酰胺

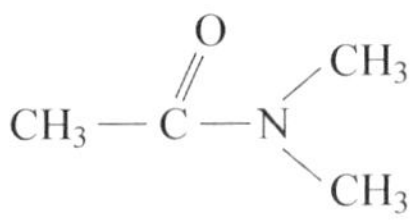
N,N-二甲基乙酰胺

D 酸酐

酸酐的命名从羧酸来，即在羧酸名称后加“酐”，称为“某酸酐”。相同羧酸生成的酸酐属于单酐，直接在酸的后面加“酐”，酸字也可省略，即“某酐”。不同羧酸形成的酸酐是混酐，命名混酐时，将简单的羧酸写在前面，复杂的羧酸写在后面；若有芳香酸时，芳香酸的名称写在前面，称为“某某酸酐”。

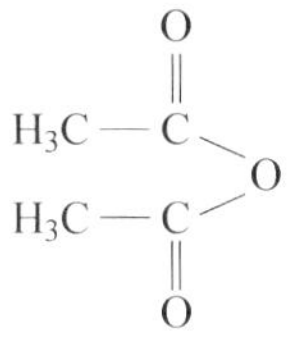

乙（酸）酐

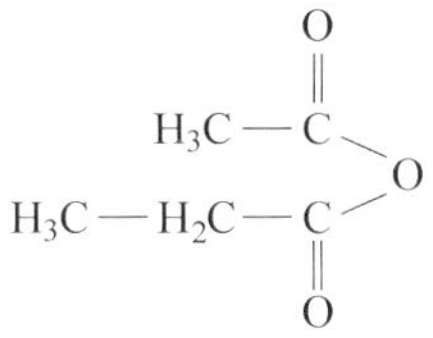

乙丙（酸）酐

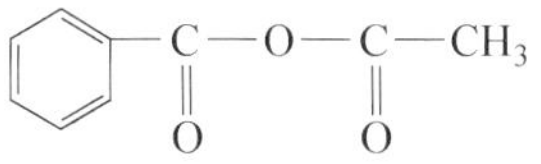

苯甲乙（酸）酐

11.7 羧酸衍生物的物理性质

酰卤、酯和酸酐的沸点比相对分子质量相近的羧酸的沸点低，而酰胺具有很高的沸点，并且比相应羧酸的沸点高。这是因为酰卤、酯和酸酐分子中没有缔合，而酰胺的氨基上的氢原子可在分子间形成强的氢键；N,N-二取代乙酰胺的氨基氮上没有氢原子，所以不存在氢键，出现了相对分子质量大，但熔点和沸点反而更低的现象。如乙酰胺沸点221 ℃，N,N-二甲基乙酰胺沸点 169 ℃。表 11-3 为某些羧酸衍生物的物理常数。

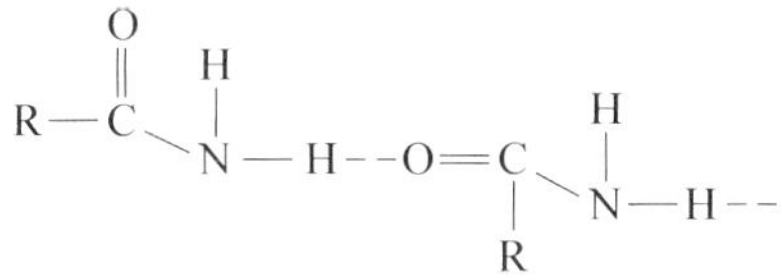

表 11-3 一些羧酸衍生物的物理常数

化合物	沸点/℃	熔点/℃
乙酰氯	51	-112
乙酰溴	76.7	-96
乙酰碘	108	
丙酰氯	80	-94
甲酸甲酯	32	-99.8
乙酸甲酯	57.5	-98
乙酸乙酯	77	-84
乙酸丁酯	126	-77
乙酸戊酯	147.6	-70.8
乙酸酐	139.6	-73
丁二酸酐	261	119.6
苯甲酸酐	360	42
甲酰胺	200（分解）	3
乙酰胺	221	82

续表 11-3

化合物	沸点/℃	熔点/℃
丙酰胺	213	80
丁酰胺	216	116

所有的羧酸衍生物均可溶于有机溶剂，如乙醚、氯仿、丙酮、苯等。N,N-二甲基甲酰胺、N,N-二甲基乙酰胺可与水混溶。由于它们是强极性的，所以常用做优良的非质子极性溶剂，大量用于涂料工业和有机合成中。

低级酰氯和酸酐有刺激性气味。挥发性的酯具有令人愉快的香味，常用做香料。

酯的密度小于水，当酯与水混合时，酯浮在水的上层。酰卤和酸酐不溶于水，低级酰胺易溶于水，随相对分子质量增大，溶解度逐渐降低。酰卤和酸酐，尤其是酰卤遇水易分解，在空气中易吸潮变质，应保存于密封容器中。

11.8　羧酸衍生物的化学性质

11.8.1　亲核取代反应

羧酸衍生物酰基碳上的基团可被亲核试剂取代，发生亲核取代反应。该反应可在酸或碱催化下进行，包括羧酸衍生物的水解、醇解、氨解反应。其反应历程分两步进行：首先亲核试剂加到酰基碳上，发生亲核加成反应，形成带负电荷的四面体结构的中间体；然后中间体发生消除反应，形成恢复碳氧双键的取代产物。其过程如下：

总的反应历程：

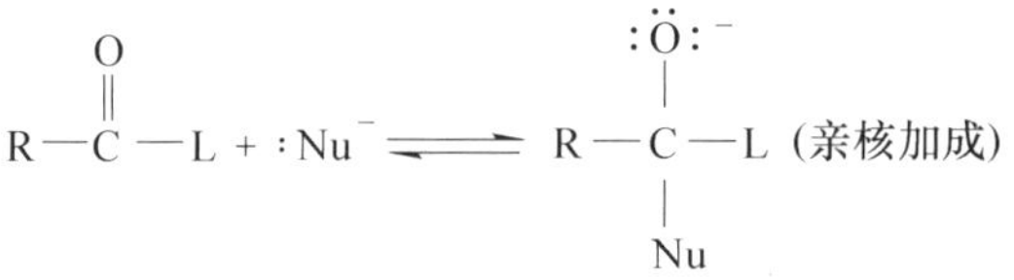

三角形结构（酰基碳 sp^2 杂化）四面体结构（中心碳原子 sp^3 杂化）

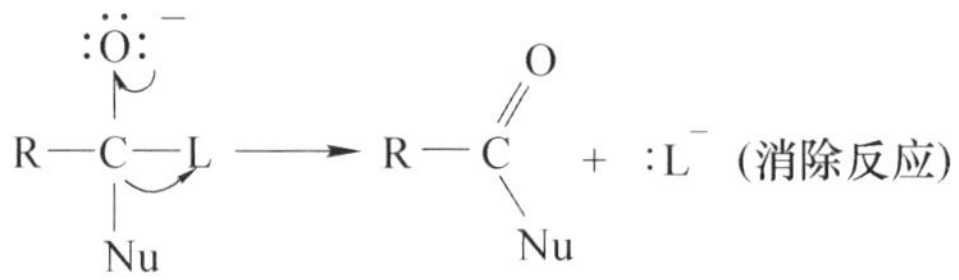

式中，$:Nu^-$为进攻的亲核试剂；$:L^-$为离去基团，即 Cl^-、NH_2、—OR 等。

羧酸衍生物中的酰基碳上发生亲核取代反应，要比在饱和碳上容易得多，在羧酸衍生物分子中，酰基上所连的基团不同，其化学性质也有差异。对于亲核进攻来说，总的反应速率与加成、消除反应速率有关。

酰基的亲核取代反应速率，受其分子中的电子效应和空间效应影响。第一步，亲核加成形成四面体结构的中间体，若烃基上有能使中间体稳定，且体积又小的基团存在，则有利于亲核加成反应，反应速率就快，反之，不利于加成，反应速率就慢。第二步消除反应的速率取决于离去基团的碱性，碱性越弱，越利于离去基团离去，反应越容易进行。它们的碱性次序是—NH_2>—OR>—OOCR>—X，则这些基团的离去顺序就为：—X>—OOCR>—OR>—NH_2。

羧酸衍生物发生酰基碳上的亲核取代反应（水解、醇解、氨解等）的活性次序是：酰卤>酸酐>酯>酰胺。

11.8.1.1 水解反应

酰卤、酸酐、酯和酰胺在酸催化作用下都可与水发生亲核取代反应，水解都可得相应的羧酸。

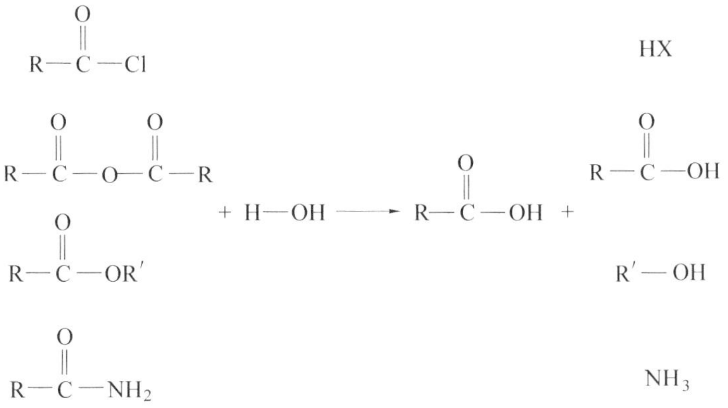

四种羧酸衍生物水解反应的难易程度不同，其反应活性顺序为：酰卤>酸酐>酯>酰胺。

酰卤最容易水解，低级酰卤与空气中的水反应十分激烈，如乙酰氯在潮湿空气中冒白烟，是由于乙酰氯与空气中的水发生剧烈反应放出氯化氢气体所引起的，所以乙酰氯易潮解，存放时需注意防潮。

$$CH_3-\overset{\overset{\displaystyle O}{\|}}{C}-Cl + H_2O \longrightarrow CH_3-\overset{\overset{\displaystyle O}{\|}}{C}-OH + HCl\uparrow$$

相对分子质量大的酰卤，在水中的溶解度较小，反应速率比较慢，但若加入使酰卤与水均溶的溶剂，反应就顺利进行。

$$C_{19}H_{39}-\overset{\overset{\displaystyle O}{\|}}{C}-Cl + H_2O \xrightarrow{\text{二氧六环}} C_{19}H_{39}COOH + HCl\uparrow$$

酸酐可以在中性、酸性、碱性溶液中水解，它的水解反应比酰卤缓和些，但比酯容易。酸酐的水解反应速率取决于相应的酸酐在水中的溶解度，乙酸酐易溶于水，所以它非常容易与水反应。

$$H_3C-\underset{\underset{\displaystyle O}{\|}}{C}-O-\underset{\underset{\displaystyle O}{\|}}{C}-CH_3 + H_2O \longrightarrow 2CH_3COOH$$

酯的水解，是酯化反应的逆反应，水解不能完全。若在一定条件下，用碱作催化剂水解，因为OH^-是一个比较强的亲核试剂，容易与羰基碳发生亲核反应，生成的羧酸可与碱生成盐，羧酸盐不能发生酯化反应，而破坏了平衡体系，如足量的碱存在时，水解可以进行到底。酯碱性溶液中的水解反应又叫皂化反应。

$$R-\overset{\overset{\displaystyle O}{\|}}{C}-O-R' + H_2O \overset{H^+}{\rightleftharpoons} R-\overset{\overset{\displaystyle O}{\|}}{C}-O-H + R'OH$$

$$R-\overset{O}{\overset{\|}{C}}-O-R' + NaOH \longrightarrow R-\overset{O}{\overset{\|}{C}}-ONa + R'OH$$

酰胺氮原子与羰基的 p-π 共轭，使得酰胺比酰卤、酸酐和酯更稳定，其水解更困难，需要在酸或碱催化下，经长时间回流才能完成。酰胺在酸性溶液中的水解，得到羧酸和铵盐，在碱性溶液中水解，得到羧酸盐，并放出氨气。

$$CH_3-\overset{O}{\overset{\|}{C}}-NH_2 + H_2O \xrightarrow{HCl} R-\overset{O}{\overset{\|}{C}}-O-H + NH_4Cl$$

$$CH_3-\overset{O}{\overset{\|}{C}}-NH_2 + H_2O \xrightarrow{NaOH} R-\overset{O}{\overset{\|}{C}}-ONa + NH_3\uparrow$$

应用：在一些含有羧基的多官能团化合物反应中，为了保护羧基，往往先进行酯化反应，待反应结束后，再进行水解反应，恢复羧基。

11.8.1.2 醇解反应

酰卤、酸酐、酯和酰胺均能与醇反应，生成相应的酯，称为羧酸衍生物的醇解反应。

$$\left.\begin{array}{l} R-\overset{O}{\overset{\|}{C}}-X \\ R-\overset{O}{\overset{\|}{C}}-O-\overset{O}{\overset{\|}{C}}-R \\ R-\overset{O}{\overset{\|}{C}}-OR' \\ R-\overset{O}{\overset{\|}{C}}-NH_2 \end{array}\right\} + H-O-R' \longrightarrow R-\overset{O}{\overset{\|}{C}}-O-R' + \left\{\begin{array}{l} HX \\ R-\overset{O}{\overset{\|}{C}}-OH \\ R'-OH \\ NH_3 \end{array}\right.$$

酰卤与醇很快反应生成酯，利用这个反应来制备某些醇或酚不能与羧酸直接生成的酯。酸酐与醇反应比酰卤温和，加酸或加碱可以使反应加快。酸酐可以与绝大多数醇或酚反应，生成酯和羧酸，这是制备酯的方法之一。例如：

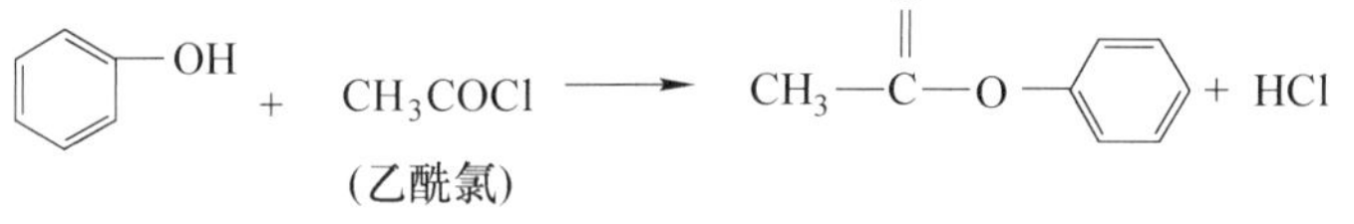

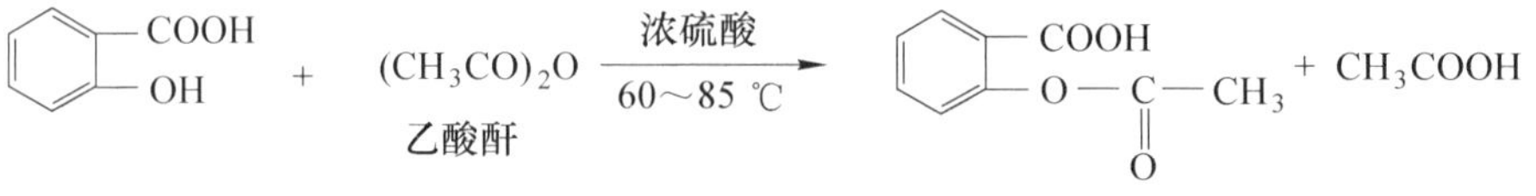

阿司匹林(乙酰水杨酸)

酯的醇解又称为酯的交换反应，即酯与醇在酸或碱的催化下生成一个新酯和一个新醇的反应，通常是“以小换大”。

$$R-\overset{O}{\overset{\|}{C}}-O-R' + R''OH \xrightleftharpoons{H^+/OH^-} R-\overset{O}{\overset{\|}{C}}-O-R'' + R'OH$$

在有机合成中常利用此反应来制备高级酯或一般难以用酯化反应合成的酯。酯交换反应是可逆的，该反应需要酸或碱作催化剂，并且边反应边蒸去醇，这样可以比较完全的转化，得到产物。

$$\underset{\text{乙酸乙酯}}{CH_3COOC_2H_5} + C_4H_9OH \xrightleftharpoons{H^+/OH^-} \underset{\text{乙酸丁酯}}{CH_3COOC_4H_9} + C_2H_5OH$$

11.8.1.3 氨解反应

酰卤、酸酐和酯与氨或胺反应，生成相应的酰胺，称为氨解反应。由于氨或胺的亲核性比水强，因此氨解比水解容易进行。

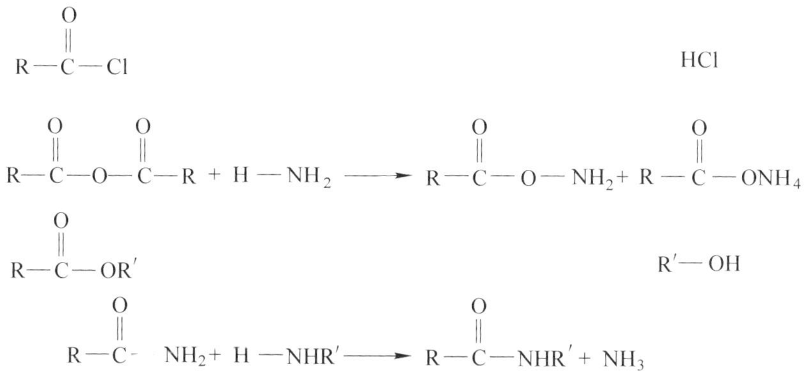

羧酸衍生物的氨解反应常用于药物合成，如扑热息痛的制备：

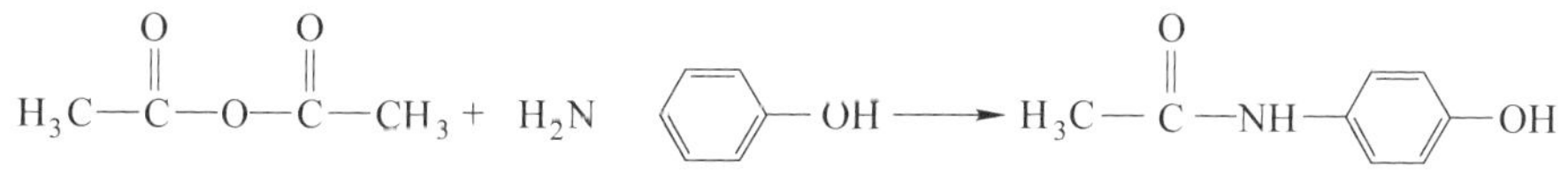

乙酐　　　　对羟基苯胺　　　　对羟基乙酰苯胺(扑热息痛)

由于羟基苯胺的毒性较大，不能直接用于药物治疗，经过乙酐氨解，可改造成无毒的解热镇痛药。

由羧酸衍生物的水解、醇解、氨解反应可以看出，水、醇、氨分子中的活泼氢原子被酰基取代。能提供酰基的试剂称为酰化试剂，常用的酰化试剂是酰卤和酸酐。化合物分子中引入酰基的反应，即由酰化试剂与含活泼氢的化合物（醇、酚、氨、胺、α-H 的酯和醛、酮）的反应称为酰化反应。羧酸衍生物酰化能力顺序为：酰卤>酸酐>酯>酰胺。

上述反应，从酰基化合物的方面来说，它们是发生了水解、醇解或氨解；对水、醇或氨来说，它们则是发生了酰化反应，酰卤、酸酐、酯都是酰化剂；酰胺的酰化能力是极弱的。

11.8.2 与 Grignard 试剂（格利雅试剂、格式试剂）的反应

酰卤与 Grignard 试剂反应可生成酮；酸酐、酯或酰胺与 Grignard 试剂反应，再经水解均可生成叔醇；酯与 Grignard 试剂的反应是制备叔醇最为普遍的方法。

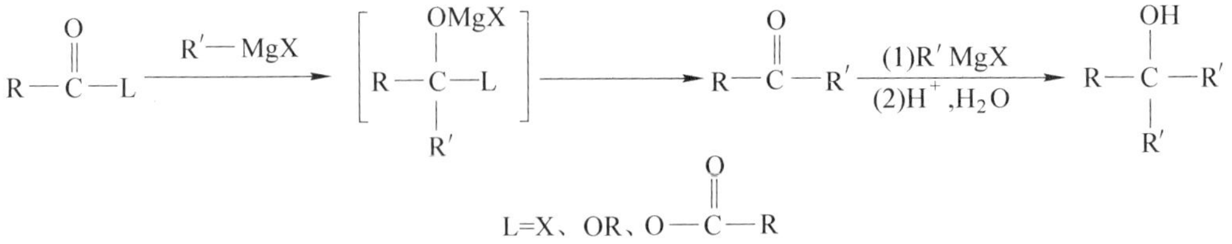

羧酸衍生物酯的羰基活性比酮的羰基活性差，因此反应很难停留在酮的阶段，一般生成的酮会很快与体系中的金属试剂发生反应生成叔醇。该反应常用于合成具有两个相同烃基的叔醇。例如：

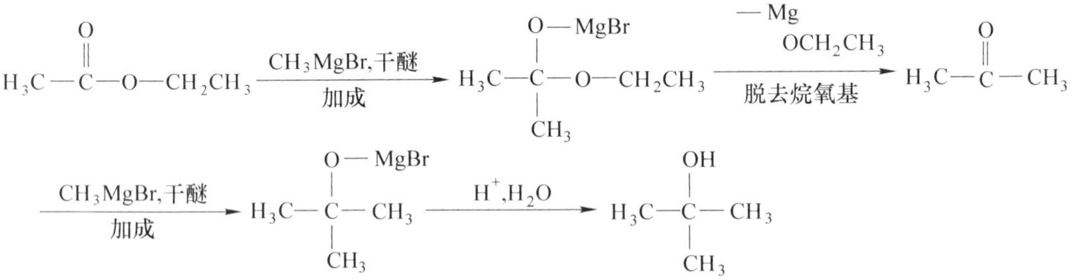

叔丁醇

11.8.3 还原反应

羧酸衍生物均具有不饱和键，可以多种方法进行还原。不同的羧酸衍生物用不同的还原方法能得到不同的还原产物。在还原剂的作用下，羧酸衍生物分子中的羰基均被还原成亚甲基（$—CH_2—$），酰卤、酸酐、酯可以被还原为相应的醛或伯醇，而酰胺则被还原为相应的胺。

11.8.3.1 酰卤

酰卤能被 $LiAlH_4$ 还原为伯醇。由于相应的酸可直接被 $LiAlH_4$ 还原为醇，所以该还原反应很少用于合成。

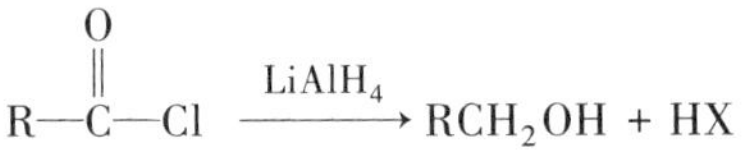

伯醇

较有合成价值的还原反应是 Rosenmund 反应，该反应选择用 Pd-$BaSO_4$ 做还原剂，可以选择性还原羰基，把酰氯还原为相应的醛。Pd-$BaSO_4$ 试剂能选择性还原羰基，使用的催化剂常常添加少量的喹啉-硫，叫作“催化剂毒”，可以抑制催化剂的活性，使反应停留在生成醛的阶段，阻止还原反应继续进行下去而被还原为醇。Rosenmund 还原反应是制备醛的一种好方法。

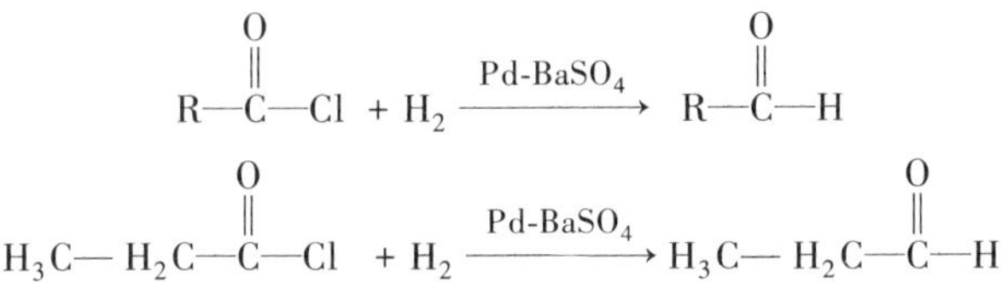

11.8.3.2　酸酐的还原

酸酐与羧酸相似，也可被 $LiAlH_4$还原为相应的伯醇。例如乙酸酐可以还原为乙醇。

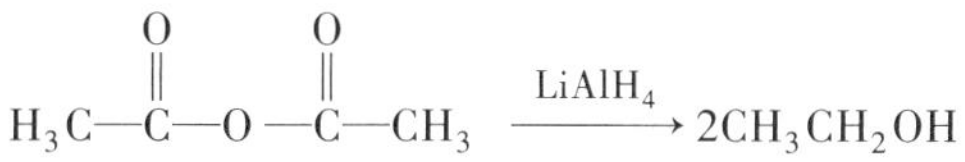

氢化锂铝可将酸酐还原为两分子伯醇。

11.8.3.3　酯的还原

酯用 $LiAlH_4$或 Na/ROH 处理，可被还原为两分子的醇，一分子来自原来组成酯的醇，另一分子是酯中酸那部分的伯醇（来自酰基的还原）。酯的还原是使羧酸间接转变为伯醇的重要方法，羧酸直接还原比较困难。在 $LiAlH_4$未被普遍使用之前，常用金属钠和醇间接把羧酸还原为伯醇。例如：

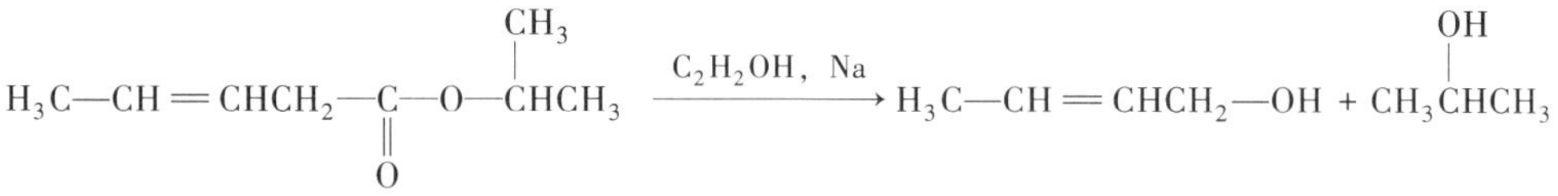

该反应中碳碳双键或叁键不受影响。

11.8.3.4　酰胺的还原

酰胺一般不容易被还原，但在 $LiAlH_4$存在下可被还原为胺类。根据酰胺氮上取代基个数，还原后可得到伯、仲、叔胺。

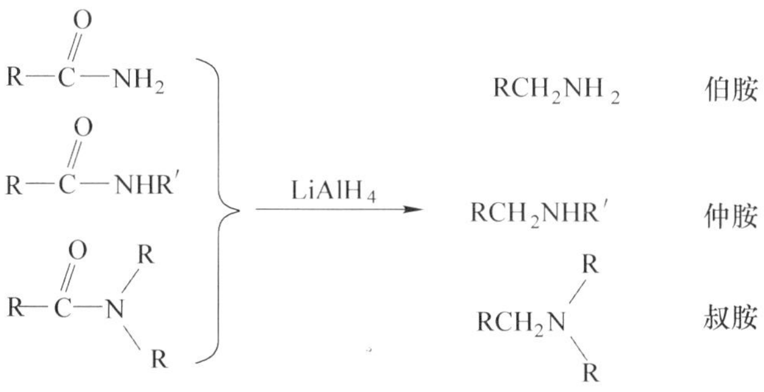

例如：

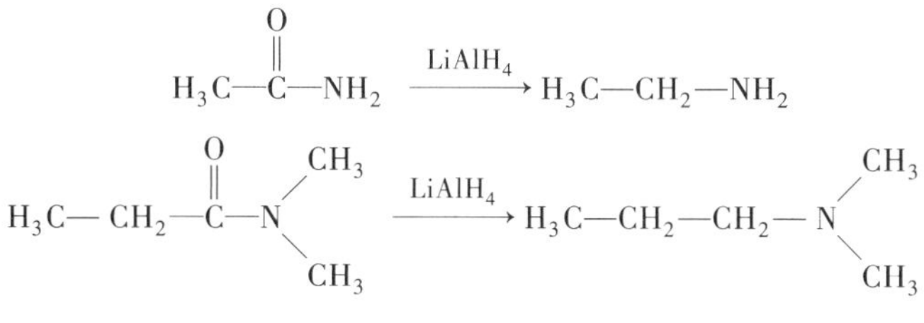

11.8.4　酰胺的特殊反应

酰胺分子中由酰基和氨基组成，两个官能团的相互影响，使酰胺表现出一些特殊的性质。

11.8.4.1　弱酸性、弱碱性

酰胺（$RCONH_2$）不能使石蕊变色，一般可认为是中性化合物。在一定条件下，酰胺有时呈现出弱酸性或弱碱性。酰胺可与强酸发生反应，因为酰胺的酸性和碱性都很弱，所以反应所生成的盐（如 $CH_3CONH_2 \cdot HCl$）很不稳定，遇水即完全水解为原来的酰胺和盐酸。例如：乙酰胺可与金属钠、盐酸发生反应。

$$CH_3\overset{\overset{O}{\|}}{C}—NH_2 + Na \longrightarrow CH_3\overset{\overset{O}{\|}}{C}—NHNa + 0.5H_2$$

$$CH_3\overset{\overset{O}{\|}}{C}—NH_2 + HCl \longrightarrow CH_3\overset{\overset{O}{\|}}{C}—NH_2 \cdot HCl$$

从酰胺的结构来看，在酰胺分子中，氨基氮原子与酰基相连，受酰基的影响；酰胺分子中氮原子上的未共用电子对与羰基上的 π 电子云形成 p-π 共轭体系，产生 p-π 共轭效应，电子云向氧原子方向转移，降低了氮原子上的电子云密度，因而氨基的碱性减弱，酰胺可与强酸生成不稳定的盐，遇水立即分解。随着氮原子电子云密度降低，氮-氢键极性增强，氮原子上的氢原子具有质子化倾向，因而又表现出微弱的酸性。

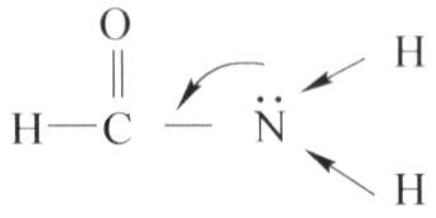

11.8.4.2　霍夫曼（Hofmann）降解反应

酰胺与氯或溴的碱溶液作用脱去羰基，生成少一个碳原子的伯胺（$R—NH_2$）的反应称为霍夫曼降解反应。例如：

$$R—\overset{\overset{O}{\|}}{C}—NH_2 + Br_2 + 4NaOH \xrightarrow{H_2O} R—NH_2 + 2NaBr + Na_2CO_3 + 2H_2O$$

$$CH_3CH_2CH_2\overset{\overset{O}{\|}}{C}—NH_2 \xrightarrow{Br_2,\ NaOH} CH_3CH_2CH_2—NH_2$$

利用这个反应可制备伯胺（氨分子中的一个氢原子被烃基取代的产物）。这是使碳链减少一个碳原子的重要方法。

11.8.4.3　脱水反应

酰胺与强脱水剂共热或高温加热，则分子内脱水生成腈（R—CN）；常用的脱水剂有五氧化二磷（P_2O_5）和亚硫酰氯（$SOCl_2$）等。

$$R—\overset{\overset{O}{\|}}{C}—NH_2 \xrightarrow{P_2O_5} R—CN + H_2O$$

11.8.4.4　与 HNO_2 反应

酰胺与 HNO_2 反应，氨基被羟基取代，生成相应的羧酸，同时放出氮气。

$$R—\overset{\overset{O}{\|}}{C}—NH_2 + HONO \longrightarrow R—\overset{\overset{O}{\|}}{C}—OH + N_2\uparrow + H_2O$$

11.9 常见的羧酸衍生物

11.9.1 乙酰氯

乙酰氯（CH_3COCl）是无色有刺激性气味的液体，沸点 52 ℃，遇水剧烈水解，并放出大量的热。乙酰氯具有酰卤的通性，是常见的乙酰化试剂。

11.9.2 苯甲酰氯

苯甲酰氯是无色有刺激性气味的液体，沸点 197.2 ℃，不溶于水，和水或碱溶液的作用缓慢。苯甲酰氯是一种常见的苯甲酰化试剂，它与羟基或氨基化合物进行苯甲酰化后能生成水溶性极小的酰胺或酯，具有一定的熔点，常用于醇、酚、胺等的鉴别。

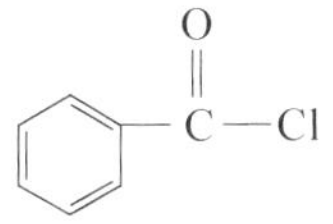

苯甲酰氯

11.9.3 乙酸酐

乙酰酐［$(CH_3CO)_2O$］又名醋酸酐，是无色有刺激性气味的液体，沸点 139.6 ℃，微溶于水，在冷水中缓慢水解成乙酸，能溶于有机溶剂。乙酸酐是重要的化工原料，用于制造醋酸纤维，合成染料、药物、香料等。乙酸酐也是常用的乙酰化试剂。

11.9.4 乙酸乙酯

乙酸乙酯（$CH_3COOC_2H_5$）是无色透明的液体，有水果香味，沸点 77 ℃，微溶于水，溶于乙醇、乙醚和氯仿等有机溶剂。乙酸乙酯常用作清漆、人造革等的有机溶剂，也用于染料、药物、香料等的制造。

11.9.5 N,N-二甲基甲酰胺

N,N-二甲基甲酰胺［$HCON(CH_3)_2$］，简称 DMF，是微带氨臭味的无色液体，沸点 153 ℃，性质稳定，能与水和多数有机溶剂混溶，能溶解很多难溶的有机物，特别是高聚物，被誉为“万能溶剂”。N,N-二甲基甲酰胺也是常用的甲酰化试剂。

11.10 碳酸衍生物

11.10.1 碳酰氯

碳酰氯又称光气，化学式为 $COCl_2$，碳酰氯在室温下为有甜味的气体，是一种重要的有机中间体，是非常活泼的亲电试剂，容易水解，是剧烈窒息性毒气，有剧毒。

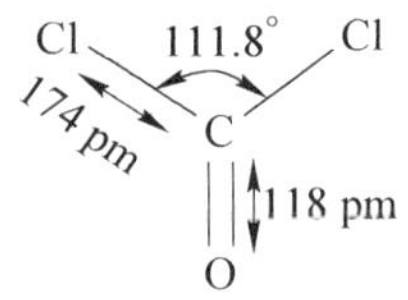

工业上通常是在 200 ℃下，以活性炭为催化剂，采用一氧化碳和氯气作用来制备碳酰氯。

$$CO + Cl_2 \xrightarrow[\text{碳}]{200\ ℃} COCl_2$$

碳酰氯具有酰氯的一般性质，例如：

（1）碳酰氯遇水容易发生水解。

$$COCl_2 + H_2O = CO_2 + 2HCl$$

（2）碳酰氯与醇反应可以得到对应的酯化物。

$$COCl_2 \xrightarrow[\text{醇解}]{ROH} Cl—\overset{\displaystyle O \atop \|}{C}—OR \xrightarrow{ROH} RO—\overset{\displaystyle O \atop \|}{C}—OR$$

（3）碳酰氯和氨气反应可以得到脲（尿素）。

$$COCl_2 + NH_3 \longrightarrow H_2N—\overset{\displaystyle O \atop \|}{C}—NH_2$$

11.10.2 碳酰胺

碳酰胺也称尿素，又称脲，化学式是 CH_4N_2O，结构简式是 $CO(NH_2)_2$，是由碳、氮、氧、氢组成的有机化合物，是一种白色晶体。最简单的有机化合物之一，是哺乳动物和某些鱼类体内蛋白质代谢分解的主要含氮终产物。

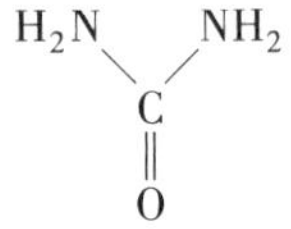

尿素易溶于水及乙醇，在 20 ℃时 100 mL 水中可溶解 105 g。结晶尿素呈白色针状或棱柱状晶形，吸湿性强。

工业上用二氧化碳和液氨为原料，在高温高压条件下直接合成尿素，化学反应如下：

$$2NH_3 + CO_2 \longrightarrow NH_2COONH_4 \longrightarrow CO(NH_2)_2 + H_2O$$

碳酰胺具有酰胺的结构，故它有酰胺的一般化学性质，由于碳酰胺分子中的两个氨基连在同一个羰基上，所以碳酰胺也有一些特性。

（1）碳酰胺呈极弱的碱性，它的水溶液不使石蕊变色，与强酸作用可以生成盐。

$$CO(NH_2)_2 + HNO_3 \longrightarrow \underset{\text{（硝酸脲）}}{CO(NH_2)_2 \cdot HNO_3}$$

$$2CO(NH_2)_2 + HOOC—COOH \longrightarrow \underset{\text{草酸脲（结晶，不易溶于水）}}{[CO(NH_2)_2]_2 \cdot (COOH)_2}$$

（2）碳酰胺与亚硝酸作用，生产 CO_2 和 N_2

$$CO(NH_2)_2 + HNO_2 \longrightarrow CO_2 + N_2$$

（3）碳酰胺对热不稳定，加热至 150~160 ℃将脱氨成缩二脲。硫酸铜和缩二脲反应呈紫色，可用来鉴定尿素。

$$CO(NH_2)_2 \longrightarrow HNCO + NH_3$$

$$HNCO + CO(NH_2)_2 \longrightarrow \underset{\text{缩二脲}}{NH_2CONHCONH_2}$$

（4）碳酰胺在酸、碱、酶作用下（酸、碱需加热）能水解生成氨和二氧化碳。

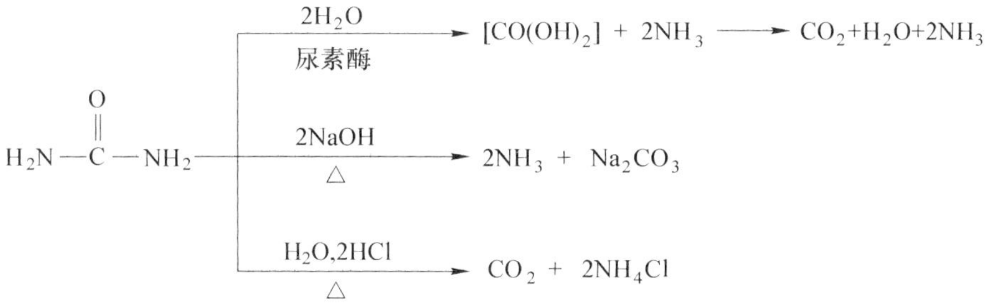

（5）碳酰胺与乙酰氯或乙酸酐作用可生成乙酰脲与二乙酰脲。

乙酰脲　　　　二乙酰脲

12　含氮有机化合物

分子中含有氮原子的有机化合物称为有机含氮化合物，主要包括硝基化合物、胺、腈、异腈、异氰酸酯、重氮化合物和偶氮化合物等，有机含氮化合物在自然界和日常生活中应用广泛，很多化合物在药物和功能材料中应用广泛。例如：

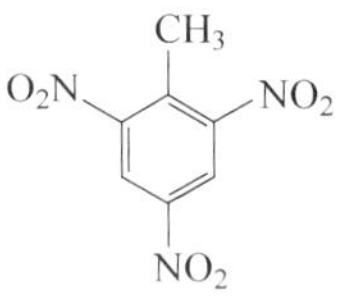

2,4,6-三硝基甲苯

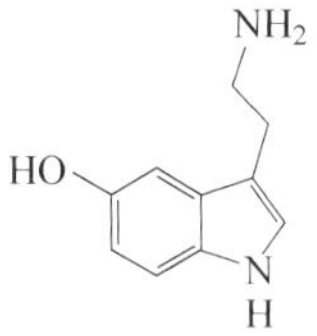

5-羟色胺
（神经递质）

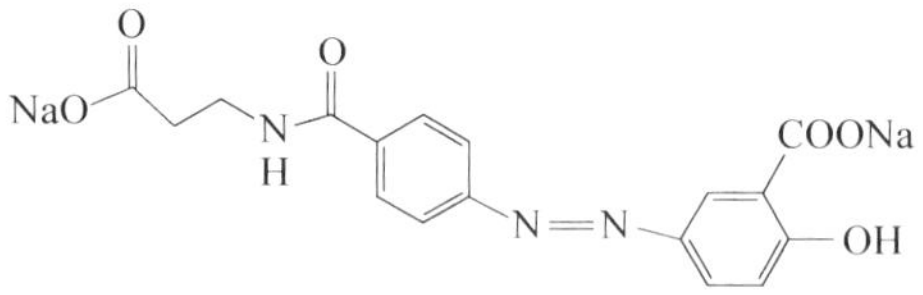

巴柳氮二钠
（治疗溃疡性结肠炎）

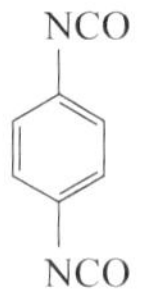

对苯二异氰酸酯
（合成聚氨酯原料）

12.1　胺的结构、分类和命名

氨分子中的氢原子被烷基取代后的产物称胺，胺的官能团就是氨基（—NH_2）。

12.1.1　胺的结构

氮原子的电子构型为 $1s^2 2s^2 2p_x^{\,1} p_y^{\,1} p_z^{\,1}$，其中 3 个 2p 轨道未完全填满，可以成键。氮原子应为三价，因而键角似应互为 90°。但实际上氮原子和氢原子或碳原子形成的单键的键角为 109°左右。可见氮原子成键时，发生了轨道杂化，形成 4 个 sp^3 杂化轨道，其中三个轨道和三个其他原子（如氢或碳原子）形成 3 个 σ 键，未共用电子对则占有另一个轨道，呈棱锥形结构。例如，氨、甲胺和三甲胺的结构如图 12-1 所示。

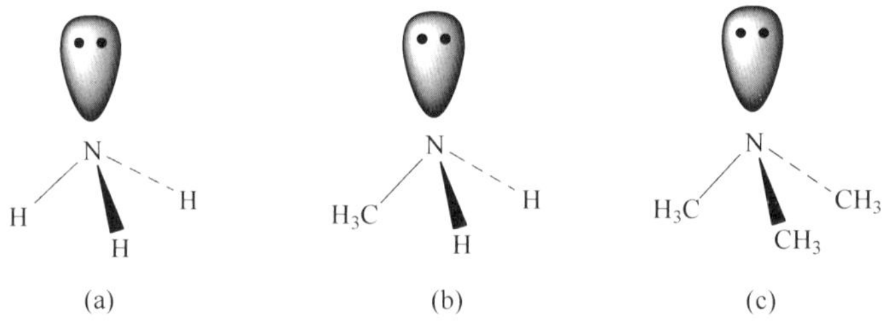

图 12-1　氨、甲胺和三甲胺的结构
（a）氨；（b）甲胺；（c）三甲胺

12.1.2 胺的分类和命名

氨分子中的一个、两个或三个氢原子被烃基取代后的生成物分别称为伯胺（一级胺或1°胺）、仲胺（二级胺或2°胺）或叔胺（三级胺或3°胺）。但要注意这里的伯、仲、叔的含义与醇不同，它们分别指氮原子上连有一个、两个和三个烃基，而与连接在氨基上的碳原子种类无关。例如，叔丁醇是叔醇，而叔丁胺却是伯胺。

NH_3　　$(CH_3)_3CNH_2$　　　　$(C_2H_5)_3N$

氨　　叔丁胺　　N-甲基苯胺　　三乙胺

根据分子中氮原子上所连烃基种类的不同，可将胺分为脂肪胺和芳香胺。氨基与脂肪烃相连的称为脂肪胺，氨基与芳香环直接相连的称为芳香胺。此外，还可以根据分子中所连接氨基数目的不同而分为一元胺、二元胺和多元胺等。

除伯、仲和叔胺外，还有相当于氢氧化铵和铵盐的化合物，分别称为季铵碱（quaternary ammonium base）和季铵盐（quaternary ammonium salt）。在这里需注意氨、胺和铵的含义。在表示基（如氨基、亚氨基等）时，用“氨”表示；NH_3中的氢原子被烃基取代得到的衍生物，用“胺”表示；而表示季铵类化合物或铵盐时，则用“铵”表示。

$NH_2CH_2CH_2NH_2$　　$R_4N^+OH^-$　　$R_4N^+X^-$

乙二胺　　季铵碱　　季铵盐

简单胺常以习惯命名法命名，它是在“胺”字前面加上烃基的名称来命名，如果N原子上连有两个或三个相同的烃基，在前面用二或三表示基的数目。当胺分子中N原子上连有不同的烃基时，按次序规则分别写出各烃基，“较优”的基团（顺序规则中较大的基团）在后。例如：

$(C_2H_5)_3N$　　$C_2H_5—N(CH_3)—CH_2CH(CH_3)_2$　　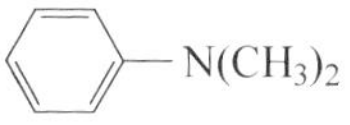

三乙胺　　N-甲基乙基异丁基胺　　N,N-二甲基苯胺

N原子上同时连有芳烃和脂肪烃时，则以芳香胺为母体，脂肪烃基作为芳胺N原子上的取代基，将名称和数目写在前面，并在取代基前冠以“N”。每个“N”只能表示一个取代基的位置，表示这个脂肪烃基连在N原子上，而不是连在芳环或其他位置上。

烃基比较复杂的胺也可采用系统命名法，以烃基为母体，将氨基作为取代基命名。例如：

对二甲氨基苯甲酸

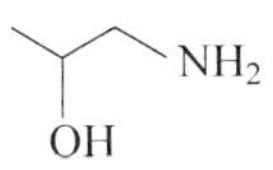

1-氨基-2-丙醇

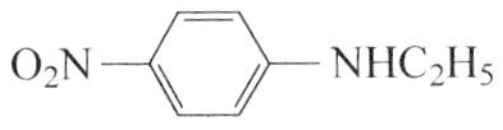

N-乙基对硝基苯胺

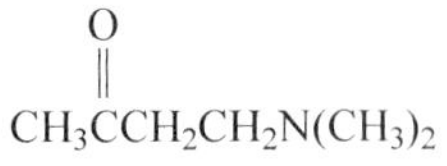

4-二甲氨基-2-丁酮

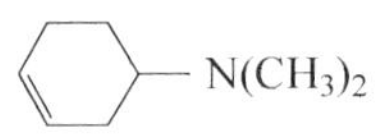

4-二甲氨基环己烯

$(CH_3)_4N^+OH^-$

四甲基氢氧化铵

12.2 胺的制法

12.2.1 由硝基化合物还原

硝基化合物还原是制备胺类化合物的极为重要的方法。由于芳香族硝基化合物原料易得，因此该法尤其适用于制备芳伯胺。而脂肪族硝基化合物不易制备，所以不适合脂肪胺的制备。

硝基容易被还原，Fe、Zn、Sn、$SnCl_2$ 和 NaS 等是实验室常用的硝基还原剂。例如：

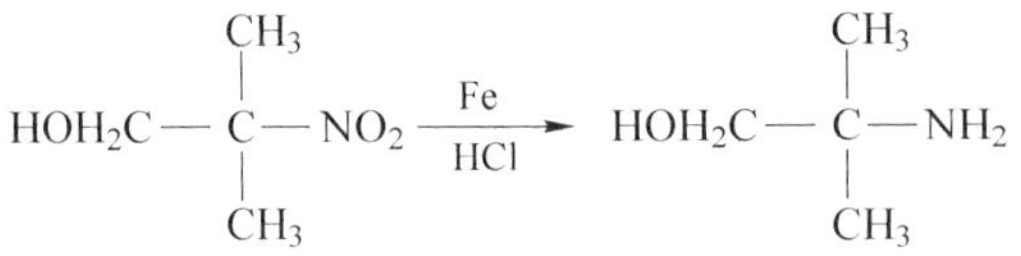

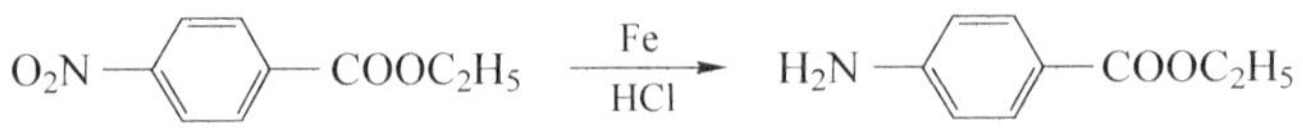

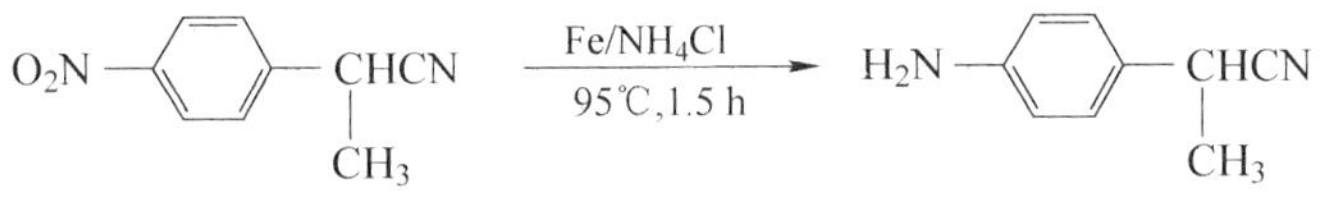

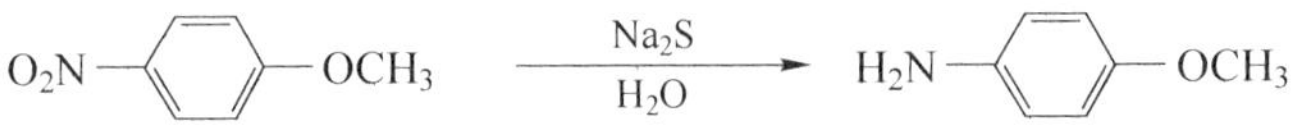

在铁粉还原中，一般对卤原子、烯基、氰基和酯基等基团无影响，可用于选择性还原。用铁粉还原时常加入少量稀酸，使铁粉表面的氧化铁形成亚铁盐而作为催化电解质，也可加入氯化铵等使铁粉活化。在上述还原反应过程中，由于使用 Fe 和 Zn 等金属，尤其是用 Fe 粉进行还原，反应后产生大量铁泥，对环境造成污染。工业上一般采用在 Cu、Ni 或 Pd/C 催化下，用氢气进行还原，反应后直接将 Pd/C 等催化剂滤去。反应液浓缩后直接处理便可得到纯品，对环境污染小，收率较高。而且 Pd/C 催化剂可多次使用，活性降低后可再生继续使用，是一种绿色的合成方法。例如，在常压下用 Pd/C 及氢气还原对硝基苯甲酸乙酯中的硝基，可合成局部麻醉药苯佐卡因。

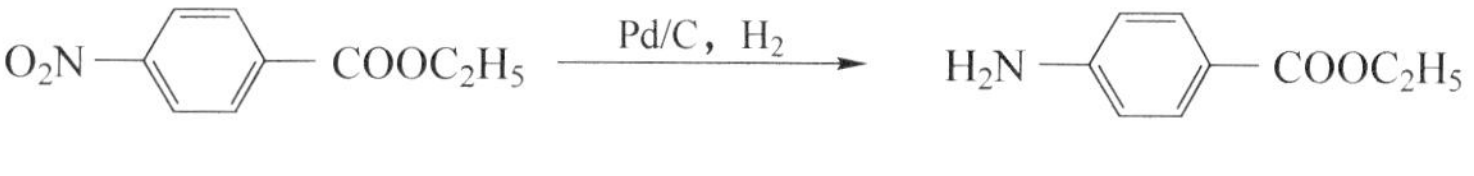

苯佐卡因

用 Zn 粉等作还原剂时，反应条件及介质对还原反应影响较大。例如，硝基苯在酸性条件下被锌粉还原为苯胺，在不同碱性条件下还原时，可分别得到 N-羟基苯胺、偶氮苯和氢化偶氮苯等不同还原产物。

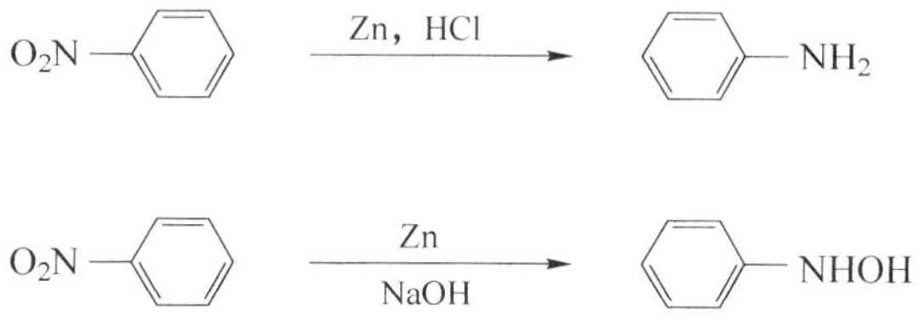

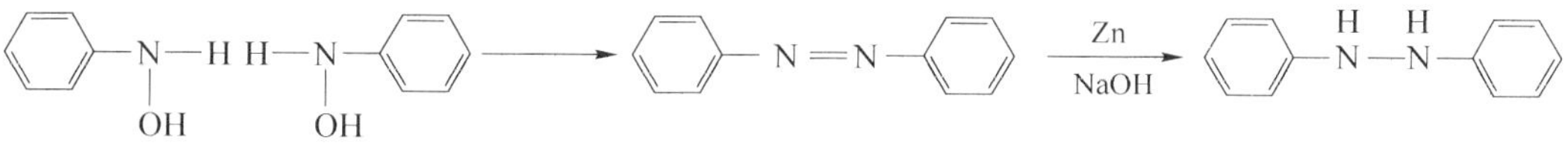

偶氮苯　　　　氢化偶氮苯

当苯环上含有多个硝基时，采用等量的 Na_2S、NaHS 和 HS 等硫化物为还原剂，可以选择性将多硝基化合物中的一个硝基还原为氨基，得到硝基苯胺。该方法有一定的应用意义。例如：

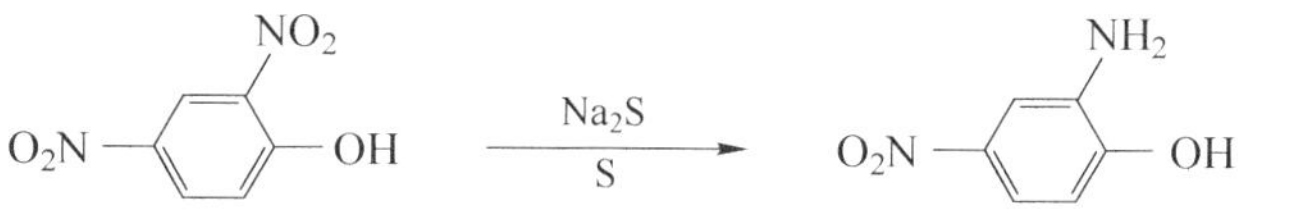

12.2.2 由卤代烃胺化

胺和氨一样，可以与卤代烃和醇等发生烷基化反应（亲核取代反应）得到仲胺，生成的仲胺是更好的亲核试剂，会与卤代烃反应生成叔胺乃至季铵盐。

$$RNH_2 + R'Br \longrightarrow RR'N^+H_2Br^- \xrightarrow{RNH_2} RR'NH$$

$$RR'NH + R'Br \longrightarrow RR'_2N^+HBr^- \xrightarrow{RNH_2} RR'_2N$$

$$RR'_2N + R'Br \longrightarrow RR'_3N^+Br^-$$

伯胺可由卤代烃与氨作用制得，但易得到伯、仲和叔胺的混合物。一般而言，需要使用过量的氨与卤代烃反应，并通过控制反应温度、反应时间等以得到一取代产物。由于需要脱除卤化氢，因此反应中需要使用过量的氨或加入碱（如三乙胺、碳酸钾和氢氧化钠等）以中和反应中生成的卤化氢。例如：

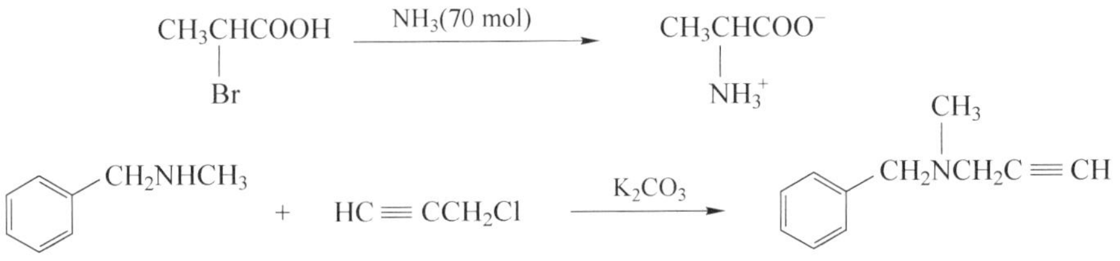

12.3 胺的物理性质

脂肪族胺中甲胺、二甲胺、三甲胺和乙胺是气体，丙胺以上是液体，高级胺是固体。芳香族胺为无色液体或固体，它们都具有特殊的气味或毒性，长期吸入苯胺蒸气会使人中毒。低级胺的气味与氨相似，有的还有鱼腥味，高级胺几乎没有气味。

伯胺和仲胺由于能形成分子间氢键，沸点比相对分子质量相近的烷烃沸点高，但N—H···N 氢键比 O—H···O 弱，因此胺的沸点比醇低。叔胺由于 N 原子上没有氢原子，不能形成分子间氢键，其沸点与相对分子质量相近的烷烃沸点相近。

叔胺	$H_5C_2OC_2H_5$	$CH_3CH_2CH_2NH_2$	$(C_2H_5)_2NH$	$CH_3CH_2CH_2OH$	$(CH_3)_3N$	$CH_3CH_2CH_2CH_3$
沸点/℃	35	48	56	97	3	-1

伯、仲和叔胺都能与水分子形成氢键，所以胺易溶于水，其溶解度随相对分子质量的增加而迅速降低。一般胺都能溶于醇、醚和苯等有机溶剂。六个碳原子的胺就开始难溶于水。芳胺为高沸点的液体或低熔点的固体，难溶于水，易溶于有机溶剂。一些常见胺的物理常数见表 12-1。

表 12-1　一些常见胺的物理常数

名称	构造式	熔点/℃	沸点/℃	100 g 水中溶解度/g
甲胺	CH_3NH_2	-92	-7.5	易溶
乙胺	$CH_3CH_2NH_2$	-80	17	∞
正丙胺	$CH_3CH_2CH_2NH_2$	-83	49	∞
异丙胺	$(CH_3)_2CHNH_2$	-101	34	∞

12.4 胺的化学性质

12.4.1 碱性

胺的氮原子上有一对孤对电子，能与质子结合或进攻缺电子的碳原子，因此具有碱性和亲核性。

$$RNH_2 + H^+ \rightleftharpoons RN^+H_3$$

在水溶液中，脂肪胺一般以仲胺碱性最强，伯、仲和叔胺的碱性都比氨强。乙胺、二乙胺和三乙胺的碱性强弱顺序为二乙胺>三乙胺>乙胺。可从以下三个方面进行综合考虑：

（1）电子效应。胺分子中与氮原子相连的烷基具有给电子诱导效应，使氮原子上的电子云密度增加，从而增强了对质子的吸引能力，生成的铵离子也因为正电荷得到分散而稳定。因此，氮原子上烷基数目越多，碱性越强。

（2）溶剂化效应。在水溶液中，胺的碱性强弱还与胺和质子结合后形成的铵离子产生溶剂化效应的难易有关。氮原子上所连的氢越多，则与水形成氢键的机会越多，溶剂化程度越大，铵离子越稳定，胺的碱性也就越强。

（3）位阻效应。胺分子中的烷基数目越多，体积越大，则占据空间越大，使质子不易靠近氮原子。因而，胺的碱性就越弱。

胺的碱性强弱变化是电子效应、溶剂化效应和位阻效应综合作用的结果。

	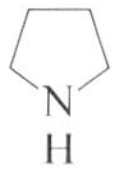		$(C_2H_5)_2NH$	$(C_2H_5)_3N$	$C_2H_5NH_2$
pK_b	2.73	2.86	3.02	3.4	3.7

芳胺的碱性比氨弱。例如，苯胺的 pK_b 为 9.40，而氨的 pK_b 为 4.76，二苯胺的 pK_b 为 13.8。这是因为苯胺分子中 N 原子上的未共用电子对与苯环的电子共轭，发生电子离域，使 N 原子上的部分电子云移向苯环，从而降低了 N 原子上的电子云密度，因此与质子的结合能力减弱，所以苯胺的碱性比氨弱得多。

酰胺碱性较弱，主要原因是其氮上的孤对电子与羰基发生共轭，电子不易与质子结合。酰胺不与酸反应，其水溶液为中性。

季铵碱（R_4NOH）是典型的离子化合物，类似于 NaOH 和 KOH，呈强碱性，能吸收空气中的 CO_2 和水分，形成碳酸盐。

综上所述，碱性顺序通常为季铵碱>脂肪胺>氨>芳香胺>酰胺>磺酰胺≈酰亚胺。

胺是一种弱碱，能与无机酸作用生成盐，铵盐遇碱可游离出原来的胺。常利用胺的碱性来纯化胺。例如，如果将一种胺（碱性）和酮（中性）溶于有机溶剂中，加入盐酸水溶液，碱性的胺形成铵盐溶于盐酸水溶液中，而酮则仍留在有机溶剂中，将水层分出，加入 NaOH 中就能得到纯胺。

12.4.2 酰基化

伯胺或仲胺可以与酰化试剂如酰氯和酸酐等发生酰化反应，氨基上的氢原子被酰基取代，生成酰胺，该反应称为胺的酰化。

$$RNH_2 + R'COCl \longrightarrow RNHCOR'$$

由于叔胺 N 原子上没有氢原子，因此不发生酰化反应。用这一性质可以鉴别叔胺，并从伯、仲、叔胺的混合物中将叔胺分离出来。此外，酰胺在酸或碱的水溶液中可以水解出胺。因此，在有机合成中可用酰化的方法保护氨基，否则由于苯胺易被硝酸氧化，直接硝化产率很低。例如：

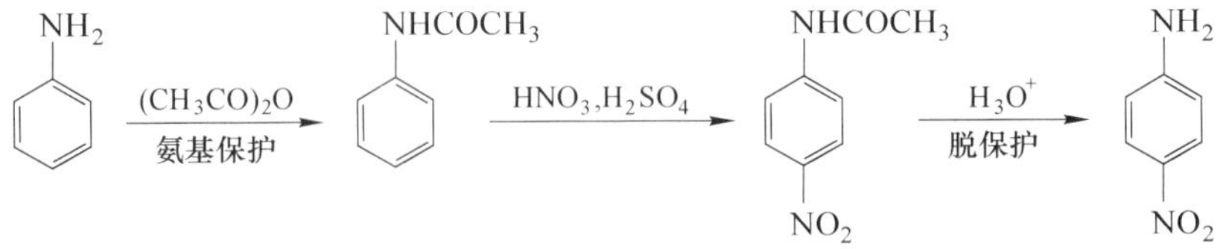

其中，硝化一步产物通常是邻硝基乙酰苯胺和对硝基乙酰苯胺的混合物，邻位和对位产物的比例与反应条件有关，如用 90% 的硝酸为硝化试剂，反应在 20 ℃进行，邻位产物与对位产物比例为 23 ∶ 77；如用 HNO_3 和乙酸酐在 20 ℃硝化，两者比例为 68 ∶ 32，邻硝基乙酰苯胺为主产物。

伯胺或仲胺在碱性条件下与苯磺酰氯或对甲苯磺酰氯等磺酰化试剂反应，生成不溶性的磺酰胺。伯胺磺酰化后，氮上的氢可与碱成盐，溶于碱性溶液中；仲胺形成的磺酰胺的氮原子上无氢，不与碱成盐，因此不能溶于碱性溶液中；叔胺不被磺酰化。该反应称为 Hinsberg（兴斯堡）反应，可鉴别和分离三种胺。例如：

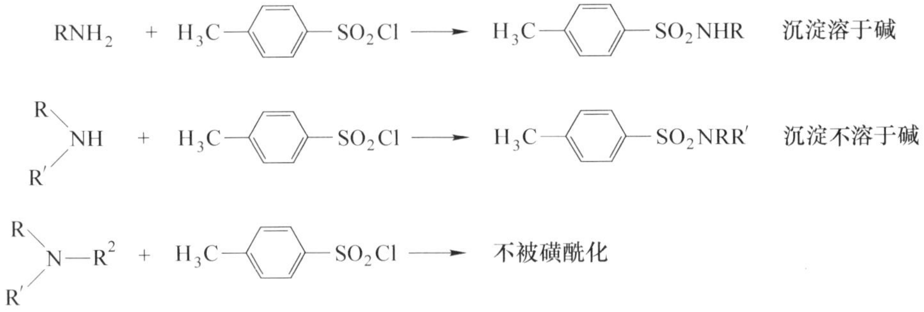

12.4.3 芳环上的取代反应

氨基是强致活基团，因此芳胺的亲电取代反应活性很高。

12.4.3.1 卤代反应

苯胺与氯或溴发生亲电取代反应，邻位和对位上的氢被氯或溴取代，生成白色沉淀：

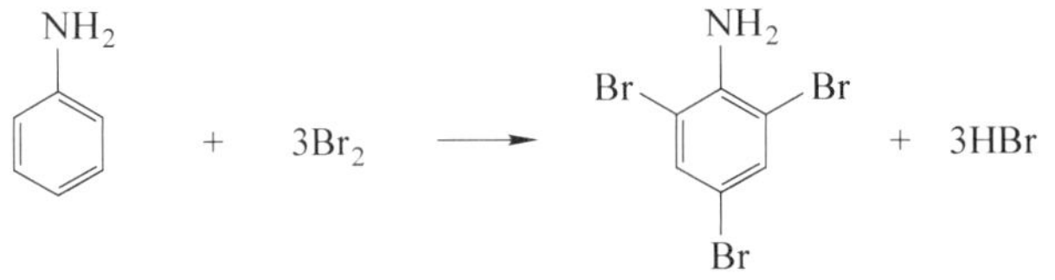

该反应可用于苯胺的定性鉴别和定量分析。

如果将苯胺乙酰化，由于乙酰氨基（—NHCOCH）的致活能力远弱于氨基，乙酰苯胺的溴代反应主要得到对溴产物。可采用此方法合成单取代的苯胺。

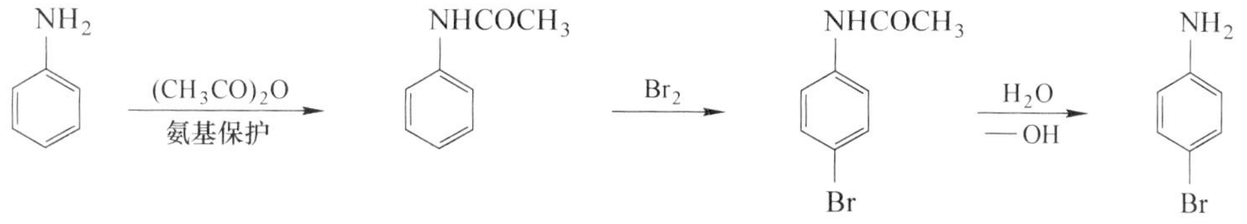

12.4.3.2 硝化反应

苯胺直接硝化时容易被氧化，通常用乙酰基将氨基保护起来再进行硝化。

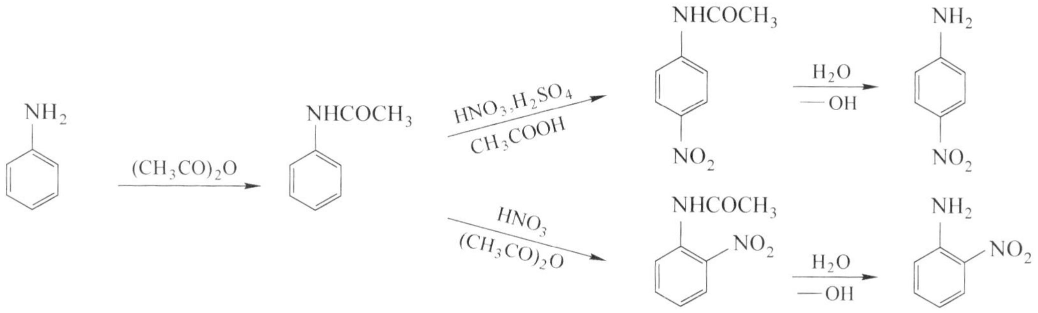

也可将苯胺先溶于硫酸中生成硫酸盐，由于形成的—NH_3^+，是致钝的间位定位基，可得到间位单硝化产物。

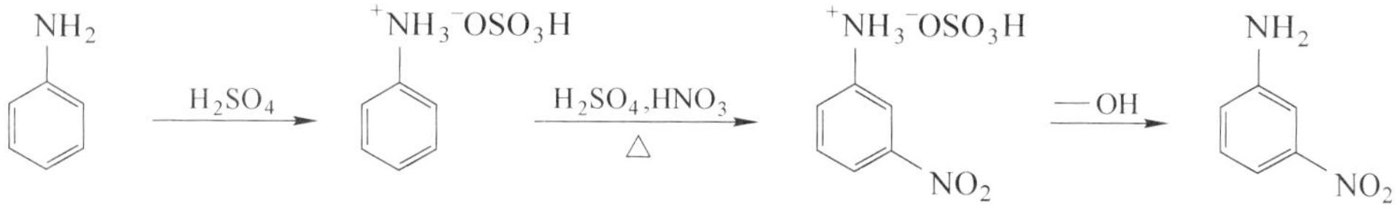

12.4.3.3 磺化反应

苯胺与硫酸反应，先生成硫酸盐，而后在 180~190 ℃烘焙，可得到对氨基苯磺酸。

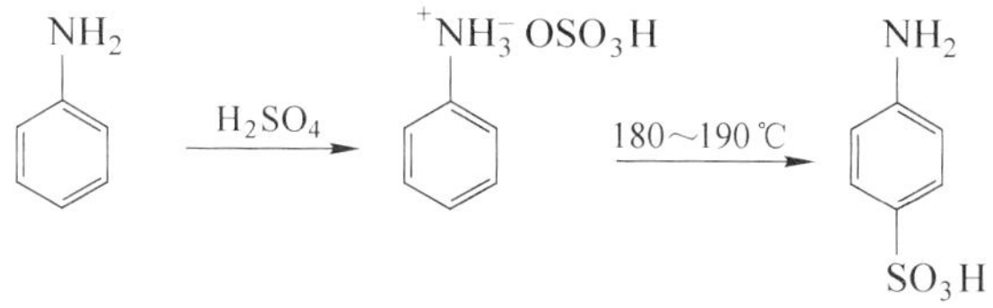

12.5 季铵盐和季胺碱

12.5.1 季铵盐

叔胺与卤代烃作用生成季铵盐：

$$R_3N + RX \longrightarrow \left[\begin{array}{c} R \\ | \\ R\text{—}N\text{—}R \\ | \\ R \end{array}\right]^+ X^-$$

季铵盐为结晶性固体，具有盐的性质能溶于水，而不溶于非极性的有机溶剂。季铵盐在加热时分解，生成叔胺和卤代烃。

$$[R_4N]^+X^- \xrightarrow{\triangle} R_3N + RX$$

具有长碳链的季铵盐可作为阳离子表面活性剂（cationic surface active agent），其中新洁尔灭（溴化二甲基十二烷基苄基铵）和杜灭芬［溴化二甲基十二烷基（2-苯氧乙基）铵］等是具有去污能力的表面活性剂，也具有较强的杀菌消毒作用。

$$\left[\begin{array}{c} CH_3 \\ | \\ H_3C\text{—}N\text{—}(CH_2)_{11}CH_3 \\ | \\ CH_2C_6H_5 \end{array}\right]^+ Br^-, \quad \left[\begin{array}{c} CH_3 \\ | \\ PhOH_2CH_2C\text{—}N\text{—}(CH_2)_{11}CH_3 \\ | \\ CH_3 \end{array}\right]^+ Br^-$$

溴化二甲基十二烷基苄基铵　　　　溴化二甲基十二烷基(2-苯氧乙基)铵

季铵盐与伯、仲、叔胺不同，它与强碱作用时，不能使胺游离出来，而是得到含有季铵碱的平衡混合物。

$$[R_4N]^+X^- + KOH \rightleftharpoons [R_4N]^+OH^- + KX$$

实验室中常利用季铵盐与湿的氧化银反应制备季铵碱。由于反应中生成的卤化银不断沉淀析出，从而使平衡向生成季铵碱的方向移动。

$$(CH_3)_4N^+I^- + AgOH \longrightarrow (CH_3)_4N^+OH^- + AgI$$

12.5.2 季铵碱的消除反应

季铵碱是强碱，其碱性与氢氧化钠和氢氧化钾相当。它极易吸潮和溶于水，也会吸收空气中的二氧化碳，加热则分解生成叔胺和烯烃。例如，加热氢氧化三甲基-2-戊基铵，主要生成 1-戊烯，这个反应能将一个胺降解为烯烃，常用于测定分子结构和制备烯烃，称为 Hofmann 消除反应。

$$\begin{array}{c} CH_3CH_2CHCHCH_3O^- \\ | \\ N^+(CH_3)_3 \end{array} \xrightarrow[C_2H_5OH]{KOC_2H_5,\ 120\ ℃} \underset{98\%,\ 1\text{-戊烯}}{CH_3CH_2CH_2CH{=}CH_2} +$$

$$\underset{2\%,\ 2\text{-戊烯}}{H_3CH_2CHC{=}CHCH_3} + N(CH_3)_3 + H_2O$$

制备的程序是先将胺转变成季铵碱，继而进行热解。

$$\begin{array}{c} RCHNH_2 \\ | \\ CH_3 \end{array} \xrightarrow{3CH_3I} \begin{array}{c} RCHN^+(CH_3)_3I^- \\ | \\ CH_3 \end{array} \xrightarrow{AgOH} \begin{array}{c} RCHN^+(CH_3)_3OH \\ | \\ CH_3 \end{array}$$

当季铵碱分子中存在两个或两个以上可被消除的 3-氢时，通常是从含氢较多的 β-碳上消除氢原子，称为 Hofmann 规则。其原因是含氢较多的碳上相应氢的酸性相对较强。例如：

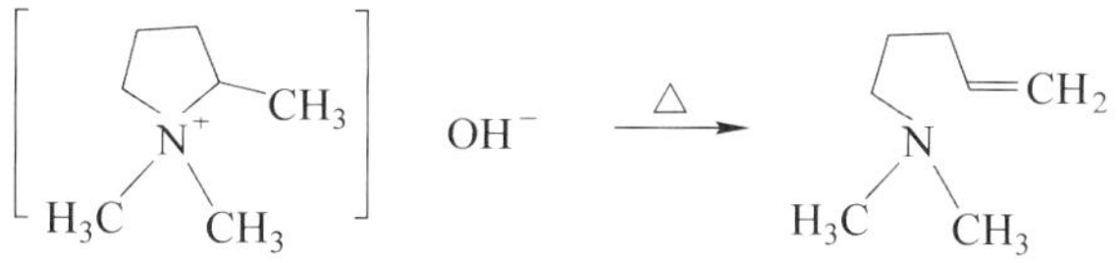

但是，当 β-碳原子上连有芳环时，可能得到反 Hofmann 规则的产物：

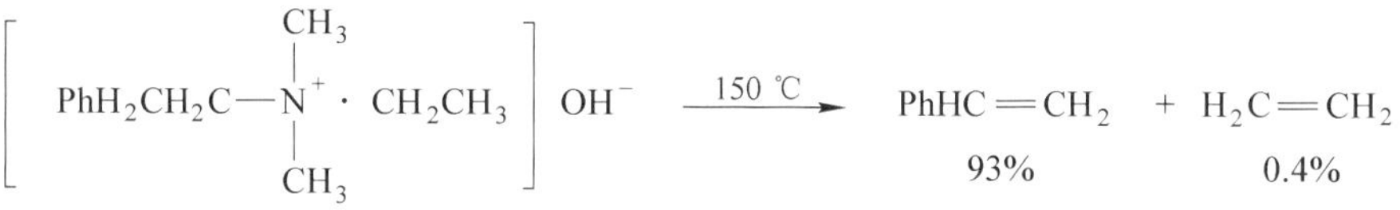

12.6 重氮化合物和偶氮化合物的构造、命名

分子结构中含有 —N═N— 基团，且这个基团的两端都和碳原子（不包括氰基）相连的化合物称为偶氮化合物（azo compound）。它们可以用通式 R—N═N—R 表示，其中 R 为脂肪烃基或芳香烃基。

$H_3C—N═N—CH_3$

偶氮甲烷

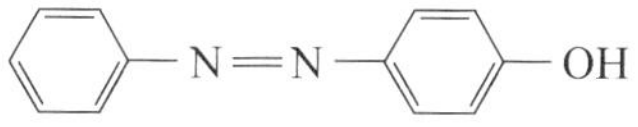

对羟基偶氮苯

重氮化合物（diazocompound）的分子中也含有 —N═N— 基团，但这个基团只有一端与碳原子（不包括氰基）相连，而另一端与其他原子相连。例如：

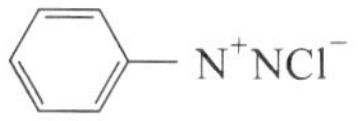

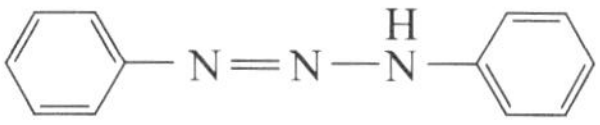

12.7 重氮盐的制备

苯胺与亚硝酸在低温下发生重氮化反应，生成重氮盐（diazosalt）。重氮盐不稳定，只有在低温（一般低于 5 ℃）溶液中才能存在，温度稍高就会分解。如果芳胺的苯环上有吸电子基，反应温度可提高至 40～60 ℃。重氮盐固体容易爆炸，在有机合成中一般不将重氮盐分离出来，直接在溶液中进行下一步反应。

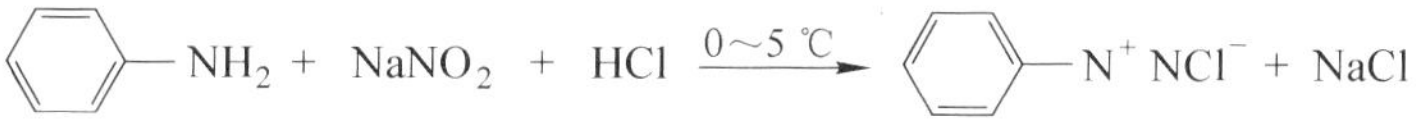

在制备重氮盐时通常需要注意以下几方面：

（1）无机酸（硫酸或盐酸）要大大过量。若酸量不足，生成的重氮盐可与未反应的苯胺作用，生成副产物。

（2）亚硝酸不能过最。因为亚硝酸过量会促使重氮盐分解。可用 KI-淀粉试纸变蓝检测反应的终点。

（3）若检测到亚硝酸已过量，可用尿素使其分解。

重氮盐具有盐的典型性质，绝大多数重氮盐易溶于水而不溶于有机溶剂，其水溶液有导电性。芳香族重氮盐相对较稳定，这是因为芳香族重氮盐正离子中的 $C—N^+≡N$ 键呈线形结构，氮氮之间π电子与芳环的大键形成共轭体系，使重氮盐在低温、强酸性介质中能稳定存在。芳基重氮离子的结构如图 12-2 所示。

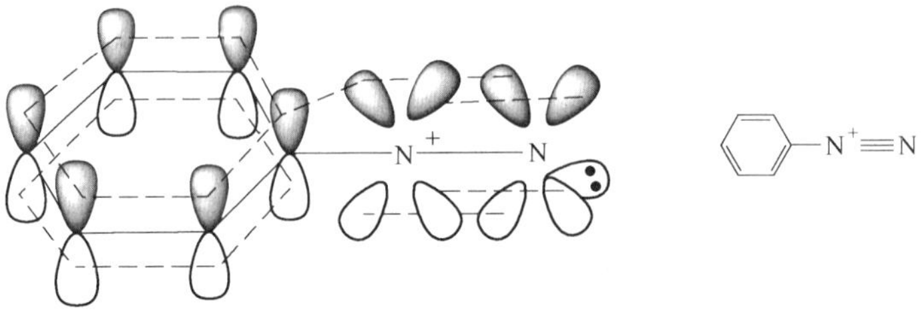

图 12-2　芳基重氮离子的结构

12.8　重氮盐的性质和应用

重氮盐是很活泼的化合物，可发生多种反应，在有机合成上用途很广。归纳起来主要有两类反应：放氮反应和保留氮原子的反应。

重氮盐的放氮反应是指重氮盐在一定条件下发生取代反应，重氮基被 H、—OH、—X、—CN 等取代，分别生成芳烃、酚、卤代苯和苯腈等化合物。

12.8.1　放出氮的反应

12.8.1.1　被 H 原子取代

重氮盐在次磷酸、乙醇或氢氧化钠-甲醛溶液等弱还原剂的作用下，重氮基可被氢原子取代，生成芳烃。由于乙醇作还原剂时，会生成副产物醚，因此通常在该反应中用次磷酸，反应的产率比使用乙醇时高。例如：

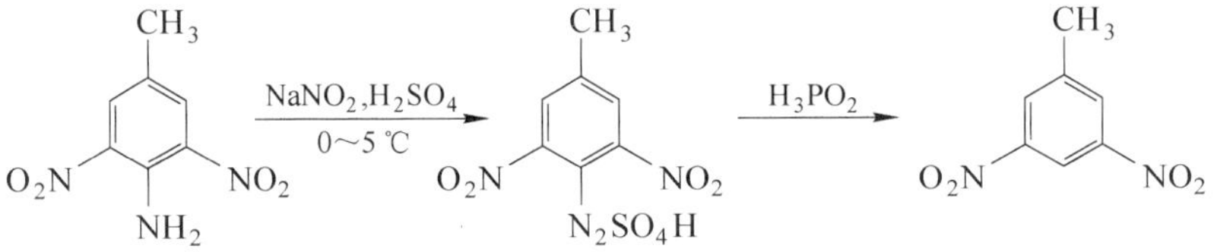

此反应在有机合成中很重要。由于氨基是强的邻、对位定位基，通过在芳环上引入氨基和去氨基的方法，可以合成其他方法不易或不能得到的一些化合物。例如，1,3,5-三溴苯不能通过苯或溴苯直接溴代的方法合成，但苯胺容易与溴水反应，通常得到2,4,6-三溴苯胺。因此，可以将苯胺溴化后，通过重氮化和还原的方法除去氨基，即可达到合成 1,3,5-三溴苯的目的。

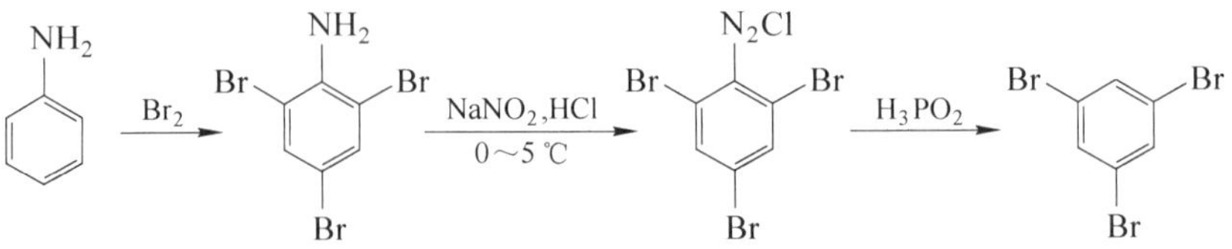

又如，间溴甲苯可以通过以对甲苯胺为原料，经乙酰化保护氨基，进行溴水溴代，在碱性条件下水解酰胺得到2-溴-4-甲基苯胺，再经重氮化和还原的方法制得。

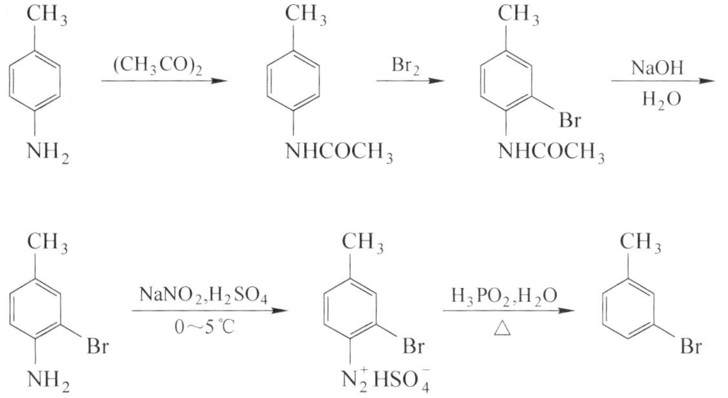

12.8.1.2 重氮基被羟基取代

将重氮盐的酸性水溶液加热即发生水解，放出氮气，生成酚。例如：

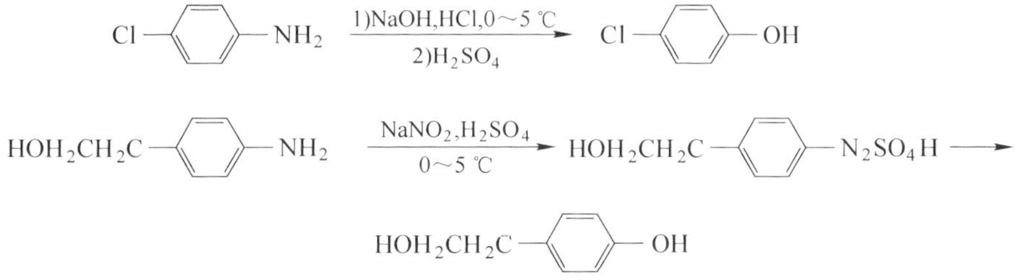

该反应一般是用重氮硫酸盐在40%~50%硫酸的强酸性条件下进行，这样可以避免反应生成的酚与未反应的重氮盐发生偶合，且平衡离子硫酸根负离子的亲核性较弱，不易生成副产物苯硫酸酯。如果使用重氮化合物的盐酸盐、氢溴酸盐等进行反应。则会有氯苯或溴苯副产物生成。

12.8.1.3 重氮盐被卤素或氰基取代

在氯化亚铜的盐酸溶液中，芳香族重氮盐分解，放出氮气，同时重氮基被氯原子取代。如果用重氮氢溴酸盐和溴化亚铜反应、重氮硫酸氢盐与氰化亚铜反应，则分别得到相应的溴化物和氰化物，此反应称为Sandmeyer（桑德迈尔）反应。例如：

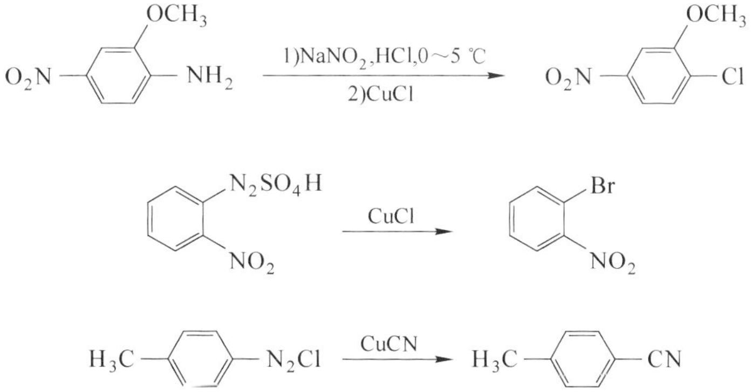

用铜粉代替氯化亚铜、溴化亚铜或氰化亚铜，加热分解重氮盐，也可得到相应的卤化

物和氰化物，此反应称为 Gattermann（盖特曼）反应。此外，也可以用硫酸镍等代替铜粉。例如：

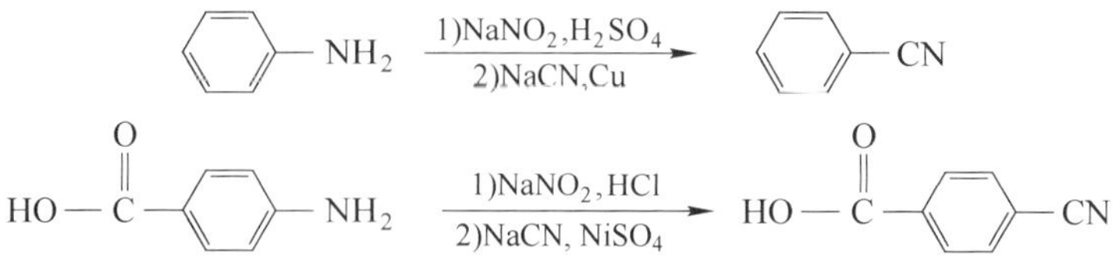

虽然此反应比 Sandmeyer 反应简单，但除个别反应外，产率一般比 Sandmeyer 反应略低。氰基经过水解可以生成羧基，因此通过重氮盐在苯环上引入氰基，再水解成羧酸，是制备芳香酸的一个较好的方法。例如：

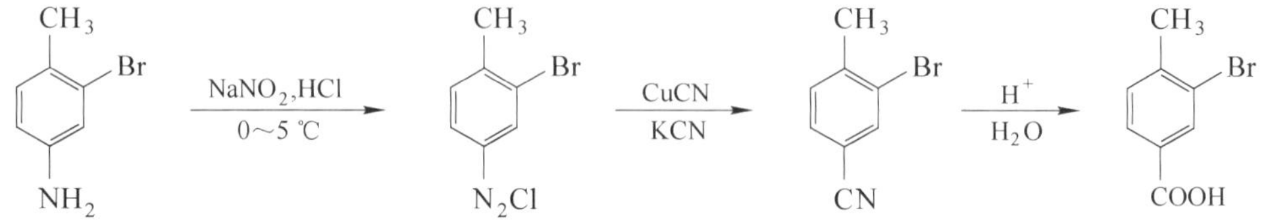

芳环上直接碘化是非常困难的，但重氮盐比较容易被碘取代。无需碘化亚铜，加热重氮盐的碘化钾溶液，即可生成相应的碘化物，产率较好。例如：

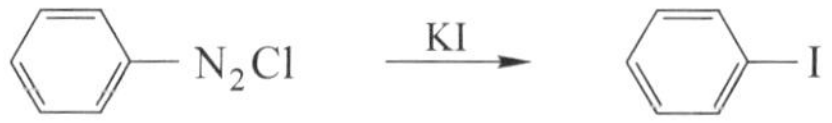

氟化物的制备是将氟硼酸（HBF_4）加到重氮盐溶液中，即可生成氟硼酸重氮盐沉淀，加热即分解为芳香氟化物。此反应称为 Schiemann（席曼）反应。

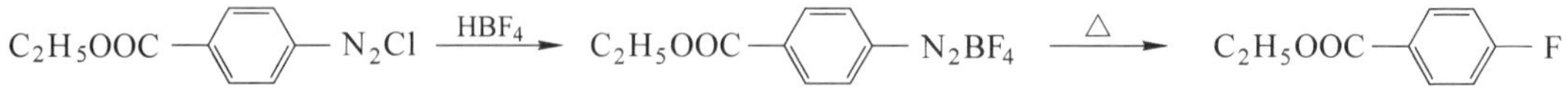

12.8.2 保留氮的反应

重氮盐在 $SnCl_2$、Zn、Na_2SO_3 等还原剂作用下，可以发生保留氮原子的还原反应，转变为苯肼衍生物。

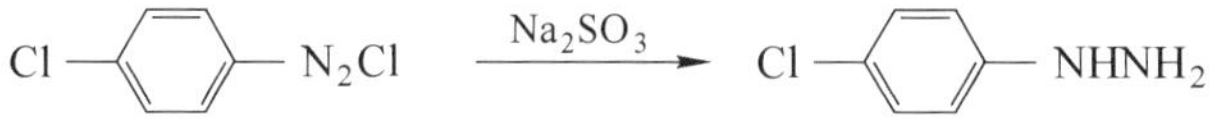

在弱碱性或弱酸性条件下，重氮盐可与酚、芳胺发生亲电取代，生成分子中含有偶氮基的偶氮化合物，该反应称为偶联反应（coupling reaction）。例如：

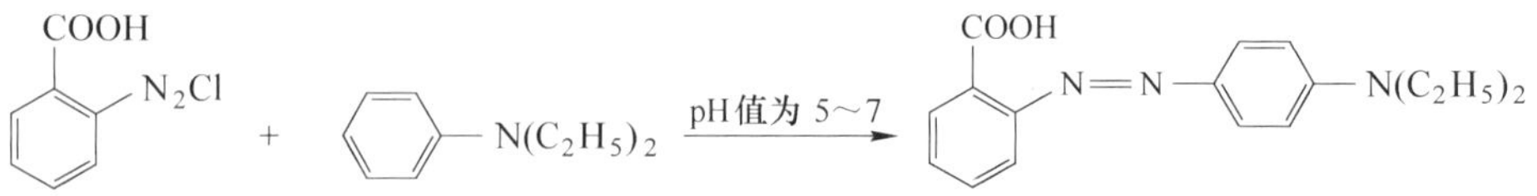

(与叔胺在弱碱性条件下反应)

偶联反应的实质是芳香环上的亲电取代反应。由于重氮盐是较弱的亲电试剂，它只能与酚、苯胺等活泼芳香族化合物发生偶联反应。若对位上已有取代基，则偶联反应发生在邻位上。

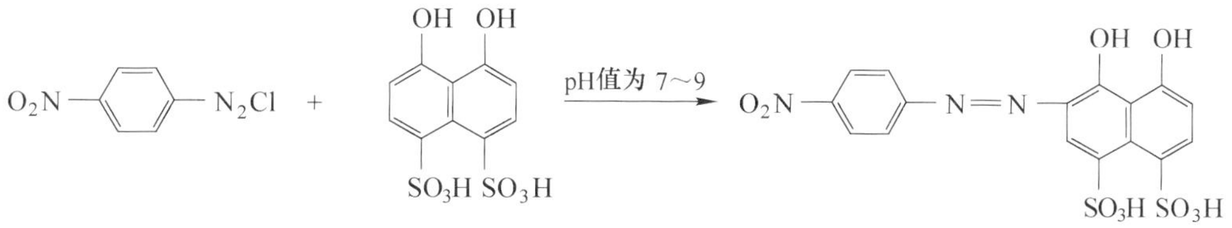

(与酚在弱碱性条件下反应)

对于伯芳胺和仲芳胺而言，重氮盐首先与氨基上的活泼氢反应，生成黄色的重氮氨基化合物。苯重氮氨基苯在苯胺中与苯胺盐酸盐一起加热，经重排最后生成对氨基偶氮苯。

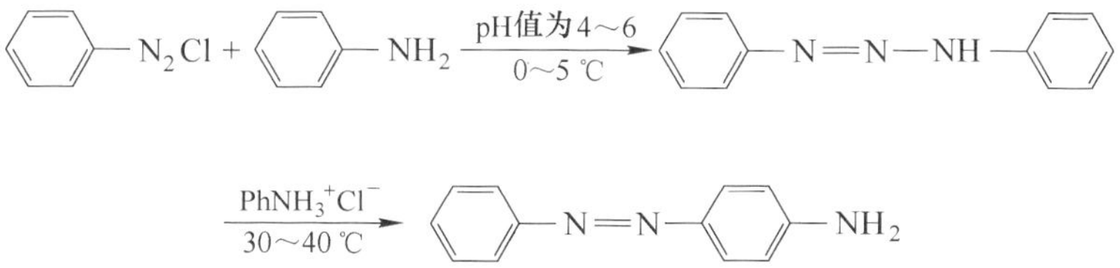

(与伯、仲胺在稀酸条件下反应)

当重氮盐与萘酚或萘胺类化合物反应时，因羟基和氨基使萘环活化，偶联发生在同环。对于 α-萘酚和萘胺，偶联时发生在 4 位；若 4 位被占据，则发生在 2 位。而 β-萘酚和萘胺，偶联发生在 1 位；若 1 位被占据，则不发生偶联反应。例如：

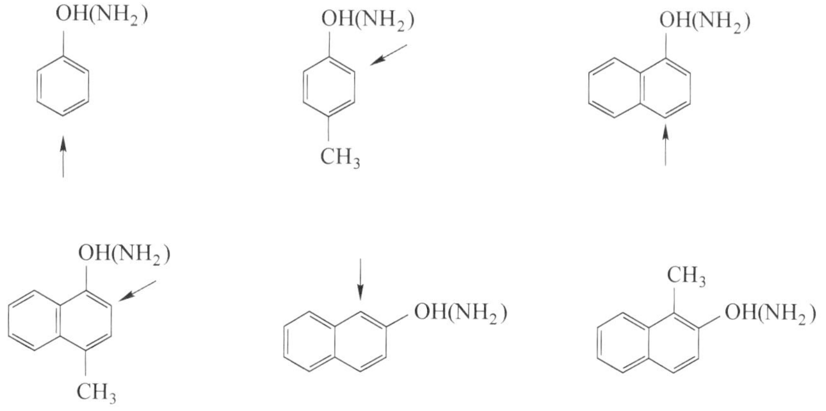

(不发生反应)

对偶联反应而言，反应介质的酸碱性很重要。重氮盐与酚偶合，通常在弱碱性条件（pH 值为 7~9）下进行。因为碱将—OH 转变为 O^-，后者是比—OH 更强的第一类定位基，有利于亲电试剂的进攻，发生亲电取代偶联反应。

重氮盐与三级芳胺偶合，通常在弱酸性条件（pH 值为 5~7）溶液中进行。因为此时重氮盐的浓度最大。

13 杂环化合物

构成环状有机物的原子除碳原子外还至少含有一个杂原子的化合物称为杂环化合物。杂环化合物是一类数目庞大的有机化合物。从结构上来看，可以看作是环烷烃或芳烃化合物中部分碳原子为杂原子（如 N、O、S）取代所形成的化合物。

环丙烷

苯

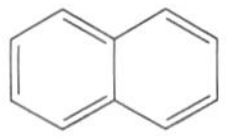
萘

环氧乙烷

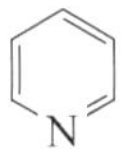
吡啶

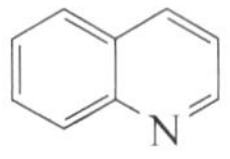
喹啉

如茶叶中的咖啡因是一种黄嘌呤类杂环化合物，是一种中枢神经兴奋剂，具有提神醒脑、驱除睡意的功效。临床上，咖啡因常用于神经衰弱和昏迷复苏的治疗。咖啡因结构与芳香烃都具有环状结构，但又有所不同，其环状结构中除了含有碳之外还有氮原子。

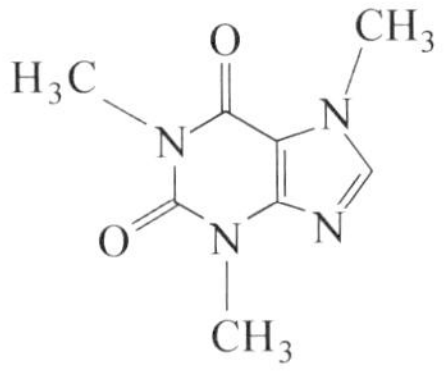
咖啡因

13.1 杂环化合物的定义、分类和命名

杂环化合物的应用范围很广泛，绝大多数药物和半数以上的其他有机化合物都为杂环化合物。如鸟嘌呤（DNA 与 RNA 的重要组成部分）、维生素 B_6（参与蛋白质合成与分解代谢）、扑疟喹啉（可用于治疗疟疾）等都是杂环化合物。本章将带您了解这类特殊的化合物——杂环化合物。

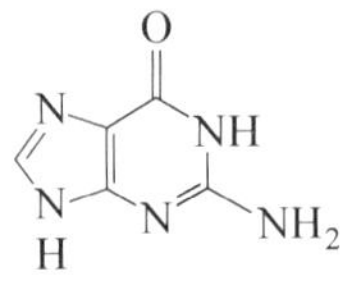
鸟嘌呤

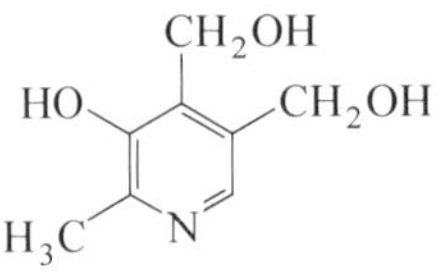
维生素B_6

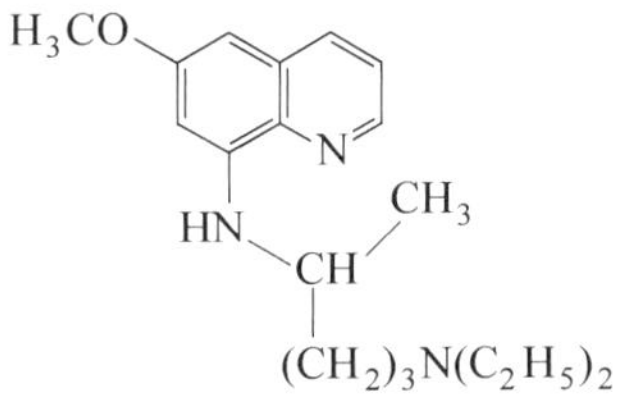
扑疟喹啉

13.1.1　杂环化合物的定义

根据杂环结构的芳香性，杂环化合物可分为脂杂环化合物和芳香杂环化合物两大类。脂杂环化合物具有与相应的脂肪化合物类似的性质，无芳香性。例如，四氢呋喃性质与乙醚一样是一种比较稳定的醚，且没有芳香性。本章内容主要介绍的是具有芳香性的杂环类化合物——芳香杂环化合物，简称芳杂环化合物。芳杂环化合物与芳烃化合物类似，通常为平面型结构，π 电子数符合 $4n+2$ 规则，有芳香性。

13.1.2　杂环化合物的分类和命名

13.1.2.1　分类

根据组成杂环化合物环的数目，又可将杂环化合物分为单环化合物与稠杂环化合物两大类。典型的单杂环化合物有呋喃和噻吩。稠杂环化合物是由苯环与杂环或两个以上单杂环稠并而成的，如吲哚和喹啉。

杂环化合物的成环规律和碳环化合物一样，最稳定、最常见的是五元或六元杂环。除卤原子之外，其他的非金属原子均可成为芳杂环的一部分，并使目标化合物具有芳香性。因此，本章内容重点介绍五元、六元的芳杂环的性质及其制备方法。

13.1.2.2　命名

杂环化合物命名常用音译法，即根据化合物的英文名称音译，用带“口”字旁的同音字表示。例如，噻吩、吡咯、吡啶和喹啉的英文名分别为“thiophene”“pyrrole”“pyridine”和“quinoline”。

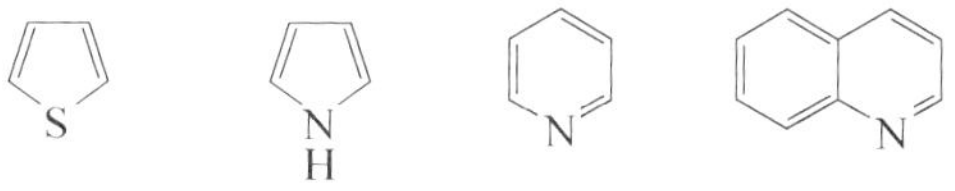

噻吩　　吡咯　　吡啶　　喹啉

（1）杂环母核上有取代基时，取代基的位次应从杂原子起，依次用 1，2，3，…（或 α，β，γ，…）进行编号。例如：

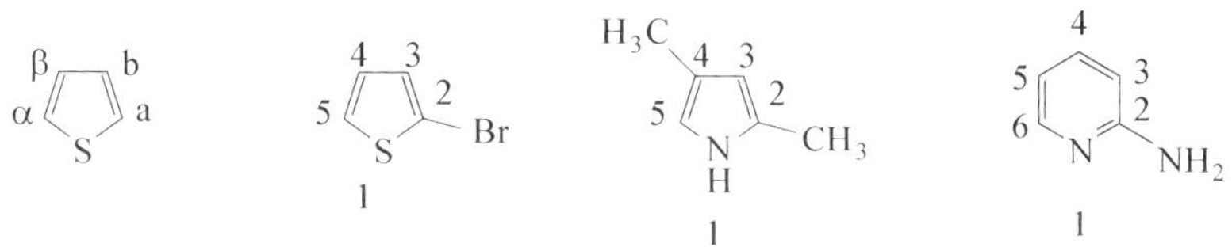

噻吩　　2-溴噻吩　　2,4-二甲基吡咯　　吡啶-2-胺

（2）当杂环的母核上有两种或两种以上杂原子时，按 O、S、N 的顺序依次进行编号。编号时，杂原子的位次遵循最低系列原则。例如：

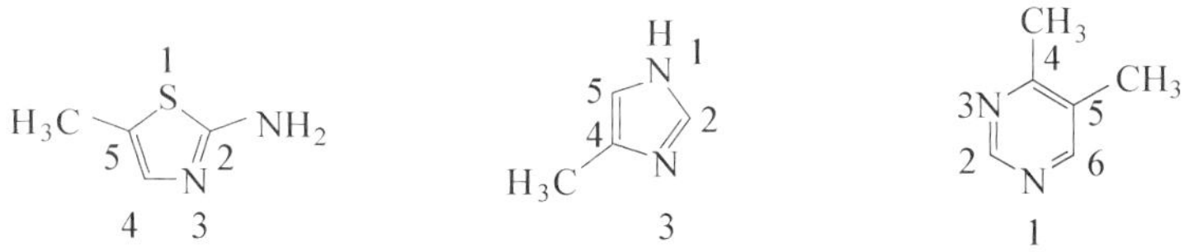

5-甲基噻唑-2-胺　　4-甲基咪唑　　4,5-二甲基嘧啶

（3）苯并杂环的稠杂环化合物编号方式与稠环芳烃一致，但编号先从杂原子开始，然后再对苯环编号。例如：

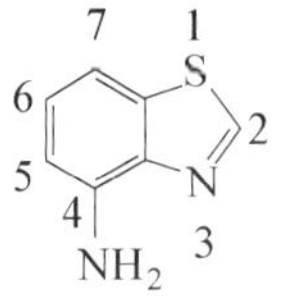
苯并噻唑-4-胺

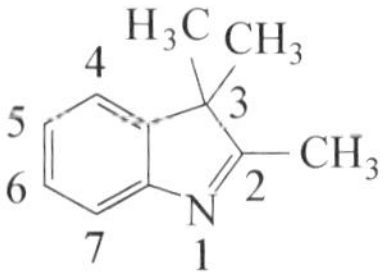
2,3,3-三甲基吲哚

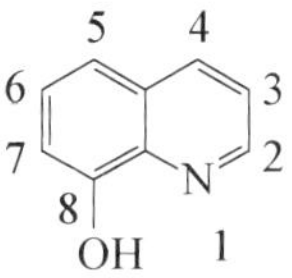
8-羟基喹啉

（4）少数稠杂环有自己独特的编号顺序。例如：

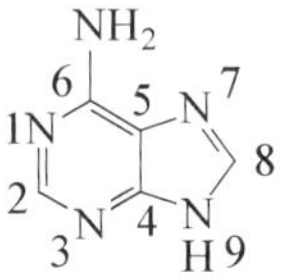
嘌呤-6-胺

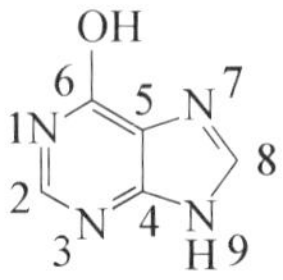
6-羟基嘌呤

（5）对于无特定名称的杂环化合物，可用杂原子取代的衍生物来命名，如：

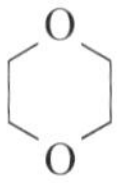
1,4-二氧六环

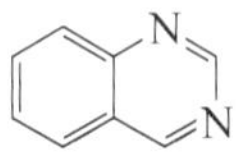
1,3-二氮杂萘

表 13-1 是几种常见杂环化合物的结构与名称对照表。

表 13-1 常见杂环化合物的结构与名称

类型	含一个杂原子	含两个杂原子
五元单环	 呋喃  噻吩 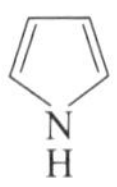 吡咯  噻咯	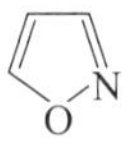 噁唑  噻唑 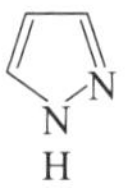 吡唑 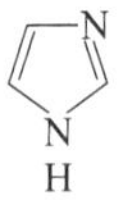 咪唑
五元二环	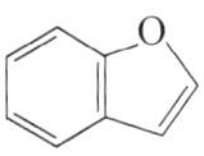 苯并呋喃 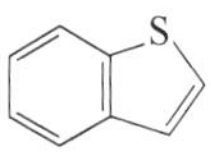 苯并噻吩 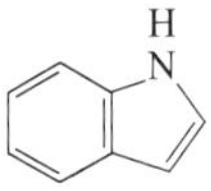 吲哚	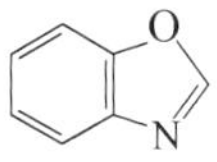 苯并噁唑 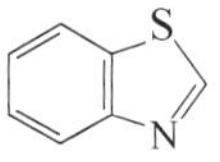 苯并噻唑 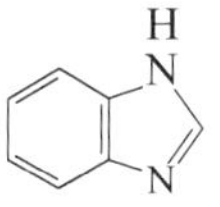 苯并咪唑
六元单环	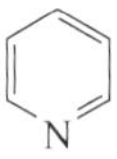 吡啶	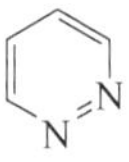 哒嗪 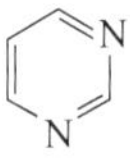 嘧啶 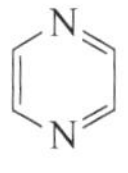 吡嗪
六元二环	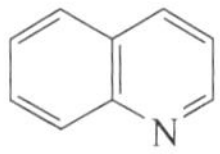 喹啉 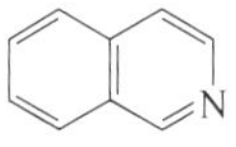 异喹啉	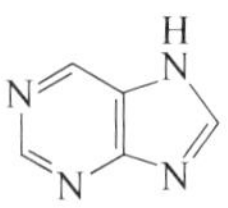 嘌呤

续表 13-1

类型	含一个杂原子	含两个杂原子
其他类型	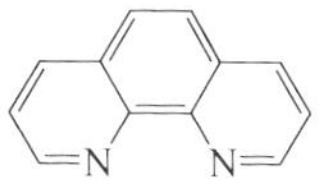 邻菲罗啉 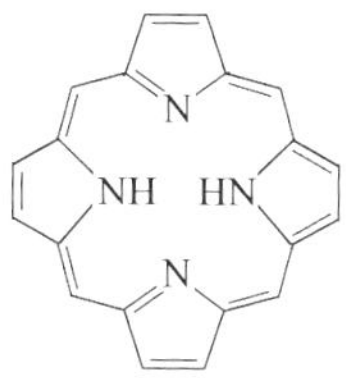 卟啉	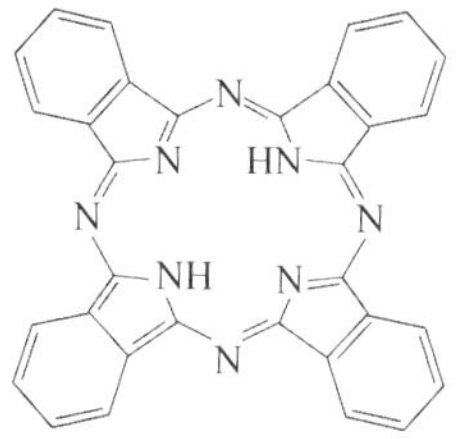 酞菁

13.2　五元杂环化合物：吡咯、呋喃、噻吩

根据经典结构式可知，呋喃、噻吩、吡咯三种杂环化合物都具有共轭二烯的结构，且具有醚、硫醚、胺的结构，因此不但能发生加成反应，同时还分别具有醚、硫醚、胺的性质。然而，它们除了具有上述性质外，还跟芳烃一样能发生亲电反应，如硝化、卤化、磺化等反应，具有典型的芳香性。

环戊二烯负离子　　呋喃　　噻吩　　吡咯

13.2.1　五元杂环的结构

如分子轨道图所示（见图 13-1），呋喃、噻吩、吡咯环中的 C 原子与杂原子都属于 sp^2 杂化。首先，四个 C 原子与杂原子处于同一平面上，彼此以 σ 键相连；然后，每个 C 原子上均剩余一个电子留在 p 轨道上，与杂原子上的一对电子“肩并肩”相互重叠，形成封闭的共轭体系。体系中 π 电子数均为 6，符合 $4n+2$ 规则，所以以上三种化合物均具有芳香性。

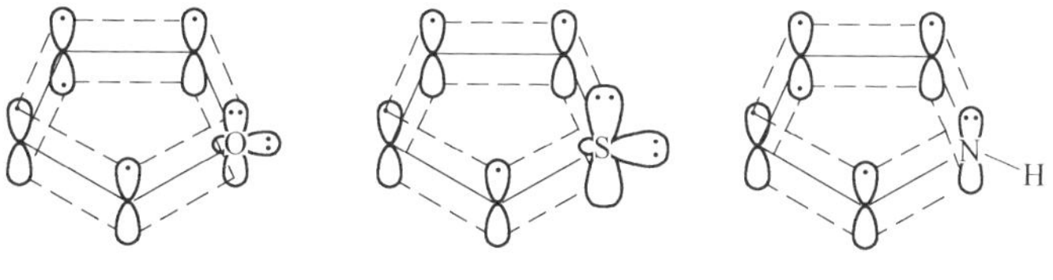

(a)　　(b)　　(c)

图 13-1　分子轨道图

（a）呋喃；（b）噻吩；（c）吡咯

值得注意的是，杂原子上有多个未成键电子时，只有与平面处于垂直状态的孤对电子，与 C 原子的 p 轨道相互平行，才能参与到共轭体系中；与平面相平行的孤对电子，

因与 C 原子上的 p 轨道相互垂直，而无法参与到共轭体系中。

13.2.2 物理性质及其制备方法

13.2.2.1 呋喃和呋喃甲醛

呋喃是一种易燃易挥发（沸点 32 ℃）的无色液体，存在于松木焦油中，气味与氯仿相似，难溶于水，易溶于乙醇、丙酮等有机溶剂。它的蒸气遇到被盐酸浸湿过的松木片时，能使松木片迅速呈现绿色，称作松木反应。常用此法来鉴定呋喃的存在。与乙醚相似，呋喃具有麻醉的作用，吸入后会引发头晕、恶心、呼吸衰竭等症状。呋喃还有芳香性，可发生卤化、硝化、磺化等亲电取代反应，主要用于有机合成或用作溶剂。工业中，可用呋喃甲醛在催化剂存在下脱去碳基（或糠酸脱羧）而制得。

呋喃甲醛，又称为糠醛，无色透明油状液体，有类似于苯甲醛的特殊气味，沸点 162 ℃，是一种重要的呋喃衍生物。最初通过米糠与稀酸共热而制得，所以被称作糠醛。工业上，主要生产原料为燕麦壳、棉籽壳、玉米芯等农副产品。这些原料中含有丰富的戊聚糖，在酸的作用下水解生成戊糖，再由戊糖脱水环化而制备成糠醛，反应过程如下所示：

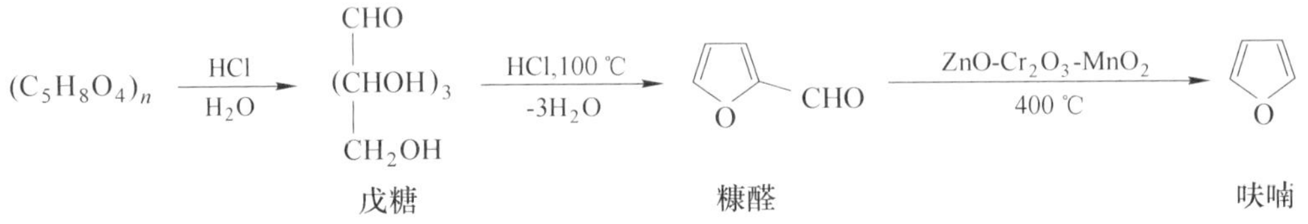

13.2.2.2 噻吩

噻吩是一种无色、有恶臭味、能催泪的液体，沸点 84 ℃，易溶于乙醇、乙醚、丙酮和苯等有机溶剂。噻吩也具有芳香性，而且比苯更容易发生亲电取代反应，且主要发生在 2 位上。

噻吩存在于煤焦油和页岩油中，由煤焦油分馏得到的粗苯中含量约占 0.5%。但是，它的沸点与苯很接近，因此难以通过简单的蒸馏方法将其分离。工业上，常用硫与丁烷经过复杂的反应而获取。实验室中，通过己二酮与硫化磷反应能生成 2,5-二甲基噻吩。

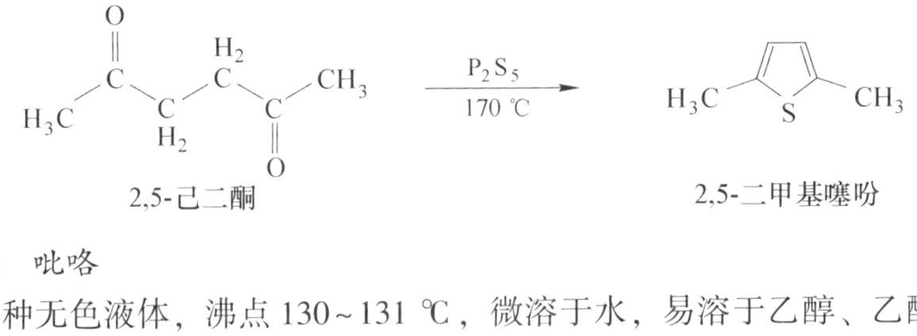

13.2.2.3 吡咯

吡咯是一种无色液体，沸点 130~131 ℃，微溶于水，易溶于乙醇、乙醚等有机溶剂。在长期贮存过程中易受光的作用而聚合并转为棕色。其蒸气遇盐酸浸润的松木片呈红色，可以此方法来鉴定吡咯及其低级同系物，吡咯常温下可以自聚，例如：

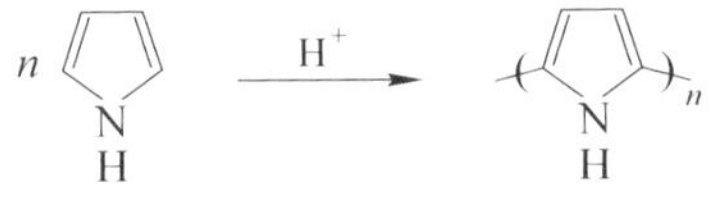

吡咯及其同系物主要存在于骨焦油中，可由骨焦油分馏而获得；或用稀碱处理骨焦油，再用酸酸化后分馏提纯而获得。也可用 1，4-二羰基化合物与氨反应制取。工业上通常用丁二醇与氨反应而制备：

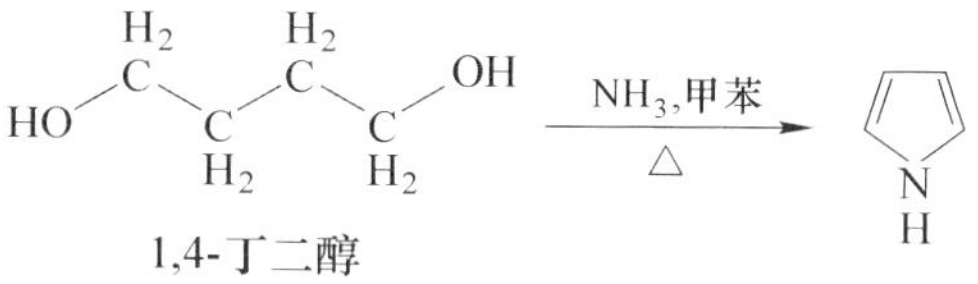

1,4-丁二醇

思考题：如何用简单的方法区分呋喃、噻吩与吡咯？

13.2.3　化学性质

13.2.3.1　亲电取代反应

由于呋喃、噻吩、吡咯环上 5 个原子都共用了 6 个电子，使环上的电子云密度增加，因此比苯更容易发生亲电取代反应。通常在 2 位（α 位）发生，反应活性依次为：

吡咯 > 呋喃 > 噻吩 > 苯

A　卤代

五元杂环与卤素发生的反应很剧烈，能反应生成多种卤代产物，因此制备一卤代物需要在低温条件下的稀溶液中方能顺利进行。

a　溴代

溴素的亲电活性很高，一般情况在 0 ℃进行。

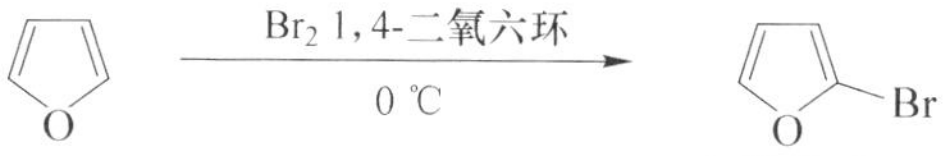

2-溴呋喃
产率：80%

2-溴噻吩
产率：78%

吡咯的反应活性比呋喃、噻吩要高很多，室温下与溴素反应的主要产物为多取代产物。

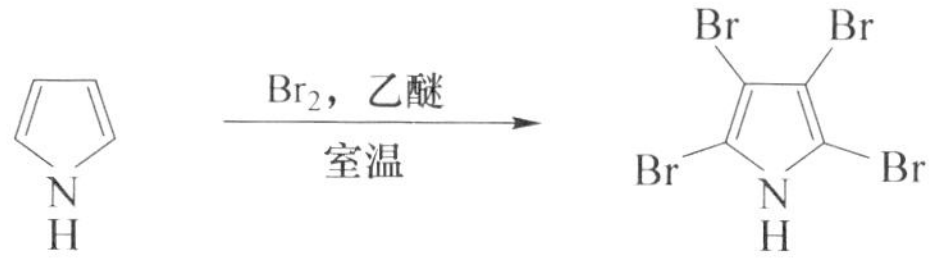

2,3,4,5-四溴吡咯

b　氯代

由于氯气比溴素更活泼，因此与呋喃的反应温度应更低，且常伴有二取代产物。

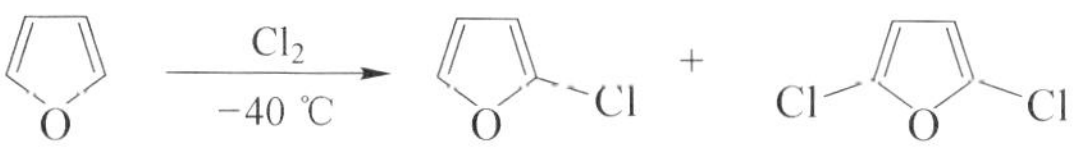

2-氯呋喃　　2,5-二氯呋喃

噻吩的活性相比于呋喃更低，与氯气反应需在稍加热的条件进行，并伴随有加成的产物生成。

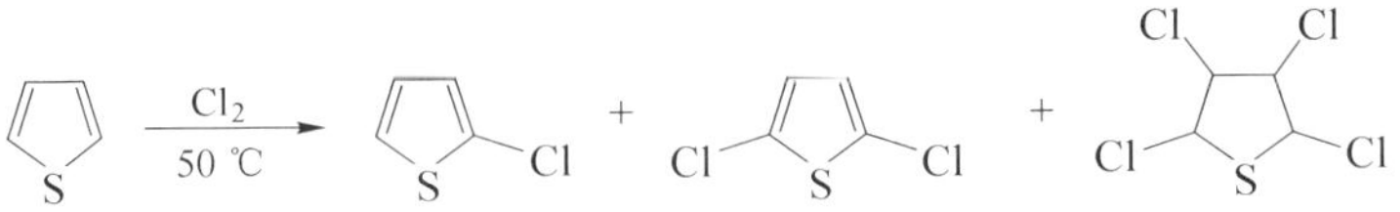

2-氯噻吩 36%　　2，5-二氯噻吩 14%　　2，3，4，5-四氯噻吩 13%

由于吡咯和氯气的反应活性很高，因此制取吡咯的一氯取代物的时候选择反应活性更低的二氯亚砜作为卤素源，并在更低的温度下反应。

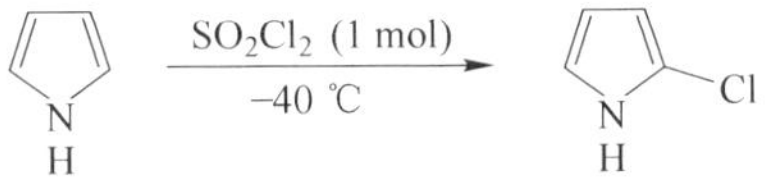

2-氯吡咯
80%

c　碘代

与不活泼的碘发生卤代反应则需要在催化剂的存在下才能发生。

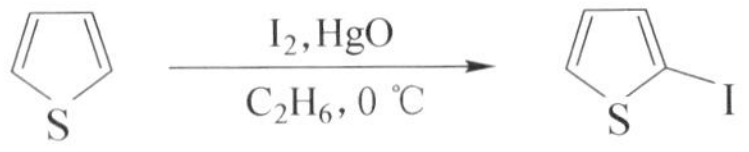

2-碘代噻吩
产率：70%

B　硝化

由于呋喃、噻吩、吡咯极易被氧化，而硝酸又是强氧化剂，因此不能直接使用硝酸进行硝化。通常使用较为温和的硝酸乙酰酯作为硝化试剂进行硝化，并在低温环境中进行。

$$(CH_3CO)_2O + HNO_3 \longrightarrow \underset{\text{硝酸乙酰酯}}{CH_3COONO_2} + CH_3COOH$$

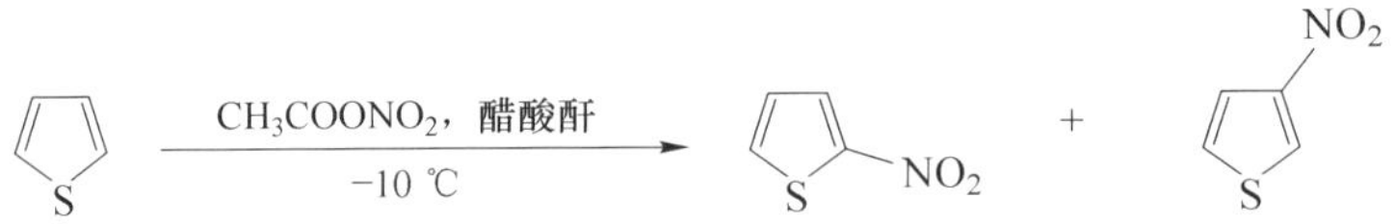

2-硝基噻吩，70%　　3-硝基噻吩，5%

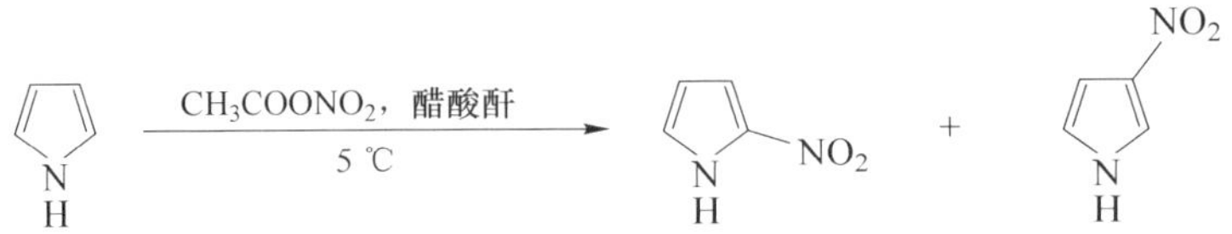

2-硝基吡咯，83%　　3-硝基吡咯，11%

但呋喃相对来说比较特殊，在与硝酸乙酰酯反应过程中首先生成不稳定的加成产物，在加热或者吡啶存在下脱去乙酸，得到最终的硝化产物。

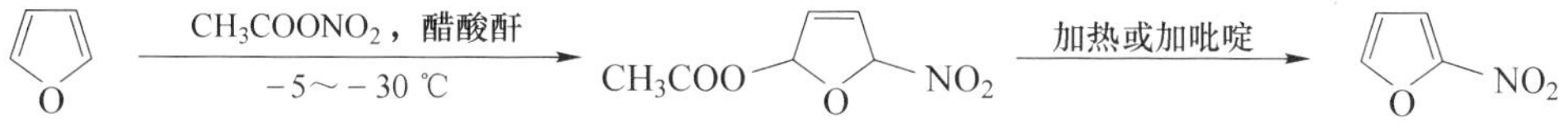

加成产物　　2-硝基呋喃

C　磺化

同样，浓硫酸也是一种强氧化剂，为了避免被氧化，常使用非质子磺化剂吡啶三氧化硫进行磺化。

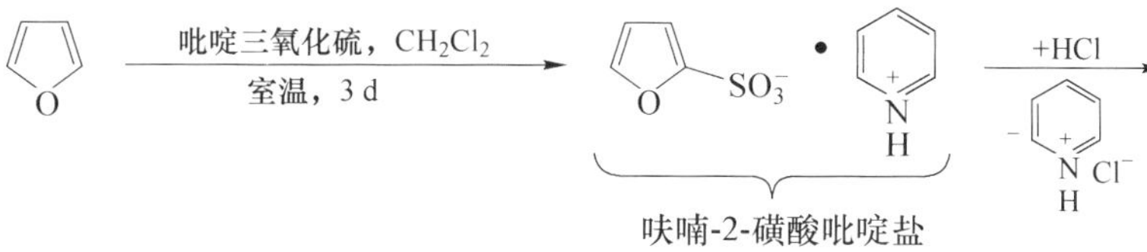

呋喃-2-磺酸吡啶盐　　呋喃-2-磺酸，41%

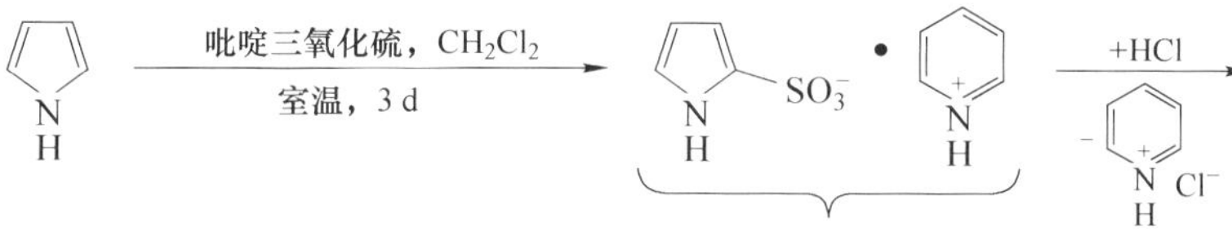

吡咯-2-磺酸吡啶盐，90%　　吡咯-2-磺酸

由于噻吩相对更稳定，可直接用浓硫酸进行磺化，但产率没有吡啶三氧化硫的高。由于磺化的噻吩易溶于浓硫酸，可以与苯分离，因此可用此方法分离苯中的噻吩。

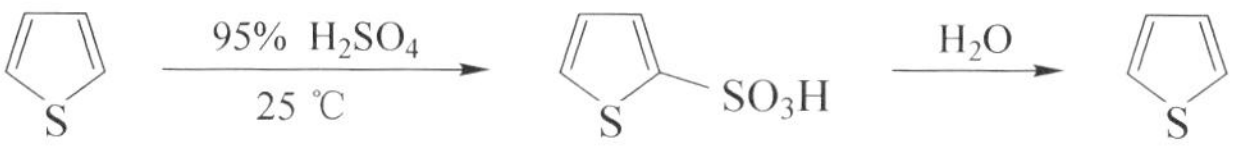

噻吩-2-磺酸
69%～76%

D　Friedel-Crafts 酰基化

呋喃在 Friedel-Crafts 催化剂的作用下能与酰氯或酸酐发生酰基化反应。

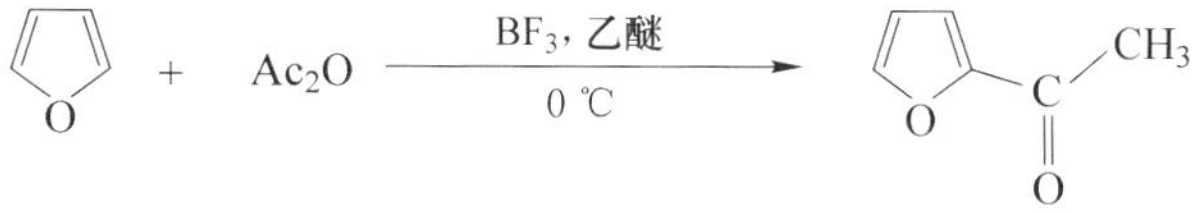

2-乙酰基呋喃
产率：75%～92%

在硫酸的催化下，吡咯可以与醋酸酐反应生成 2-乙酰基吡咯，产率高达 90%。

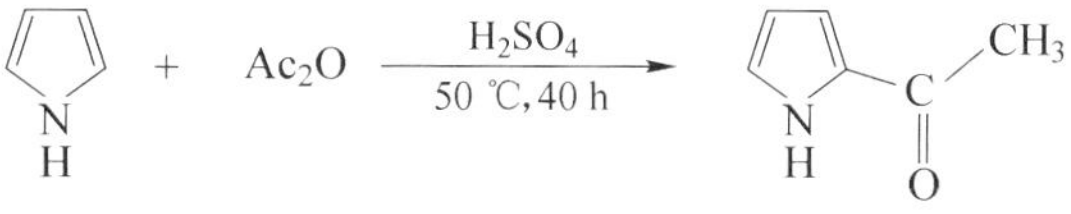

2-乙酰基吡咯
产率：90%

吡咯也可以直接在醋酸酐中乙酰化，不过需要提升反应温度，并且产率有所下降。

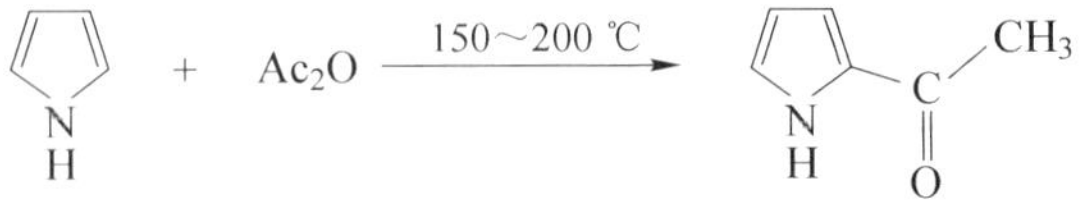

2-乙酰基吡咯
产率：60%

噻吩在进行 Friedel-Crafts 酰基化反应时，如用无水 $AlCl_3$ 等催化剂易与噻吩生成树脂状聚合物。因此，需要先将酰化试剂与催化剂反应成较活泼的亲电试剂，再加入反应体系中与噻吩反应，或使用 H_3PO_4 作催化剂。

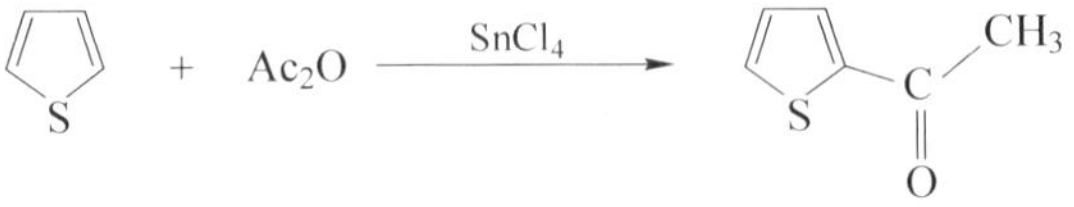

2-乙酰基噻吩

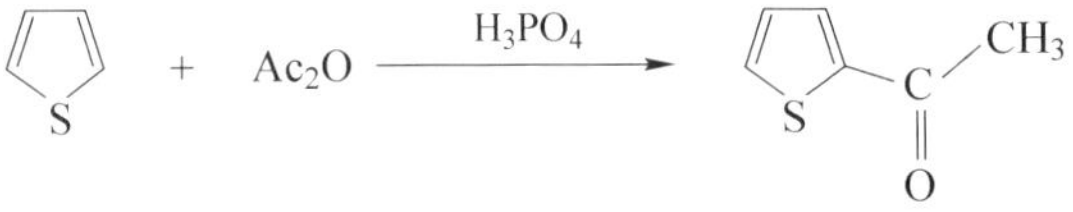

2-乙酰基噻吩
产率：70%

注意：苯进行 Friedel-Crafts 反应时，为避免混有的噻吩干扰反应，需提前处理除去噻吩。

E　Friedel-Crafts 烷基化

在丁基锂的催化下，呋喃可与卤代烷发生 Friedel-Crafts 烷基化。

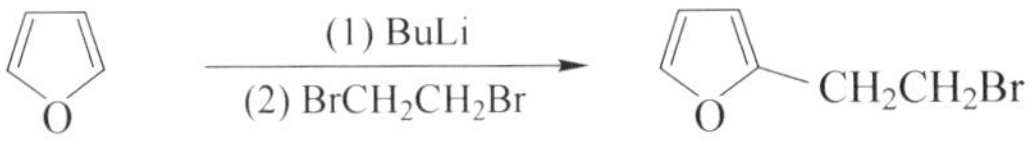

13.2.3.2　还原反应

由于分子中具有不饱和结构，呋喃、吡咯和噻吩与苯等芳香烃一样，都能发生加成反应。

A　催化加氢

呋喃和吡咯在 Pt 的催化下能与氢发生加成反应，生成无芳香性的脂杂环化合物。

四氢呋喃

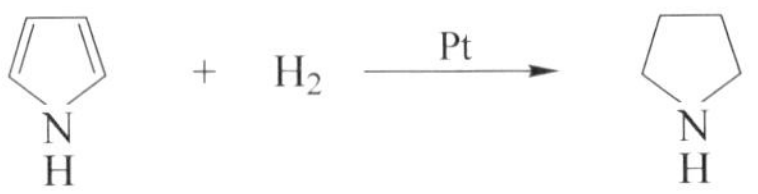

四氢吡咯

由于噻吩能使一般的催化剂中毒，因此不能使用一般 Pt 的催化剂，必须使用较为特殊的催化剂，如二硫化钼。

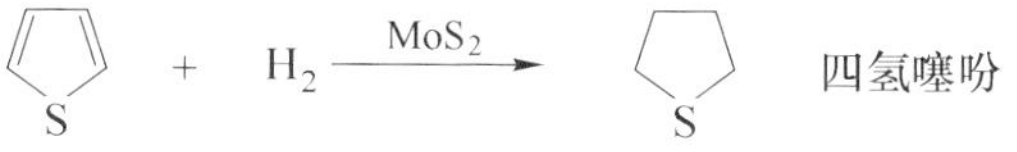

噻吩在兰尼镍的催化作用下，能脱硫形成烃类化合物：

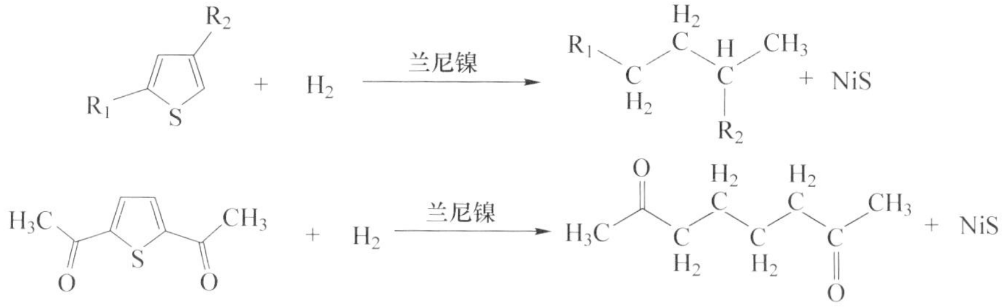

B 双烯加成

呋喃、吡咯与噻吩都具有双烯结构，理论上三者都能发生双烯加成反应，即 Diels-Alder 加成反应（简称 D-A 加成反应）。

呋喃易与亲双烯体（如顺丁烯二酸酐、苯炔）发生 D-A 加成反应，主要产物为内式异构体。

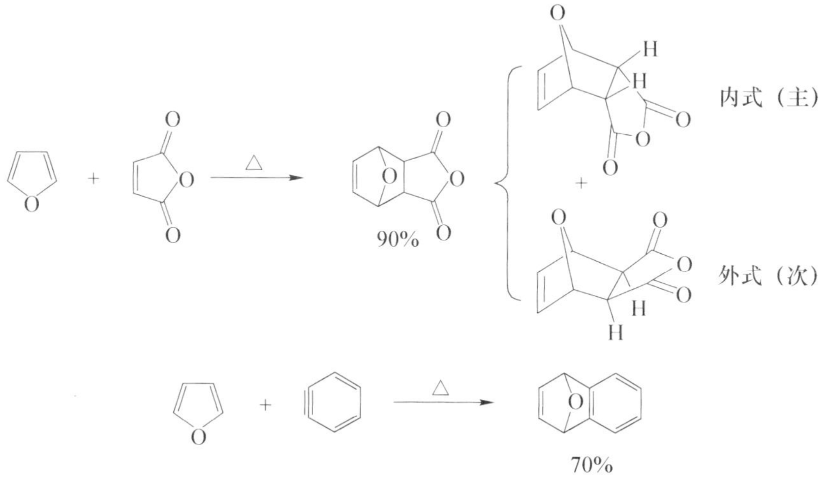

吡咯及其衍生物只与某些特定的亲双烯体（如苯炔）发生 D-A 加成反应，而不能与典型的亲双烯体（如顺丁烯二酸酐）发生 D-A 加成：

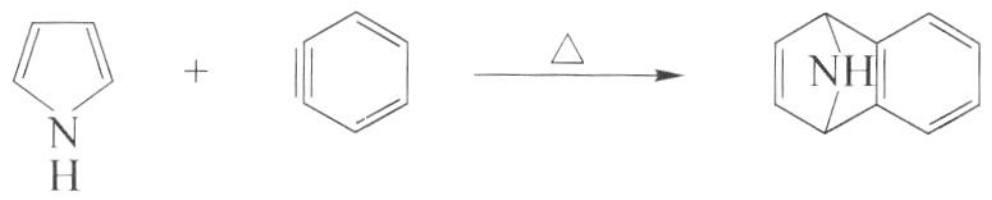

噻吩基本上不发生 D-A 加成，即使与含苯炔的化合物发生加成，产物也极不稳定，易失去硫而转化成苯的衍生物。

注意：Lewis 酸（如 $AlCl_3$）能提升呋喃与吡咯的 D-A 反应速率，但是升温时易发生重排，而转化成多环芳烃。

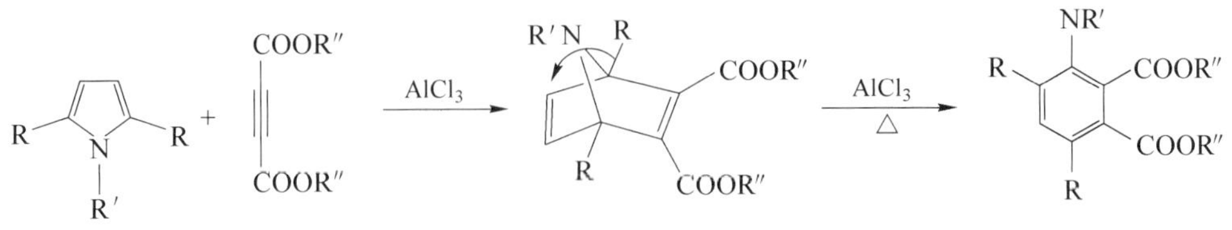

13.2.3.3 吡咯的弱酸和弱碱性

吡咯是二级芳环胺，既能电离出 H^+ 也能与 H^+ 结合，因此既能与强酸也能与强碱反应。但由于氮原子上的未共用电子参与了芳环的共轭体系，使氮原子上的电子云密度下降，因此吡咯的碱性要比同级脂肪胺更弱。

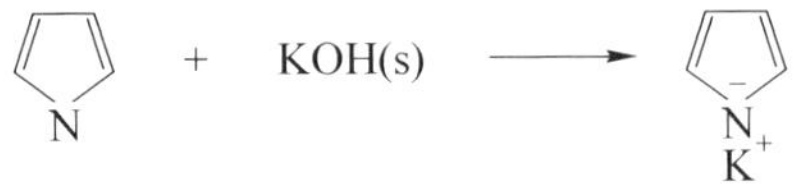

13.2.3.4 2-位活泼氢的特殊反应

A 吡咯与醛类的反应

吡咯 2-位活性很高，在酸性条件下能与醛基发生缩合反应，可用于合成氟硼二吡咯染料（dipyrromethene boron difluoride，简称 BODIPY）与卟啉等化合物。

a BODIPY 的合成

在三氟乙酸的催化下，两分子的吡咯与一分子的醛缩合，再经过一系列反应，最终反应得到 BODIPY 化合物，该反应产率一般在 20%左右。BODIPY 化合物是一种绿色强荧光化合物，最大发射峰在 520 nm 左右，广泛应用在医学检测与生命科学领域，用于细胞染色。

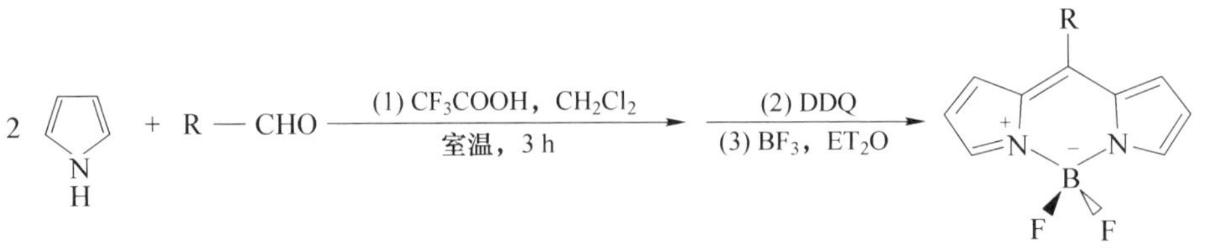

b 卟啉的合成

卟啉的合成条件相对苛刻，需要严格控制反应物浓度、比例、滴加速率以及催化剂用量，产率 11%左右。纯净的卟啉化合物通常是紫红色晶体，溶液发红色荧光，最大发射波长在 650 nm 左右。

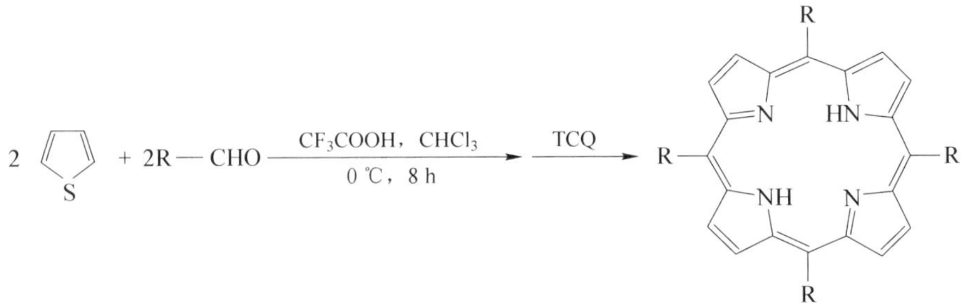

B 噻吩的 C—H 键直接芳基化反应

噻吩的 2 位活性比吡咯低，但是却能在钯催化剂的作用下与卤代芳烃发生偶联反应。

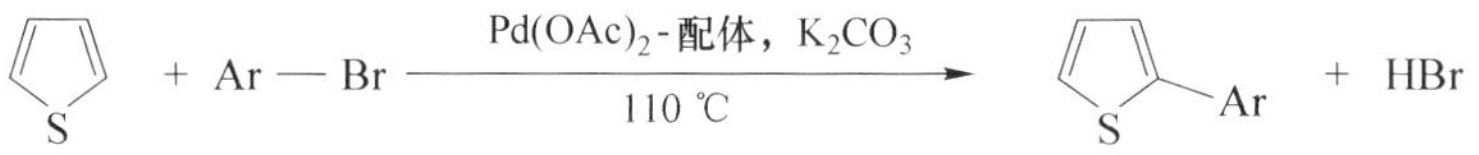

相比于经典的 C—M/C—X 交叉偶联，C—H 键直接芳基化反应具有以下优点：(1) C—H/C—X 偶联不含有活泼的 C—M 键，官能团兼容性高；(2) 反应底物无需预官能团化，原料简单，步骤简捷，属于高效率低成本的反应。目前，该反应主要用于有机光伏和有机半导体聚合材料的合成中。

13.3 六元杂环：吡啶

13.3.1 吡啶的结构

与吡咯一样，吡啶环中的五个 C 原子与 N 原子也都以 sp^2 方式杂化，所有原子均以 σ 键相连，形成了一个封闭的平面。每个 C 原子 p 轨道上均剩余一个电子，与 N 原子上垂直于平面的孤对电子相互重叠，形成封闭的共轭体系，π 电子数为 6，符合 $4n+2$ 规则，同样具有芳香性。

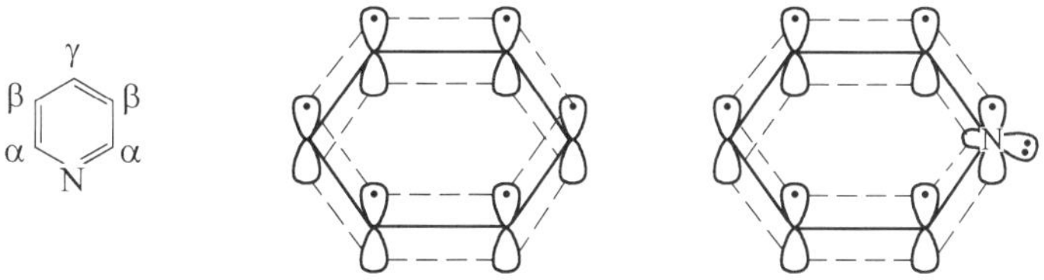

苯环　　　　吡啶

13.3.2 物理性质和制备方法

吡啶是一种无色或微黄色液体，有恶臭味，沸点 115 ℃。工业上可用作变性剂、助染剂以及合成一系列药品、消毒剂、染料等的原料。吡啶及其同系物可从天然煤焦油中获得，或由乙醛和氨反应制得。吡啶及其衍生物也可通过多种方法合成，其中实验室中应用最广的是 Hantzsch 吡啶合成法，即用两分子的 β-羰基化合物（如丙二酸二乙酯）与一分子乙醛缩合，产物再与一分子的氨缩合形成二氢吡啶化合物，然后用氧化剂（如亚硝酸）脱氢，最后水解脱羧便可制得吡啶衍生物。其过程如下：

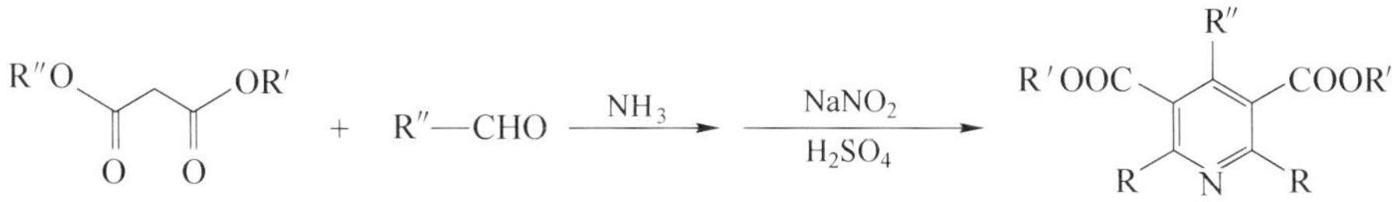

此外，也可用乙炔或糠醛通过催化反应制备，它是工业生产制备吡啶的主要方法。

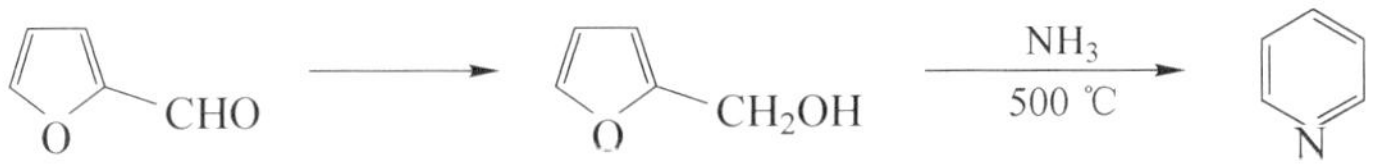

13. 3. 3 化学性质

13. 3. 3. 1 吡啶氮上的反应

吡啶是一种三级芳环胺，环内 N 原子上有一对未成键电子，可与质子结合成吡啶盐，具有碱性的特征。碱性大小：脂肪胺 > 吡啶 > 苯胺 > 吡咯。

此外，非质子的硝化试剂、磺化试剂与卤代烷、酰氯、卤素也均能与吡啶反应生成相应的吡啶盐。这些吡啶盐分别是性能温和的硝化试剂、磺化试剂、卤化、酰化、卤化试剂。反应式如下：

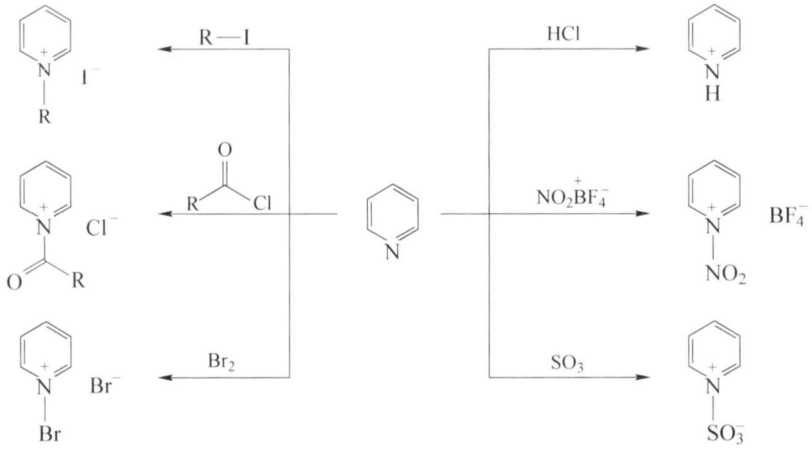

13. 3. 3. 2 亲电取代

吡啶环上的 N 原子与硝基相似，具有吸电子的作用，使得整个吡啶环上的电子云密度下降。因此，吡啶与富电子的呋喃等的化学性质截然不同，它极其不易发生亲电取代反应。只有在极强的条件下，才能发生，而且都发生在 β 位。若环上存在给电子基团，吡啶亲电反应的能力会因此有所提升。

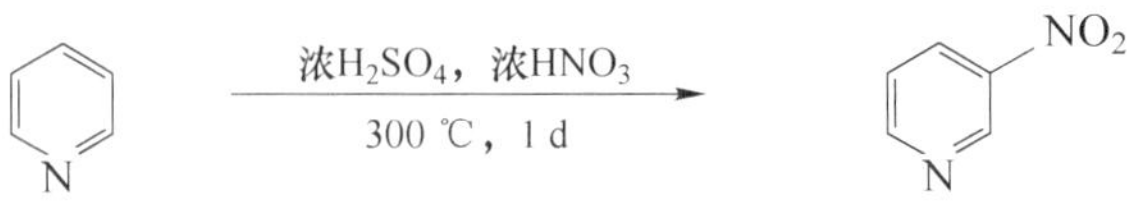

3-硝基吡啶

6%

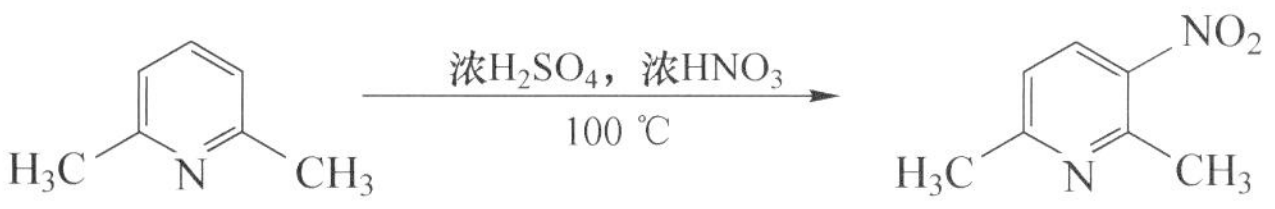

2,6-二甲基-3-硝基吡啶
66%

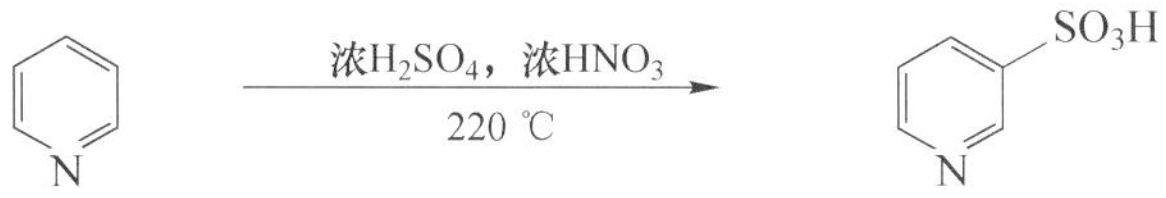

吡啶-3-磺酸
70%

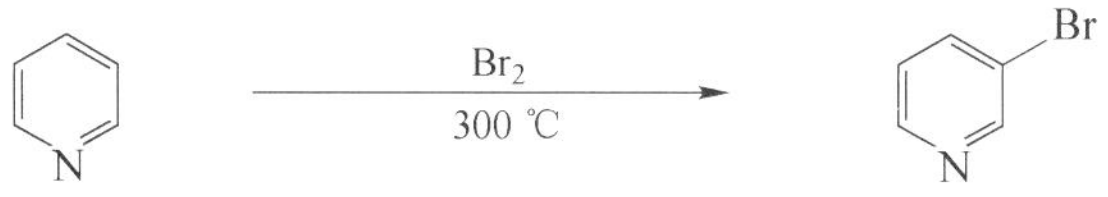

吡啶不发生 Friedel-Crafts 反应。其原因读者可自行进行分析。

13.3.3.3　亲核取代

与苯等芳香化合物所不同的是，吡啶易与强的亲核试剂发生取代反应，生成 α 取代产物。亲核试剂的亲核能力越强，反应越容易发生。

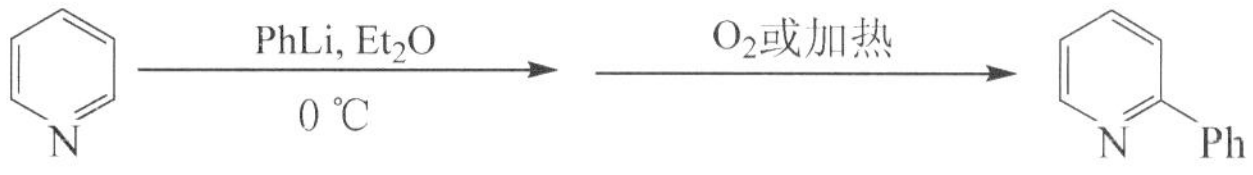

产率：80%

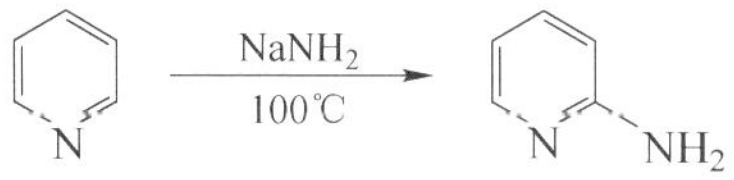

13.3.3.4　氧化还原

吡啶对一般的氧化剂有耐受性，所以通常不易被氧化，但是含 H 的侧链容易被强氧化剂氧化，生成对应的酸。

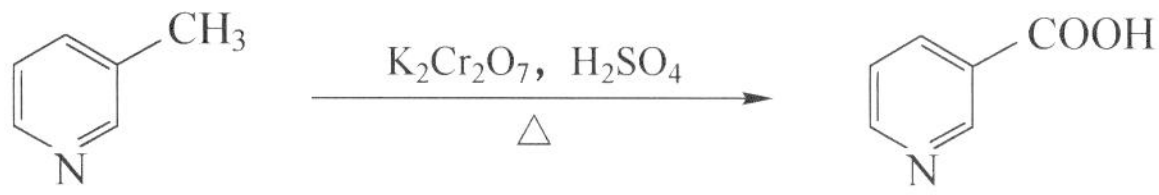

吡啶-2-甲酸（烟酸）

由于结构中存在不饱和键，因此在催化剂作用下吡啶能被氢气还原成四氢吡啶。

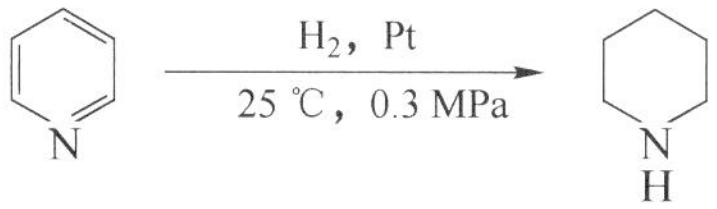

哌啶（又称四氢吡啶）

哌啶是一种有特殊气味的无色液体，能与水混溶，溶于乙醇、乙醚等有机溶剂，沸点106 ℃。化学性质与脂肪仲胺相似，常用于制药，也用于有机催化，是一种管制药品。

13.4 稠杂环：喹啉

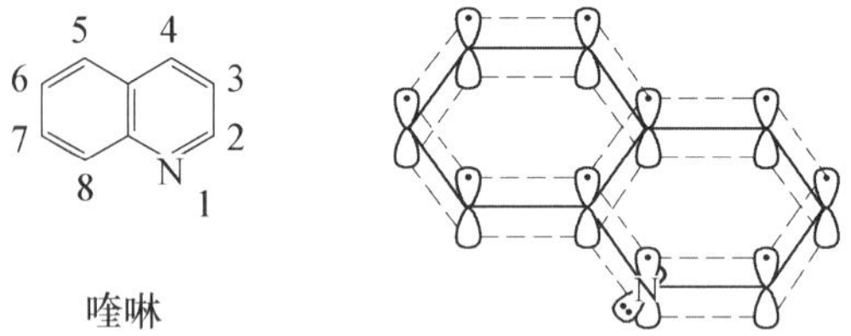

喹啉

喹啉为无色液体，有恶臭味，能与醇、醚及二硫化碳等混溶，易溶于热水，沸点242.2 ℃。是抗疟疾药物、染料色素、橡胶促进剂以及农药等产品的重要生产原料。喹啉类化合物常以生物碱的形式广泛地存在于植物界中，许多衍生物具有重要的临床药用价值。

13.4.1 常见合成方法

喹啉的合成方法有很多，下面简单地介绍几种最常用的合成方法。

13.4.1.1 Skraup 合成法

Skraup 合成法是喹啉及其衍生物的重要合成方法。该方法使用甘油、芳胺、硫酸、硝基芳环（与芳胺对应的硝基苯或衍生物）等进行反应。其过程如下：

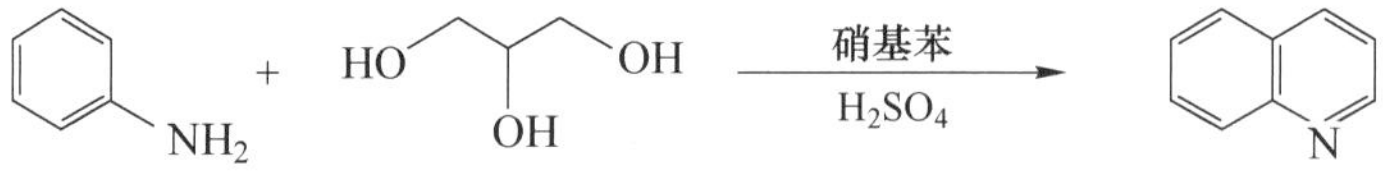

具体步骤如下：

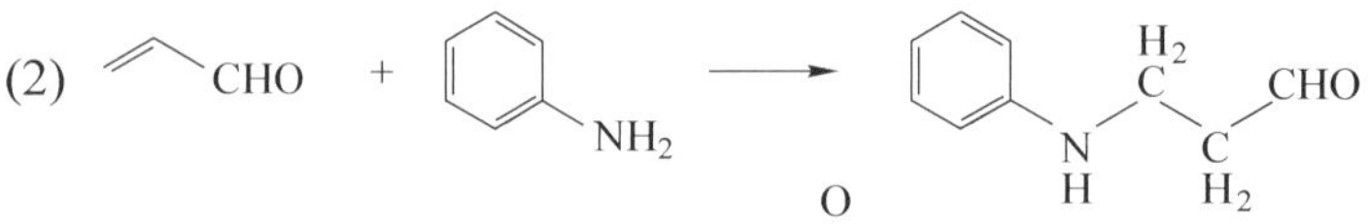

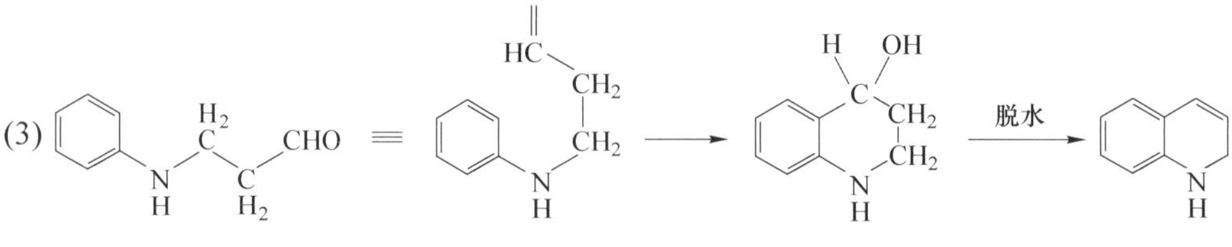

(4) 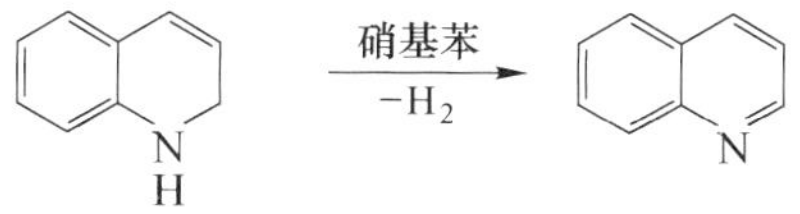

13.4.1.2 Combes 合成法

Combes 合成法是以芳胺、1,3-二羰基化合物为原料，在浓硫酸的催化作用下，经多步反应，得到最终产物喹啉。

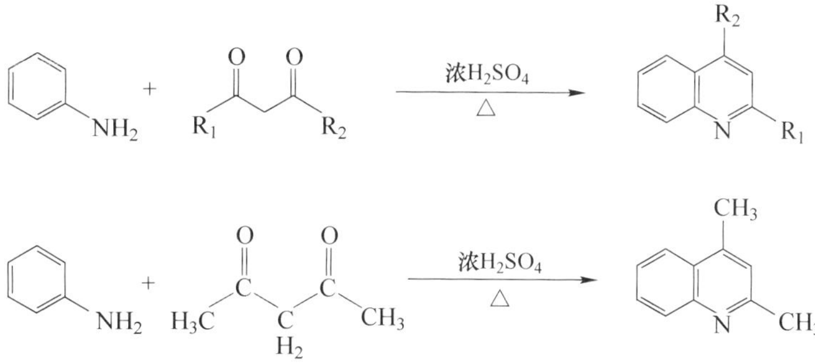

13.4.2 化学性质

喹啉是由一个吡啶环和一个苯环稠和而成的，因此有类似于吡啶的化学特性。由于吡啶是缺电子基团，因此喹啉的亲核取代、还原反应均优先发生在吡啶环上，而亲电取代、氧化反应都发生在苯环上。

13.4.2.1 亲电取代

在质子酸或 Lewis 酸存在下，喹啉可与亲电试剂发生亲电取代反应，反应位置主要在苯环上。

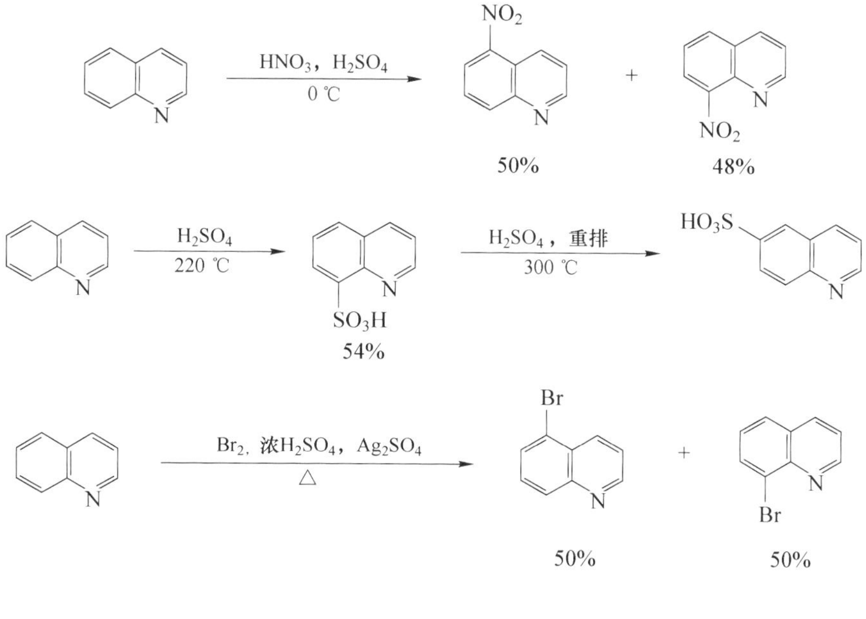

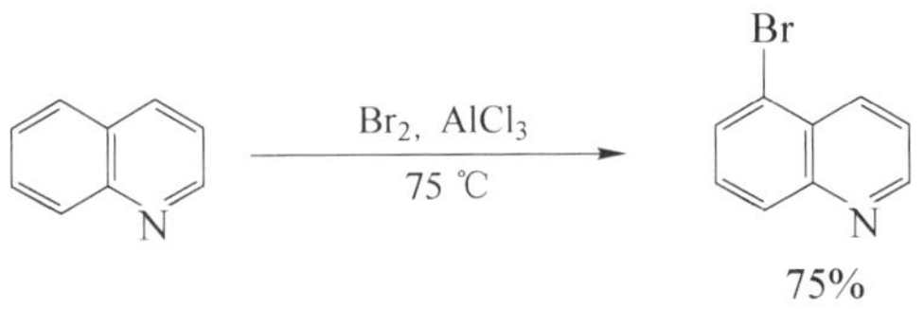

13.4.2.2 亲核取代

喹啉可以和亲核试剂发生亲核取代反应，主要发生在杂环的 2、4 位上。

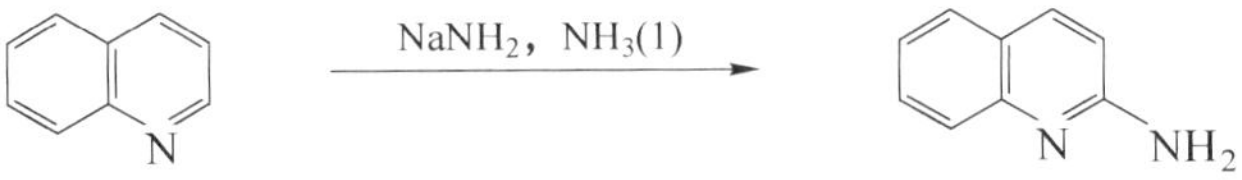

13.4.2.3 氧化反应

喹啉结构中的吡啶环与吡啶一样具有抗氧化的性能，氧化反应主要发生在侧链或苯环上。

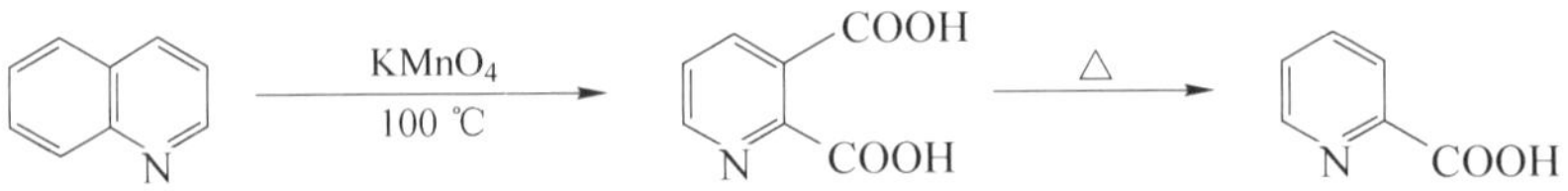

13.4.2.4 还原反应

喹啉在催化剂的作用下可以被还原，但反应条件不同，还原产物也会不同。而不同的还原产物在一定的条件下又能被氧化成喹啉。

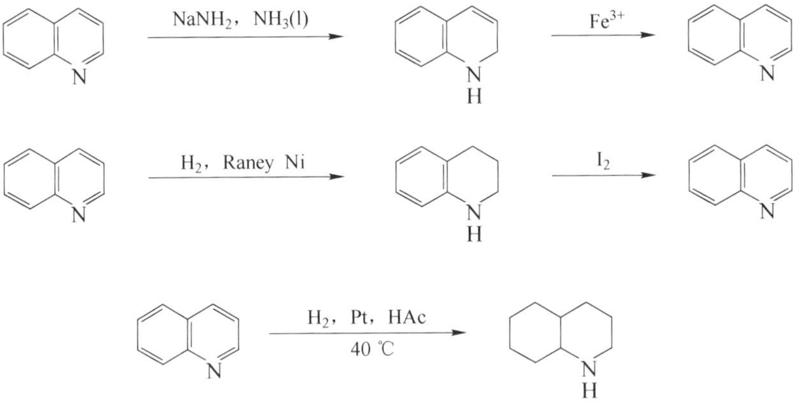

13.5 生 物 碱

生物碱是存在于自然界中（动植物体内）的一类含氮的碱性有机化合物，有似碱的性质，所以过去又称为赝碱。主要存在于植物体内，有的也存在于动物中。许多生物碱就是杂环化合物，具有显著的生物活性。其中还有很多是中药的有效成分之一。下面简单介绍几种常见的杂环类生物碱：

（1）小檗碱。小檗碱也称作黄连素，黄色针状结晶，味苦，存在于黄连的块茎中，是中药黄连中的主要有效成分。广泛用于胃肠炎、痢疾等疾病的治疗，对肺结核、猩红热、急性扁桃腺炎和呼吸道感染等疾病也有一定的疗效。

（2）罂粟碱。罂粟碱是一种白色结晶性粉末，无臭，存在于罂粟植株中，是鸦片的重要成分之一。主要用于治疗大脑及外周血管的疾病，缓解栓塞疼痛等症状。长期摄入会使人上瘾，静注过量或过快可致死亡。

（3）奎宁。奎宁又名金鸡纳碱，一种针状晶体，存在于金鸡纳树的树皮中，常用于治疗与预防疟疾。此外，奎宁还有抑制心肌收缩、增加妊娠子宫节律性收缩的作用。

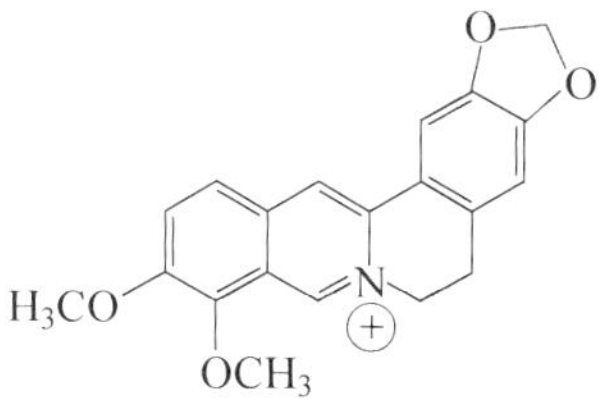
小檗碱

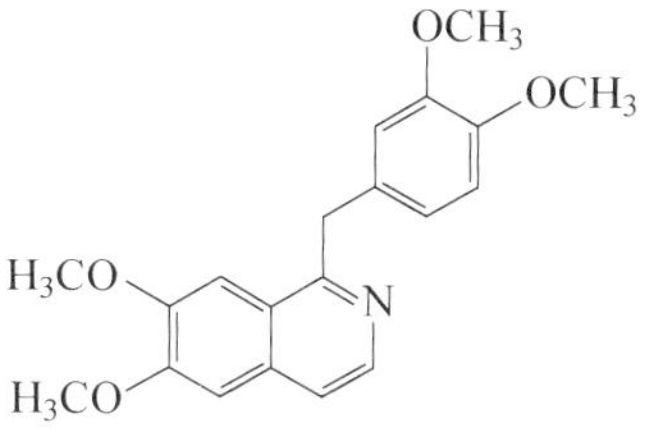
罂粟碱

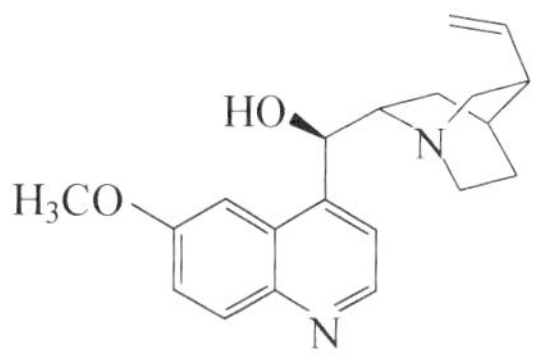
奎宁

（4）古豆碱。古豆碱是一种无色液体，存在于许多植物如曼陀罗、莨菪、烟草和古柯等植物中。具有镇静中枢神经的作用，还能抑制肠胃蠕动与胃液分泌，常用于胃溃疡以及各种胃肠道疾病的治疗。

（5）毒扁豆碱。毒扁豆碱，也叫依色林、卡拉巴豆碱，是一种白色结晶样粉末、无味，存在于毒扁豆种子中。临床上有缩瞳、降低眼压作用，可用于治疗青光眼等眼科疾病。

（6）毛果芸香碱。毛果芸香碱，是从毛果芸香属植物叶中提取出的一种无色晶体，味苦。用于原发性青光眼，包括开角型与闭角型青光眼等疾病的治疗。与毒扁豆碱比较，毛果芸香碱更加温和且短暂，其水溶液也更稳定。

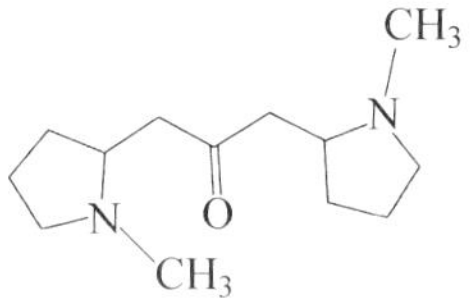
古豆碱

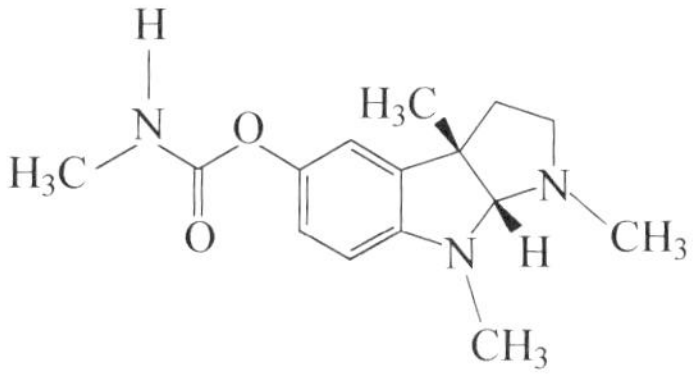
毒扁豆碱

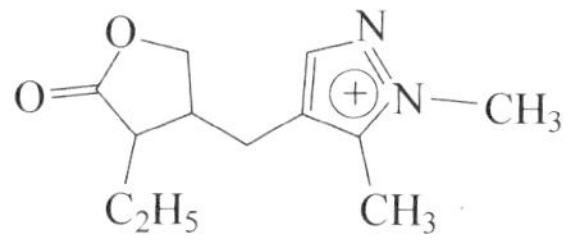
毛果芸香碱

（7）尼古丁。尼古丁，俗名烟碱，浅黄色油状物质，有毒，存在于茄科植物（茄属）中的生物碱，也是烟草的重要成分。目前尚无临床上的应用价值。尼古丁是一种高度成瘾性物质，重复使用还会出现心率增加、血压升高、食欲下降等症状。大剂量的尼古丁会引起恶心、呕吐等症状，严重时甚至能致人死亡。烟草中通常会含有尼古丁，电子烟也同样含有尼古丁。青少年们应该珍爱生命，主动与烟草保持距离。

（8）槟榔碱。槟榔碱是一种油状液体，存在于槟榔中。能使瞳孔缩小、眼内压下降。医疗上用于治疗青光眼，也可与南瓜仁一同用作驱绦虫药。

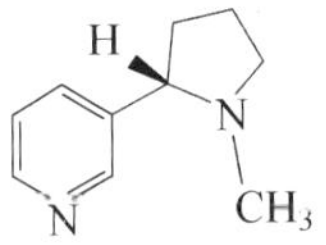

尼古丁

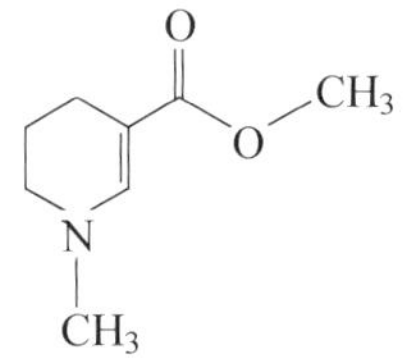

槟榔碱

大自然是一个巨型宝库，不但给我们提供了基本的生存环境，而且还蕴藏着许多具有医用价值的生物碱。我们应该珍惜爱护它，科学合理地利用其中的资源，为人类创造更多财富。

14 对 映 异 构

立体化学的研究内容包括分子中原子或基团在空间的排列状况，以及不同的排列方式对分子的物理、化学性质和生物活性所产生的影响。

14.1 异构体的分类

化合物的分子式相同，但其组成原子间的排列顺序不同，或原子在空间的排列方式不同，称为（同分）异构。分子的结构应包括分子的构造、构型和构象。大量异构体的存在是有机化合物的重要特征之一。在此将异构现象按如下分类归纳。

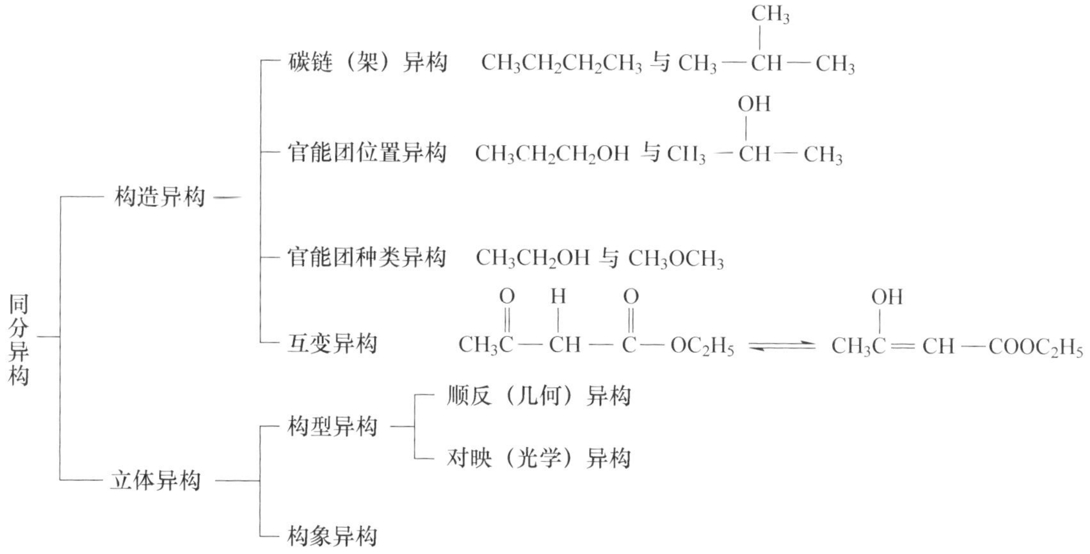

14.1.1 构造

分子的构造是指具有一定分子式的化合物中各原子的成键顺序。分子式相同，但分子内原子间相互连接顺序不同（即构造不同）的化合物，称为构造异构体，如正丁烷（$CH_3CH_2CH_2CH_3$）和异丁烷 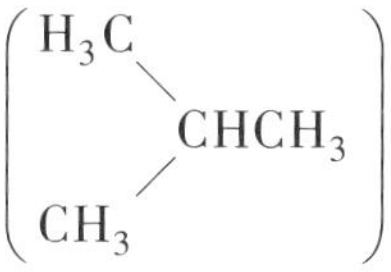、乙醇（CH_3CH_2OH）和甲醚（CH_3OCH_3）是构造异构体。

凡构造式相同的分子，只是因为原子的空间排列不同而产生的异构体，称为立体异构体。立体异构包括构型异构和构象异构。

14.1.2 构型

分子中原子在空间的排列称为构型。分子构造相同但构型不同的化合物称为构型异构体。顺反异构体就属于构型异构体的一类。例如：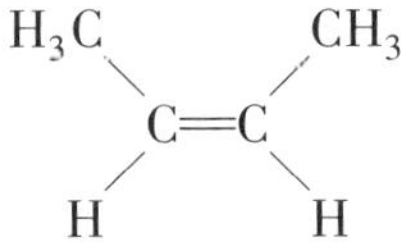 与 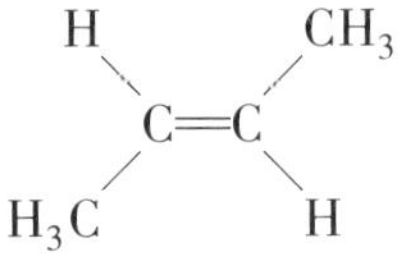

都具有相同的分子构造式 $CH_3CH=CHCH_3$。

14.1.3 构象

构象异构则是指分子由于绕 σ 键旋转而造成的原子在空间的各种不同排列方式，即处于某一特定构象时的分子是一种构象异构体。如丁烷 $C_2—C_3$ 转动形成邻位交叉和对位交叉的异构体。

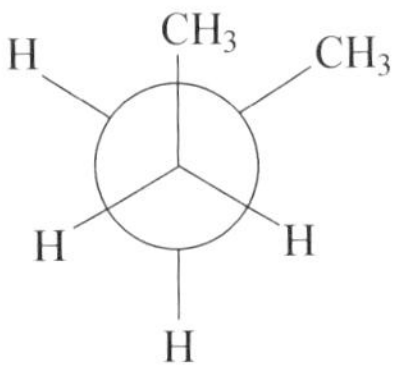

邻位交叉式

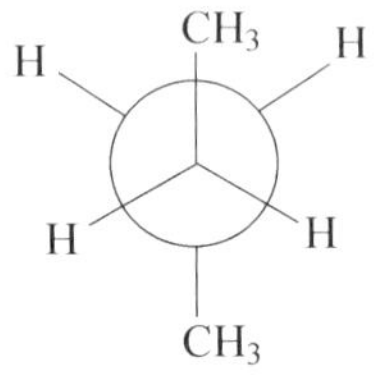

对位交叉式

构型异构体也可以分为对映（异构）体和非对映（异构）体。其中，两种彼此互为实物与镜像关系且不能重合的构型异构体，称为对映（异构）体。本章重点介绍对映异构及一些相关问题。

14.2 物质的旋光性

14.2.1 旋光性

光是一种电磁波，光波的振动方向垂直于其前进的方向。单色光是具有某一波长的光，在单色光的光线里，光波在所有可能的平面上振动，如图 14-1 所示。

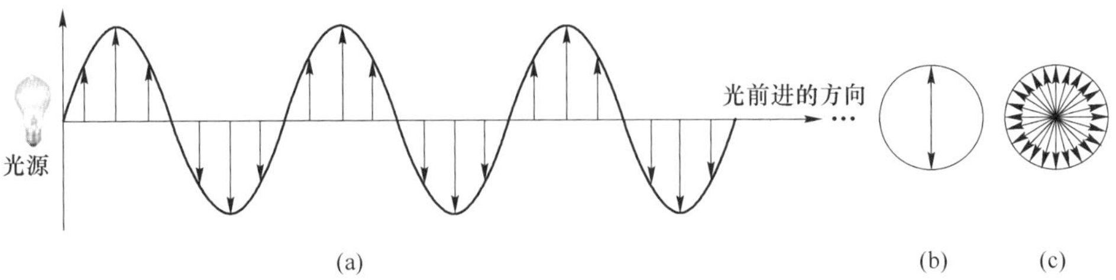

图 14-1 普通光的振动情况

（a）光在平面内振动的振幅及周期性变化；（b）光在平面内振动的振幅；（c）光在不同平面内振动的振幅

如果使单色光通过偏振片时，由于只有在一个特定平面上振动的光才可透过，因此通过偏振片的光线就只在一个平面上振动，这种只有一种振动方向的光称为偏振光，如图 14-2 所示。

当偏振光通过某些液体物质或某些物质的溶液后，需将原来的振动平面旋转一定角度后才能以相对最大光强度通过，即偏振光出来时将在另一个平面上振动。这种能使偏振光振动平面旋转的物质，称为旋光性物质或光学活性物质。

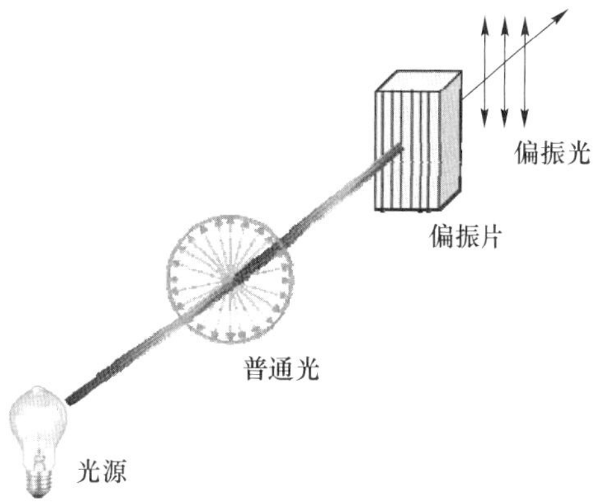

图 14-2 偏振光

14.2.2 旋光仪的工作原理

检测偏振光平面的旋转可用旋光仪。旋光仪主要由一个单色光光源、两个偏振片（起偏镜、检偏镜）组成。在两个偏振片之间放置一根可以装载待测物质的旋光管。旋光仪各部件的排列方式是使单色光先通过第一个偏振片（起偏镜），经过旋光管，然后通过第二个偏振片（检偏镜），最后到达观察者的眼睛。当管子空的时候，或者管内装上没有旋光性的物质如乙醇、丙酮等，使通过起偏镜的偏振光照射到检偏镜上，当两个棱镜的轴平行时，偏振光才能完全通过，光量最大。

测定时，旋光管内装上有旋光性的物质，如（+）-2-溴丁烷、（-）-丁-2-醇、（+）-乳酸等溶液，则在检偏镜后面见到的光并不是最亮的而是减弱的，只有把检偏镜向左或向右旋转一定角度后，才能见到最大亮度的光。这个现象是由于旋光性物质把偏振光平面旋转了一定的角度所致。所旋转的数值可由旋光仪的刻度盘上读出。

图 14-3 是旋光仪示意图。图 14-3 中的实线表示旋转前的情况；在盛液管中放置旋光性物质后，旋转检偏镜，得到最佳的情况用虚线表示。α 是旋转的角度。

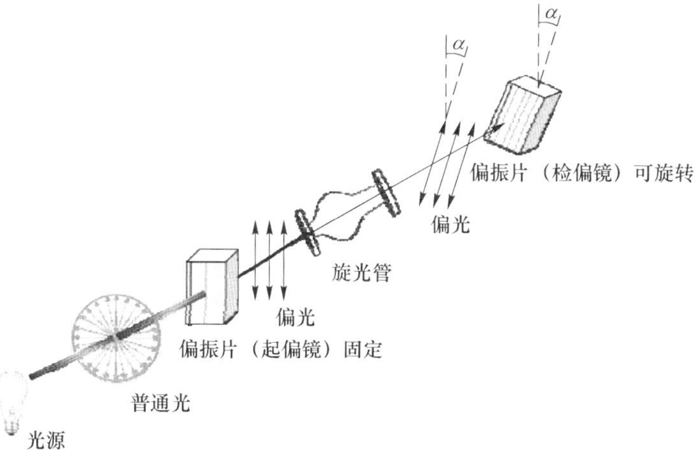

图 14-3 旋光仪的工作原理

14.3 手性和对称性

14.3.1 分子的手性

化合物分子中存在一个连有四个不同的原子或基团的碳原子时，这个化合物在空间有两种不同的排列方式。例如，乳酸分子中 C* 上连有四个不同的原子或基团，它们分别是氢原子、甲基、羟基和羧基。

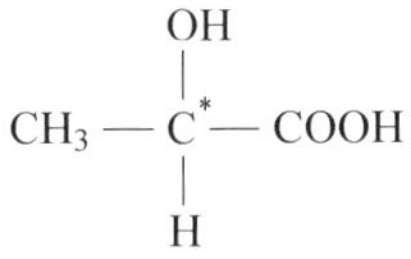

这种结构的化合物，在空间可有两种排列，如图 14-4 所示。

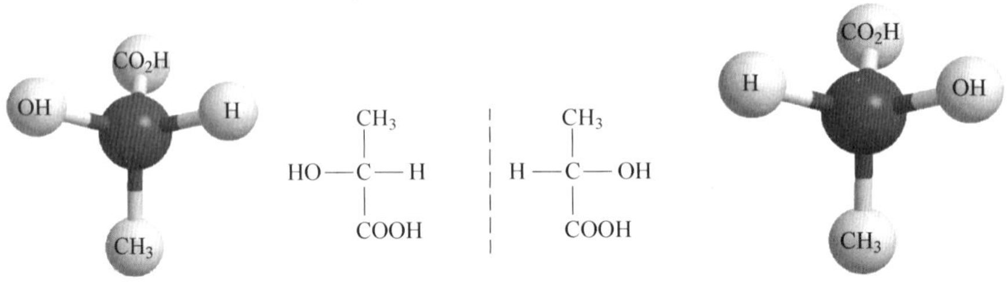

图 14-4 两种不同构型的乳酸分子模型示意图

这两个乳酸分子在空间不能重合，它们有不同的构型，它们并不是同一种化合物。这两种分子结构彼此之间的关系好像左手和右手的关系，无论怎样放置，都不能使它们完全重合，如图 14-5 所示。

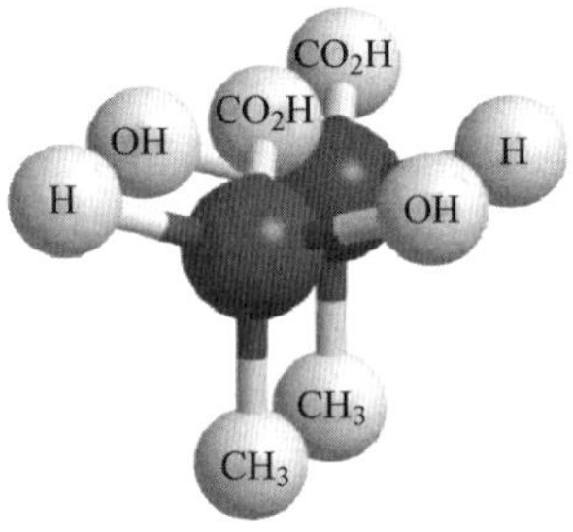

图 14-5 两种不同构型的乳酸彼此不能重合

左右手不论怎样放置都不能完全重合（见图 14-6 和图 14-7）。如果在左手前放置一面镜子，右手即为左手在镜中的镜像，这种实物与其镜像不能重合的性质称为手性。凡与自身的镜像不能重合的分子是具有手性的分子，称为手性分子。凡可以同镜像重合的分子，称为非手性分子，即没有手

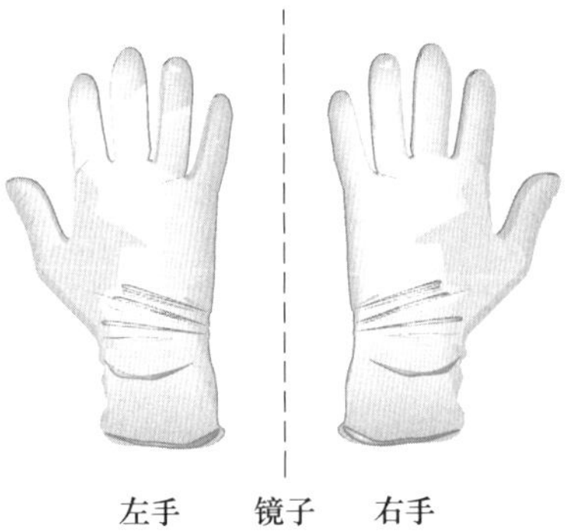

图 14-6 左手的镜像是右手

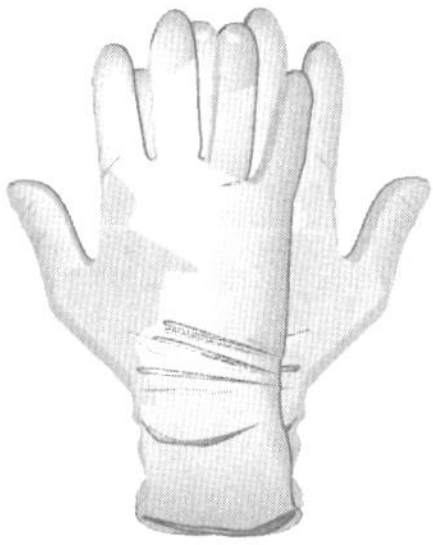

图 14-7 左手和右手不能重合

性。分子中连有四个不同的原子或基团的碳原子，称为手性碳原子，或称不对称碳原子，常用 C* 表示，如 $CH_3C^*HOHCOOH$。

具有手性碳原子的分子不一定是手性分子。

14.3.2 对映体和外消旋体

前面介绍的乳酸（2-羟基丙酸，$CH_3CHOHCOOH$）构造相同，构型不同，互为实物镜像的关系，彼此无法重合的立体异构体称为对映异构体，又称旋光异构体或光学异构体。对映体是成对存在的，分别是左旋体和右旋体，等物质的量的左旋体和右旋体构成外消旋体。

对映体的性质与环境有关。在非手性环境中，对映体的性质是相同的；但在手性环境中它们的性质是不同的。乳酸的物理性质见表 14-1。

表 14-1 乳酸的物理性质 （dm^2/kg）

化合物	熔点/℃	$[\alpha]_D^{20}$ 水	pK_a(25 ℃)
(+)-乳酸	26	+3.82	3.79
(−)-乳酸	26	-3.82	3.79
(±)-乳酸	18	±3.82	3.79

乳酸的一对对映体对偏振光（手性环境）的影响是不同的，其一使偏振光右旋，称为（+）-乳酸，其 $[\alpha] = +3.82° \cdot dm^2/kg$；另一个则使偏振光左旋，称为（-）-乳酸，其 $[\alpha] = -3.82° \cdot dm^2/kg$。实验发现：从肌肉中得到的乳酸是右旋乳酸；利用葡萄糖在左旋乳酸菌作用下发酵得到的乳酸是左旋乳酸。外消旋体由等物质的量右旋体和左旋体混合而成，因此外消旋体与右旋体或左旋体的旋光性是不同的，外消旋体无旋光性。另外，它们的其他物理性质也不相同，(±)- 乳酸的熔点是 18 ℃。

14.3.3 手性分子的判别——分子的对称性

一个物质是否具有旋光现象，取决于该物质是否是手性分子。那么如何通过分子结构判断该化合物是手性分子呢？乳酸分子中有一个手性碳原子，同时也是手性分子，但酒石酸分子，其中一个结构

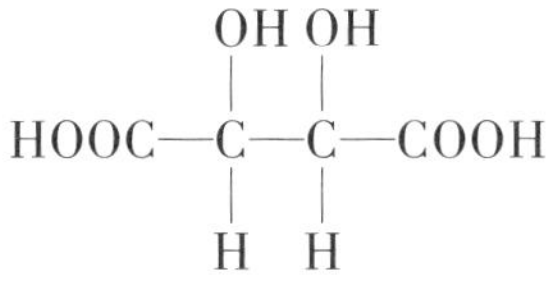

，有两个手性碳原子，却没有旋光性，不是手性分子。因此，不能认为具有手性碳原子的分子就一定是手性分子。一个化合物分子是否是手性分子取决于该分子是否对称，分子的对称性则可以通过对称面或对称中心判定。

14.3.3.1 对称面（镜面）

设想分子中有一个平面，它可以把分子分为互为镜像的两部分，这个平面就称为对称面，如图 14-8 所示。

14.3.3.2 对称中心

如图 14-9 所示，设想分子中有一点 P，分子中任一原子自或基团与 P 点连线的延长

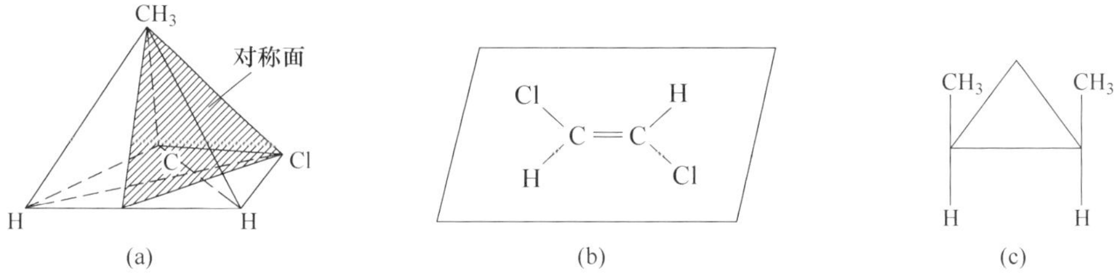

图 14-8 分子的对称面

（a）氯乙烷；（b）(*E*)-1, 2-二氯乙烯；（c）顺-1, 2-二甲基环丙烷

线上等距离处，仍是相同的原子或基团，则此点称为分子的对称中心。例如，苯既有对称面又有对称中心，而2,4-二氟-1,3-二氯环丁烷没有对称面，但有对称中心（*i*）。

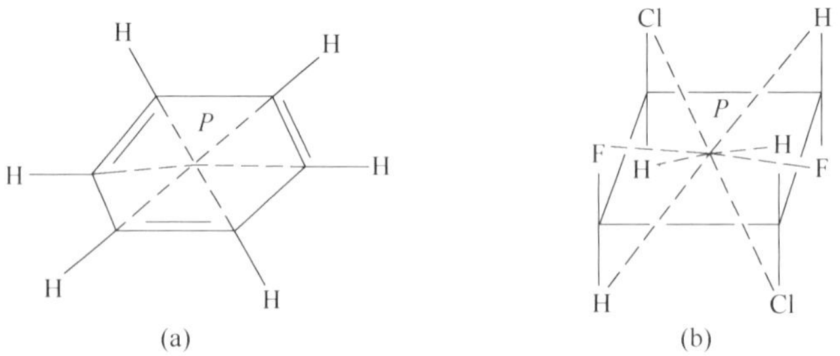

图 14-9 分子的对称中心

（a）苯；（b）2,4-二氟-1,3-二氯环丁烷

具有对称中心的分子，是非手性的，它没有对映异构体和旋光体。除个别分子外，一个分子只要既没有对称面，又没有对称中心，就可以判断它是一个手性分子。

14.4 含有一个手性碳原子开链化合物的对映异构

含有一个手性碳原子的化合物都是手性分子，具有旋光性，有一对对映体，具有旋光性。

14.4.1 构型表示法

在平面上表示立体的分子构型（即分子的立体形象），模型、透视式和 Fischer 投影式都是常见的分子构型的表示方法。

14.4.1.1 透视式

透视式是化合物分子在纸面上的立体表达式。透视式是按透视原理画出的，假定手性碳原子在纸面上，楔形实线表示伸向纸面前，虚线表示伸向纸面后，一般实线表示处于纸面上。如图 14-10 所示。

用透视式表示其立体形象，虽然比较直观，但这种表示方法很不方便，一般多采用 Fischer 平面投影式，就是将立体模型投影在平面上，尤其是当分子结构较复杂时。

14.4.1.2 Fischer 投影式

Fischer 投影式是用平面形式来表示具有手性碳原子的分子立体构型的式子。投影规

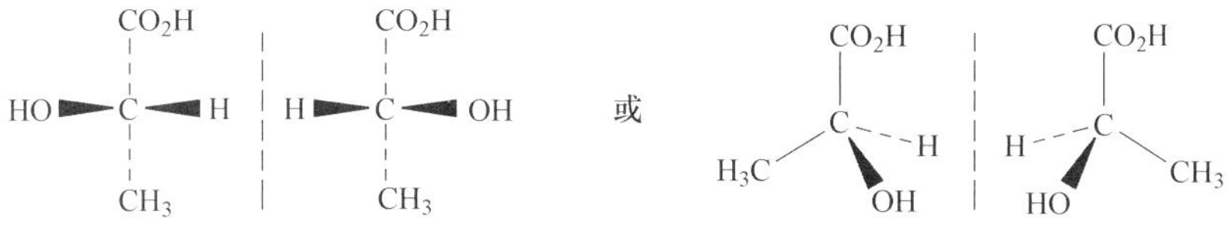

(+)-乳酸　(−)-乳酸　或　(+)-乳酸　(−)-乳酸

图 14-10　两种乳酸分子构型的透视式

则是：按系统命名法原则选择主链竖向排列，把编号小或氧化态较高的碳原子放在上方，使竖键上所连接的原子或基团伸向纸平面后方，横键所连接的原子或基团伸向纸平面前方进行投影，即得 Fischer 平面投影式。Fischer 平面投影式是把手性碳原子置于纸面，以横竖两线的交点代表这个手性碳原子，竖线的两个基团表示在纸面后方，横线的两个基团表示在纸面前方。如图 14-11 所示。

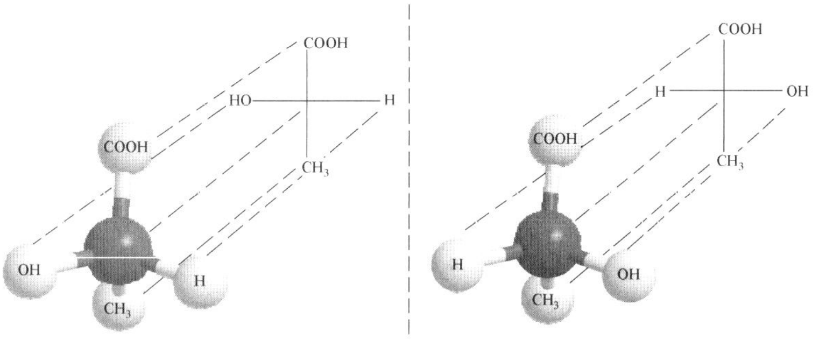

(+)-乳酸　(−)-乳酸

图 14-11　两种乳酸分子构型的 Fischer 投影式

必须强调，Fischer 投影式表面看与投影式相似，但其横线和竖线分别代表伸向纸平面的前方和后方，必须牢记“横前竖后”的原则。由模型、透视式转化为 Fischer 投影式的过程如下：

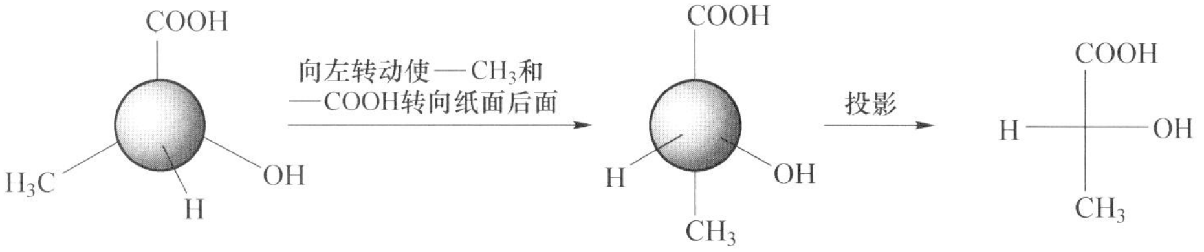

(−)-乳酸

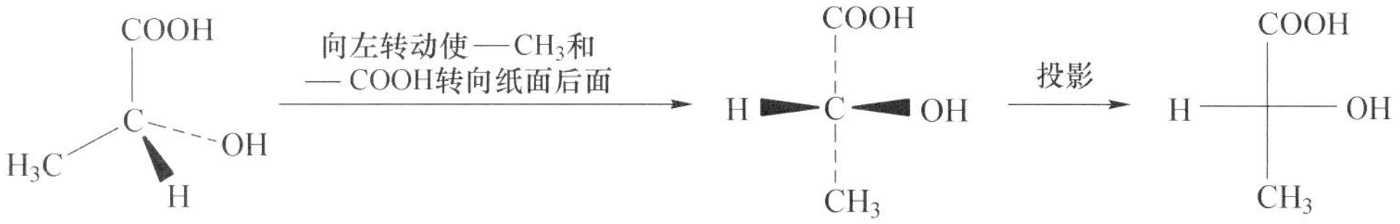

由于 Fischer 投影式已经具有立体概念，使用时应遵循以下原则：

（1）投影式不离开纸面旋转 180°，其构型保持不变；转 90°则构型改变，成为其对映体。

（2）将同一手性碳原子上的 4 个基团对调两次（可以 4 个基团两两相互对调，也可以固定一个基团，让其余 3 个基团对调），其构型保持不变；对调一次则构型改变，成为其对映体。

14.4.2 构型的标记

14.4.2.1 R/S 标记法（顺序规则法）

即所谓“排次序、放位置、定方向”，其要点如下：

（1）首先将手性碳原子上的 4 个不同原子或基团按顺序规则由大到小用 a、b、c、d 表示。

（2）然后将最小的原子或基团 d 置于离观察者最远的位置。

（3）最后观察剩下的 3 个原子或基团，按 a→b→c，若为顺时针方向，标记为 R；若为逆时针方向，标记为 S。如图 14-12 所示。

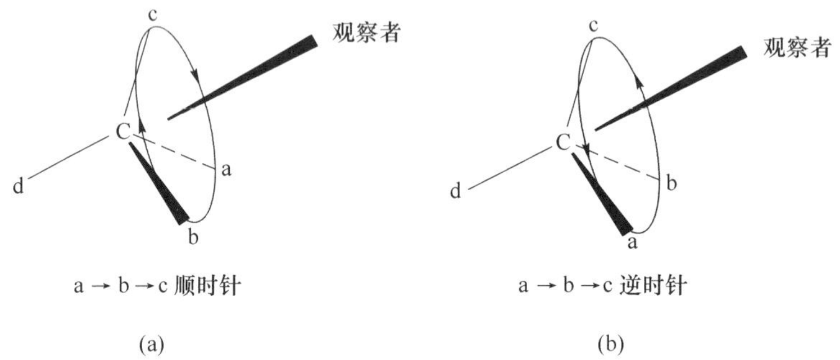

图 14-12 R/S 标记法

（a）R 型；（b）S 型

现根据 2-氯丁烷的立体模型，用 R/S 法标定其构型，如图 14-13 所示。

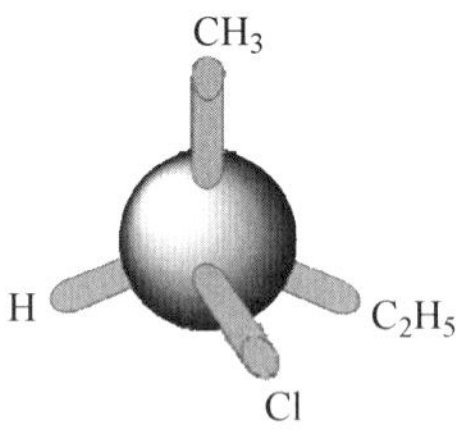

排次序	$Cl > C_2H_5 > CH_3 > H$
放位置	从离氢原子最远处观察
定方向	$Cl \rightarrow C_2H_5 \rightarrow CH_3$ 为逆时针方向，*S* 型
名称	(*S*)-2-氯丁烷

图 14-13 标记 2-氯丁烷的构型

对于 Fischer 平面投影式，可按下述方法标记其构型。如果按顺序排列的最小原子或基团 d 位于竖线上，则 a→b→c 若为顺时针方向，标记为 R；反之，a→b→c 为逆时针方向，标记为 S。如果 d 在横线上，a→b→c 为顺时针方向，标出为 S，反之，a→b→c 为逆时针方向，标记为 R。如图 14-14 所示。

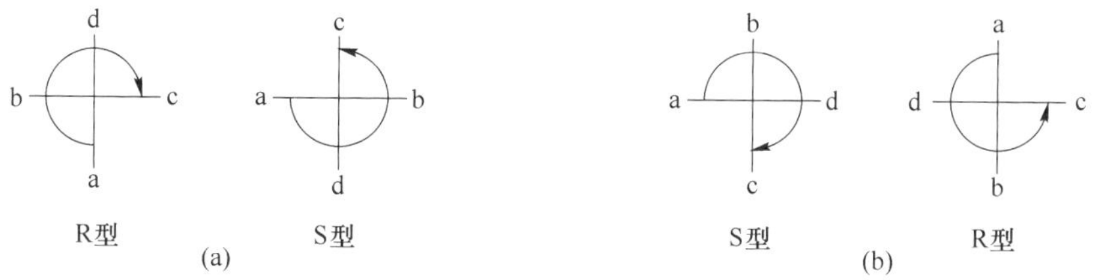

图 14-14 投影式的标记（a>b>c>d）
（a）d 在竖线；（b）在横线

例如：

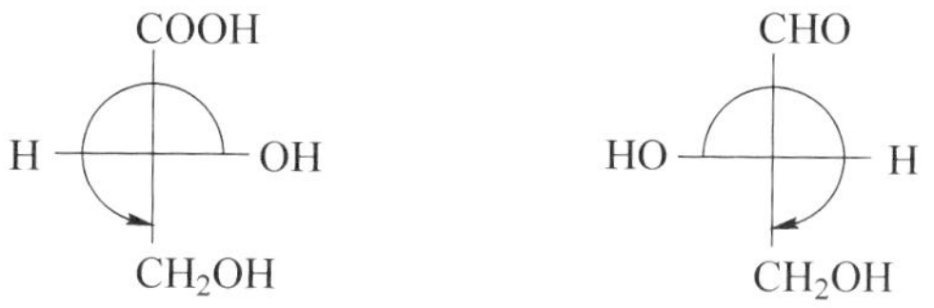

(R)-(−)-甘油酸　　(S)-(−)-甘油醛

14.4.2.2 D/L 标记法

通过旋光仪测定一对对映体的旋光度，可以知道一个是右旋体，一个是左旋体。但究竟哪一个使偏振光右旋，哪一个使偏振光左旋，根据旋光方向难于确定其构型。旋光方向相同的两个手性化合物，其构型未必相同。于是，人为规定以（+）-甘油醛为标准来确定对映体的相对构型。利用 Fischer 投影式表示甘油醛一对对映体的构型时，把手性碳原子上羟基在右边的定为 D 型，并认定这就是（+）-甘油醛的构型，它的对映体则被定为 L 型，并认定这就是（-）-甘油醛的构型，即

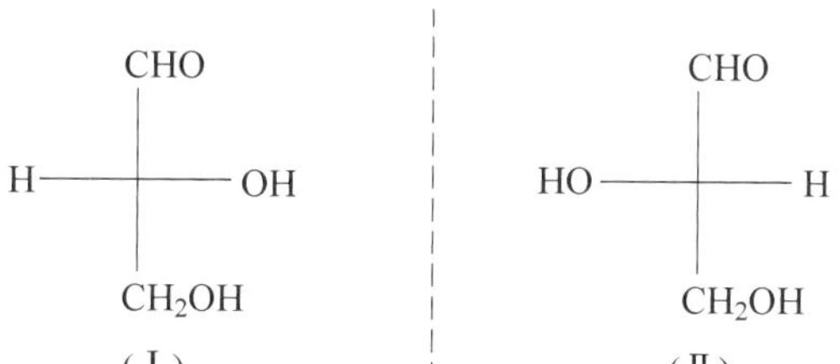

(Ⅰ)　　(Ⅱ)

(D)-(+)-甘油醛　　(L)-(−)-甘油醛

其他旋光性物质可以通过化学转变的方法与甘油醛关联，由此确定其构型。例如，下列化合物都是 D-构型。

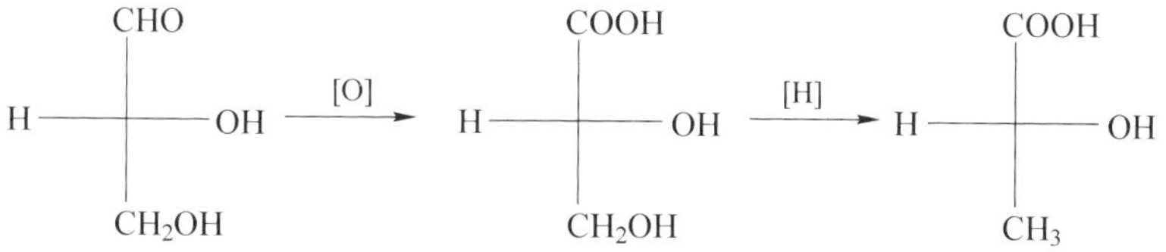

(D)-(+)-甘油醛　　(D)-(−)-甘油酸　　(D)-(−)-乳酸

其通过化学反应而推出的构型是以甘油醛为指定的构型标准，因此是相对构型。至于两种甘油醛的绝对构型则是在 1951 年由 Bijvoet J M 等人利用特种 X 射线技术对右旋酒石酸铷钠进行分析后确定的。确定了右旋酒石酸的绝对构型后，再根据甘油醛与酒石酸构型

之间的关系而得知 D-甘油醛确实是右旋的，L-甘油醛则是左旋的。另外，Bijvoet 等人的工作，不仅证明（+）-甘油醛的相对构型就是绝对构型，而且凡是与（+）-甘油醛已经关联起来的那些化合物的相对构型也是绝对构型。必须指出，D、L 构型和 R、S 构型之间并无必然对应关系。例如 D-甘油醛和 D-2-溴甘油醛，如用 R/S 标记，前者为 R 构型，后者却为 S 构型。

此外，构型与旋光方向之间亦无必然联系。D 构型的化合物可能是右旋，也可能是左旋，同样，用 R/S 标记时，R 构型的化合物，左、右旋都有可能，因此，旋光化合物的完整命名，应该既标出构型，同时也标出旋光方向。例如右旋乳酸应命名为 L-(+)-乳酸或（S）-(+)-2-羟基丙酸。

D/L 标记法有一定的局限性，因为有些化合物不易同甘油醛联系；有时采用不同的转化方法，同一化合物可以是 D 型，也可以是 L 型。为了克服这个缺点，现通常采用 R/S 标记法来代替 D/L 标记法。但目前在糖类、氨基酸和肽类等中仍然采用 D/L 标记法。

14.5 含有两个手性碳原子的开链化合物的立体异构

当分子中有两个或两个以上手性中心时，就有非对映异构（不呈镜像对应关系的立体异构体）现象存在。由于非对映体所含官能团一样，同属一类化合物，因而化学性质相似，只是反应速率不等。

14.5.1 含有两个不同的手性碳原子

如 $\underset{OH}{\underset{|}{CH_2}}\underset{OH}{\underset{|}{\overset{*}{C}H}}\underset{OH}{\underset{|}{\overset{*}{C}H}}\cdot CHO$ ，可以写出 Fischer 投影式如下：

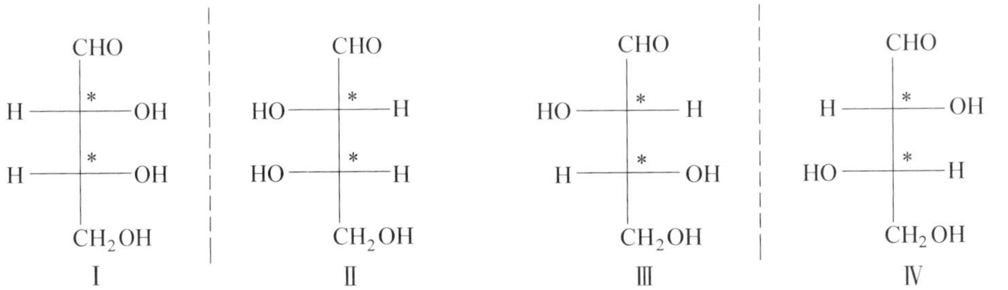

Ⅰ D-(+)-赤藓糖 (2R,3R)　Ⅱ L-(+)-赤藓糖 2S,3S　Ⅲ D-(+)-苏阿糖 2S,3R　Ⅳ L-(+)-苏阿糖 2R,3S

应该注意：

（1）旋光异构体数 $=2^n$，n 为不相同的手性碳原子数。

（2）上述中，有两对对映体（Ⅰ和Ⅱ，Ⅲ和Ⅳ），等量的Ⅰ和Ⅱ，Ⅲ和Ⅳ可分别组成外消旋体。但构型Ⅰ与Ⅲ和Ⅳ，Ⅱ与Ⅲ和Ⅳ不呈对映关系，这种不是对映体的立体异构体称非对映体。非对映体的物理性质不同，比旋光度也不同。

（3）通常将费歇尔投影式中最下端手性碳的构型作为整个分子的构型。

（4）常以赤藓糖和苏阿糖为典型，用赤型或苏型表示两个不同手性碳的化合物：

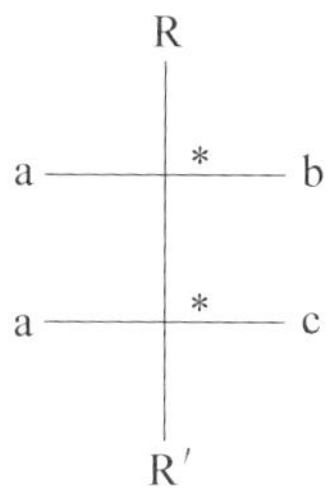

赤型(a,a在同侧)

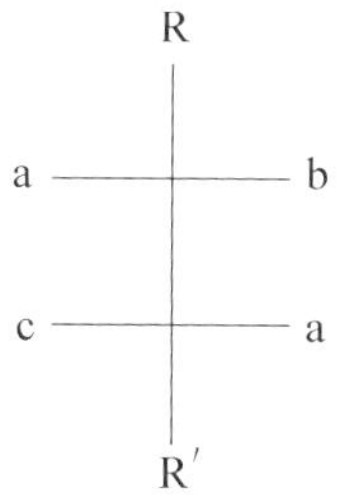

苏型(a,a在异侧)

例如：

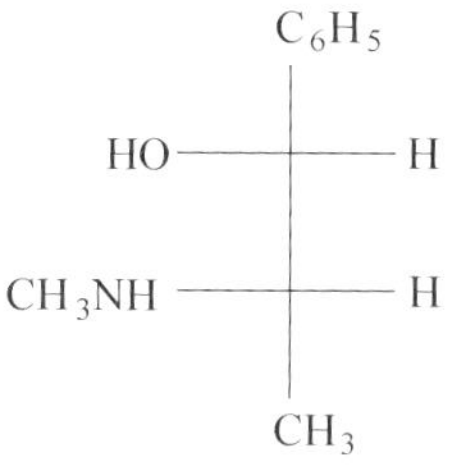

赤型-(−)-麻黄碱

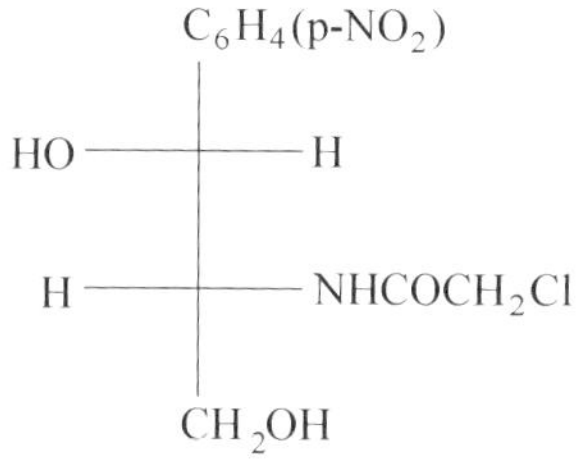

苏型-(−)-氯霉素

对于含两个手性碳原子的分子，其手性的构型通常采用R/S标记法标记。即用R或S标记每一个手性碳原子的构型，其原则与标记含有一个手性碳原子的分子相同。除了用Fischer投影式外，还常采用Newman投影式或透视式表示，现以1S，2S-(−)-麻黄碱为例，说明这些表示式与Fischer投影式的互换关系，左边是全重叠构象，右边是交叉式构象。

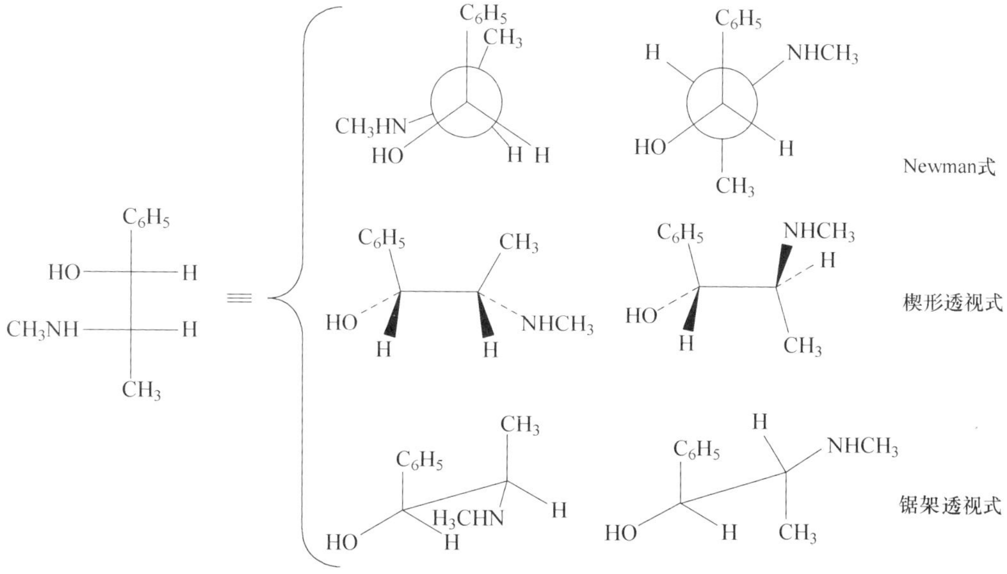

14.5.2 含有两个相同的手性碳原子

例如，酒石酸 HOOC—$\overset{*}{C}$HOH—$\overset{*}{C}$HOH—COOH，似乎也能写出“两对”对映体：

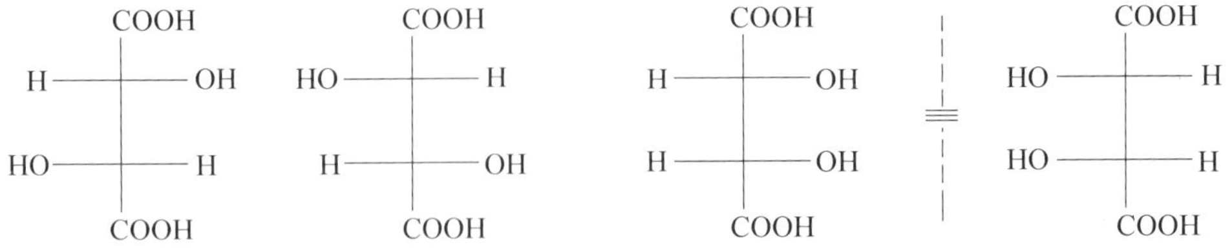

Ⅰ(2R,3R) Ⅱ(2S,3S) Ⅲ(2R,3S) Ⅳ(2S,3R)

(+)酒石酸 (−)酒石酸 (*m*)-酒石酸

上列四式中（Ⅰ）和（Ⅱ）是对映体，它们各自的两个手性碳原子构型相司，因而旋光能力彼此加强，二者的等量混合物为外消旋体。(Ⅲ)和（Ⅳ）似乎也是对映体，但实际上它们是同一种化合物，把（Ⅲ）在纸面上旋转180°，即可与（Ⅳ）重合。（Ⅲ）和（Ⅳ）分子都有对称面（如虚线所示)，两个手性碳原子的构型是相反的，因而旋光能力在分子内部彼此抵消，分子就不具有旋光性，这种分子称为内消旋体，用 *m* 表示（*m* 是希腊文 meso 的首字母)。这样，酒石酸实际上只有三种构型异构体，即右旋体、左旋体和内消旋体。右旋酒石酸和左旋酒石酸是对映体，它们与内消旋体是非对映体。等物质的量的右旋体和左旋体可组成外消旋体。

应该注意：

(1) 虽然分子中含有手性中心，但内消旋体是非手性分子，它与旋光体是非对映体。内消旋体不能拆分为两种具有旋光性的对映体，这与外消旋体不同，后者是由于两种分子间旋光能力抵消，可被拆分为两种具有旋光性的对映体。

(2) 差向异构体：含有多个手性碳原子的立体异构体中，只有一个手性碳原子的构型不同，其余的构型都相同的非对映体。如（+)-酒石酸与 *m*-酒石酸等。

(3) 分子中是否含有手性碳原子既不是分子是否具有手性的必要条件，也不是充分条件。如内消旋酒石酸，有手性碳原子，但不是手性分子；相反，某些手性分子却不含手性碳原子，如丙二烯型和联苯型分子等。

(4) 光学异构体数目为 2^n，n 为不相同的手性碳原子数，2^{n-1}则为外消旋体数目。

14.6 脂环化合物的立体异构

脂环化合物不仅存在顺反异构现象，当分子具有手性时，也存在对映异构现象，有对映体。

14.6.1 三元环衍生物

例如，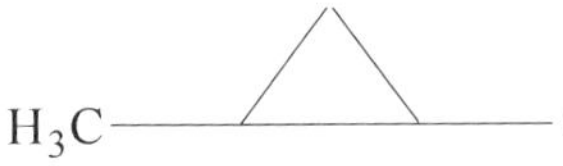 的立体异构体有4个：

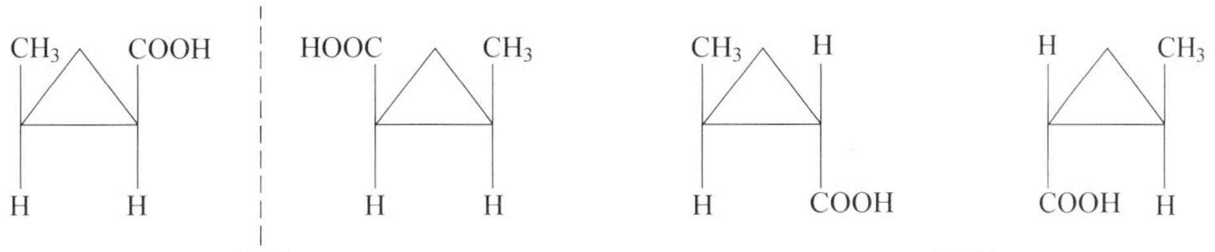

顺式　　　　　　　　　　反式

当三元环有两个相同的手性碳原子时，则只有 3 个立体异构体。

例如,HOOC 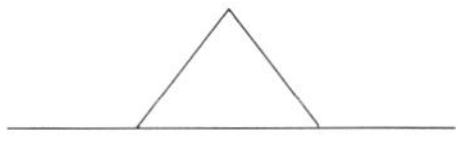 COOH 有一对对映体（反式）和一个内消旋体（顺式）：

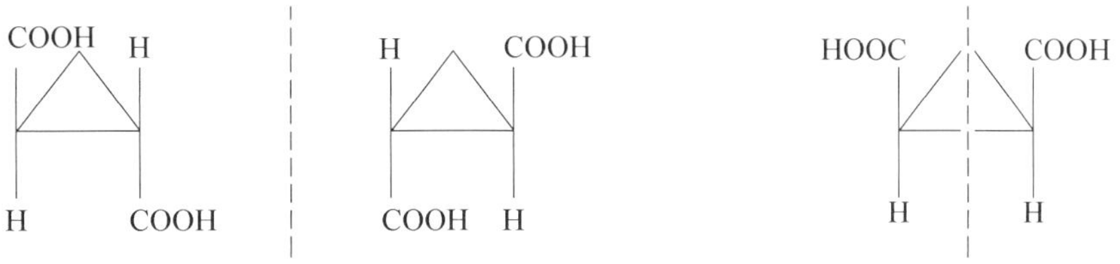

反式　　　　　　　　　　顺式（内消旋体）

14.6.2 四元环衍生物

四元环二取代物与上述三元环二取代物相同。

例如，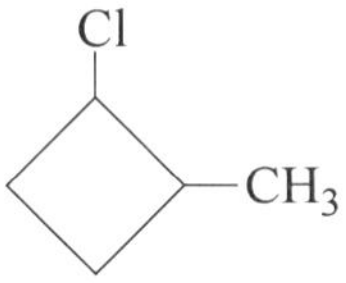 的立体异构体有 4 个：

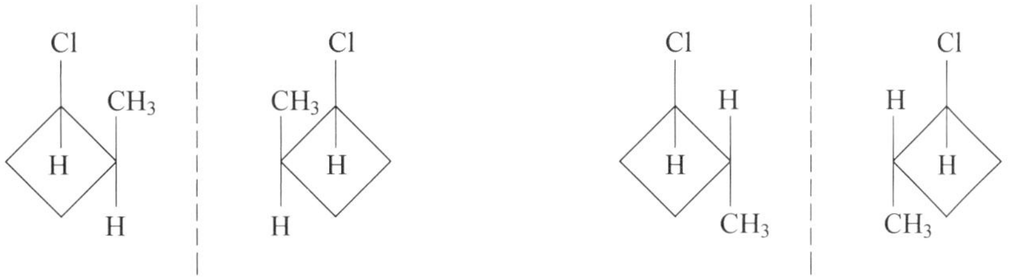

顺式　　　　　　　　　　反式

但四元环的 1,3-二取代物，无论两个取代基是否相同，只有顺反异构而没有旋光异构，这是因为分子中具有分割 1,3-位取代基和四元环的对称面。

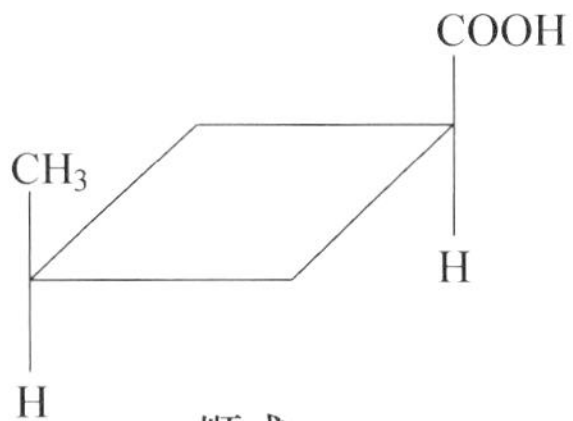

顺式

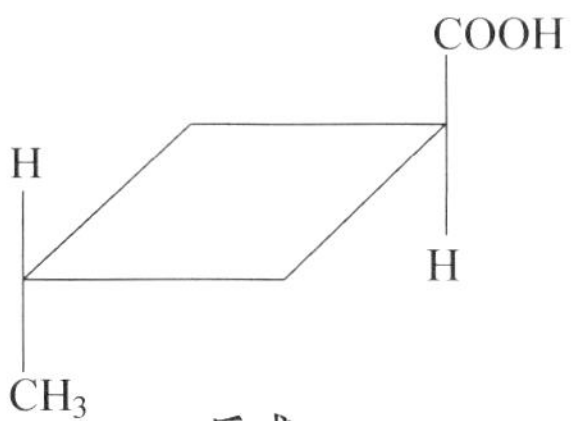

反式

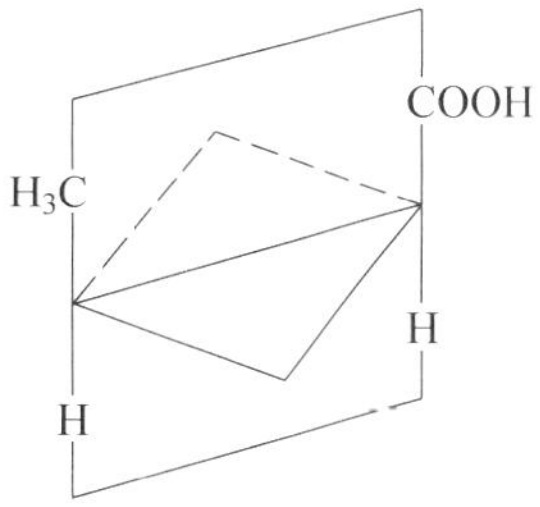

14.7 对映异构在研究反应机理中的应用

14.7.1 烯烃与卤素的亲电加成反应

卤素与碳碳双键加成时，可以从双键的同侧进行顺式加成，也可以从双键的两侧进行反式加成，得到的产物是不同的。

例如，顺丁-2-烯溴，若顺式加成，应得到内消旋体。

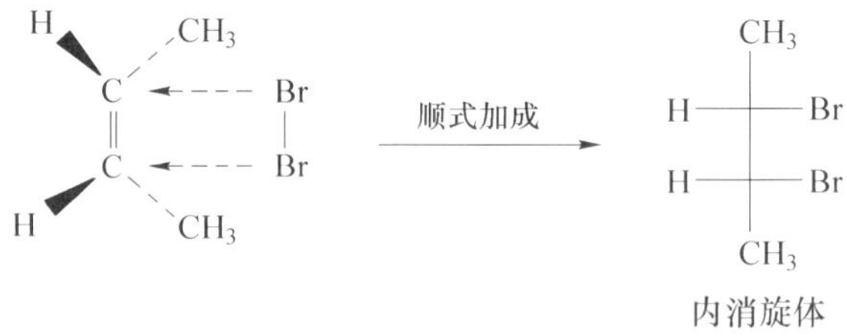

若反式加成，将得到外消旋体。

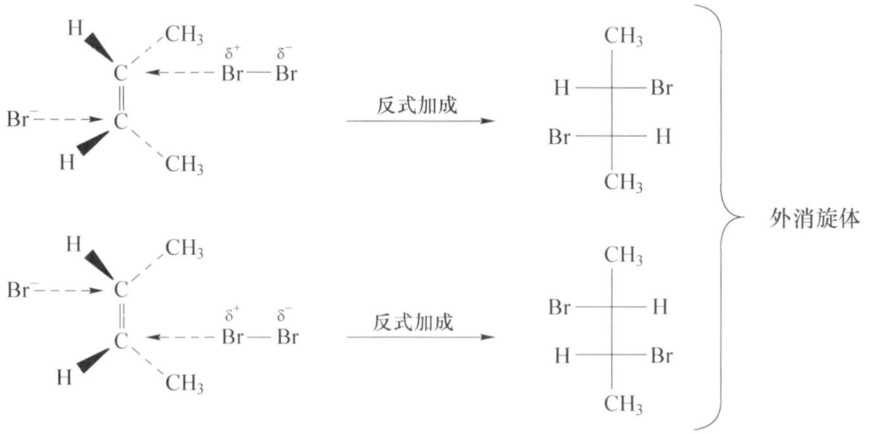

实验表明，产物的99%以上是外消旋体，由此证明烯烃加溴是反式加成。

14.7.2 卤代烃的亲核取代

14.7.2.1 构型转化

通常发生在 S_N2 历程中，例如 R-(+)-2-氯丁二酸在氢氧化钠水溶液中进行反应，生成 S-(-)-苹果酸，构型发生了变化，这种光活性物质在 S_N2 反应中发生构型变化的现象称瓦尔登转化，如图 14-15 所示。

反应中，羟基首先从氯原子背面进攻手性碳原子，随着 C^*—Cl 键的电子云密度逐渐减弱直至最后 C^*—Cl 键断裂，新的 C^*—OH 键的逐渐形成，与此同时，手性碳上的 3 个原子或基团，犹如被风吹翻的雨伞一样，翻转过来，形成新的四面体结构。

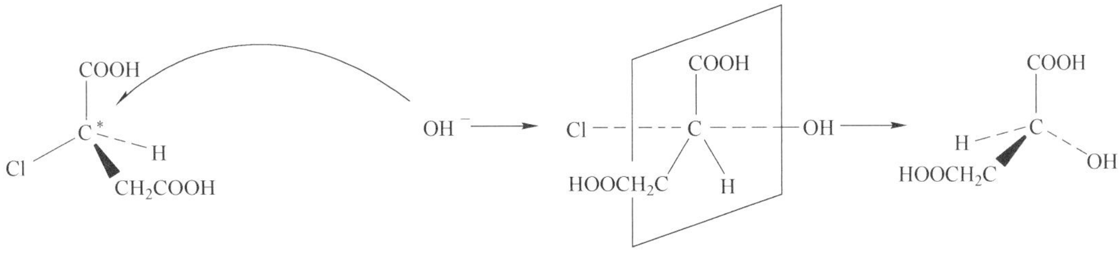

R-(+)-2-氯丁二酸　　过渡态　　S-(−)-苹果酸

图 14-15　瓦尔登转化

14.7.2.2　外消旋化

单纯的左旋体或右旋体，经化学反应转化为外消旋体的过程，称为外消旋化。S_N1 反应历程常发生外消旋化。例如在丙酮溶液中水解 R 构型或 S 构型的 2-氯丙酸，属于 S_N1 历程，所以生成了外消旋体乳酸。

外消旋化过程，一般是通过连在手性碳原子上的某个键断裂后，再形成新的化学键而完成的。发生在手性碳原子上的 S_N1 反应，由于手性碳原子的四面体构型首先转化成平面热型的碳正离子，然后试剂进攻平面构型的碳正离子时，从平面两侧进攻的几率基本相等，所以就得到等量对映体的混合物——外消旋体。

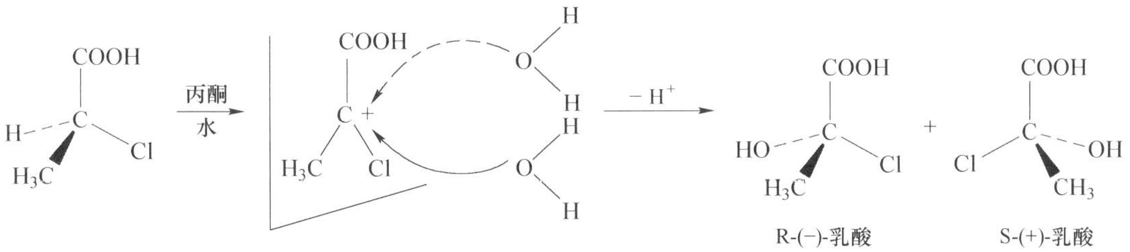

R-(−)-乳酸　　S-(+)-乳酸

15 糖　　类

人们日常生活中最经常接触到的一类化学物质就是糖类。糖类在生命活动过程中有不可替代的作用，是一切生命体维持生命活动所需能量的主要来源。白糖就是最常见的一种糖类，主要成分是蔗糖，是重要的食品和调味品。解放初期，我国盛产甜菜和甘蔗的地区都设有糖厂，专门用来加工制备白糖。

其实，生活中常见的蜂蜜、米、面、木材等，均属于糖类。糖类在生命活动过程中起着非常重要的作用，是一切生命体维持生命活动所需能量的主要来源。植物中最重要的糖是淀粉和纤维素，动物体内最重要的多糖是糖原。

15.1　糖类的定义和分类

以前所了解的糖类分子式都写成 $C_n(H_2O)_n$ 或 $C_m(H_2O)_n$，如葡萄糖和蔗糖的分子式分别为 $C_6(H_2O)_6$ 和 $C_{12}(H_2O)_{11}$。从分子式来看，糖类分子可以看作是以一定比例的碳和水组成的分子，因此也被称作“碳水化合物”。但是符合这个通式的并不一定是糖类，如甲醛（CH_2O）、乙醇醛（$C_2H_4O_2$）和乳酸（$C_3H_6O_3$）等化合物的分子式均符合该通式，但都不属于糖类。另外，有些糖类如鼠李糖属于糖类，但分子式却不符合该通式。因此，通式 $C_n(H_2O)_n$ 或 $C_m(H_2O)_n$ 不能作为定义糖类的标准。

目前人们把多羟基醛（酮）或者水解后能得到多羟基醛（酮）的化合物定义为糖类。也就是说糖类具有 $H—(CHOH)_m(C{=}O)—(CHOH)_n—H$ 或 $H—(CHOH)_nCHO$ 结构。

糖类化合物通常分为单糖、低聚糖和多糖三大类。

（1）单糖。单糖是一种不能再水解成更小单元的糖分的糖类，比如葡萄糖、果糖、半乳糖等。

（2）低聚糖。低聚糖也称为寡糖。一般 1 分子的低聚糖可以水解成 2~10 个单糖，可以看作是由几个单糖脱水所形成的低聚物。常见的低聚糖有蔗糖、乳糖、麦芽糖等。

（3）多糖。多糖是指能水解成 10 个以上的单糖的糖类。常见的多糖有淀粉、纤维素等。

15.2　单　　糖

单糖是糖类中结构最简单的一类，单糖分子含有许多亲水基团，易溶于水，不溶于乙醚、丙酮等有机溶剂，简单的单糖一般是含 3~7 个碳原子的多羟基醛或多羟基酮，组成元素是 C、H、O。单糖可根据三种不同的特征片段来分类：羰基的位置、分子内的碳原子数以及其手性构型。

根据羰基的位置，单糖可以分为醛糖和酮糖两类。含有醛基的单糖称为醛糖，含有酮基的称为酮糖。最简单的醛糖是甘油醛，最简单的酮糖是1,3-二羟基丙酮。

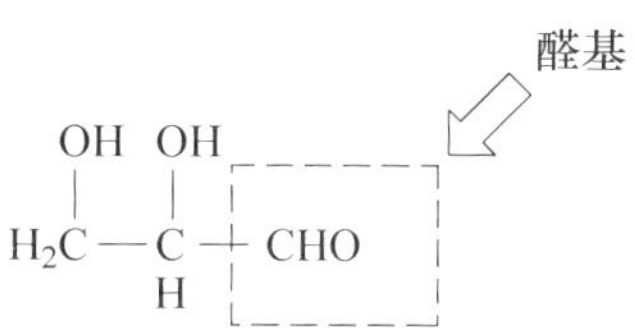

2,3-二羟基丙醛
（甘油醛）

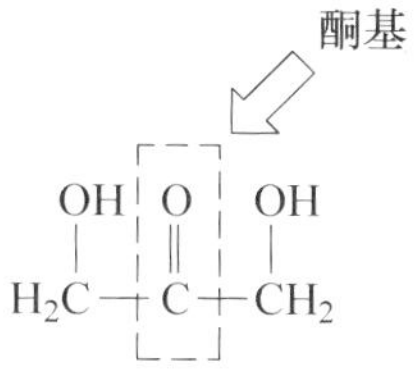

1,3-二羟基丙酮

根据分子中碳原子个数，单糖又可以分为丙糖、丁糖、戊糖、己糖等。如葡萄糖和果糖分子式均为 $C_6H_{12}O_6$，分子中都含有6个C，都属于己糖。由于葡萄糖分子中含有醛基，因此葡萄糖是己醛糖；而果糖分子中含酮基，是己酮糖。下面列举几种比较常见的单糖。

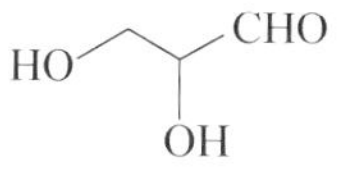

丙醛糖

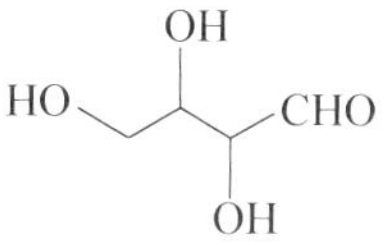

丁醛糖

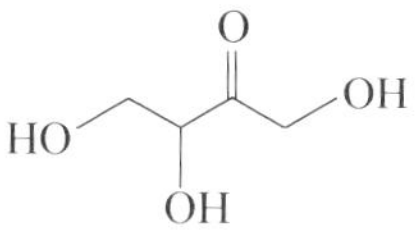

丁酮糖

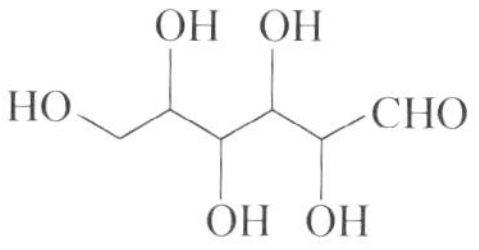

己醛糖

15.2.1 单糖的构型

15.2.1.1 费歇尔投影式

为了更直观地表现出糖类的手性特征，常用费歇尔投影式来表示。以D-(+)葡萄糖为例，分子中羰基端为投影式上端，从羰基开始进行编号：

（1）为书写方便，位于横竖线交叉之处的手性碳原子可以省略不写，如结构式①所示。

（2）投影式中，氢原子也可以省略，如结构式②所示。

（3）更简单的是，手性碳原子上的H、C—H与OH都省略，如结构式③所示。

（4）为了更方便的表示，在结构式③的基础上，使用符号△代替醛基，用符号○代替末端的羟甲基，如结构式④所示。

D-(+)-葡萄糖

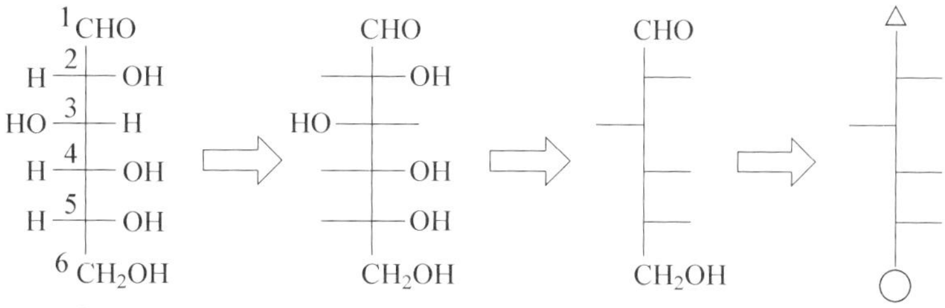

①　②　③　④

式中，习惯用横向的平行线来表示位于纸面上方，即表示向着我们的键；而垂直方向的键表示位于纸面下方，即表示背向我们的键。在移动投影式时，要注意保持分子的手性构象不变。

15.2.1.2 D/L 构型

由于单糖都具有手性，通常使用 D/L 标记法加以区分，即以最简单的糖——甘油醛为标准，根据费歇尔投影式中最下面的手性碳原子构型来决定。若该手性碳原子构型与 D-甘油醛结构相同，则属于 D 系列；反之，与 L-甘油醛结构一致，则属于 L 系列。例如：

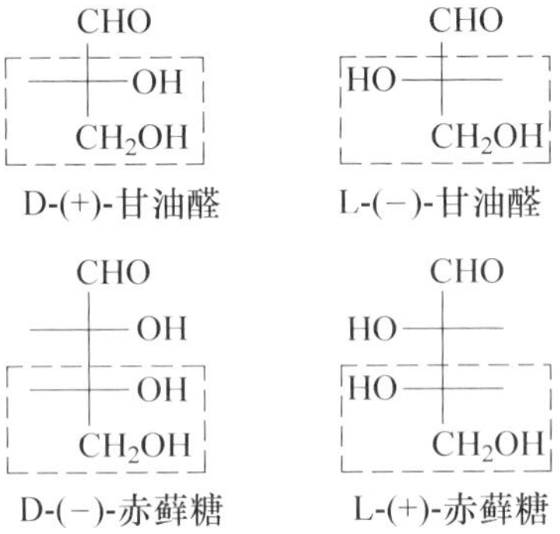

D-(+)-甘油醛　L-(−)-甘油醛

D-(−)-赤藓糖　L-(+)-赤藓糖

下面列举了从 D-甘油醛到己醛糖的所有 D 型糖的构型。

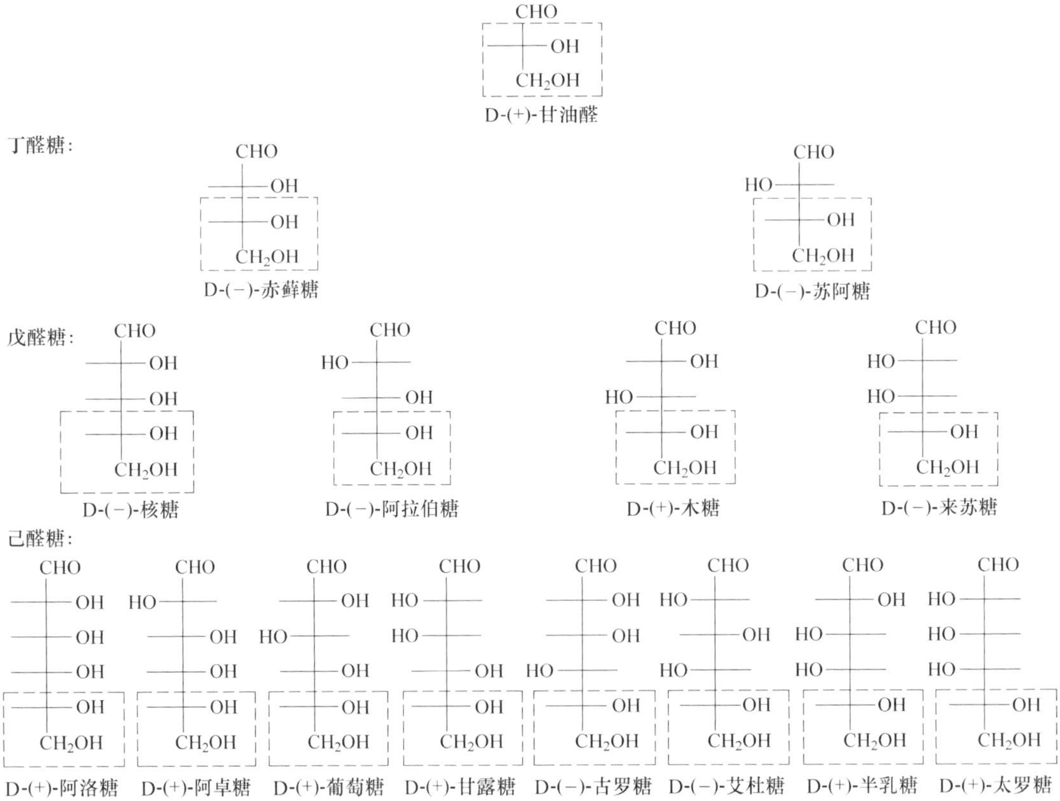

D-(+)-甘油醛

丁醛糖：D-(−)-赤藓糖　D-(−)-苏阿糖

戊醛糖：D-(−)-核糖　D-(−)-阿拉伯糖　D-(+)-木糖　D-(−)-来苏糖

己醛糖：D-(+)-阿洛糖　D-(+)-阿卓糖　D-(+)-葡萄糖　D-(+)-甘露糖　D-(−)-古罗糖　D-(−)-艾杜糖　D-(+)-半乳糖　D-(+)-太罗糖

单糖可按系统命名法来命名，但是由于单糖分子中常有多个手性碳原子，立体异构体很多，为方便起见，普遍以它的来源来命名。糖的旋光方向是通过实验测知的，用“+”表示右旋，“-”表示左旋。

15.2.1.3　葡萄糖的环形结构与变旋现象

具有旋光性质的化合物配成溶液后，旋光度会随着时间的增加而逐渐发生变化，最后达到一个平衡值，这种现象称为变旋现象。

葡萄糖就是具有这种特殊现象的化合物。从水溶液中结晶出来的 D-葡萄糖，熔点为146 ℃。配制成新的溶液，开始的比旋光度为+112°；经过一段时间后，能检测到其比旋光度逐渐下降，最后保持在 $[\alpha]_D$ +52.7°左右。进一步将该溶液浓缩后得到的 D-葡萄糖晶体，熔点仍然为 146 ℃；但是改用醋酸结晶，则获得一种新的 D-葡萄糖晶体，熔点150 ℃，在水中的比旋光度为+19°，久置后比旋光度最后又上升为恒定的 $[\alpha]_D$ +52.7°左右。

为了解释这种现象，有人提出了葡萄糖的半缩醛式环状结构，即同时具有醛基与羟基的葡萄糖分子内也能发生半缩醛反应，如下所示：

葡萄糖在水溶液中的异构：

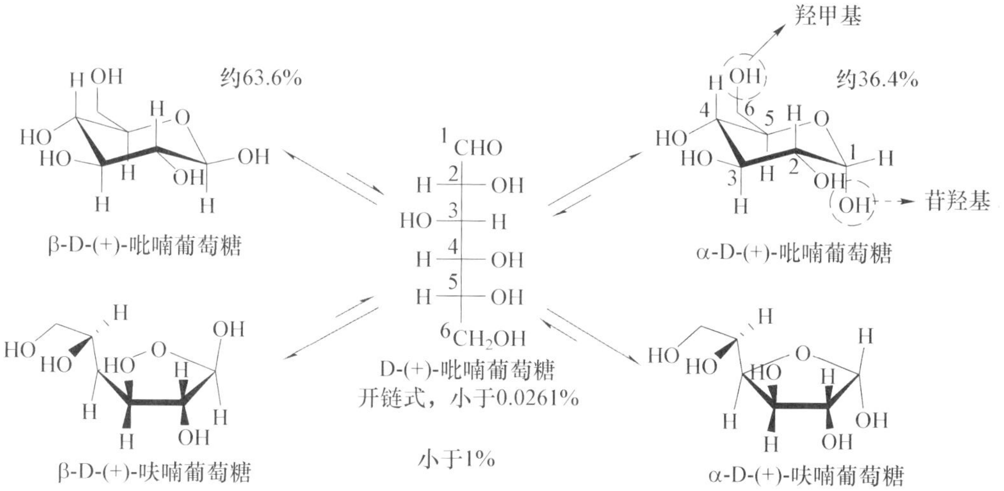

由此可知，葡萄糖醛基既能与 C-4 上的羟基形成五元环的呋喃葡萄糖，也能与 C-5 上的羟基形成六元环状的吡喃葡萄糖。形成缩醛后，醛基上的 C-1 成为了新的手性原子（称作异头碳），因而能生成两种空间取向的异构体：苷羟基与 C-5 上羟甲基在环平面同侧的异构体称为 β-异构体，异侧的为 α-异构体。C-1 上的羟基与其他羟基有所不同，它属于半缩醛结构，能够水解回到醛基结构，称作苷羟基。

糖的环形结构的提出也为糖类的其他现象提供了合理的解释：

（1）单糖的红外光谱（IR）通常观察不到羰基的伸缩振动峰，核磁振动谱图（NMR）中无醛基质子峰，是由于糖主要以环状形式存在，其他形式的浓度过低以至于仪器难以检测。

（2）只能与一分子的醇形成缩醛。一分子醛类化合物能与两分子的醇在酸性条件下形成缩醛，但由于糖分子内一个羟基与醛基形成了半缩醛结构，因此只能与一分子的醇形成缩醛。

（3）葡萄糖能与斐林试剂和托伦试剂，却不能与 $NaHSO_3$ 反应。葡萄糖的环状半缩醛和链形醛式存在动态平衡，而溶液中主要以环状结构存在，链式结构浓度过低对 $NaHSO_3$ 的反应不够灵敏。

15.2.2 单糖的反应

15.2.2.1 与斐林试剂和托伦试剂反应

醛糖都能被斐林试剂和托伦试剂氧化成相应的糖酸。如葡萄糖能被斐林试剂氧化成葡萄糖酸。

带有 α-羟基酮的酮糖也能被斐林试剂或托伦试剂氧化。原因是酮糖结构中的 α 活泼羟基易被斐林试剂或托伦试剂氧化，生成 α-二酮，反应式如下：

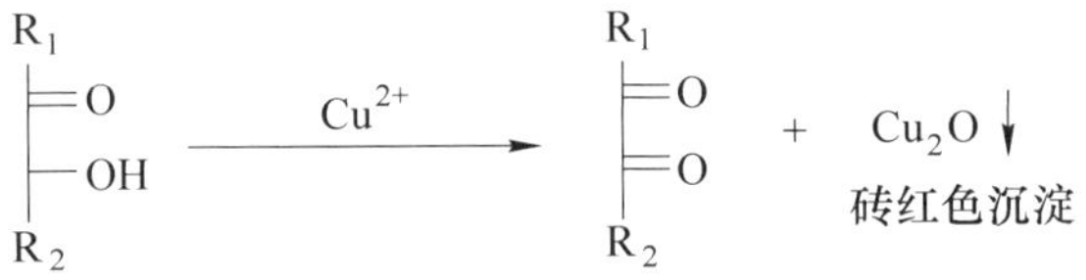

对这种现象的另一个解释则是，带 α-羟基酮的酮糖在碱性条件下发生了差向异构化，使部分酮糖转变成了醛糖：

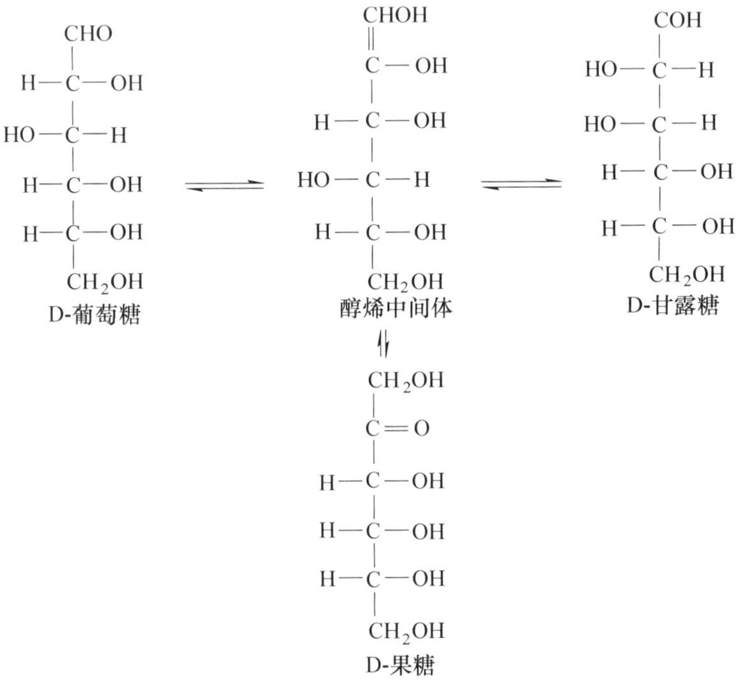

能够还原斐林试剂或托伦试剂的糖称为还原糖。一般来说，这些糖都带有醛基或 α-羟基酮的结构，或者含有产生这些结构的半缩醛或半缩酮。因此，不能使用斐林试剂或托伦试剂来鉴别区分醛糖或酮糖。

15.2.2.2　与溴水反应

醛糖在加热条件下能使溴水褪色，并生成糖酸。如：葡萄糖能被溴水氧化成葡萄糖酸：

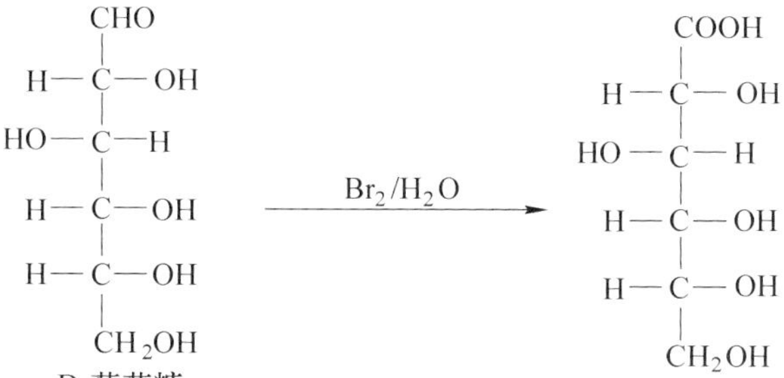

D-葡萄糖　　D-葡萄糖酸

因此，可以用溴水来区分醛糖和酮糖：往待测糖的溶液中加入溴水并加热，能使溴水褪色的是醛糖，反之则为酮糖。

15.2.2.3　与硝酸反应

在硝酸条件下，醛糖的醛基和羟甲基（—CH_2OH）都能被氧化成羧基，形成糖二酸。如葡萄糖在硝酸的作用下，能生成葡萄糖二酸。葡萄糖二酸又容易形成内脂：

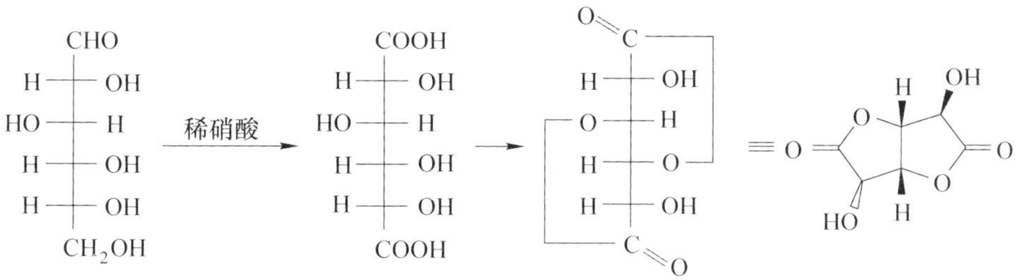

D-葡萄糖

使用稀硝酸氧化果糖时，会将 C_1 和 C_2 间的键破坏：

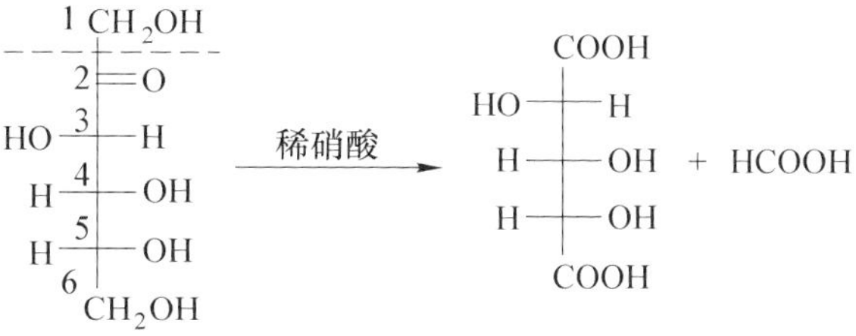

D-果糖

若使用浓硝酸则能把二级醇全部氧化，最后将导致结构中所有的 C—C 键都被破坏。

15.2.2.4　与高碘酸反应

在高碘酸的作用下，邻二羟基、邻羟基醛和邻羟基酮结构中的 C—C 键都能被破坏。

值得注意的是，高碘酸的用量是固定的，每断裂一个键需要消耗 1 mol 的高碘酸。因此，该方法成了鉴定糖类结构的重要手段。

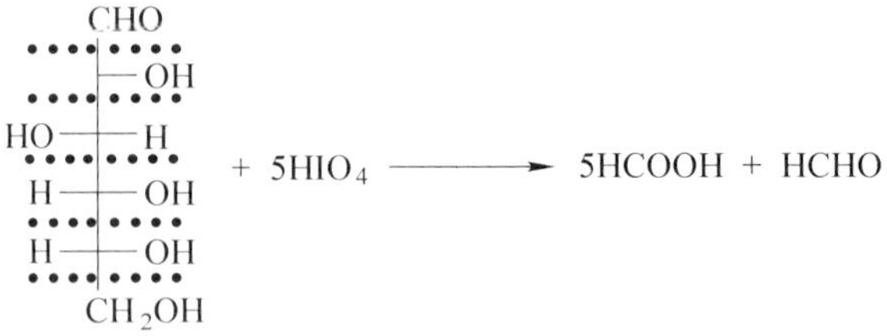

D-葡萄糖

15.2.2.5 还原反应

使用催化加氢、硼氢化钠等方法可以将单糖还原成相应的糖醇。实验室中常用硼氢化钠还原糖类，而工业中通常使用镍催化加氢的方法进行还原。例如，工业合成维生素的过程中，采用雷内镍催化 D-葡萄糖合成重要的中间产物——L-山梨酸醇，其过程如下：

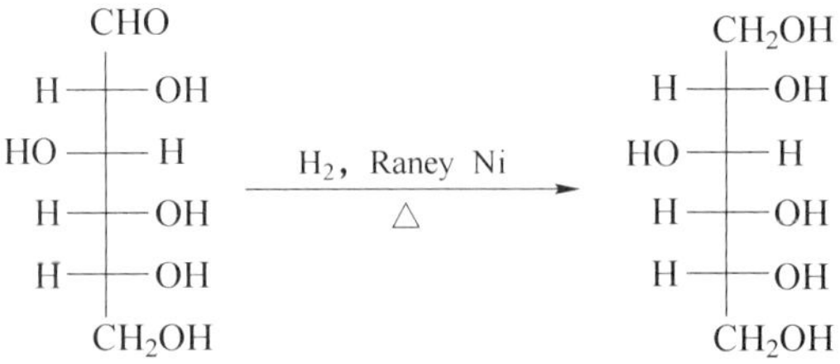

D-葡萄糖　　　　L-山梨酸醇

15.2.2.6 糖脎反应

醛或酮能与苯肼反应能生成苯腙：

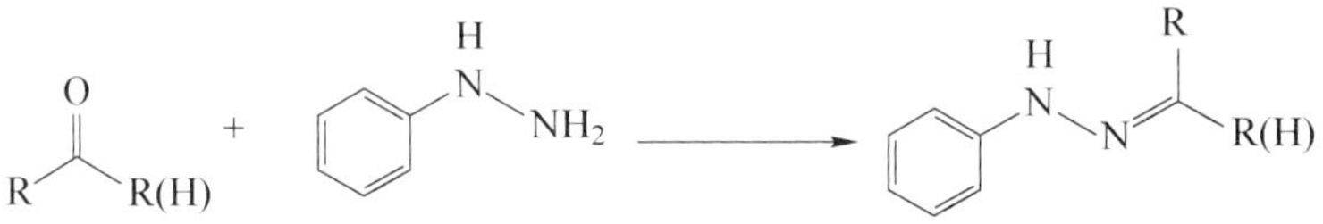

苯肼　　　　苯腙

而含有 α-羟基醛或 α-羟基酮的糖在与苯肼反应时首先反应成苯腙，随后 α-羟基会被苯肼进一步氧化成羰基。新生成的羰基再与苯肼反应，形成糖脎：

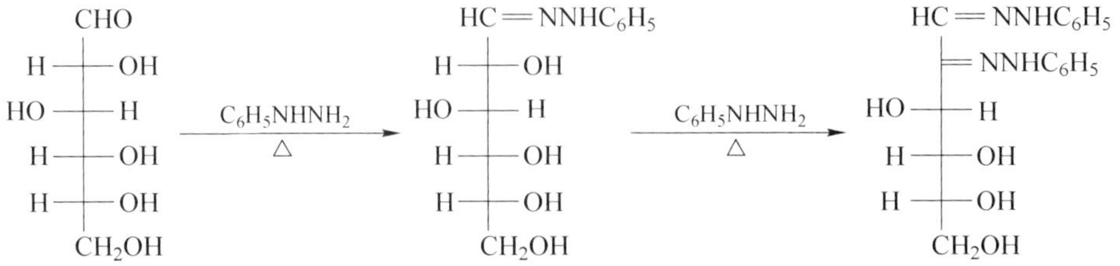

D-葡萄糖　　　　D-葡萄糖苯腙　　　　D-葡萄糖脎

但是苯肼是一种还原剂，通常不起氧化作用，苯肼的氧化机理似乎说不通。因此，提出了另一种较为合理的解释：生成的苯腙经互变异构发生 1,4-消除形成亚氨基酮，再与两分子的苯肼反应成糖脎。

15.2.2.7 成苷反应

单糖的苷羟基比其他的羟基更活泼，容易与醇或酚等脱水形成缩醛，也就是糖苷。如 D-吡喃葡萄糖能与甲醇反应生成甲基-D-吡喃葡萄糖苷：

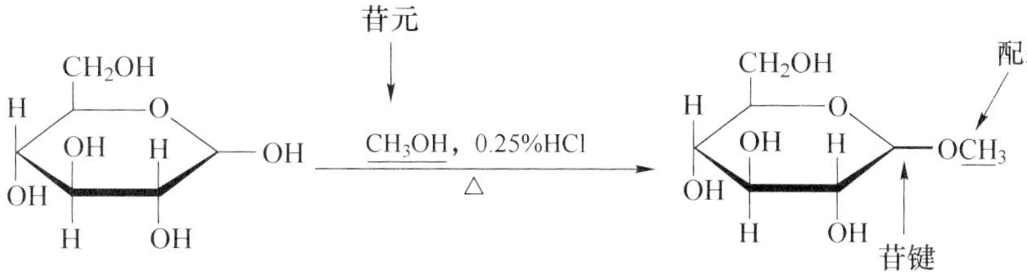

形成糖苷的非糖物质称为苷元，糖与苷元之间的化学键称作苷键。从结构上来看，形成的糖苷没有苷羟基，因此糖苷不能转化成开链式；又由于糖苷结构中没有醛基，因此无还原性，也不能形成糖脎，没有变旋光的现象；糖苷属于半缩醛，因此在碱性条件下相对稳定，酸性条件易水解成糖。

15.2.3 几种重要的单糖

15.2.3.1 葡萄糖

葡萄糖是一种无色晶体，易溶于水，有甜味，熔点 146 ℃，广泛地存在于植物果实、蜂蜜、动物血液中。工业上可由淀粉分解获得，也是人工合成维生素 C 的重要原料。葡萄糖是人体活细胞的主要能量来源，具有强心、解毒、利尿的作用，广泛应用于医药领域。

15.2.3.2 果糖

果糖是一种无色晶体，熔点 102~104 ℃，是甜度最大的糖类，广泛地存在于水果的浆汁、蜂蜜中，能与葡萄糖结合生成蔗糖。

15.3 低 聚 糖

由 2~10 个单糖分子脱水连接组成的糖类，称为低聚糖。最常见的低聚糖是二糖，即由两个单糖单元通过脱水反应连接而成，如麦芽糖、乳糖、蔗糖都是二糖。

15.3.1 蔗糖

蔗糖是一种无色晶体，易溶于水，熔点 180 ℃，甜味仅次于果糖，大量存在于甘蔗、甜菜中，是自然界中分布最广泛的二糖。蔗糖分子式为 $C_{12}H_{22}O_{11}$，在酸或者酶的催化下，每分子的蔗糖能分解成 1 分子的葡萄糖和 1 分子的果糖。蔗糖分子结构中没有醛基与苷羟基，因此不能形成糖脎，也没有还原性。

蔗糖分子的立体构型：

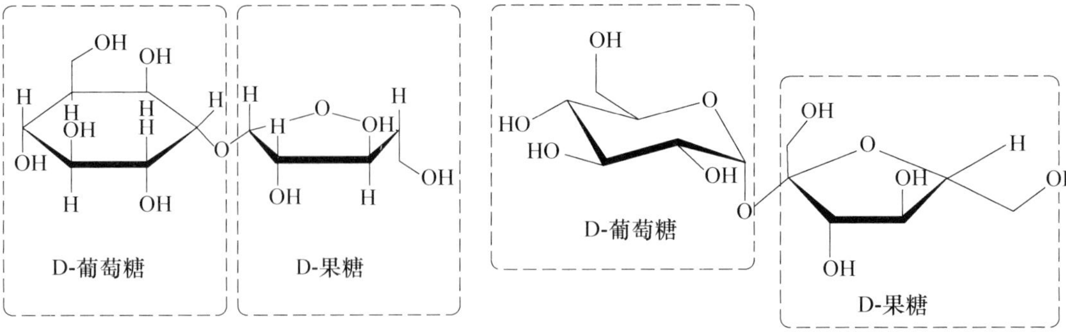

15.3.2　乳糖

乳糖是人类和哺乳动物乳汁中特有的碳水化合物，是由葡萄糖和半乳糖组成的双糖，分子式为 $C_{12}H_{22}O_{11}$。在婴幼儿生长发育过程中，乳糖不仅可以提供能量，还参与大脑的发育进程。

乳糖分子的立体构型：

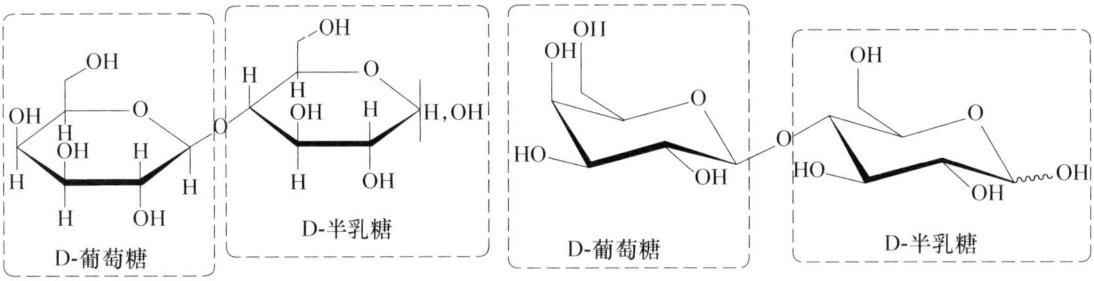

15.3.3　麦芽糖

麦芽糖是一种还原糖，常温下是无色晶体状态，熔点 102 ℃。麦芽糖可由淀粉在淀粉糖化酶的催化作用下获得。麦芽糖经 α-葡萄糖苷酶水解后能生成两分子的 D-葡萄糖，说明麦芽糖是由两分子的葡萄糖组成的。

麦芽糖分子的立体构型：

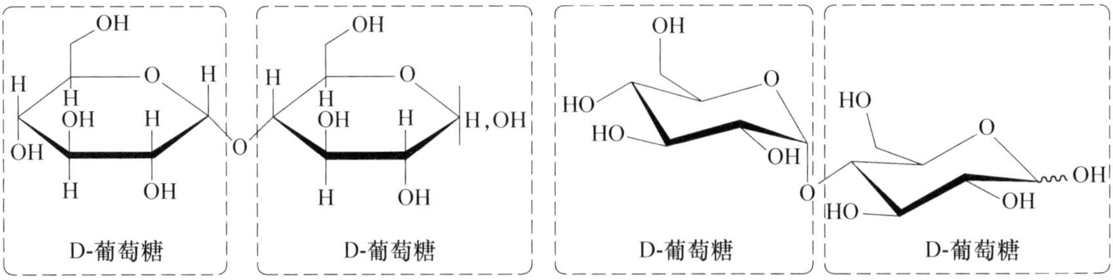

15.4 多　糖

多糖是由糖苷键结合的糖链，至少要超过 10 个的单糖组成的聚合糖高分子碳水化合物，可用通式（$C_6H_{10}O_5$）$_n$ 表示。由相同的单糖组成的多糖称为同多糖，如淀粉、纤维素和糖原；以不同的单糖组成的多糖称为杂多糖，如阿拉伯胶是由戊糖和半乳糖等组成。

多糖不是纯净物，而是聚合程度不同的糖分子混合物。多糖类一般不溶于水，无甜味，不能形成结晶，无还原性和变旋现象。多糖也属于糖苷，因此可以水解。在水解过程中，通常要经历多步中间产物的过程，最终才能完全水解得到单糖。

15.4.1 纤维素

纤维素是由葡萄糖组成的高分子化合物，不溶于水以及一般有机溶剂，是植物细胞壁的主要成分，是自然界中分布最广、含量最多的一种多糖。常温下，纤维素既不溶于水和一般有机溶剂（如酒精、乙醚、丙酮），也不溶于稀碱溶液中，但是能溶于铜氨 $Cu(NH_3)_4(OH)_2$ 和铜乙二胺［$NH_2CH_2CH_2NH_2$］$Cu(OH)_2$ 等溶液。

15.4.2 淀粉

淀粉是大多数植物的能量储存物，是人类的重要能量来源，大量存在于植物种子和块根（如玉米和马铃薯等）中，融于热水。与纤维素一样，淀粉是由葡萄糖分子聚合而成的高分子碳水化合物。基本构成单元是 D-葡萄糖，分子式用（$C_6H_{10}O_5$）$_n$ 表示。淀粉遇碘能生成蓝色络合物而变色，因此可以用碘来鉴定淀粉。

16 氨基酸和多肽

16.1 氨 基 酸

氨基酸是羧酸碳链上的氢原子被氨基取代后的化合物。分子中含有氨基和羧基两种官能团。

自然界已经发现存在的氨基酸约有1000种，其中主要是α-氨基酸，以及少量的β-和γ-氨基酸。许多氨基酸具有药用价值，如精氨酸注射液可用于肝昏迷的急救。在一些分子中引入氨基酸侧链，可以提高药效，例如阿莫西林和丁胺卡纳霉素等。α-氨基酸可通过深度加工得到构型各异的化合物，后者在生理学和药理学中均有重要用途；手性的α-氨基酸还可作为手性诱导试剂用于手性合成。某些氨基酸还可作为食品添加剂，如半胱氨酸盐酸盐可作为面粉改良剂。

16.1.1 氨基酸分类和命名

氨基酸（amino acid）是羧酸碳链上的氢原子被氨基取代后的化合物。根据氨基连在碳链上的位置，氨基酸可分为α-，β-，γ-，…，ω-氨基酸。蛋白质水解得到的都是α-氨基酸（见表16-1），且仅有二十几种。本章主要讨论α-氨基酸。α-氨基酸（R—CH(NH_2)COOH）分子中，R部分称为侧链。例如，苏氨酸的侧链是—CH(CH_3)OH。

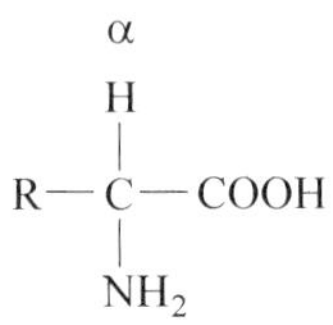
α-氨基酸

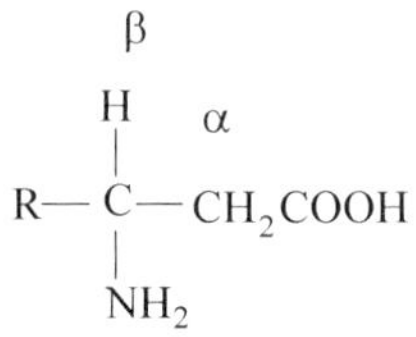
β-氨基酸

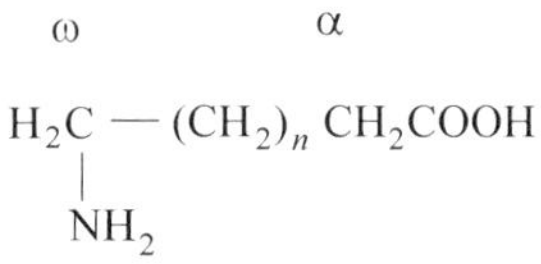
ω-氨基酸

表16-1 α-氨基酸

氨基酸	英文名称	英文符号	字母代号	汉字代号	侧链
甘氨酸	glycine	Gly	G	甘	H
丙氨酸	alanine	Als	A	丙	CH
缬氨酸[①]	valine	Val	V	缬	CH_3—CH(CH_2)—
亮氨酸[①]	leucine	Leu	L	亮	$(CH_3)_2$CH—CH_2—
异亮氨酸[①]	isoleucine	Ile	I	异亮	CH_3—CH_2—CH（CH_3)—
蛋氨酸	methionine	Met	M	蛋	CH_3—S—$(CH_2)_2$—

续表 16-1

氨基酸	英文名称	英文符号	字母代号	汉字代号	侧链
脯氨酸	proline	Pro	P	脯	HN—$(CH_2)_3$—CH—
苯丙氨酸①	phenylalanine	Phe	F	苯丙	Ph—CH_2—
色氨酸①	tryptophan	Trp	W	色	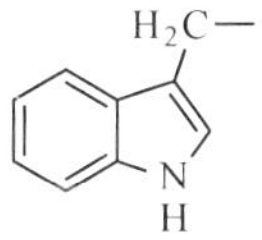
天冬酰胺	asparagine	Asn	N	天冬酰胺	H_2N—CO—CH_2—
谷氨酰胺	glutamine	Gln	Q	谷酰胺	H_2N—CO—$(CH_2)_2$—
丝氨酸	serine	Ser	S	丝	HO—CH_2—
苏氨酸①	threonine	Thr	T	苏	CH_3—CH（OH）—
酪氨酸	tyrosine	Tyr	Y	酪	HO—Ph—CH_2—
半胱氨酸	cysteine	Cys	C	半胱	HS—CH_2—
天冬氨酸	aspartie	Asp	D	天冬	HOOC—CH_2—
谷氨酸	glutamie acid	Glu	E	谷	HOOC—$(CH_2)_2$—
精氨酸	arginine	Arg	R	精	HN=C(NH_2)—NH—$(CH_2)_3$—
组氨酸	histidine	His	H	组	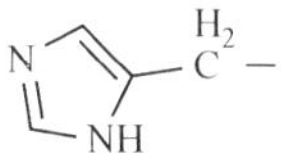
赖氨酸①	lysine	Lys	K	赖	H_2N—$(CH_2)_4$—

①必需氨基酸（essential amino acid），即人体必需的，但自身无法合成的氨基酸。

根据分子结构特点，可将氨基酸分为脂肪族氨基酸、芳香族氨基酸和杂环氨基酸。根据分子中氨基和羧基的相对个数也可将氨基酸进行分类：氨基和羧基个数相等的为中性氨基酸，如亮氨酸；氨基数目多于羧基的为碱性氨基酸，如赖氨酸；羧基数多于氨基的为酸性氨基酸，如谷氨酸。

氨基酸的系统命名法是将氨基作为羧酸的取代基进行命名。那些能够通过蛋白质水解得到的氨基酸都有俗名，且俗名更为常用（见表 16-1）。

通常用 D/L 标记法标记 α 氨基酸中的不对称碳。除氨基乙酸（甘氨酸）外，α-氨基酸分子中的 α 碳原子都是手性碳，都具有旋光性，组成蛋白质的常见氨基酸的构型均为 L 型。

16.1.2 氨基酸的性质

16.1.2.1 物理性质

氨基酸都是结晶固体，易溶于水，难溶于乙醚、丙酮和苯等非极性有机溶剂。氨基酸由于可形成两性离子，因此熔点很高（一般在 200 ℃以上），且多数在熔化时分解。

16.1.2.2 化学性质

A 羧基的反应

α-氨基酸分子中的羧基具有典型羧基的性质，如能与碱、五氯化磷、氨、醇、氢化铝锂等反应。在多肽合成中，与 PCl_5 反应可用于活化羧基，与 $PhCH_2OH$ 反应可用于保护羧基。

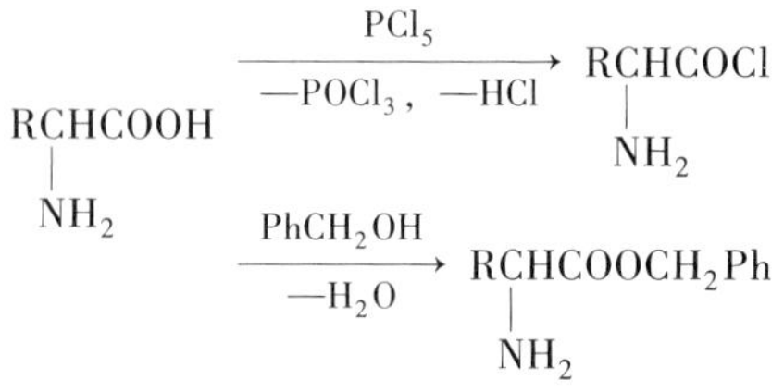

B 氨基的反应

α-氨基酸分子中的氨基具有典型氨基的性质。例如，与亚硝酸反应定量释放氮气，可由氮气体积计算氨基酸含氮量，称为 van Slyke（范斯奈基）氨基测定法；甲醛可与氨基酸的氨基亲核加成，而后脱水生成碳氮双键，此产物可像普通羧酸一样被碱滴定；氨基的酰化可用于反应中保护氨基，其中所用的保护基苄氧羰基（$PhCH_2OCO—$）常简写成 Cbz，可用催化氢化方法除去。而所用的保护基叔丁氧羰基［$(CH_3)_3COCO—$］常简写成 Boc，酸性条件下可去酰基化；氨基酸与 2,4-二硝基氟苯（DNFB）发生烃基化反应，生成的 2,4-二硝基苯的衍生物在多肽端基分析中十分有用［Sanger（桑格尔）法］。

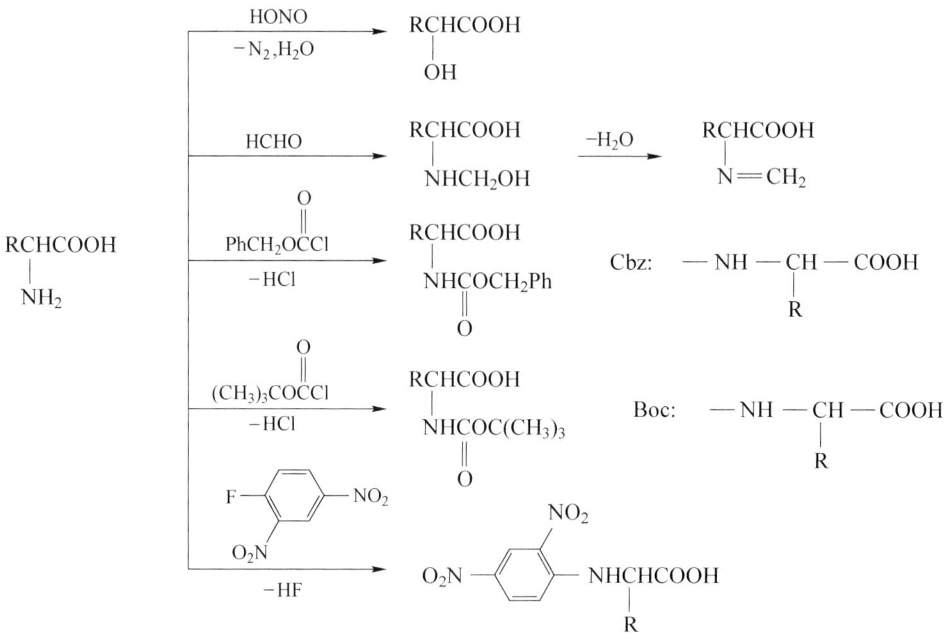

C 两性与等电点

α-氨基酸在水中的溶解度都大于在乙醚中。这是因为 α-氨基酸具有内盐结构，这种内盐同时具有两种离子的性质，又称两性离子（amphoteric ion）。

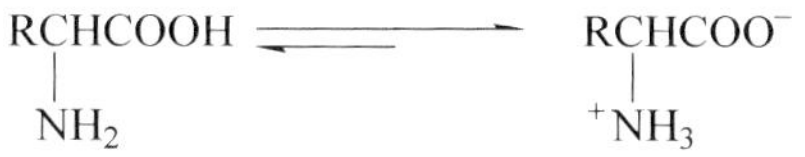

两性离子既可与 H^+作用，也可与 OH^-作用，在溶液中形成一个平衡。

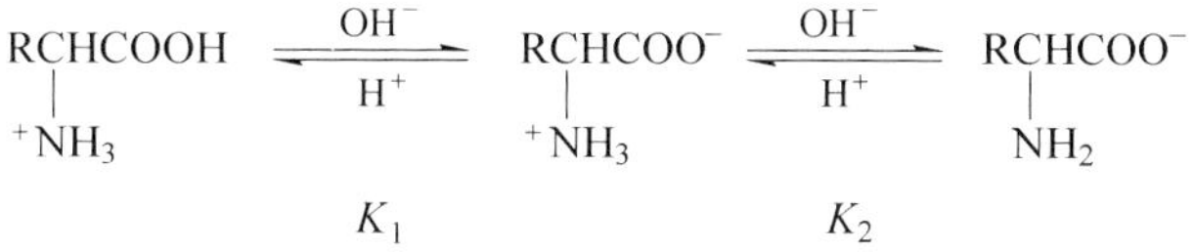

Ⅰ Ⅱ Ⅲ

溶液酸性强时，氨基酸主要以正离子Ⅰ形式存在，在电场中向负极移动；当溶液碱性强时，氨基酸主要以负离子Ⅲ形式存在，在电场中向正极移动；当溶液为某一 pH 时，负离子Ⅲ和正离子Ⅰ浓度相等，净电荷为零，在电场中不发生净定向移动，则此时的 pH 称为氨基酸的等电点（isoelectric point，pI），此时氨基酸主要以偶极离子Ⅱ的形式存在，溶解度最小。不同氨基酸的等电点不同，见表 16-2。因此，可以通过调节 pH 使不同的氨基酸先后沉淀而达到分离的目的。

表 16-2 α-氨基酸的 pK_a 和 pI

氨基酸	pK_1	pK_2	pK_3	pI
中性氨基酸				
甘氨酸	2.3	9.6		6.0
丙氨酸	2.3	9.7		6.0
缬氨酸[①]	2.3	9.6		6.0
亮氨酸[①]	2.4	9.6		6.0
异亮氨酸[①]	2.4	9.7		6.1
蛋氨酸	2.3	9.2		5.8
脯氨酸	2.0	10.6		6.3
苯丙氨酸[①]	1.8	9.1		5.5
色氨酸[①]	2.4	9.4		5.9
天冬酰胺	2.0	8.8		5.4
谷氨酰胺	2.2	9.1		5.7
丝氨酸	2.2	9.2		5.7
苏氨酸[①]	2.6	10.4		5.6
酪氨酸	2.2	9.1	10.1	5.7
半胱氨酸	1.7	10.8	8.3	5.0

续表 16-2

氨基酸	pK_1	pK_2	pK_3	pI
酸性氨基酸				
天冬氨酸	2.1	3.9	9.8	3.0
谷氨酸	2.2	4.3	9.7	3.2
碱性氨基酸				
精氨酸	2.2	9.0	12.5	10.8
组氨酸	1.8	6.0	9.2	7.6
赖氨酸①	2.2	9.0	10.5	9.8

①必需氨基酸（essential amino acid），即人体必需的，但自身无法合成的氨基酸。

对于只有一个羧基和一个氨基的氨基酸（中性氨基酸），其 pI 计算值等于（pK_1 + pK_2）/2，由于羧基的解离度比氨基大，因此中性氨基酸的等电点略偏酸性，而不是中性。α-氨基酸的 pK_a值和等电点 pI 见表 16-2。

D 络合性能

氨基酸中的羧基可以与金属成盐，同时氨基的氮原子上的孤对电子可以与某些金属离子形成配位共价键，得到稳定络合物。例如，一些 α-氨基酸与 Cu_2^+能形成蓝色络合物晶体，可用于分离或鉴定氨基酸。

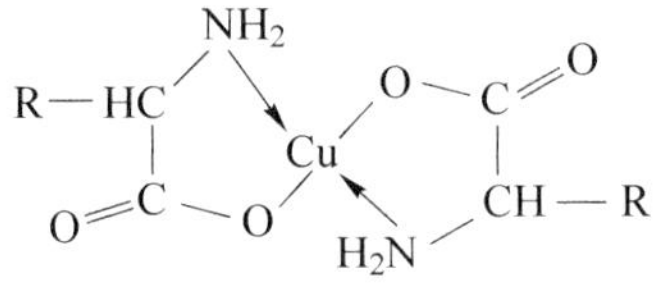

E 茚三酮反应

α-氨基酸与茚三酮水溶液一同加热，可生成紫色的有色物质。此反应很灵敏，且生成物颜色的强度和氨基酸的浓度直接相关。这是 α-氨基酸特有的反应，常用于 α-氨基酸的定性或定量分析。脯氨酸与羟基脯氨酸的 α-氨基为环中的仲氨基，反应产物呈橙色。

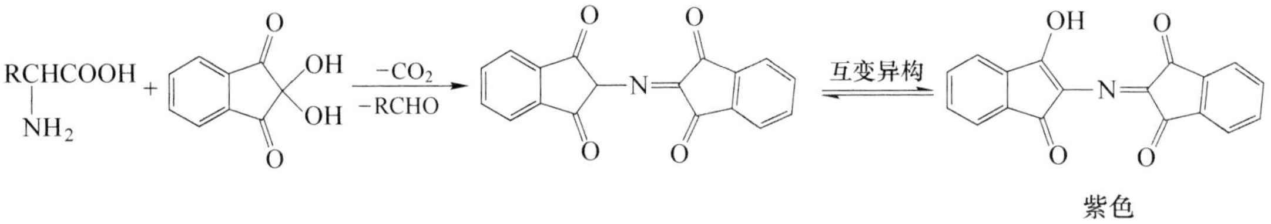

紫色

F 受热脱水或脱氨

在加热情况下，α-氨基酸发生两分子之间氨基与羧基的脱水，生成交酰胺。

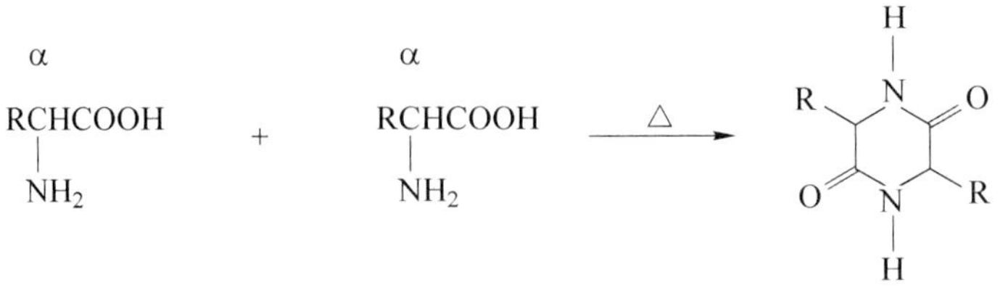

16.2 肽和多肽

16.2.1 肽的结构和命名

α-氨基酸分子间的氨基与羧基脱水，通过酰胺键相连而成的化合物称为肽，其中的酰胺键 $-\overset{\overset{\displaystyle O}{\|}}{C}-NH-$ 又称为肽键。由两个氨基酸组成的肽称为二肽，由三个和多个氨基酸组成的肽，分别称为三肽和多肽。组成多肽的氨基酸可以相同也可以不同。

最简单的肽是由两分子氨基酸形成的二肽。例如，由甘氨酸与丙氨酸形成的二肽可有如下两种结构：

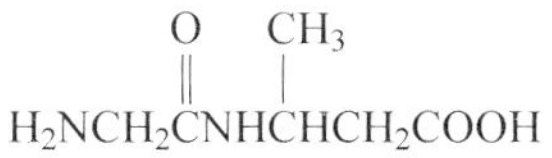

（Ⅰ）甘氨酰丙氨酸

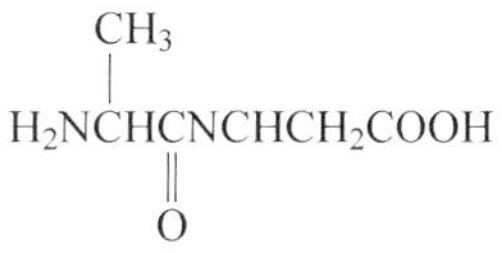

（Ⅱ）丙氨酰甘氨酸

二者的区别在于，（Ⅰ）的肽键是由甘氨酸的羧基与丙氨酸的氨基形成的，而（Ⅱ）是由丙氨酸的羧基与甘氨酸的氨基形成肽键的。在肽链中，带有游离氨基的氨基酸单位称为 N 端，带有游离羧基的部分称为 C 端。如在（Ⅰ）中，甘氨酸部分保留了游离氨基，是 N 端，丙氨酸部分保留了游离羧基，是 C 端。

多肽的命名是以含 C 端的氨基酸为母体，把肽链中其他氨基酸中的“酸”字改为“酰”字，按在链中顺序依次写在母体名称之前。肽链的排列顺序是将含 N 端的氨基酸写在左面，C 端写在右面。氨基酸单位依次编号，从 N 端开始作为 1，C 端氨基酸最后编号。所以上面（Ⅰ）式的命名为甘氨酰丙氨酸，（Ⅱ）式为丙氨酰甘氨酸。下面是一个三肽，其命名为：

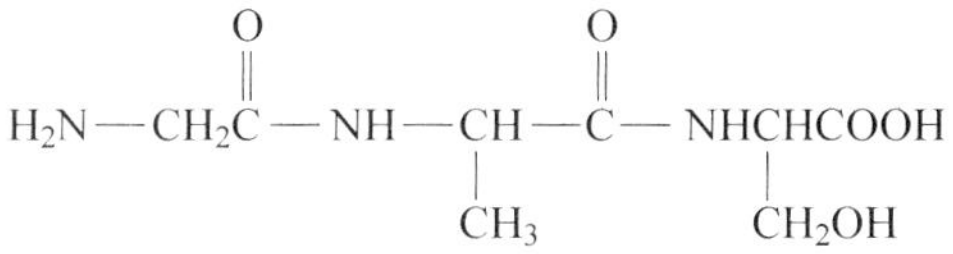

甘氨酰丙氨酰丝氨酸

上式也可称为甘丙丝肽或甘-丙-丝，亦可用 Gly-Ala-Ser 表示。

16.2.2 多肽合成

16.2.2.1 液相合成

液相合成实质上是在溶液体系中分步缩合并纯化，直至得到目标产物。

A 保护氨基

a 氯代甲酸苯甲酯 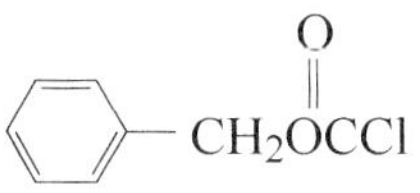 （Cbz 保护法）

保护：

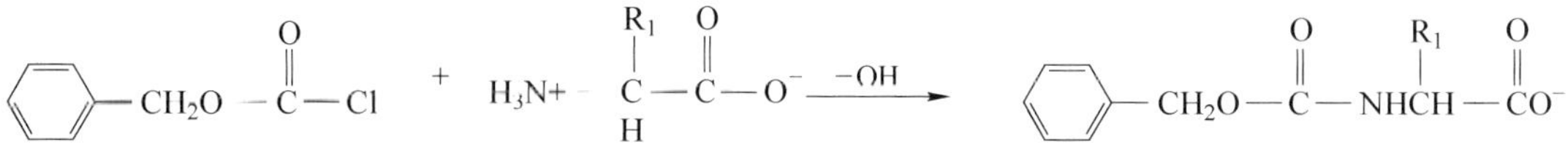

脱保护：

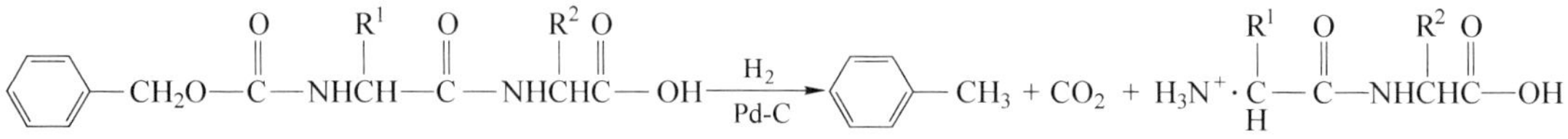

b 氯代甲酸叔丁酯 $(CH_3)_3COCCl$（Boc 保护法）

保护：

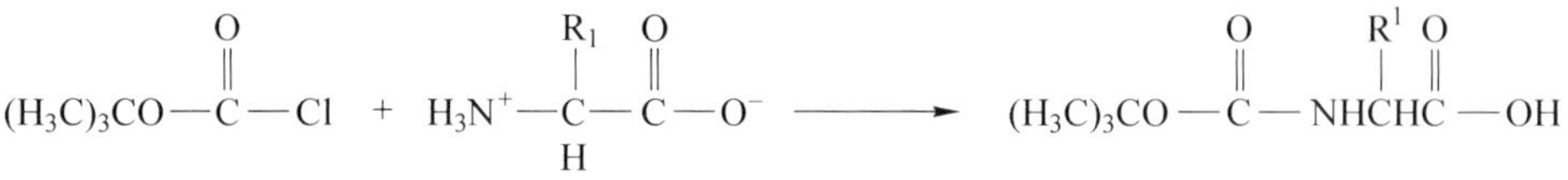

脱保护：

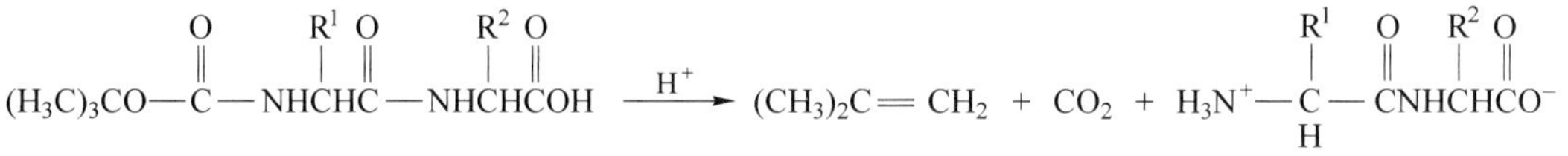

B 保护羧基

甲酯、乙酯、叔丁酯或苯甲酯都能保护羧酸。酯基比酰胺易水解。例如，甲酯在室温通过稀碱水解即可除去，叔丁酯可用温和酸性溶液水解除去，苯甲酯可催化氢解除去。三氟乙酸就是一种很好的脱保护试剂，可脱去多种保护基（包括一些氨基酸侧链保护基），但是三氟乙酸酸性很强，要注意防护。

16.2.2.2 多肽合成

多肽合成的一般步骤为，先保护 N-端氨基酸的氨基（Ⅰ），活化 N 端被保护的氨基酸的羧基端（Ⅱ），保护下一个氨基酸的羧基（Ⅲ），将活化的 N 端氨基酸与下一个氨基酸相连（Ⅳ），最后脱保护（Ⅴ）。

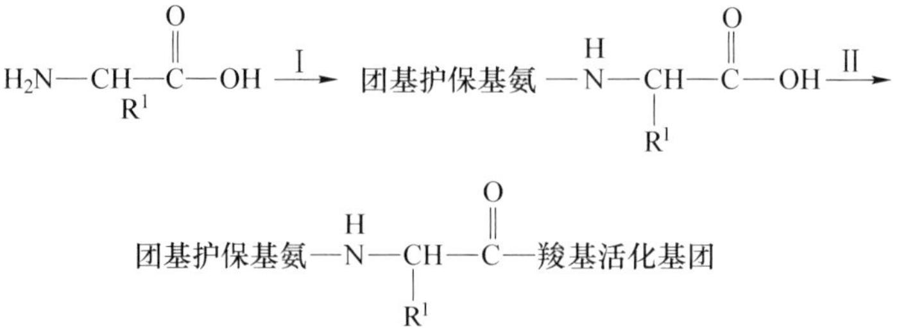

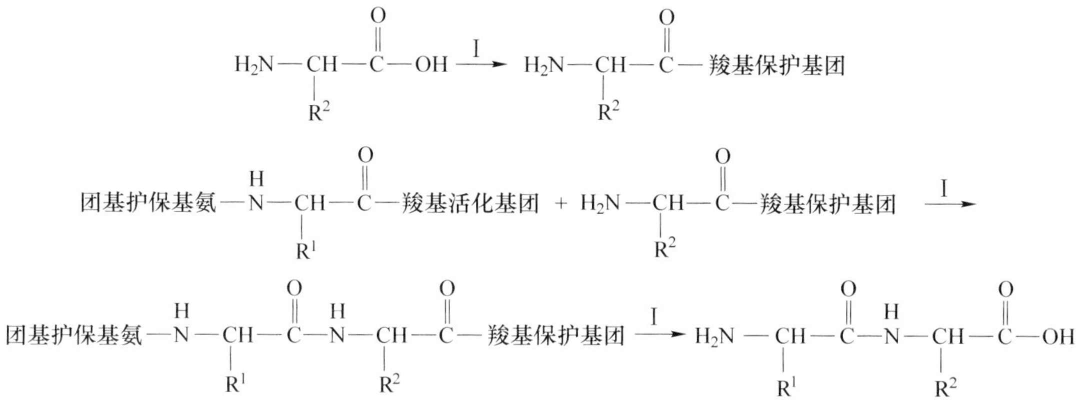

16.2.2.3 固相树脂合成及自动化合成

在液相合成法的每一步反应中，都需将所得产物分离、提纯，产品的收率随着分离提纯等操作次数增多而呈指数下降，最终所需多肽的收率甚低。20 世纪 60 年代，R. B. Merrifield（麦瑞菲尔德）发展了固相合成多肽的方法，并仅用 6 周就成功合成了含 124 个氨基酸的核糖核苷酶，大大地缩短了合成所需的时间并提高了收率。简单来说，固相合成是在不溶的聚苯乙烯固体树脂载体上进行的合成。在固体树脂的苯环上引入氯甲基（$—CH_2Cl$）后，氨基酸的羧基很容易与树脂上的苯氯甲基形成苯甲酯。树脂与第二个 N 端被保护的氨基酸在缩合剂中振荡，从而得到 N 端带有保护基的二肽。去掉保护基后重复上述步骤，得到所需的多肽，再用化学方法将其从树脂上分离下来。上述步骤可用图 16-1 简单表示，图中 P 表示保护基。

固相合成法的优点：过量的试剂可以使反应更快而有效地进行；过量的试剂、副产物和溶剂容易洗去；最后只有产物留在树脂上，省去分离中间产物的步骤，易于自动化。

目前固相合成法有很大进展，已有各种适合不同肽链端氨基酸的树脂。应用此原理的固相合成仪（自动化合成）也被广泛应用，每步反应产率均在 99% 以上，并已合成成千上万种多肽。

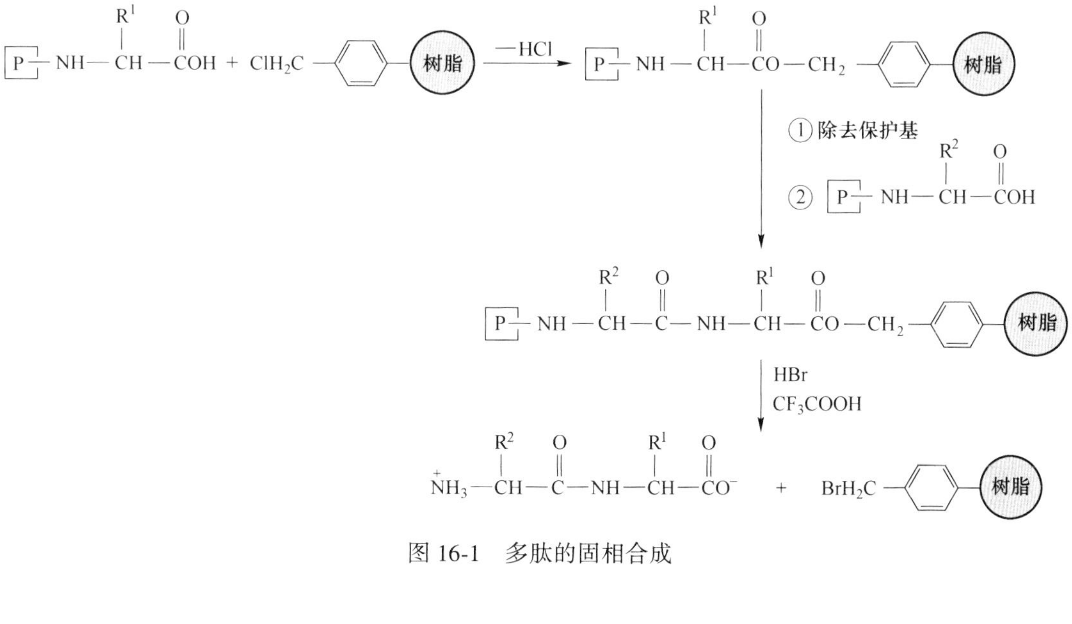

图 16-1　多肽的固相合成

习　　题

第 1 章

1-1 什么叫有机化合物？有机化合物具有哪些特点？

1-2 下列化合物哪些是离子型的，哪些是非离子型的？写出它们的简单电子结构式（只须用价电子表示）。

（1）NaCl　（2）NH_3　（3）CH_4　（4）NH_4Cl　（5）CH_3Cl　（6）CH_3OH

1-3 将下列共价键按它们的电负性差值，判断其极性大小，并排列成序。

C—H，C—O，C—Mg，C—Cl，C—Br，H—F，N—H

1-4 下列分子有无偶极矩，用箭头指出其方向。

Br_2，HI，CCl_4，CH_3Br

1-5 解释下列名词：（1）键长；（2）键角；（3）键能；并标出甲烷四面体模型中的键长和键角。

第 2 章

2-1 写出分子式为C_6H_{14}的同分异构体，用1°、2°、3°、4°符号标出异构体的伯、仲、叔、季碳原子，并用系统命名法命名。

2-2 写出下列化合物的结构式。

（1）2-甲基戊烷　（2）3,3-二甲基己烷

（3）2-甲基-3-乙基庚烷　（4）2,4-二甲基-3-乙基己烷

（5）异戊烷　（6）新戊烷　（7）3,3,4-三甲基己烷

2-3 用系统命名法命名下列化合物。

（1）$(CH_3)_2CHCH(CH_3)_2$　（2）$CH_3C(CH_3)_2CH_2CH(CH_3)_2$

（3）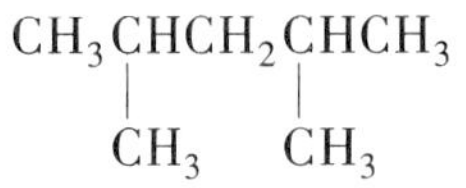　（4）乙基正丙基甲烷

（5）三甲基异丙基甲烷　（6）四甲基甲烷

2-4 在下列结构式中，找出哪些是相同的化合物。

（1）$CH_3C(CH_3)_2CH_2CH_3$　（2）$CH_3CH_2CH(CH_3)CH_2CH_3$

（3）$CH_3CH(CH_3)CH_2CH_2CH_3$　（4）$(CH_3)_2CHCH_2CH_2CH_3$

（5）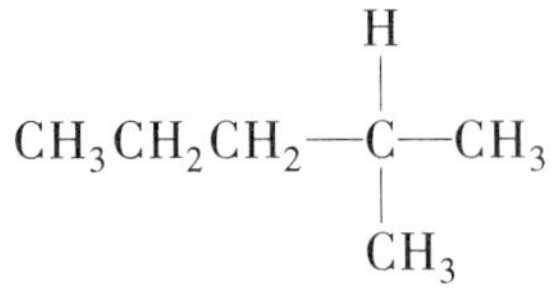　（6）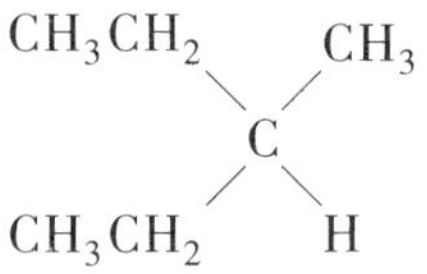

（7）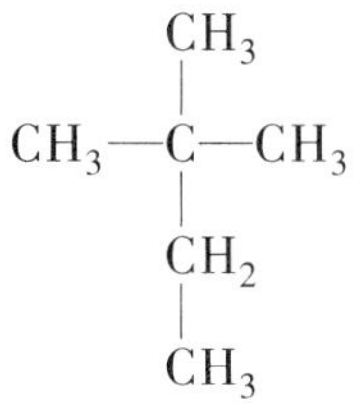

2-5 写出丙烷分子中的各个 σ 键是由哪种轨道所形成的。

2-6 写出丙烷结构式的锯架式、纽曼投影式，并指出哪种构象较稳定，为什么？

2-7 根据 C_8H_{14}的五个同分异构体的不同结构，试推测（不要查表或手册），并排列成序。

2-8 写出丙烷在光照下与氯作用可能生成的一元取代物的结构式。

2-9 何谓自由基反应，自由基反应的历程经过哪些阶段，试以烷烃氯化为例加以说明。

2-10 解释下列名词：

（1）通式　（2）系差　（3）同系列

（4）同系物　（5）烷基　（6）烃基

（7）同分异构体　（8）同分异构现象　（9）杂化轨道

（10）构象　（11）σ 键　（12）能垒

（13）热裂和裂化

2-11 何谓辛烷值？石油的热裂在工业上具有何种意义？

2-12 某些烷烃相对分子质量均为 72，氯化时：

（1）只得到一种一氯代产物；

（2）得到三种一氯代产物；

（3）得到四种一氯代产物；

（4）只有两种二氯衍生物；

分别写出这些烷烃的结构。

第 3 章

3-1 用系统命名法命名下列化合物。

（1）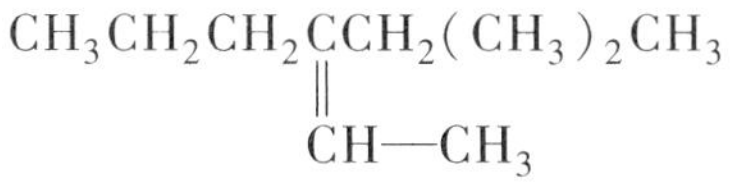

（2）$(CH_3)_3CCH{=}CH_2$

（3）$(CH_3CH_2)_2C{=}CH_2$

（4）$(CH_3)_2CHCH_2CH{=}C(CH_3)_2$

3-2 写出下列化合物的结构式，并按系统命名法命名。

（1）三甲基乙烯　（2）四甲基乙烯

（3）对称二乙基乙烯　（4）不对称二乙基乙烯

（5）2-己烯　（6）3-甲基-1-丁烯

（7）2,4,4-三甲基-2-戊烯

3-3 写出 C_5H_{10}的同分异构体，并按系统命名法命名。

3-4 用顺/反和 *Z/E* 命名法命名下列化合物。

（1）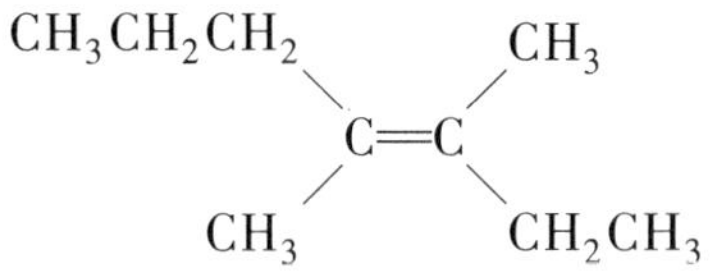　　（2）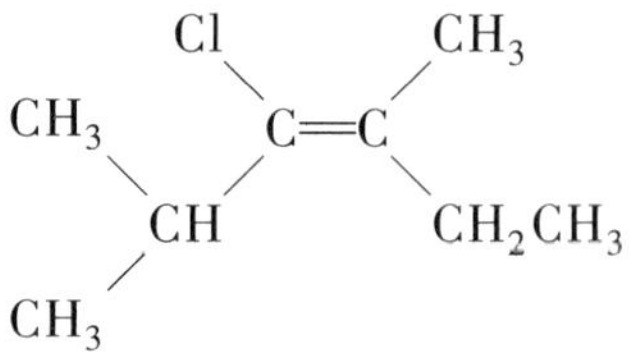

3-5 下列化合物有无顺反异构现象？如果有，写出它们的顺/反异构体，并用 *Z/E* 命名法命名：

（1）2-甲基丁-1-烯　　（2）戊-2-烯

（3）2-甲基戊-2-烯　　（4）4-甲基戊-2-烯

3-6 用化学方法区别下列化合物：

（1）C_2H_6，C_2H_4，N_2

（2）$CH_3CH{=}CHCH_3$，$CH_3CH_2CH{=}CH_2$，$CH_3CH_2CH_2CH_3$

3-7 完成下列反应式：

（1）$CH_3CH_2C(CH_3){=}CH_2 \xrightarrow{HBr} ?$

（2）$CH_3CH_2C(CH_3){=}CH_2 \xrightarrow{H_2SO_4} ? \xrightarrow[\triangle]{H_2O} ?$

（3）$CH_3CH_2CH_2C(CH_3){=}CH_2 \xrightarrow{HOCl} ?$

（4）$CH_3C(CH_3){=}CH_2 \xrightarrow[\text{水溶液}]{\text{冷，稀 }KMnO_4} ?$

（5）$CH_3C(CH_3){=}CH_2 \xrightarrow[H^+]{KMnO_4} ?$

（6）$CH_3CH_2C(CH_3){=}CHCH_3 \xrightarrow[\text{或 }H^+\text{，}KMnO_4]{\text{过量 }KMnO_4} ?$

（7）$CH_3CH{=}CH_2 + Cl_2 \xrightarrow{\text{光}} ? \xrightarrow[\text{常温}]{Cl_2} ?$

（8）$CH_3C(CH_3){=}CH_2 \xrightarrow[79\ ℃]{60\%\ H_2SO_4} ? \xrightarrow{\text{催化加氢}}$

3-8 试以反应式表示用丙烯为原料，并选用必要的无机试剂制备下列化合物：

（1）2-溴丙烷　　（2）异丙醇

（3）1，2，3-三氯丙烷　　（4）丙烯腈

3-9 解释名词：

（1）顺反异构　　（2）构型　　（3）亲电试剂

（4）亲电加成反应　（5）正碳离子　（6）不对称烯烃
（7）马尔可夫尼科夫规律　（8）诱导效应　（9）聚合反应
（10）单体

3-10 写出乙烯分子中的各个键是由哪种轨道所形成的。

3-11 某烯烃经催化加氢生成丁烷；加 HCl 可得 2-氯丁烷；若用过量 $KMnO_4$ 氧化，则生成醋酸（CH_3COOH），试写出该烯烃结构式和各步反应式。

3-12 有一碳氢化合物，其分子式为 CH，能使溴水褪色，能溶于浓硫酸，能加氢生成正己烷，能用过量的高锰酸钾氧化而生成两种不同的羧酸，试推断原化合物的结构，并写出各步反应式。

3-13 用化学方法区别 2-甲基丁-2-烯和异戊烷。如果异戊烷中混有少量 2-甲基丁-2-烯，如何用简便化学方法加以分离提纯？

第 4 章

4-1 写出分子式为 C_5H_8 的二烯烃同分异构体，并按系统命名法命名。

4-2 用系统命名法命名下列各化合物：

（1）$CH_2{=}CHCH{=}C(CH_3)_2$

（2）
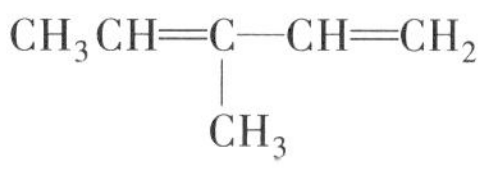

（3）
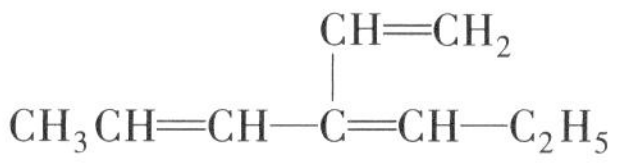

（4）$CH_2{=}CH{-}CH_2{-}CH_2{-}CH{=}CH_2$

4-3 写出下列化合物的结构式：

（1）2-甲基丁-1,3-二烯　（2）3-乙基戊-1,4-二烯
（3）氯丁橡胶　（4）丁腈橡胶

4-4 用 *Z/E* 命名法命名下列化合物：

（1）
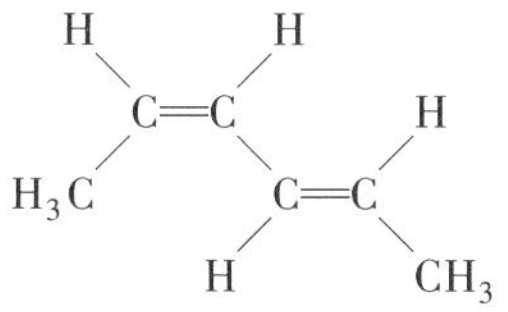

（2）
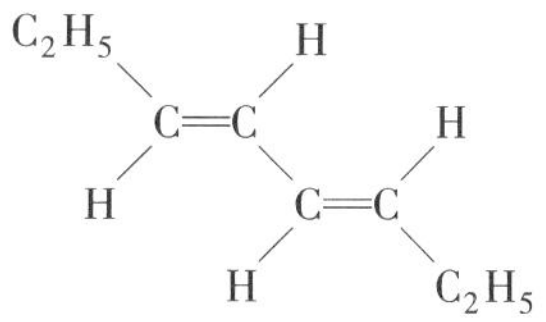

（3）
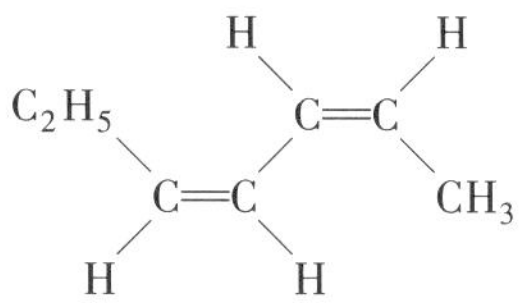

4-5 解释名词：

（1）共轭二烯烃　（2）共轭效应　（3）硫化
（4）齐格勒-纳塔催化剂　（5）定向聚合

4-6 完成下列反应式：

(1) $$CH_2{=}\overset{\displaystyle CH_3}{\overset{|}{C}}-CH{=}CH_2 \begin{cases} \xrightarrow{2H_2} ? \\ \xrightarrow{2Br_2} ? \end{cases}$$

(2) $$2CH_3CH_2OH \xrightarrow[480\sim500\ ℃]{MgO\text{-}SiO_2} ? \xrightarrow{2Br_2} ?$$

(3) 

4-7 判断下列化合物哪个更稳定。

（1）己-1,5-二烯、己-2,4-二烯

（2）甲基-丁-1,3-二烯、戊-1,4-二烯

4-8 某组成为 C_6H_{10}的二烯烃，用过量 $KMnO_4$ 氧化，可得到 $HO\overset{O}{\overset{\|}{C}}CH_2CH_2\overset{O}{\overset{\|}{C}}OH$，试推测该二烯烃的结构式并写出各步反应式。

4-9 某二烯烃和一分子溴加成，可得 2,5-二溴-3-己烯，写出原来二烯烃的结构式。

4-10 下列双烯体哪些能进行狄尔斯-阿尔德反应，哪些不能，为什么？

(1) 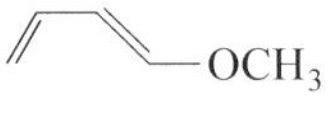 (2) 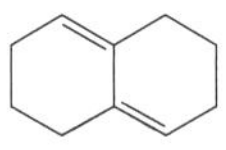 (3)  (4) 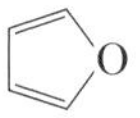

4-11 选用适当原料，通过 Diels-Alder 反应合成下列化合物。

(1) 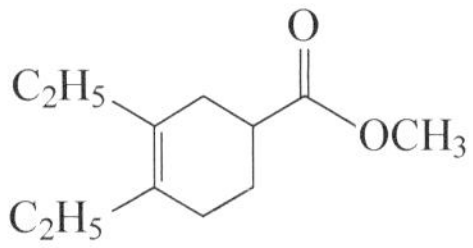 (2) 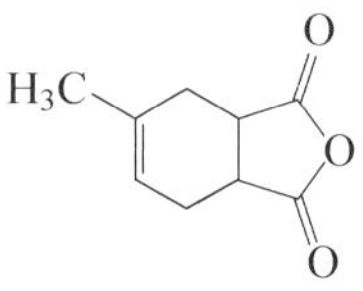 (3) 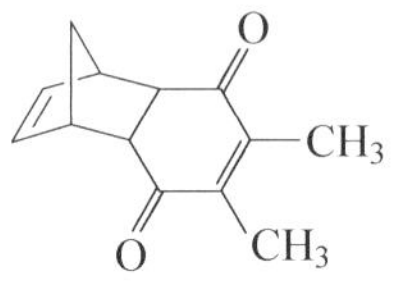

4-12 化合物 A 与 B，相对分子质量均为 54，含碳量 88.8%，含氢量 11.1%，都能使溴的四氯化碳溶液褪色。A 与 $Ag(NH)_2{}^+$溶液产生沉淀，A 经 $KMnO_4$ 热溶液氧化得到 CO_2 和 CH_3CH_2COOH；B 不与银氨溶液反应，用热 $KMnO_4$ 溶液氧化得到 CO_2 和 HOOCCOOH。写出 A 与 B 的构造式及有关反应的反应式。

第 5 章

5-1 用系统命名法命名下列化合物：

(1) $CH_3C{\equiv}CH$　　(2) $CH{\equiv}C-\underset{\displaystyle CH_3}{\underset{|}{CH}}-CH_3$　　(3) $CH_3C{\equiv}C-C(CH_3)_3$

(4) 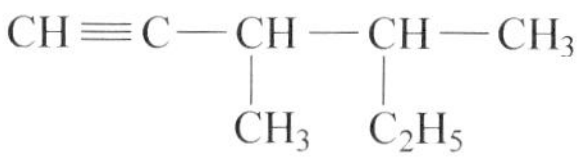　(5) $CH_2=CH-C\equiv CH$　(6) 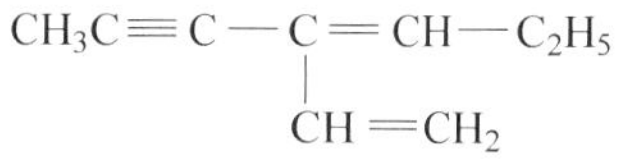

(7) $CH_3-CH=CH-C\equiv CH$

5-2 写出分子式为 C_5H_8 的炔烃的同分异构体，并用系统命名法命名（不要求写出二烯烃）。

5-3 下列炔烃在 $HgSO_4$ 存在下和水加成时，生成哪些化合物？

（1）乙炔　（2）甲基乙炔　（3）庚-1-炔　（4）丁-2-炔

5-4 完成下列反应式：

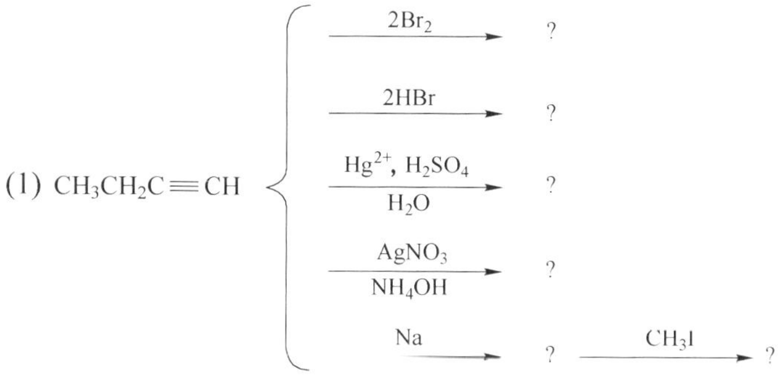

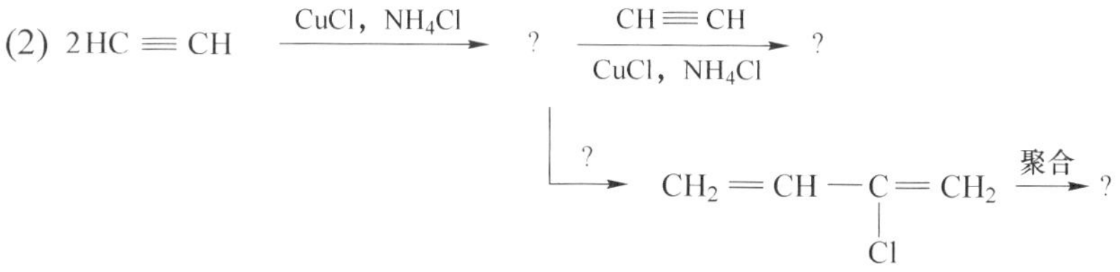

5-5 试用化学方法区别：

（1）乙烷、乙烯和乙炔　（2）丁-1-炔和丁-2-炔

5-6 有一化合物分子式为 C_6H_{10}，加氢生成 2-甲基戊烷，在硫酸汞存在下水化生成酮，与氯化亚铜氨溶液作用不发生沉淀，推测这化合物的结构。

5-7 有一碳氢化合物 C_5H_8，能使 $KMnO_4$ 水溶液和溴的四氯化碳溶液褪色，与银氨溶液生成白色沉淀，和 $HgSO_4$ 的稀硫酸溶液反应生成一种含氧化合物，写出所有可能的结构式。

5-8 以乙烷，乙烯、乙炔和丁-1,3-二烯为例，试比较碳原子的价状态（即价电子杂化的情况）和单键、双键、叁键与共轭双键的本性，并根据它们在结构上的差异来比较其化学性质。

5-9 合成：

（1）从丙烯合成 4-甲基戊-2-炔；

（2）以乙炔和碘甲烷为原料合成：

1) 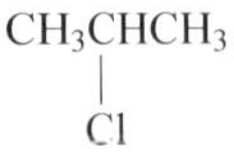

2) 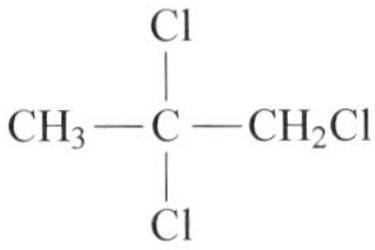

第 6 章

6-1 写出下列化合物的结构式：

（1）1,4-环己二醇　（2）1-甲基-环己-1-烯　（3）环己酮

（4）四氢化萘　（5）1,1-二甲基环丁烷

6-2 命名下列化合物：

(1) 

(2) 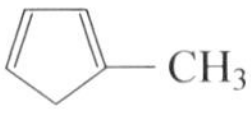

(3) 

(4) 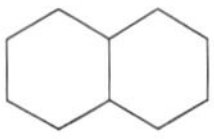

(5) 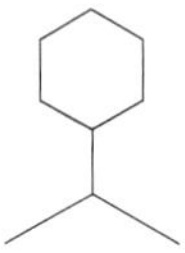

(6) 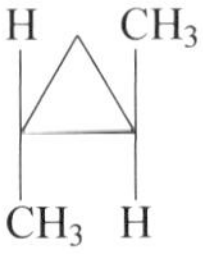

6-3 写出分子式为 CH 的脂环烃的结构并命名。

6-4 完成下列反应式：

(1) 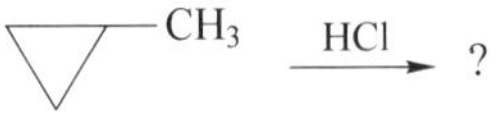

(2) 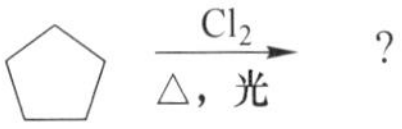

(3) 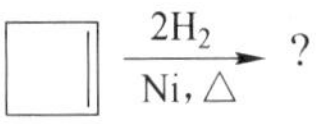

(4) 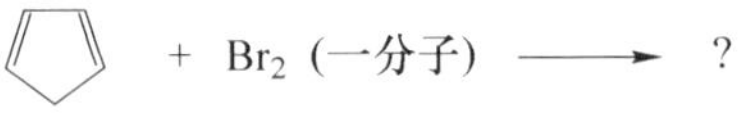

(5) 

(6) 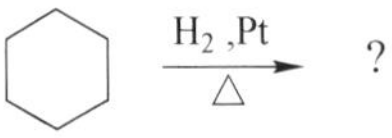

6-5 用化学方法区别下列各组化合物：

(1) $CH_3CH_2CH_2CH_3$ 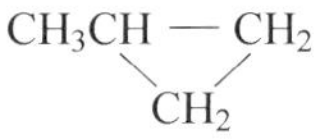 $CH_3CH_2—CH═CH_2$

(2) 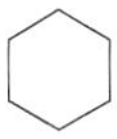 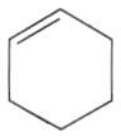 $CH_3CH_2CH_2CH_2C≡CH$

(3) 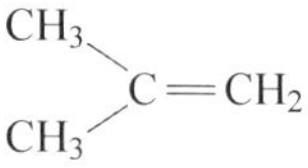 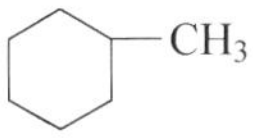 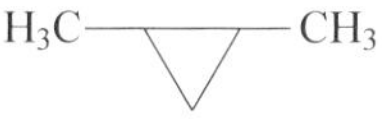

6-6 写出环己烷的椅式和船式构象，并指出 a 键和 e 键，哪种构象比较稳定，为什么？

6-7 某烃分子式为 C_7H_{13}，氧化后得到 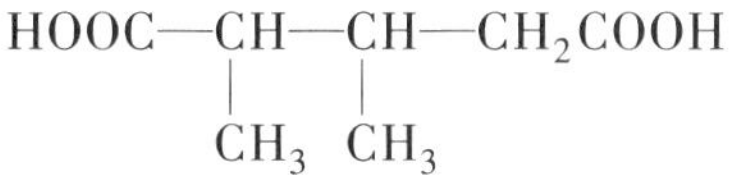 ，写出此烃的结构式。

6-8 1,3-丁二烯聚合时，除生成高分子化合物外，还有一种二聚体，该二聚体能发生下列诸反应：

（1）还原后生成乙基环己烷；

（2）溴化时可以加上 4 个溴原子；

（3）氧化时生成 β-羧基己二酸  。

试根据以上事实推测该二聚体的结构并写出各步反应式。

第 7 章

7-1 写出分子式为 C_9H_{12}的单环芳烃的所有异构体，并命名。

7-2 指出下列哪些式子表示同一种化合物，并命名。

(1) 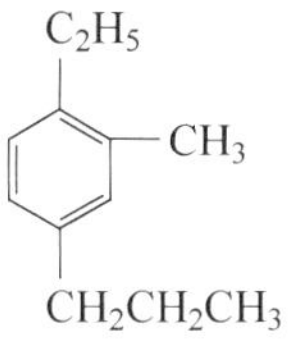 (2) 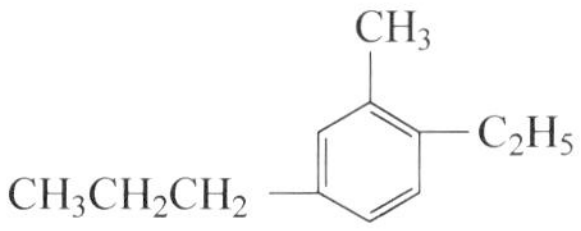 (3) 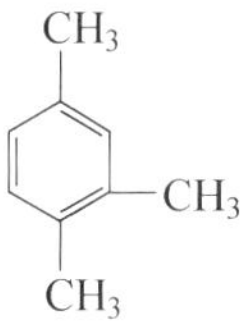

(4) 偏－$C_6H_3(CH_3)$ (5) 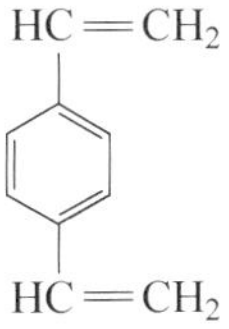 (6) 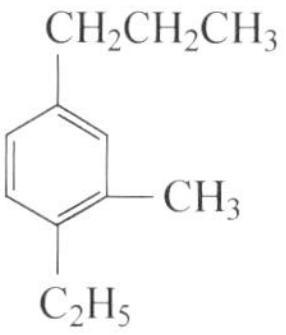

(7) 对－$C_6H_4(CH═CH_2)$ (8) 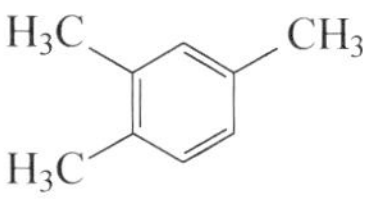

7-3 命名下列化合物：

(1) 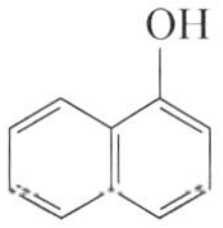　(2) 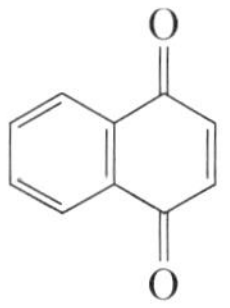　(3) 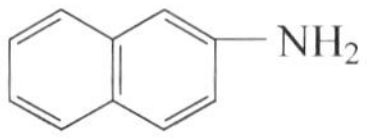

(4) 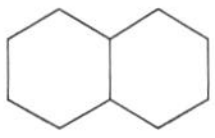　(5) 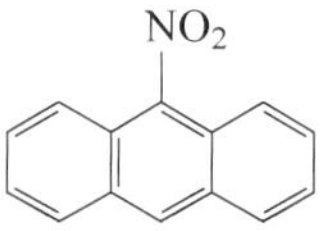　(6) 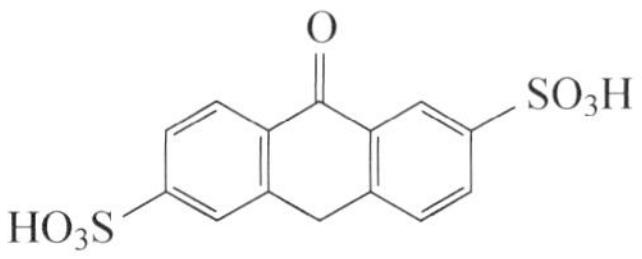

(7) 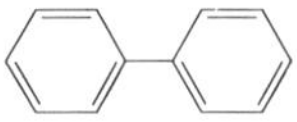　(8) 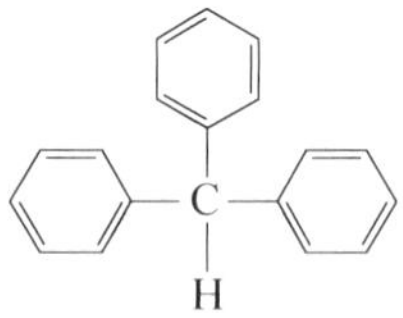

7-4 用结构式写出下列化合物硝化后可能得到的主要的一元硝基化合物；（4）和（6）的二元硝基化合物。

(1) C_6H_5Br　(2) $C_6H_5NHCOCH_3$　(3) $C_6H_5C_2H_5$　(4) 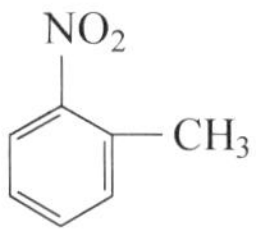

(5) 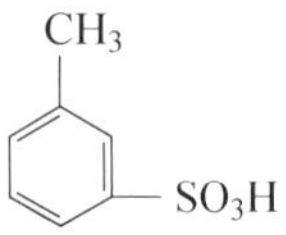　(6) 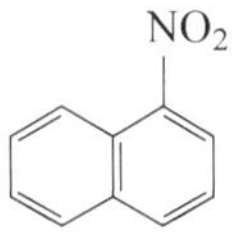　(7) 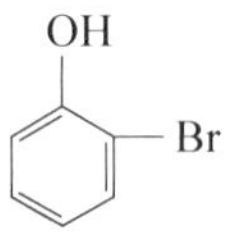　(8) 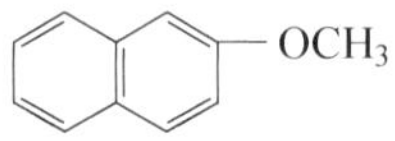

7-5 完成下列各反应式：

(1) 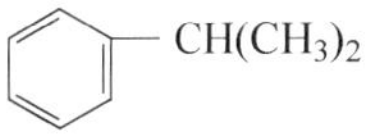 + Cl_2 $\xrightarrow{光}$?

(2) 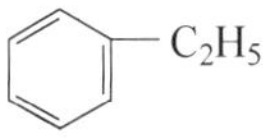 + Br_2 $\xrightarrow{Fe}$?

(3) 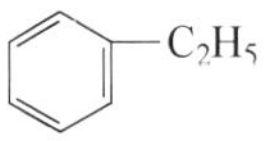 $\xrightarrow{HNO_3, H_2SO_4}$? $\xrightarrow{H^+, K_2Cr_2O_7}$

(4)  + Cl_2 $\xrightarrow{光}$?

(5)  + $CH_3CH=CH_2$ $\xrightarrow{AlCl_3}$?

(6) 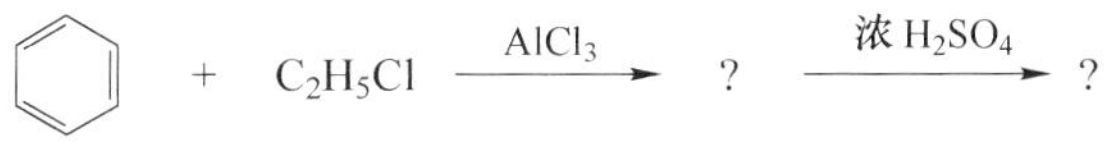

(7) 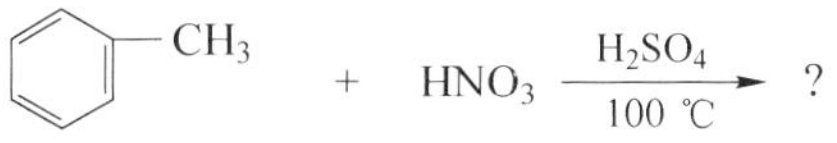

(8) 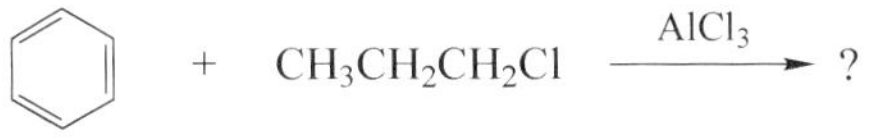

(9) 

(10) 

(11) 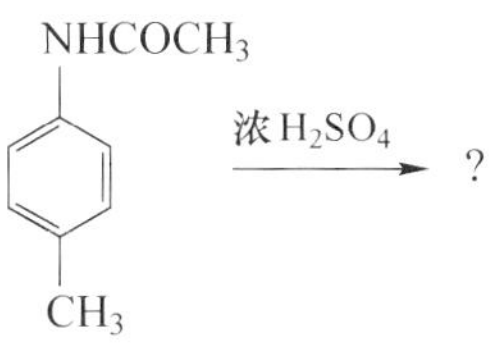

(12) 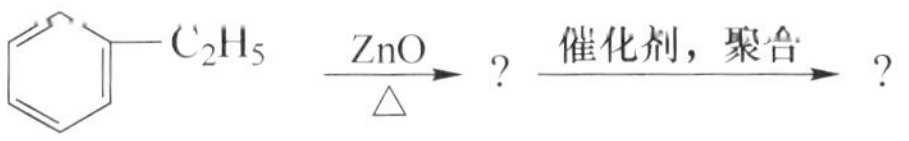

(13) 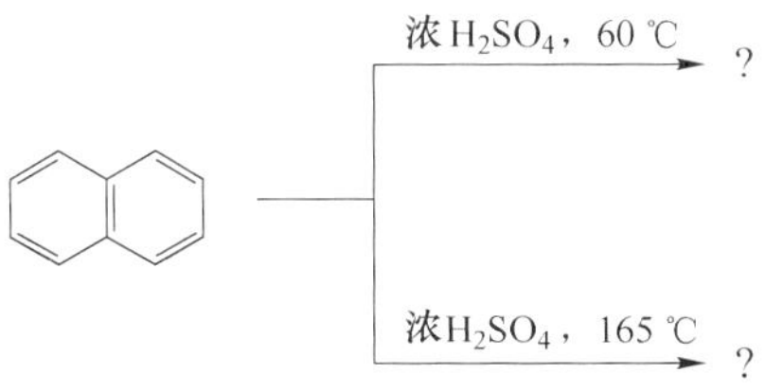

(14) 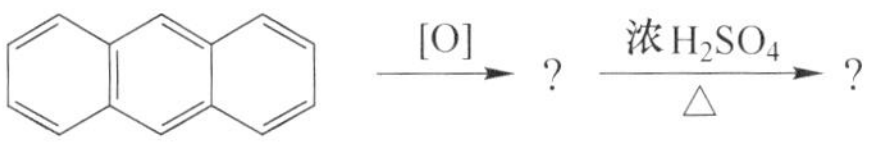

(15) 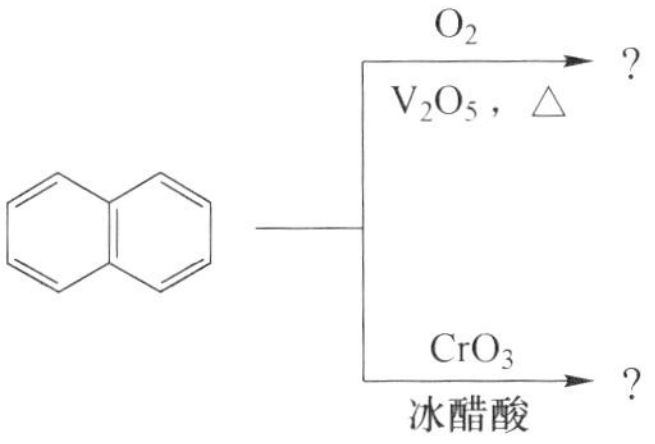

7-6 用化学方法区别下列化合物：

(1) $CH \equiv C-CH=CH-CH=CH_2$，  ， $CH_2=CH-CH_2-CH_2-CH=CH_2$

(2) 

7-7 以苯，甲苯或萘和石油裂解气为原料合成下列化合物：

（1）苯甲酸　（2）聚苯乙烯　（3）邻苯二甲酸酐

（4）2,6-二溴-4-硝基甲苯　（5）对硝基氯苯

7-8 某芳烃的分子式为 C_9H_{12}，用重铬酸钾和浓硫酸氧化后，可得到一种二元酸。将原来的芳烃进行硝化，所得的一元硝基化合物主要有两种，该芳烃结构如何？并写出各步反应式。

7-9 举例说明苯环上的亲电取代反应历程。

7-10 有 A，B，C 三种芳烃，分子式均为 C_9H_{12}，用 $KMnO_4$ 溶液氧化时，A 生成一元羧酸，B 生成二元羧酸，C 生成三元羧酸。将 A，B，C 分别硝化时，则 A 和 B 均可以得到两种一元硝基化合物，而 C 只能得到一种一元硝基化合物，试推测 A，B，C 的结构，并写出各步反应式。

第 8 章

8-1 写出符合下列分子式所有的同分异构体，并用系统命名法命名：

（1）$C_5H_{11}Cl$（并指出伯、仲、叔卤烷）；

（2）$C_7H_6Cl_2$（芳香族卤素化合物）。

8-2 系统命名法命名下列化合物：

(1) $CH_2ClCH_2CH_2CH_2Cl$　(2) $CH_3CH_2CCl_2CH_3$　(3) $CH_3CHBr\overset{CH_2CH_3}{C}H\underset{CH_3}{C}HCH_3$

(4) $F_2C=CF_2$　(5) 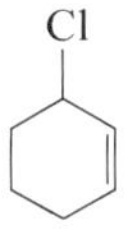　(6) 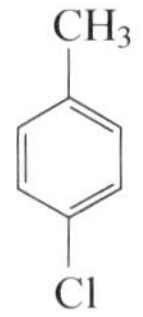

(7) 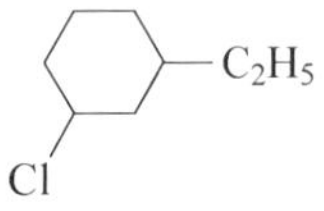　(8) $ClH_2C-\overset{CH_3}{\underset{Cl}{C}}-CH_3$　(9) $CH_3\overset{CH_3}{C}BrHCH_3CH_3$

8-3 写出下列化合物的结构：

（1）叔丁基溴　（2）烯丙基氯　（3）甲基溴化镁

（4）α-氯苯乙烯　（5）氟利昂-22　（6）聚四氟乙烯

8-4 合成下列化合物：

(1) $CaC_2 \longrightarrow \left[CH_2-\underset{Cl}{CH} \right]_n$　（聚氯乙烯）

(2) $CH_2=CH-CH=CH_2 \longrightarrow NC(CH_2)_4CN$

(3) 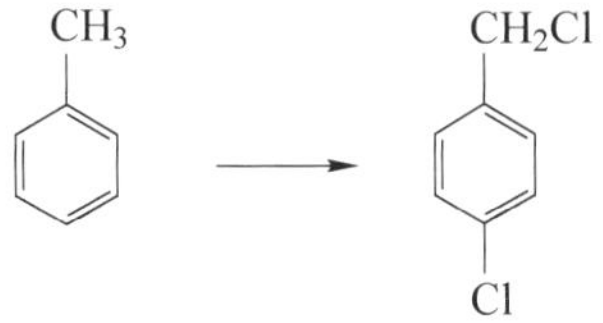

8-5 举例说明 S_N1、S_N2、E1 和 E2 反应。

8-6 试以天然气为原料合成氟利昂（二氟二氯甲烷）和聚四氟乙烯（“塑料王”“特弗隆”）。

8-7 完成下列反应式：

(1) $CH_3CH{=}CH_2 \xrightarrow{HBr} ? \xrightarrow[\text{干醚}]{Mg} ?$

(2) 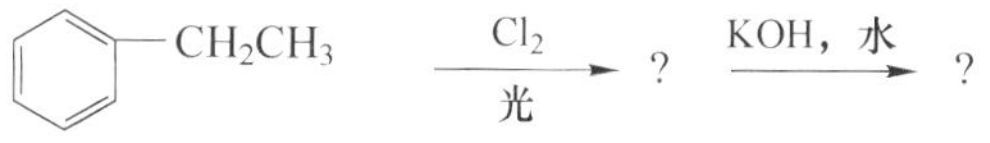

(3) 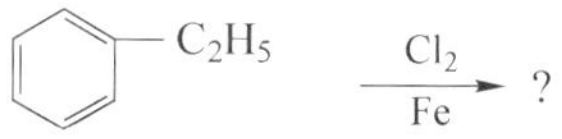

(4) $CH_3CH_2CH_2Cl \xrightarrow[H_2O]{NaOH} ?$

(5) $CH_3CH{=}CH_2 \xrightarrow[\text{光或500 ℃}]{Cl_2} ?$ —— $\xrightarrow{Cl_2+H_2O} ?$；$\xrightarrow{NaOH+H_2O} ?$

(6) $CH_3CH_2CHClCH_3 \xrightarrow{KOH、醇} ?$

(7) 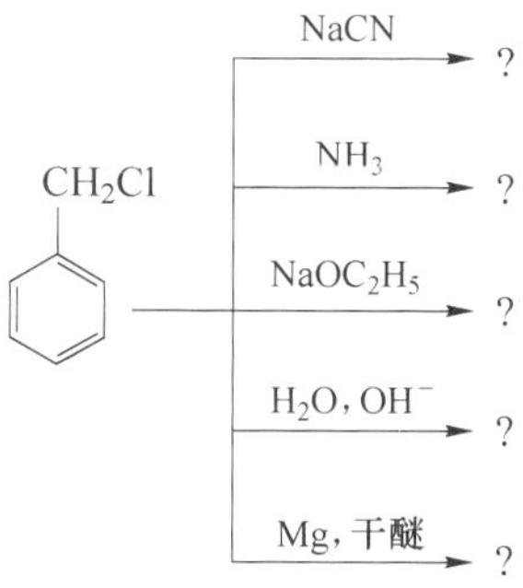

8-8 某化合物 A 分子式为 C_4H_8，加溴后的产物与 KOH 的醇溶液共热后，生成分子式为 C_4H_8 的化合物 B，B 和硝酸银氯溶液作用产生沉淀，试推测 A 和 B 的结构，并用反应式表示。

8-9 用化学方法区别下列各组化合物：

（1）C_3H_8 和 $CH_3CH_2CH_2Br$；

（2）CH_3CH_2Cl 和 $CH_2{=}CHCl$；

（3）苄氯和对氯甲苯；

（4）溴苯和溴丁烷。

8-10 请采用恰当的方法鉴别以下化合物：正丁烷、丁-1-烯、丁-1-炔、环丁烷、氯代正丁烷。

8-11 比较下列碳正离子的稳定性，由大到小顺序列出。

(1) 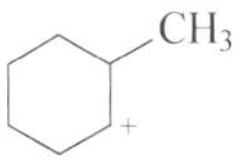　(2) 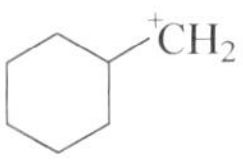　(3) 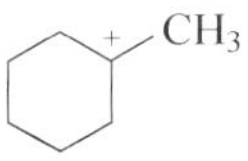

8-12 溴丁烷在氢氧化钾醇溶液中发生消除反应时，可生成哪些烯烃的异构体；其中哪一种为主要产物，为什么？

8-13 仲卤烷水解时，往往是按 S_N2 和 S_N1 两种历程同时进行，如果要使它按 Sn1 历程进行，应如何控制条件？

8-14 为什么 $CH_2Cl—CHCl_2$ 按 E2 历程去卤化时是生成 $CH_2═CCl_2$？

8-15 某化合物 A 分子式为 $C_7H_{11}Br$，容易和稀碱溶液反应，生成两种同分异构体醇 B 和 C。A 与溴的四氯化碳溶液作用得到一个三溴化合物 D。A 与热的 KOH 乙醇溶液反应，生成共轭二烯烃 E，E 经过臭氧化-还原生成丁二醛（$OHCCH_2CH_2CHO$）和 2-氧亚基丙醛（CH_3COCHO）。试推测化合物 A～E 的构造式。

8-16 某烃 A(C_5H_{10})，不与溴水发生反应，但在紫外光照射下与溴作用只得到一种产物 B，B 与 KOH 的乙醇溶液作用，得到 C，C 氧化后得到 D($C_5H_8O_4$)。试推测 A～D 的构造式。

8-17 某烃 A(C_5H_{10})，不与溴水发生反应，但在紫外光照射下与溴作用只得到一种产物 B，B 与 KOH 的乙醇溶液作用，得到 C，C 氧化后得到 D($C_5H_8O_4$)。试推测 A～D 的构造式。

第 9 章

9-1 用系统命名法命名下列各化合物，并指出哪些是伯醇，仲醇，叔醇：

(1) 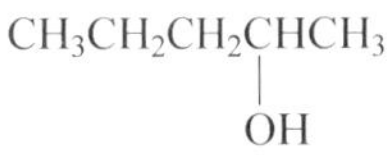　(2) 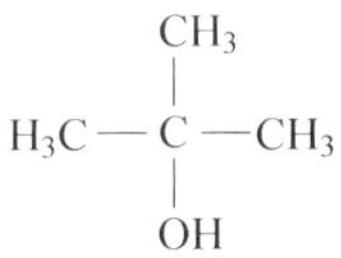　(3) 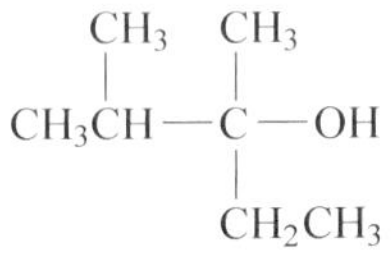

(4) 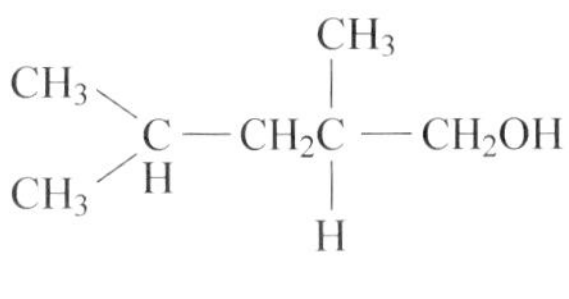　(5) 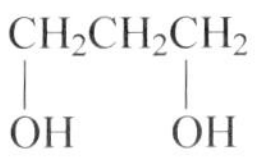　(6) 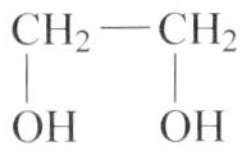

(7) 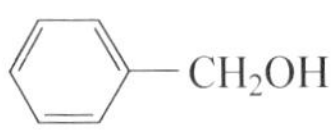　(8) 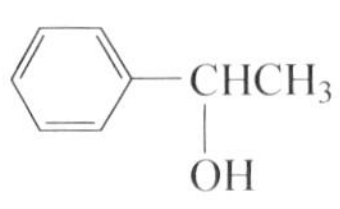　(9) 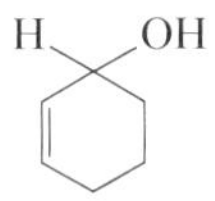

(10) 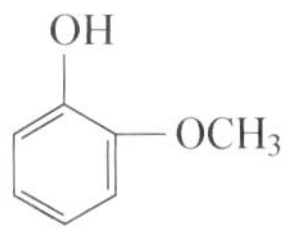　(11) 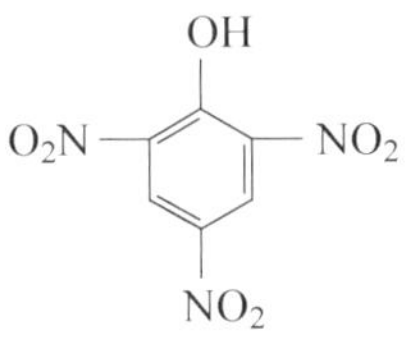　(12) 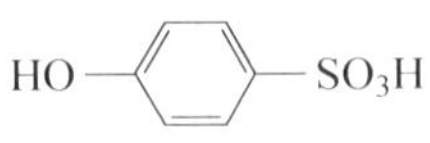

(13) 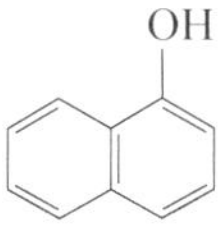　　(14) 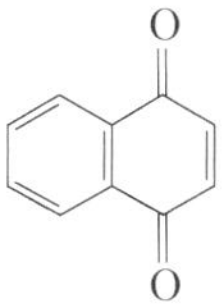　　(15) 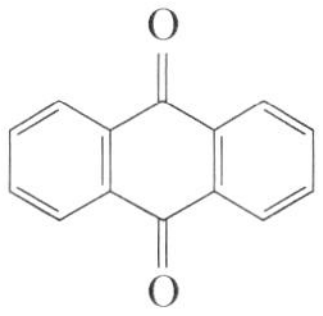

(16) $CH_3OC_2H_5$　　(17) 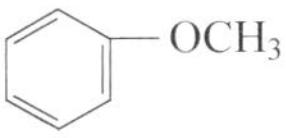　　(18) 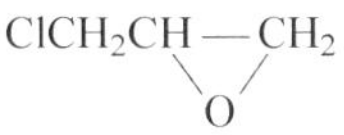

9-2 写出下列化合物结构式：

（1）环氧乙烷　（2）磷酸三丁酯　（3）三甘醇（二缩三乙二醇）

（4）季戊四醇　（5）二苯醚　（6）焦性没食子酸

（7）三乙醇胺　（8）二甲亚砜　（9）聚乙二醇

（10）18-冠（醚）-6

9-3 预测下列化合物与卢卡斯试剂反应的快慢次序：

（1）正丙醇　（2）2-甲基-2-戊醇　（3）二乙基甲醇

9-4 为什么乙二醇在水中的溶解度大于乙醇，乙醇的溶解度又大于乙醚？

9-5 如何区别下列各组化合物：

（1）$H_2C{=}CHCH_2OH$，$CH_3CH_2CH_2OH$ 和 $CH_3CH_2CH_2Cl$；

（2）$(CH_3)_3COH$，$CH_3CH_2CH(OH)CH_3$ 和 $CH_3CH_2CH_2CH_2OH$。

9-6 利用化学方法区别分子式为 C_3H_8O 的各种化合物。

9-7 分离下列各组化合物：

（1）乙醚中混有少量乙醇；

（2）戊烷、1-戊炔、1-甲氧基-3-戊醇。

9-8 完成下列各组反应方程式：

（1）$CH_3CH{=}CH_2 \xrightarrow{H_2SO_4} ? \xrightarrow{H_2O} ?$

（2）$CH_3CH(OH)CH_3 + CH_3CH(OH)CH_3 \xrightarrow[\triangle]{H_2SO_4} ?$

（3）$CH_3CH{=}CH_2 \xrightarrow[600\ ℃]{Cl_2} ? \xrightarrow{?} CH_2Cl{-}CH(OH){-}CH_2Cl \xrightarrow[60\ ℃]{Ca(OH)_2} ? \xrightarrow{?} CH_2OH{-}CH(OH){-}CH_2OH$

（4）$C_2H_5ONa + CH_3I \longrightarrow ?$

（5）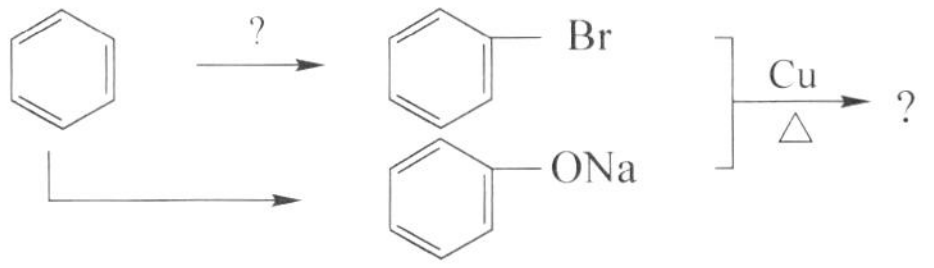

（6）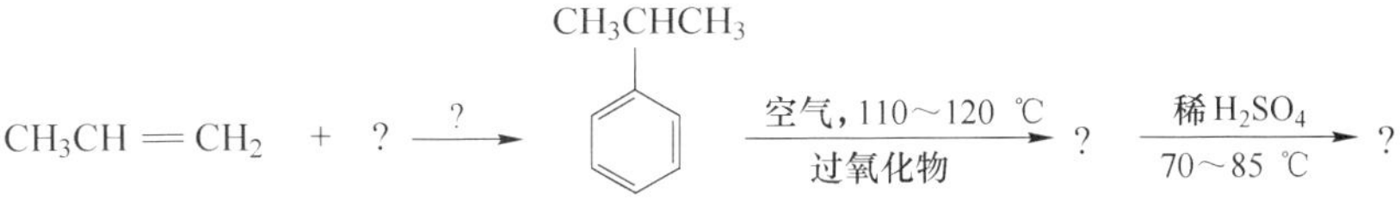

（7）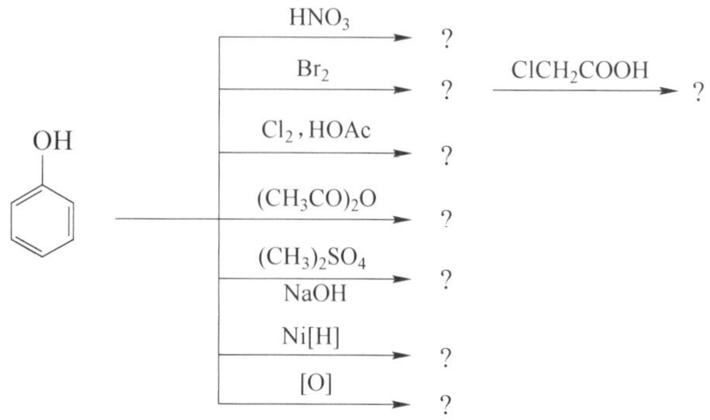

（8）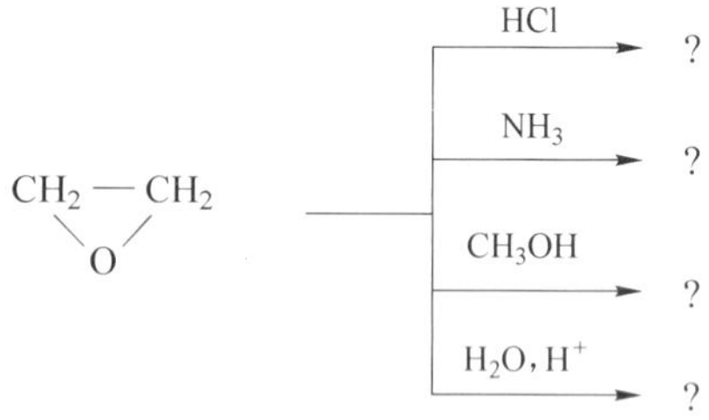

9-9 合成题（必需的无机试剂可自选）：

（1）从乙烯合成三乙醇胺；

（2）从乙烯合成聚乙二醇；

（3）从乙烯合成 1-丁醇；

（4）从乙烯和正丁醇合成 3-甲基-1-戊醇；

（5）从丙烯合成异丙醚；

（6）从乙烯合成二甘醇二甲醚；

（7）从甲烷合成二甲砜；

（8）由苯和必要的有机试剂合成：

1）2,4-D 钠盐除草剂（2,4-二氯苯氧乙酸钠）；2）苯甲醚（大茴香醚）。

9-10 比较下列各化合物的酸性强弱，并解释。

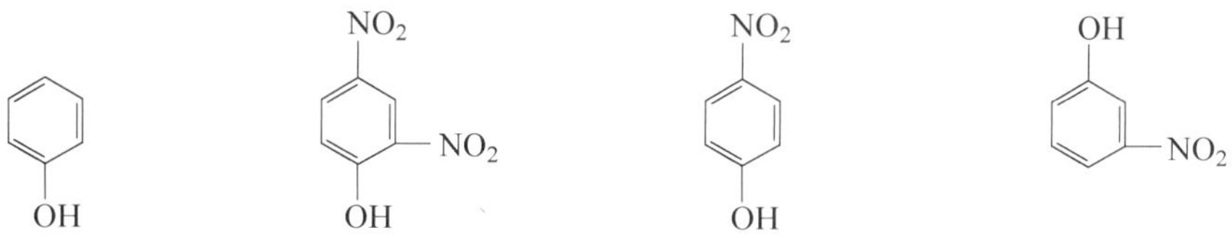

9-11 有一芳香族化合物 A 的分子式为 C_7H_8O，不与金属钠发生反应，但能与 HI 作用生成 B 和 C 两种化合物。B 能溶于 NaOH，并与 $FeCl_3$ 作用呈现紫色。C 能与 $AgNO_3$ 溶液作用生成黄色碘化银沉淀。写出 A、B、C 的结构式。

9-12 有一伯醇 A 的分子式为 $C_4H_{10}O$，与 $SOCl_2$ 作用可生成 B，B 分子式为 C_4H_9Cl，A 与 B 进行消除反应时都得到相同的 C。C 与 HCl 反应，可得到 D，而 D 与 B 互为异构体。将 C 进行氧化得到 $C_3H_8O_2$(E) 和 CO_2 与水。写出 A~E 的结构式和各步反应。

9-13 某化合物 A，分子式为 $C_{13}H_{12}O$。A 与 NaOH 不反应，能使 $KMnO_4$ 褪色，遇浓 HI 生成 B 和 C，B 发生磺化反应得到 4-磺酸-1-萘酚，C 经 NaOH 水解，与三氧化铬的吡啶溶液反应生成醛 D，试写出 A、B、C、D 的结构式及每步反应式。

第 10 章

10-1 用系统命名法和习惯命名法命名下列化合物：

(1) $(CH_3)_2CHCHO$　　(2) CH_3CHCH_2CHO (with CH_2CH_3 on the second carbon)　　(3) $CH_3CH=CHCHO$

(4) 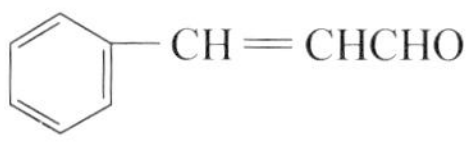　　(5) $CH_3CH_2COCH(CH_3)_2$　　(6) $(CH_3)_2CHCH_2COCH_3$

(7) $CH_3COCH_2COCH_3$　　(8) 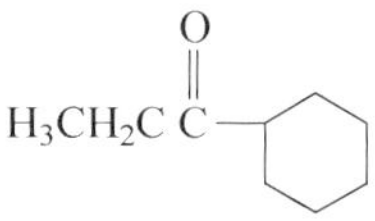　　(9) $CH_3COCH=CH_2$

10-2 写出下列各化合物的结构式：

(1) 苯甲醛　　(2) 乙烯酮
(3) 苯乙酮　　(4) 3-甲基-2-戊酮
(5) 环己酮　　(6) 水杨醛（邻羟基苯甲醛）
(7) 三聚甲醛　　(8) 多聚甲醛
(9) 丙酮羟（基）氯　　(10) 氯仿和碘仿
(11) 三氯乙醛　　(12) ω-溴代苯乙酮
(13) 肉桂醛（β-苯丙烯醛）　　(14) 乌洛托品（环六亚甲基四胺）
(15) 旋风炸药（黑崇今）　　(16) 环己酮肟
(17) ε-己内酰胺　　(18) 尼龙-6（卡普隆，聚己内酰胺）
(19) 双酚 A　　(20) 有机玻璃（聚甲基丙烯酸甲酯）

10-3 写出分子式为 $C_5H_{10}O$ 的醛和酮的同分异构体，并用系统命名法命名。

10-4 写出分子式为 C_8H_8O 的芳醛和芳醛的同分异构体并命名。

10-5 指出下列化合物中半缩醛、缩醛、半缩酮、缩酮的碳原子，并说明属于哪一种。

(1) 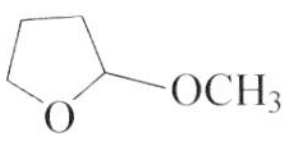　　(2) 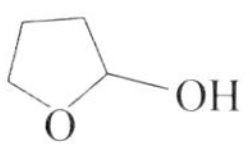　　(3) 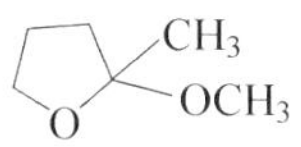

(4) 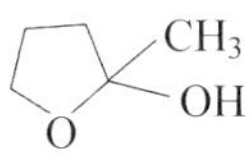　　(5) 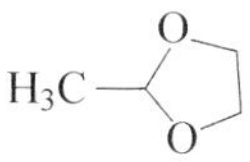　　(6) 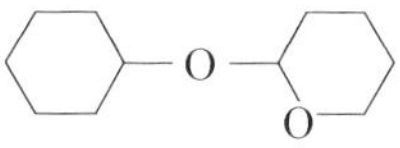

10-6 完成下列反应式：

(1) $CH_2=CH_2 \xrightarrow{?} CH_3CHO \xrightarrow{?} ? \xrightarrow{?} CHCl_3$

(2) $CH_2=CH_2 \xrightarrow{H_2SO_4} ? \xrightarrow{?} CH_3CH_2OH \xrightarrow{?} CH_3CHO \xrightarrow{[O]} ?$

(3) 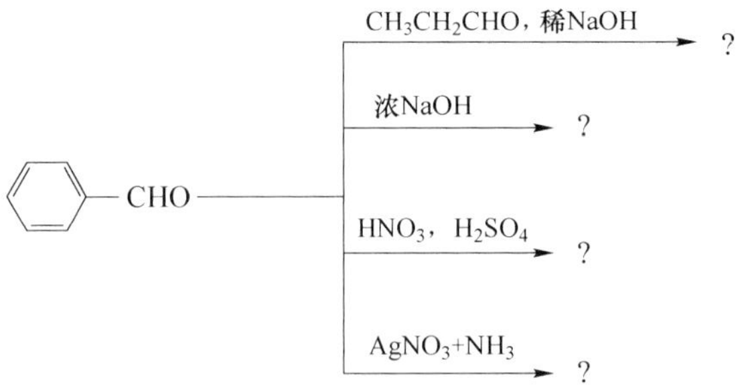

(4) $(CH_3)_3CCHO \xrightarrow{\text{浓NaOH}}$?

(5) $(CH_3)_3CCHO + HCHO \xrightarrow{\text{浓NaOH}}$?

(6) 

(7) $CH_3CH_2CH_2CHO \xrightarrow[\text{干醚}]{CH_3CH_2MgBr}$? $\xrightarrow{H_2O}$?

(8) $CH_3COOH \xrightarrow{700\ ℃}$? $\xrightarrow{CH_3COOH}$?

10-7 下列化合物中哪些能发生碘仿反应，哪些能和 $NaHSO_3$ 加成？写出反应产物。

(1) $CH_3COCH_2CH_3$　(2) $CH_3CH_2COCH_2CH_3$　(3) $CH_3CH_2CH(CH_3)CHO$

(4) $CH_3CH(OH)CH_2CH_3$　(5) C_2H_5OH　(6) $(CH_3)_2CHCOCH(CH_3)_2$

(7) 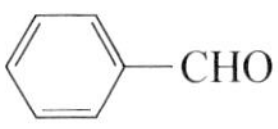

(8) 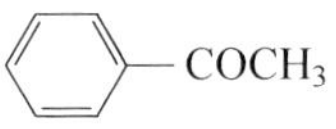

10-8 用化学方法区别下列各组化合物：

(1) 2-丁酮和丁酮　(2) 2-戊醇和 3-戊醇　(3) 苯甲醛和苯乙酮

(4) 甲醛、乙醛、乙醚和丙酮

10-9 合成题（必需的无机试剂可自选）

(1) 从乙烯合成 2-丁酮；

(2) 从乙烯和丙烯合成 3-甲基-2-丁酮和 2-甲基-2-丁醇；

(3) 从丙烯合成丁醛；

(4) 从丙烯合成 2,3-二甲基-2-丁醇；

(5) 从苯和丙烯合成 2-苯基-2-丙醇；

(6) 从丙烯合成有机玻璃（聚 α-甲基丙烯酸甲酯）；

（7）从苯合成尼龙-6。

10-10 解释名词：

（1）羰基合成　（2）亲核试剂　（3）亲核加成

（4）席夫碱　（5）卤仿反应　（6）羟醛缩合反应

（7）克莱森-施密特反应　（8）多伦试剂　（9）斐林试剂

（10）坎尼礼罗反应　（11）贝克曼分子重排反应

10-11 有一化合物 A 的分子式为 $C_6H_{12}O$，能与苯肼作用生成苯腙，但不能起银镜反应，和 $NaHSO_3$ 也不起加成反应，试写出化合物 A 的可能结构式。

10-12 有一化合物，它的分子式为 $C_5H_8O_2$，可以与羟氨生成二肟，也发生碘仿和银镜反应，并且可以转变成正戊烷，试写出这化合物的结构。

10-13 有一化合物（A）的分子式为 $C_8H_{14}O$，A 可以很快地使溴水褪色，可与苯群反应，A 氧化可生成一分子丙酮及另一化合物 B。B 具有酸性，和一分子 NaOCl 反应，生成一分子氯仿及一分子丁二酸。试写出 A 的结构式。

第 11 章

11-1 用系统命名法命名下列各化合物：

(1) $CH_3CH(CH_3)CH_2COOH$　(2) $HOOC(CH_2)_2COOH$　(3) $CH_2=CHCH_2COOH$

(4) $CH_3CHClCOOH$　(5) 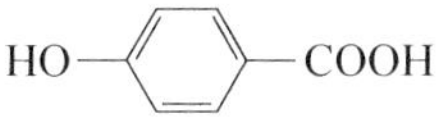　(6) $HOOC(CH_2)_4COOH$

(7) 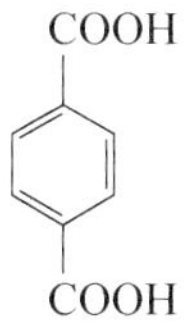　(8) 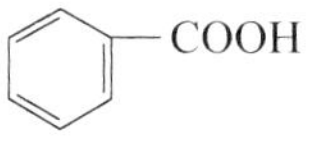　(9) 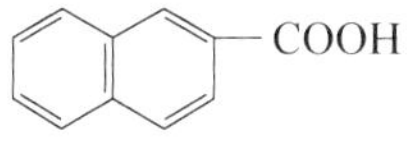

(10) 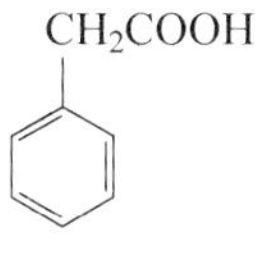　(11) 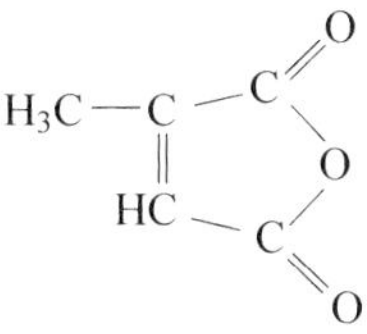　(12) $HCON(CH_3)_2$

(13) 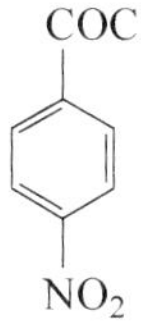　(14) 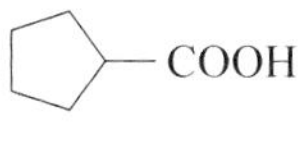　(15) 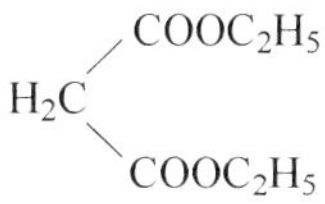

(16) 

11-2 写出下列化合物的结构式：

（1）蚁酸　（2）草酸　（3）α-氯乙酸

（4）邻苯二甲酸二辛酯　（5）甘油三硝酸酯　（6）乙二醇二乙酸酯

（7）过氧化苯甲酰　（8）α- 甲基丙烯酸甲酯　（9）聚乙酸乙烯酯

（10）涤纶　　（11）维尼纶（维纶）　　（12）ε-己内酰胺

（13）尼龙-6　　（14）虫蜡（白蜡）　　（15）尿素

（16）缩二脲　　（17）NBS

11-3 写出分子式为 $C_5H_{10}O_2$ 的羟酸同分异构体，并按系统命名法命名。

11-4 有一个碳碳双键的不饱和二元酸，其分子式为 $C_5H_6O_4$，试写出它的所有同分异构体（包括顺反异构）的构式并指出哪些容易生成酸酐。

11-5 比较下列化合物的酸性强弱：

（1）CH_3CCl_2COOH、$CH_3CH_2CHClCOOH$、$CH_3CHClCH_2COOH$、Cl_3CCOOH、$ClCH_2CH_2CH_2COOH$；

（2）$HCOOH$、CH_3COOH、C_6H_5OH、CF_3COOH。

11-6 用化学方法区别下列各组化合物：

（1）乙醇、乙醛、乙酸；

（2）蚁酸、醋酸；

（3）乙二酸、己二酸；

（4）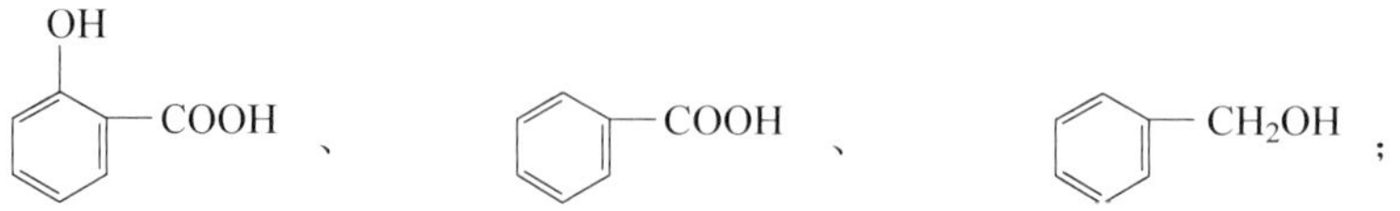

（5）乙酰氯、乙酰胺、乙酸酐、氯乙烷。

11-7 完成下列各反应式（写出主要产物或主要试剂）：

(1) $CH_3CH_2COCl + CH_3MgI \xrightarrow{\text{干醚}} ?$

(2) $CH_3CH_2COOC_2H_5 + C_3H_7MgI \xrightarrow{\text{干醚}} ?$

(3) 

(4) 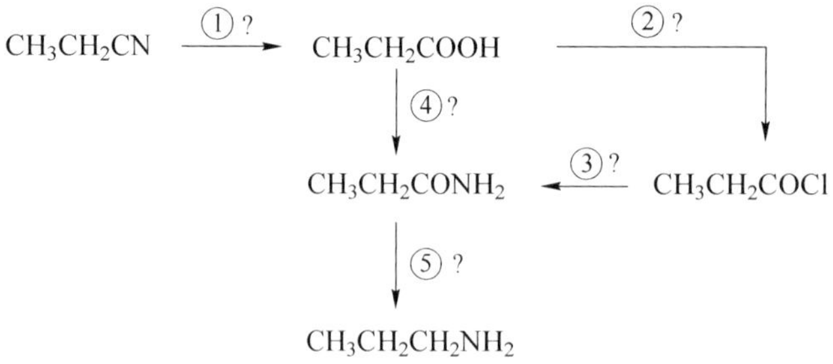

(5) $C_{25}H_{51}COOC_{26}H_{53} \xrightarrow{C_2H_5OH} ?$

(6) $n\,HC \equiv CH + n\,CH_3COOH \xrightarrow{(CH_3COO)_2Zn} ? \xrightarrow[H^+\text{或}OH^-]{H_2O} ?$

（7）$RCH_2OH \xrightarrow{?} RCHO \xrightarrow{?} RCOOH \xrightarrow{?} RCOONH_4 \xrightarrow{?} RCONH_2$

（8）$(CH_3)_2CHOSO_2OH \xrightarrow{?} (CH_3)_2CHOH \xrightarrow{?} (CH_3)_2CHBr \xrightarrow{?}$

$(CH_3)_2CHMgBr \xrightarrow{?} (CH_3)_2CHCOOH \xrightarrow{?} (CH_3)_2CHCOOCH_3$

11-8 解释下列名词：

（1）脱羧反应　（2）吸电子基　（3）斥电子基（供电子基）

（4）负诱导效应　（5）正诱导效应　（6）亲核取代反应

（7）皂化　（8）酯交换反应　（9）油和脂

（10）碘值　（11）表面活性剂　（12）亲水基

（13）憎水基（疏水基）　（14）缩二脲反应

11-9 试从新戊烷合成下列化合物（其他必需试剂任选）：

（1）$(CH_3)_3CCH_2COOH$　（2）$(CH_3)_3CCHBrCOOH$

（3）$(CH_3)_3CCH_2COCl$　（4）$(CH_3)_3CCH_2CH_2OH$

11-10 合成题（必需的无机试剂可自选）：

（1）乙炔→丙烯酸甲酯

（2）丙烯→a-甲基丙酸；

（3）甲苯→苯乙酸；

（4）乙醇→丙二酸二乙酯；

11-11 利用化学方法分离下列各混合物：

（1）苯甲醚、苯酚、苯甲酸；

（2）异戊醇中含有少量异戊酸。

11-12 有三个相对分子质量相同的烯烃混合物，用溴处理后再和氰化钠作用，生成的腈水解后得到乙基丁二酸和两个互为异构的二甲基丁二酸，试推测原来这些烯烃的结构式，并写出反应式。

11-13 化合物甲、乙、丙分子式均为 $C_3H_6O_2$，甲与 $NaHCO_3$ 作用放出二氧化碳，乙和丙用 $NaHCO_3$ 处理无二氧化碳放出，但是在 NaOH 水溶液中加热可以发生水解反应。从乙的水解产物中蒸出一种液体，该液体化合物具有碘仿反应。丙的水解产物中蒸出的液体无碘仿反应。请写出甲、乙、丙的结构式。

11-14 某化合物分子式为 $C_9H_8O_3$，能与 NaOH 或 $NaHCO_3$ 反应，遇 $FeCl_3$ 溶液显紫色，还能使 Br_2 的四氯化碳溶液褪色，用酸性高锰酸钾氧化，可得到对羟基苯甲酸，同时释放出 CO_2，请写出该化合物的结构式。

第 12 章

12-1 命名下列各化合物：

（1）$CH_3NHCH(CH_3)_2$　（2）$H_2NCH_2(CH_2)_2CH_2NH_2$　（3）$(C_2H_5)_3N$

（4）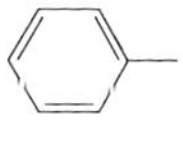 $N(CH_2CH_2CH_3)_2$　（5）$C_6H_5NH_2$　（6）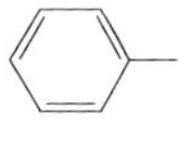 $NHCOCH_3$

(7) 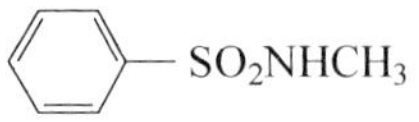　　(8) $(CH_3)_2CH-\overset{+}{N}(CH_3)_3I$　　(9) $[(C_2H_5)_4N]^+OH^-$

(10) 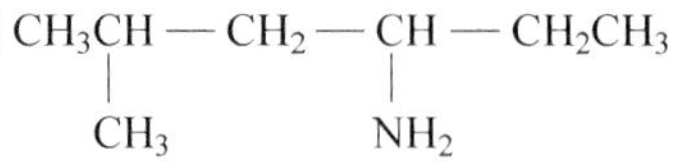　　(11) $C_6H_5CON(CH_3)_2$

(12) 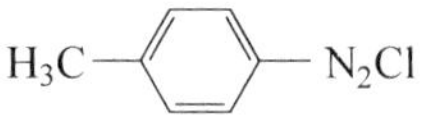　　(13) CH_3NO_2　　(14) $CH_2{=}CHCN$

(15) 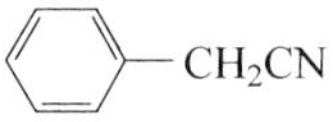　　(16) 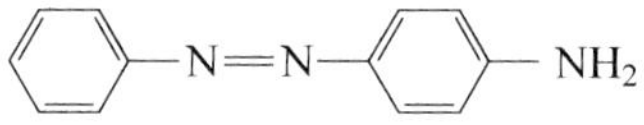

12-2 写出下列各化合物的结构式：

（1）三异丙胺　（2）N-甲基-N-乙基苯胺　（3）a-萘胺

（4）N-甲基苄胺　（5）对氨基苯磺酸　（6）乙二胺四乙酸（EDTA）

（7）己二胺　（8）己二腈　（9）聚丙烯腈

（10）苯肼　（11）重氮氨基苯　（12）对-甲基-对′-氨基偶氮苯

12-3 写出分子式为 $C_4H_{11}N$ 脂肪胺的同分异构体，按伯、仲、叔分类并命名。

12-4 写出分子式为 C_7H_9N 芳胺的同分异构体，并命名。

12-5 将下列各化合物按伯、仲、叔分类，并命名。

(1) 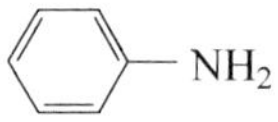　　(2) $C_6H_5NHCH_2CH_2CH_3$　　(3) 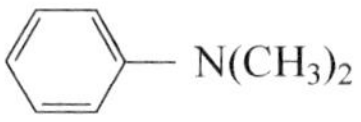

(4) 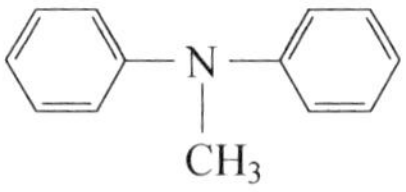　　(5) 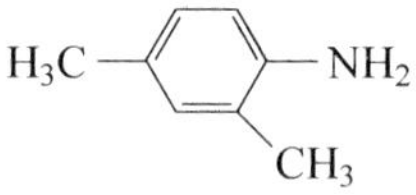　　(6) 间-$CH_3C_6H_4CH_2NH_2$

12-6 用化学方法区别下列各组化合物：

（1）乙醇、乙醛、乙酸和乙胺；

（2）对氯苯胺、苯胺和苯胺盐酸盐。

12-7 把下列各化合物按碱性强弱排列成序：

（1）氨、乙胺、苯胺、三苯胺；

（2）二甲胺、甲胺、氢氧化四甲胺、苯胺。

12-8 由指定原料合成下列化合物（其他试剂任选）。

(1) 

(2) 

(3) $CH_3(CH_2)_3OH \longrightarrow CH_3(CH_2)_4NH_2$

（4）由甲苯合成对羟基苯甲酸

（5）由苯合成 1,3,5-三溴苯

12-9 以苯或甲苯为原料合成下列各化合物：

(1) 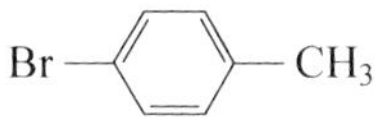

(2) 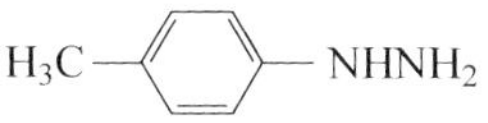

(3) 

(4) 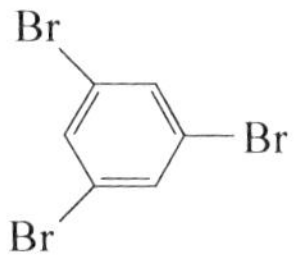

(5) 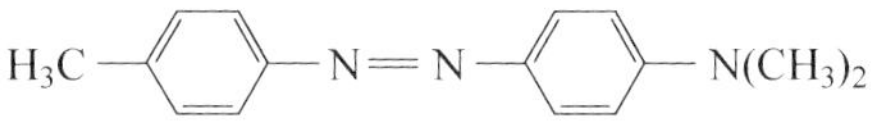

12-10 写出下列反应式所生成的产物：

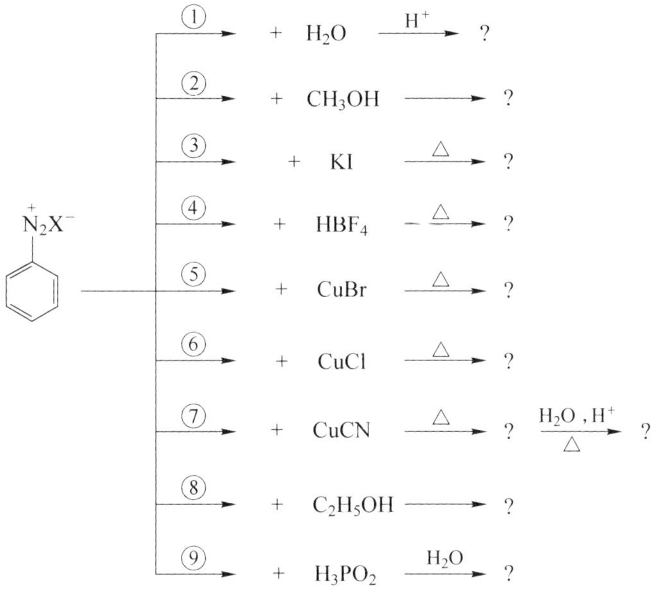

12-11 一化合物分子式为 $C_6H_{15}N$（甲），能溶于稀盐酸，与亚硝酸在室温作用放出氮气得到乙，乙能进行碘仿反应，乙和浓硫酸共热得到丙（C_6H_{12}），丙能使 $KMnO_4$ 褪色，而且反应后的产物是乙酸和 2-甲基丙酸。推测甲的结构式，并用反应式说明推断过程。

第 13 章

13-1 命名下列各化合物：

(1) 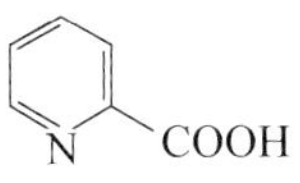

(2) 

(3) 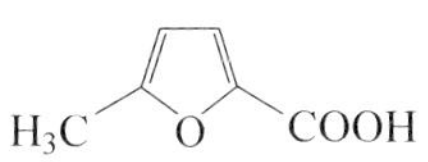

(4) 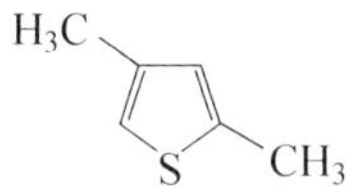

(5) 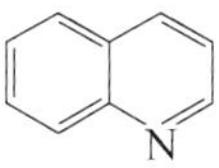

(6) 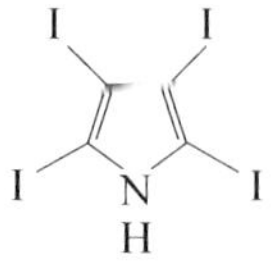

(7) 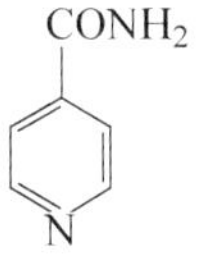

(8) 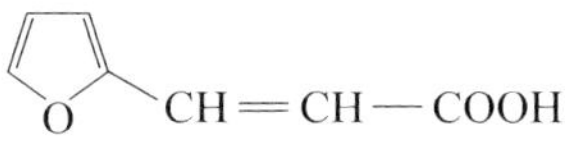

13-2 写出下列化合物的结构式：

（1）糠醇　（2）糠醛　（3）糠酸

（4）2,5-二溴呋喃　（5）4-甲基六氢吡啶　（6）碘化 N,N-二甲基四氢吡咯

（7）8-羟基喹啉　（8）异烟肼（雷米封）

13-3 用化学方法区别下列各组化合物：

（1）苯甲醛与糠醛　（2）吡咯与吡啶　（3）呋喃、吡咯与噻吩

（4）苯和吡啶　（5）吡啶、环己胺　（6）苯和噻吩

13-4 怎样检验粗苯中有无噻吩存在？如有少量噻吩存在，又如何除去？

13-5 甲苯中混有少量吡啶，如何分离除去？

13-6 完成下列反应式：

（1）5-甲基糠醛 $\xrightarrow{CH_3COOH}$?

（2）糠醛+乙酐 $\xrightarrow{浓\ NaOH}$?

（3）吡啶+2-碘丙烷 $\longrightarrow$?

13-7 从指定的反应物合成下列各化合物：

（1）β-甲基吡啶→β-吡啶甲酰胺；

（2）糠醛→己二胺、己二酸、尼龙-66；

（3）乙炔→噻吩。

13-8 比较呋喃、吡咯、噻吩的芳香性并说明。

13-9 比较下列各化合物的碱性强弱：

甲胺、苯胺、氨、吡咯、吡啶

13-10 用箭头表示下列化合物与溴发生一取代反应时的主要反应位点：

(1) 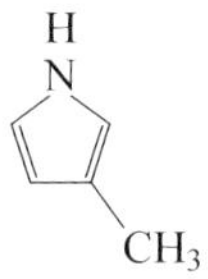

(2) 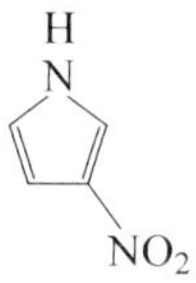

(3) 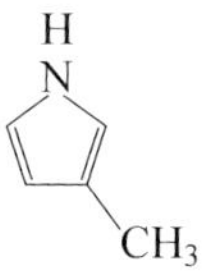

(4) 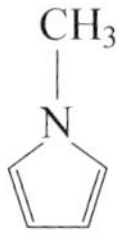

(5) 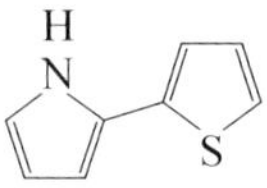

(6) 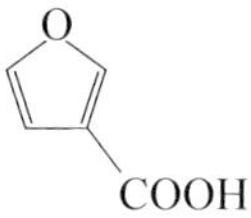

(7) 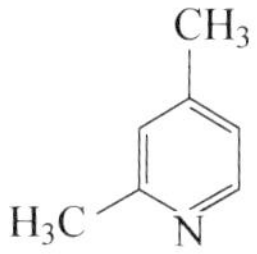

(8) 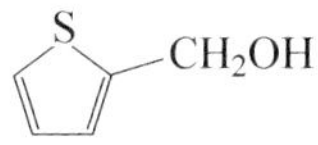

(9) 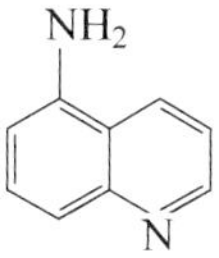

第 14 章

14-1 下列哪些物体有手性？

（1）单色杯子　　（2）手套　　（3）耳朵　　（4）剪刀

14-2 下列化合物各有多少种立体异构体？

(1) $CH_3-\overset{\overset{Cl}{|}}{CH}-\overset{\overset{Cl}{|}}{CH}-CH_3$

(2) $CH_3-\overset{\overset{CH_3}{|}}{CH}-\overset{\overset{OH}{|}}{C}HCH_3$

(3) $CH_3-\overset{\overset{CH_3}{|}}{CH}-\overset{\overset{Cl}{|}}{CH}-Cl$

(4) $CH_3-\overset{\overset{Cl}{|}}{CH}-\overset{\overset{Cl}{|}}{CH}-\overset{\overset{Cl}{|}}{CH}-C_2H_5$

(5) $CH_3-\overset{\overset{Cl}{|}}{CH}-\overset{\overset{Cl}{|}}{CH}-\overset{\overset{Cl}{|}}{CH}-C_2H_5$

(6) 1,3-二甲基环戊烷

14-3 用“＊”标出下列结构式中所有的手性碳原子：

(1) 胆甾醇

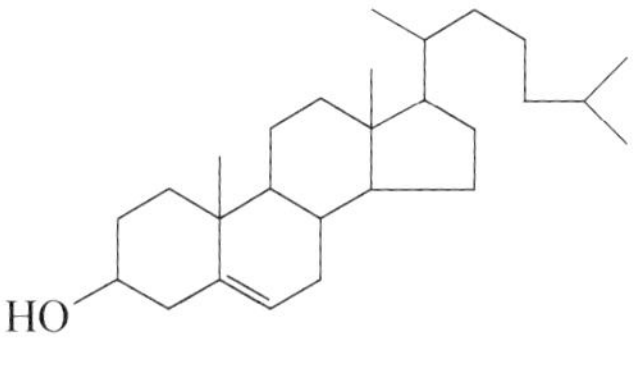

(2) 薄荷醇

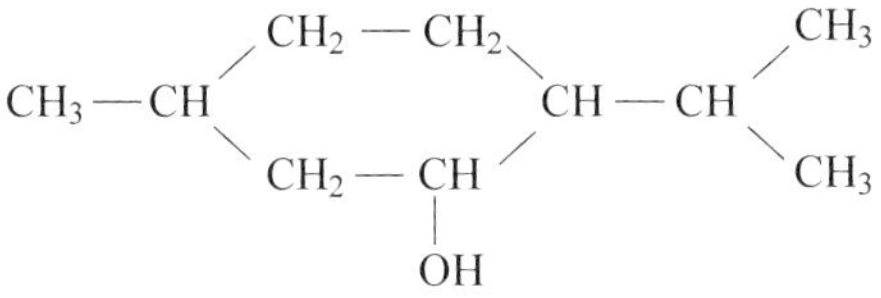

14-4 写出下列化合物的 Fischer 投影式，并对每个手性碳原子的构型以 *R* 或 *S* 表示：

(1) 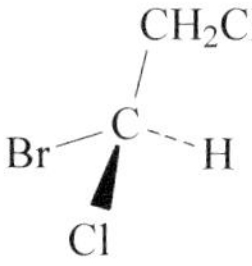

(2) 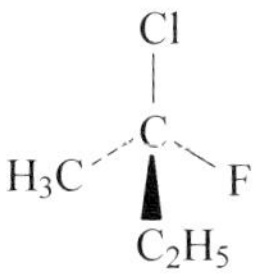

(3) 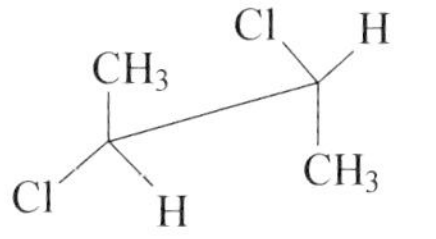

(4) 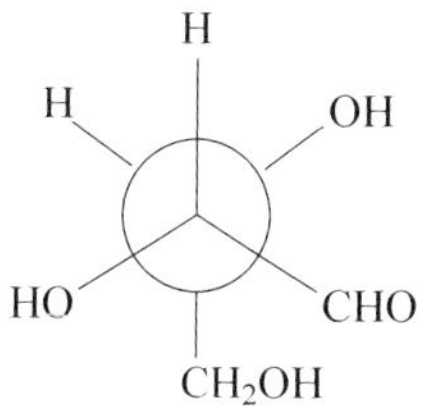

14-5 写出下列化合物的透视式：

(1) 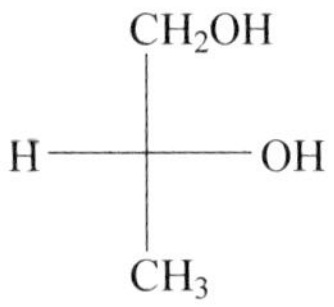

(2) 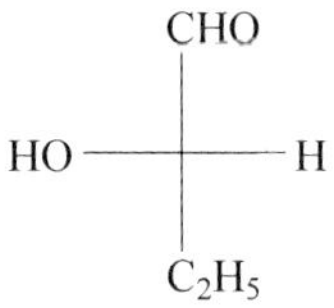

14-6 A、B、C 三种化合物在下述哪种情况下可以测出是旋光的？

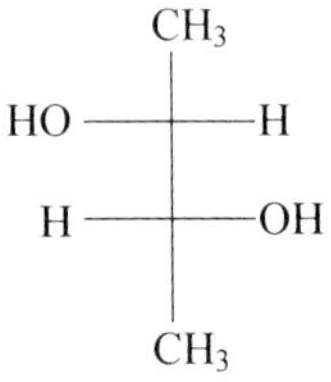

A

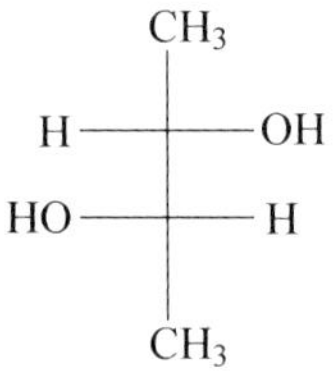

B

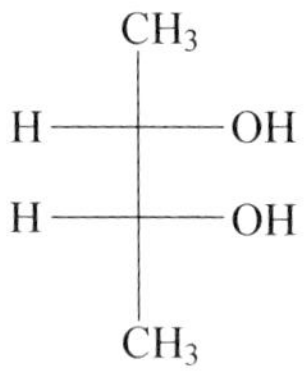

C

（1） A 单独存在　（2） B 单独存在　（3） C 单独存在

（4） A 和 B 等量混合　（5） A 和 C 等量混合　（6） A 和 B 不等量混合

14-7 下列化合物中，哪些有旋光性，哪些没有旋光性？

(1) 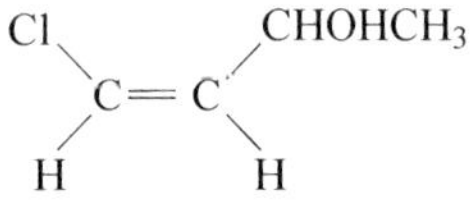

(2) $HOOCCH_2CHOHCOOH$

(3) 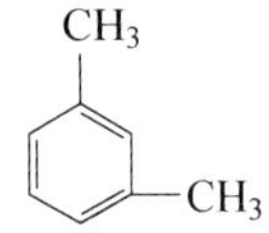

(4) 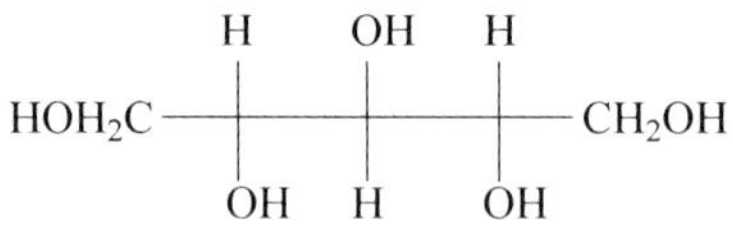

(5) 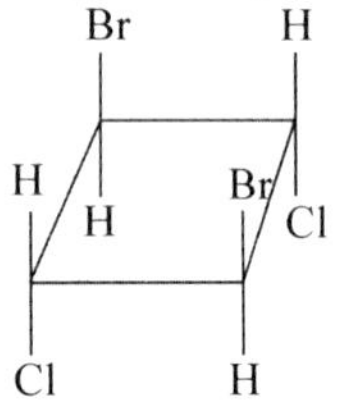

(6) 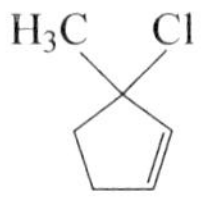

(7) 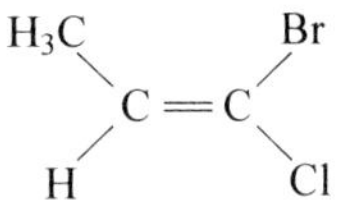

(8) 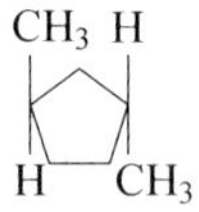

14-8 指出下列各对化合物间的相互关系（对映体；非对映体；同一化合物）：

(1) 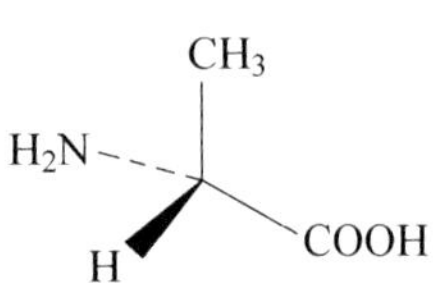 和 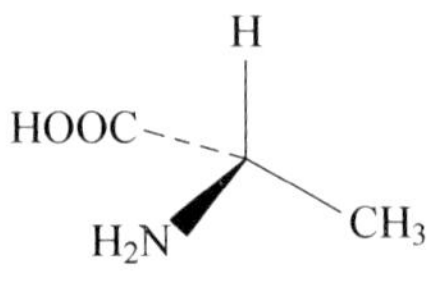

(2) 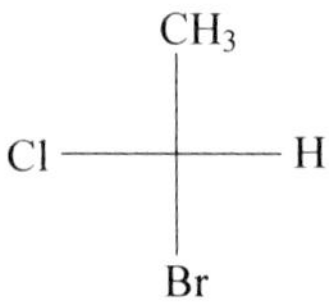 和 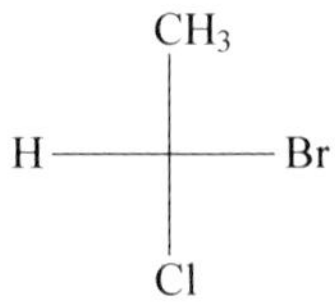

(3) 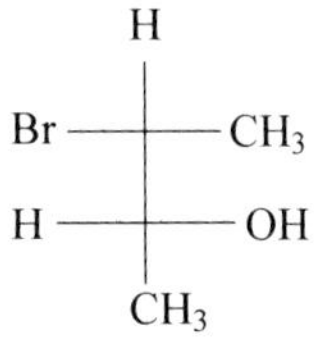 和 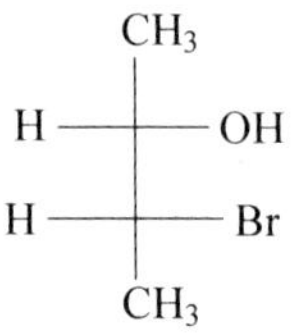

(4) 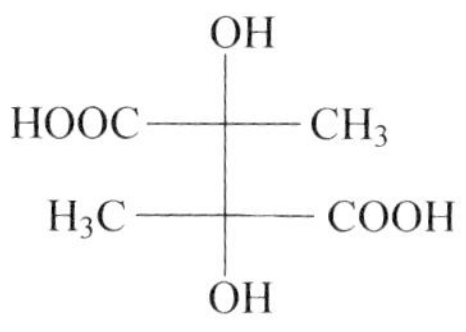 和 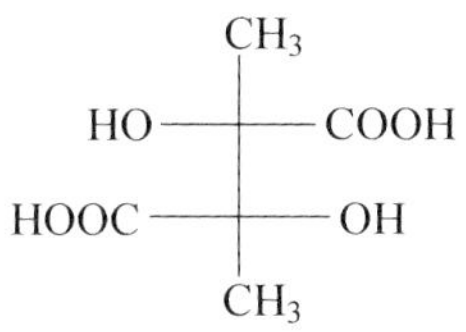

(5) 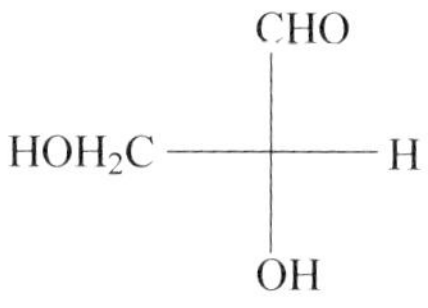 和 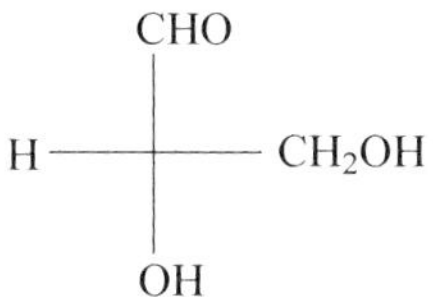

(6) 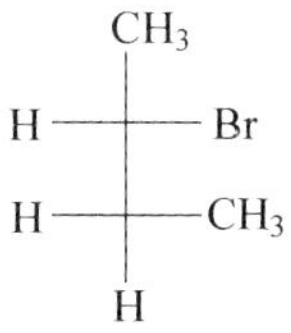 和 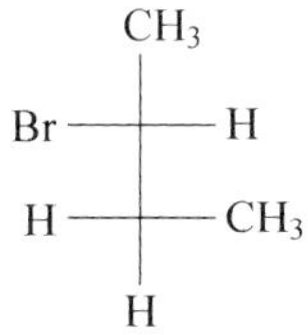

(7) 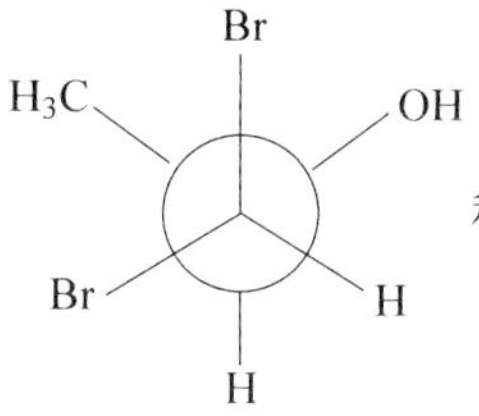 和 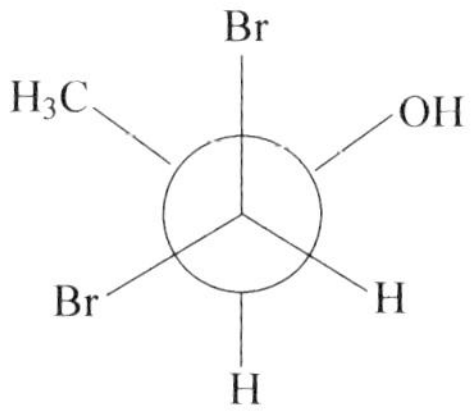

(8) 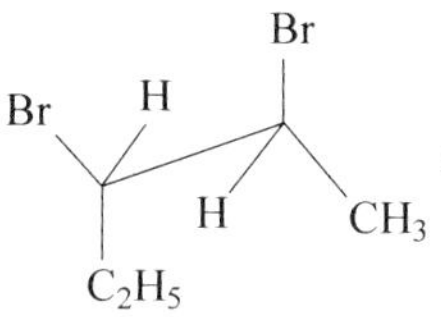 和 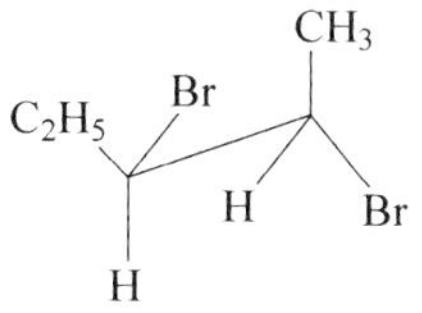

14-9 写出下列化合物的透视式和 Fischer 投影式：

(1) (S)-$CH_3CH_2CHOHCH_3$　　(2) (S)-甲基仲丁基醚

(3) (S)-α-溴代乙苯　　(4) (R)-$CH_3CH_2CHClCH_3$

14-10 用 R/S 标记法标记下列分子的构型。

(1) 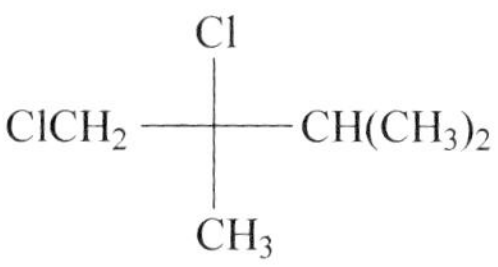　　(2) 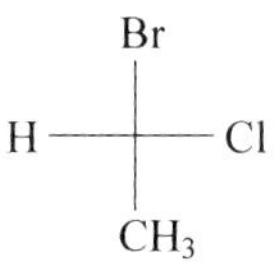

(3) 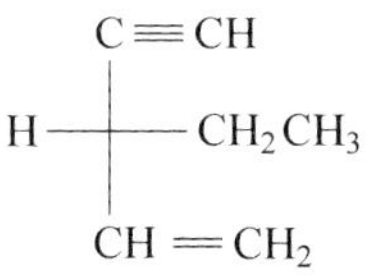　　(4) 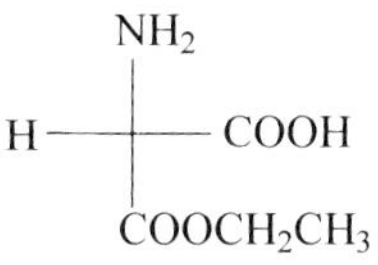

(5) 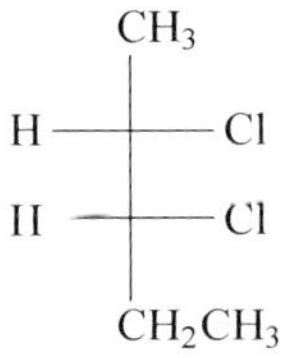　　(6) 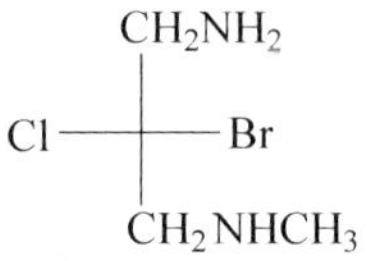

14-11 某醇 $C_5H_{10}O$(A) 具有旋光性。催化加氢后，生成的醇 $C_5H_{12}O$(B) 没有旋光性。试写出 A 和 B 的结构式。

14-12 一个旋光性的烯烃（C_6H_{12}）经催化加氢后变成一无旋光性的烷烃（C_6H_{14}），写出该烯烃的结构。

第 15 章

15-1 碳水化合物分哪几类？试述各类特点。

15-2 写出下列各化合物的异构体的投影式（开链式）：

（1）丁醛糖　　（2）戊醛糖　　（3）丁酮糖

15-3 写出 D-(+)-葡萄糖的对映体。a 和 β 的氧环式 D-(+)-葡萄糖是否互为对映体，为什么？

15-4 写出 β-D-吡喃葡萄糖（氧环式）的两种椅式构象，并说明其中哪一种较稳定。

15-5（1）写出 D-(−)-核糖的对映体。

（2）写出 β-D-核糖和 β-D-2-脱氧核糖的 γ-氧环结构式。

15-6 己醛糖和己酮糖有哪些相同与不同的性质？己醛糖和一般的醛类有哪些异同的性质？酮糖为什么与一般的酮类不同，能发生银镜反应？

15-7 试用化学方法区别下列各组化合物：

（1）葡萄糖和果糖　　（2）葡萄糖和蔗糖

（3）纤维素和淀粉　　（4）麦芽糖与蔗糖

（5）葡萄糖与淀粉　　（6）蔗糖与淀粉

（7）葡萄糖与葡萄糖酸　　（8）葡萄糖醇与葡萄糖酸

（9）黏胶人造丝和天然丝（蚕丝）

15-8 下列两种化合物是否都能与过量苯肼作用？

(1) 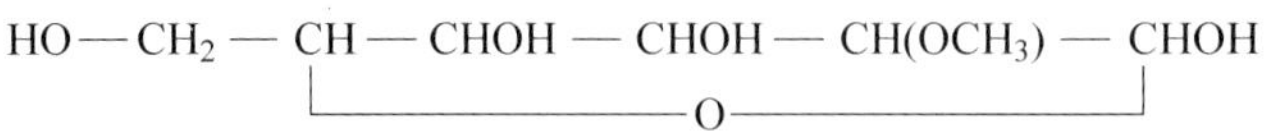

(2) 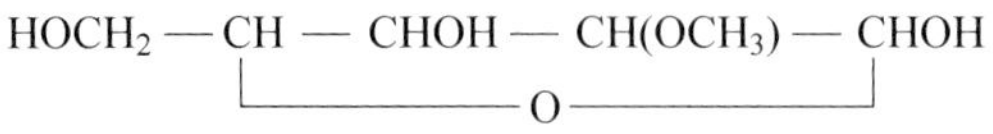

15-9 下面双糖中，哪一部分单糖是成苷的？指出苷键的类型（α 或 β）。

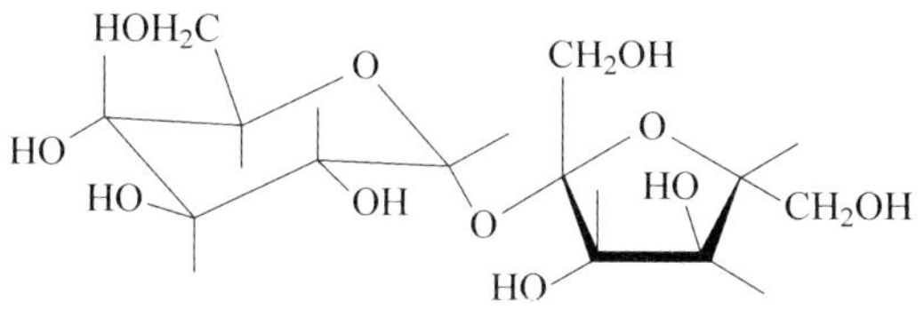

(1)

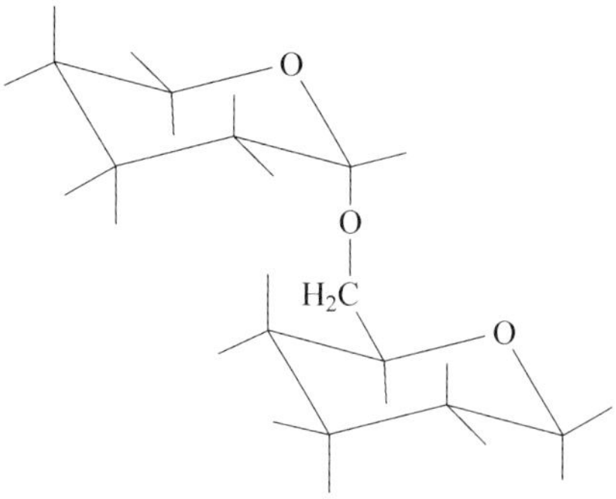

(2)

15-10 什么叫变旋现象？哪些糖类物质有变旋现象？

15-11 写出戊醛糖的所有链式构型异构体，并用 *R/S* 标记法标记所有的不对称碳。

15-12 写出纤维素三硝酸酯、纤维素三醋酸酯、纤维素黄原酸酯和羧甲基纤维素（CMC）的结构式，并扼要说明它们的主要用途。

15-13 葡萄糖上有五个羟基，为什么只有 C-4 与 C-5 上的羟基能与醛基形成半缩醛呢？

第 16 章

16-1 写出分子式为 $C_4H_9O_2N$ 的氨基酸的同分异构体，并命名。

16-2 下列各化合物水解时生成哪些氨基酸？

（1） 

（2） 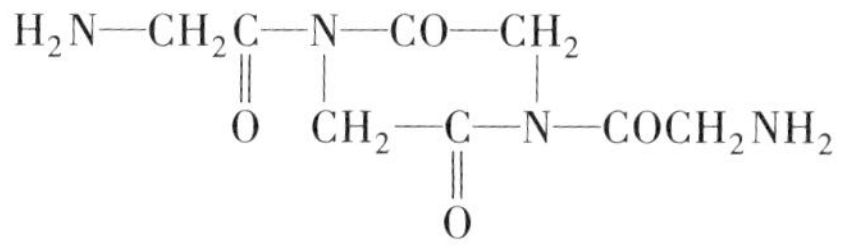

16-3 完成下列各反应式：

（1） $CH_3(CH_2)_3COOH \xrightarrow{?} CH_3(CH_2)_2\underset{\underset{\displaystyle Cl}{|}}{C}HCOOH \xrightarrow{NH_3} ?$

（2） $CH_3CH_2CHO \xrightarrow{?} CH_3CH_2\underset{\underset{\displaystyle OH}{|}}{C}HCN \xrightarrow{?} CH_3CH_2\underset{\underset{\displaystyle Cl}{|}}{C}HCN \xrightarrow{NH_3} ? \xrightarrow[H^+]{H_2O} ?$

16-4 写出下列多肽的结构式，并用星号标出手性碳原子。

（1）丙氨酰亮氨酸　　（2）脯氨酰丝氨酸

（3）谷・半胱・甘　　（4）脯・亮・甘-NH_2

16-5 试用石蕊试纸检验下列各化合物的酸、碱性。

（1）$CH_3NHCH(CH_3)COOH$　　（2）$HOOCCH_2CH(NH_2)COOH$

（3）$H_2NCH_2CH_2CH_2CH(NH_2)COOH$ （4）$H_2NCH_2CH_2COOH$

16-6 用什么方法合成甲基甘氨酸（$CH_3NH—CH_2—COOH$）。

16-7 天门冬氨酸用碱滴定时好像是个一元酸，用怎样的结构才能解释这一现象?

16-8 解释下列各名词：

（1）两性化合物	（2）内盐	（3）等电点
（4）肽、陈和标	（5）N-端和 C-端	（6）单纯蛋白质
（7）结合蛋白质	（8）盐析作用	（9）变性作用
（10）缩二脲反应	（11）米隆反应	（12）水合茚三酮反应
（13）RNA	（14）DNA	

16-9 在 RNA 中，核糖所构成的核苷是哪四种？在 DNA 中，脱氧核糖所构成的核苷是哪四种?

16-10 某羧酸衍生物的分子式为 $C_5H_{10}O_3N_2$，分子中含有氨基，它与 NaOH 水溶液供热则放出一分子 NH_3，并生成二元酸 $C_3H_5(NH_2)(COOH)_2$ 的钠盐。试写出反应式和 $C_5H_{10}O_3N_2$ 的结构式。

参 考 文 献

[1] 邢其毅，裴伟伟，徐瑞秋，等．基础有机化学［M］. 3 版．北京：北京大学出版社，2013.

[2] 邢其毅，裴伟伟，徐瑞秋，等．基础有机化学［M］. 4 版．北京：北京大学出版社，2017.

[3] 曾昭琼，李景宁．有机化学［M］. 4 版．北京：高等教育出版社，2004.

[4] 朱立范，余吕敏，陈绮，等．有机化学［M］. 上海：华东理工大学出版社，2004.

[5] Jie Jack Li. 有机人名反应——机理及合成应用［M］. 5 版. 荣国斌（译），朱士正（校）．北京：科学出版社，2021.

[6] 赵温涛，郑艳，王光伟，等．有机化学［M］. 6 版．北京：高等教育出版社，2019.

[7] 王积涛，王咏梅，张宝申，等．有机化学［M］. 3 版．天津：南开大学出版社，2009.

[8] 汪巩．有机化学［M］. 2 版．北京：高等教育出版社，1985.

[9] 汪小兰．有机化学［M］. 5 版．北京：高等教育出版社，2017.

[10] 中国化学会有机物化合物命名审定委员会．有机化合物命名原则［M］. 北京：科学出版社，2018.

[11] 王学东，付彩霞. 医学有机化学［M］. 2 版．济南：山东人民出版社，2015.

[12] 王箴. 化工辞典［M］. 4 版．北京：化学工业出版社，2010.

[13] 吴立军．中药化学［M］. 北京：中国医药科技出版社，2001.

[14] 王翔. 有机化学发展史概述［J］. 黔东南民族师范高等专科学校学报，2003，21（6）：28-29.